UI
Graphic Interaction Design

Required Courses for UI Designers

图解交互设计

UI设计师的必修课

陈根　编著

Required
Courses for
UI Designers

 化学工业出版社

·北京·

内容简介

本书紧扣用户界面设计趋势，主要包括交互设计理论、交互设计的理念与方法、用户体验设计、交互设计心理学、用户需求研究、交互设计的视觉界面设计、网站UI交互设计、移动端交互设计、交互设计团队等方面的内容。本书旨在普及用户界面设计的相关理念，全面阐述用户界面设计在网页及移动端两大主流设计领域的具体表现和所需掌握的专业技能。

本书可供UI设计师、交互设计师、用户体验专家、网页设计师等专业人士提高设计技能、开阔视野，也可帮助他们打开创意灵感之门；本书也适合想要从事UI设计相关工作的读者学习使用；本书还可作为高校和培训机构平面设计和网页设计等相关专业的教材和参考书。

图书在版编目（CIP）数据

图解交互设计：UI设计师的必修课/陈根编著. —北京：化学工业出版社，2020.7（2023.1重印）
ISBN 978-7-122-36749-5

Ⅰ.①图… Ⅱ.①陈… Ⅲ.①人机界面-程序设计 Ⅳ.①TP311.1

中国版本图书馆CIP数据核字（2020）第078051号

责任编辑：王　烨
文字编辑：谢蓉蓉
责任校对：刘　颖
装帧设计：王晓宇

出版发行：化学工业出版社
（北京市东城区青年湖南街13号　邮政编码100011）
印　　装：北京缤索印刷有限公司
710mm×1000mm　1/16　印张27　字数502千字
2023年1月北京第1版第3次印刷

购书咨询：010-64518888
售后服务：010-64518899
网　　址：http://www.cip.com.cn
凡购买本书，如有缺损质量问题，本社销售中心负责调换。

定　　价：168.00元　

Graphic
Interaction
Design

前言

PREFACE

Required
Courses for
UI Designers

随着网络和新技术的发展，各种新产品和交互方式越来越多，人们也越来越重视对UI交互的体验，近几年国内很多从事手机、软件、网站、增值服务等企业都设立了UI设计部门，还有很多专门从事UI设计的公司也应运而生，软件UI设计师的待遇和地位也逐渐上升。UI就是用户界面的简称，UI设计属于工业产品设计的一个特殊形式，其具体的设计主要是针对软件，通过对软件涉及的人机交互、操作逻辑等多个内容加以分析，实现软件的应用价值。以智能手机的流行为例，与传统功能手机相比，智能手机以其便携、智能等特点，在娱乐、商务、时讯及服务等应用功能上更好地满足了消费者对移动互联的体验。

在互联网和信息技术快速发展的时代，人们的生活经历着各种以前无法想像的变化。产品设计由物质设计已经开始向非物质设计转变，而且必将成为未来产品设计的主流，一个UI大时代即将到来。伴随着与互联网一起长大的一代正在成为社会的主流，并以他们特有的视角和思考问题的方式影响着社会的发展，也对用户界面设计与体验产生着不可估量的影响。

好的UI设计，可以让软件富有个性，彰显品位，同时也能让软件在使用的过程中充分体现出舒适感和操作的简便化，符合当代用户自由时尚的追求，凸显出软件的准确定位及自身特点。UI设计覆盖面广，并且涉及多种学科知识，因此对设计师提出了更高的技术要求，需要他们在掌握基本的学科知识的基础上，拓宽知识面，应用综合知识和技能，满足用户高品质的设计需求。

本书紧扣时下热门的用户界面设计趋势，主要包括交互设计理论、交互设计的理念与方法、用户体验设计、交互设计的心理学、用户需求研究、交互设计的视觉界面设计、网站UI交互设计、移动端交互设计、交互设计团队等方面的内容。本书旨在普及用户界面设计的相关理念，全面阐述用户界面设计在网页及移动端两大主流设计领域的具体表现和所需掌握的专业技能。

本书图文并茂、简单易懂，采用理论与商业应用案例分析相结合的方式，使用户能够更轻松地理解和应用，培养读者在用户界面设计方面分析问题和解决问题的能力。

本书结构清晰、内容翔实，为广大读者详细解读了用户界面的设计理念与方法，是一本用户界面设计的导论级读物。通过学习这些宝贵的设计经验与设计方法，读者同样可以创造出触动人心的用户界面设计。

本书可供UI设计师、交互设计师、用户体验专家、网页设计师等专业人士提高设计技能，开阔视野，也可帮助他们打开创意灵感之门；本书也适合想要从事UI设计相关工作的读者学习使用；本书还可作为高校和培训机构平面设计和网页设计等相关专业的教材和参考书。

本书由陈根编著。陈道利、朱芋锭、陈道双、李子慧、陈小琴、高阿琴、陈银开、周美丽、向玉花、李文华、龚佳器、陈逸颖、卢德建、林贻慧、黄连环、沈沉、杨艳、张滢等人为本书的编写提供了帮助，在此一并表示感谢。

由于作者水平及时间所限，书中不妥之处，敬请广大读者及专家批评指正。

编著者

Graphic

Interaction

Design

UI

Required

Courses for

UI Designers

目录

CONTENTS

第5章
083 交互设计的心理学

第6章
147 用户需求研究

第7章

183 交互设计的视觉界面设计

第8章

355 网站UI交互设计

第9章

387 移动端交互设计

CHAPTER ONE

第 1 章

从“恼人的交互设计”说起

Graphic
Interaction
Design
UI

Required
Courses for
UI Designers

交互设计是一种如何让产品易用的技术。它涉及了多项学科，可以运用到各个领域，并不单纯应用于软件、网站。

在实际的生活、工作、学习、旅行当中，我们会有愉快的交互体验。有这样一个故事：拉斯维加斯有一家酒店，顾客退房结账完毕准备离开的时候，酒店会为顾客提供两瓶饮用水。由于退房的客人驾车去机场，中间要走40分钟荒漠，天气很热会口渴。这家酒店的回头率特别高。虽然这两瓶水价值不高，但是超出了顾客的预期，让顾客感动。

还有一个案例，汉庭酒店曾经为每个房间配备了五种枕头，适合不同人的需要，是国内第一家这么做的经济型酒店。虽然这算不上“革命性创新”，但确实让顾客打开衣柜的时候感到惊喜，完全超出了他们的预期。

但是，有喜就有悲，有愉快就有恼火的时候，罪魁祸首就是那些让人尴尬的交互体验。

例如，刚开始骑电动车的时候容易发生事故。为什么？因为右手的旋转式加速把手实在与人的习惯不符合。当人紧张的时候会下意识攥紧把手，甚至旋转，而这往往会加速悲剧的发生。

再举个例子，在宾馆洗澡的时候，淋浴花洒水没流出，而研究了好一会儿却不知道淋浴花洒和水龙头之间如何切换，或者想要热水，放出来的却是冷水，如果是冬天，这该是一次多么让人冷彻心骨的糟糕体验。

再例如，我们到商场购物、就餐，免不了要去厕所解决“燃眉之急”。可是当你急匆匆赶到洗手间门口，是不是有时会被洗手间模棱两可的性别标识给弄蒙了，不知道哪个是男用的，哪个是女用的，如图1.1所示。你认为呢？

让人哭笑不得、进退两难的糟糕的交互设计实在是举不胜举，如下列举了一些我们时常会遇到的情况，供大家思考。

图1.1　洗手间模棱两可的性别标识

1.1 淋浴花洒和水龙头之间的切换

如图 1.2 所示，某家酒店浴室的照片。最左边的照片里有浴缸、水龙头、把手和淋浴花洒。正中间是放大后的水龙头的照片，右边是放大后的把手的照片。现在热水是从水龙头中放出的，如果要切换成从淋浴花洒出水，应该怎么做呢？这样判断的理由又是什么呢？

图 1.2　让人不知所措的淋浴花洒和水龙头之间的切换出水口

大家最先注意到的应该会是把手吧。这个把手有很多种可以操作的方法。“顺时针方向旋转”“逆时针方向旋转”“按进去”“拔出来”“像操纵杆那样扳倒”等操作都是有可能的。但是，实际上，这个把手向左转放出的是热水，向右转放出的是冷水，以上列举的操作方法都不能将热水的出口切换到淋浴花洒。

如图 1.3 所示，正确的操作是，将图中箭头指向的部分（略微凸起部分）向下拔出。这个水龙头下端的凸起部分是可以拔出来或按进去的，通过这样的操作就可以在水龙头和淋浴花洒之间切换出水口。如果想要淋浴就要操作水龙头，这个交互设计使用起来不够明晰，因为我们会有这样的猜测：如果不是操作把手的话，那就应该是操作水龙头下面的手柄吧。不过实际上这个是用来控制浴缸排水口的开关的。人们在这样的浴室里洗澡的话，可能会百般纠结一番。而且，手柄明明只可以进行顺时针方向旋转和逆时针方向旋转这样简单的操作，但是却松动得厉害，这大概是因为有不少人像对待操纵杆一样对它进行了扳倒、拉起的操作缘由吧。

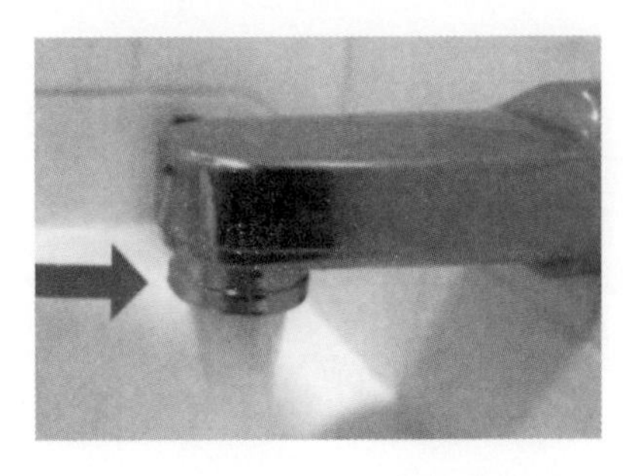

图 1.3　拔出水龙头下端的凸起部分

在淋浴花洒和水龙头之间切换出水口确实是一件经常让人头疼的事。如图1.4所示的一间浴室。在这个浴室里，如果要在淋浴花洒和水龙头之间切换出水口，应该对什么进行怎样的操作呢？

图1.4　淋浴花洒和水龙头之间切换出水口

实际上，操作方法如图1.5所示。水龙头上面有一个抓手，拉起来的话就会从淋浴花洒里出（热）水，按下去的话就会从水龙头出（热）水。

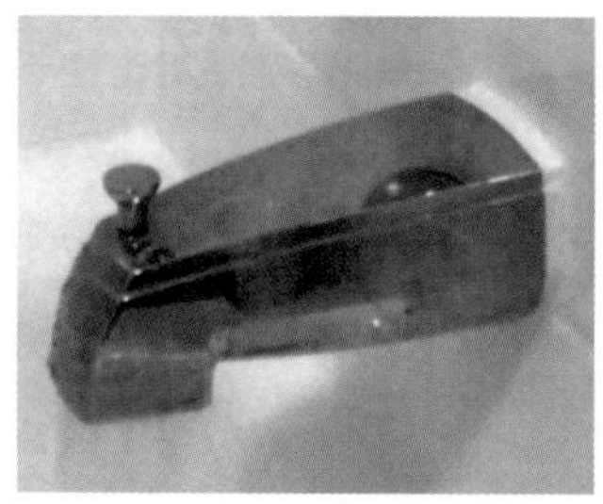
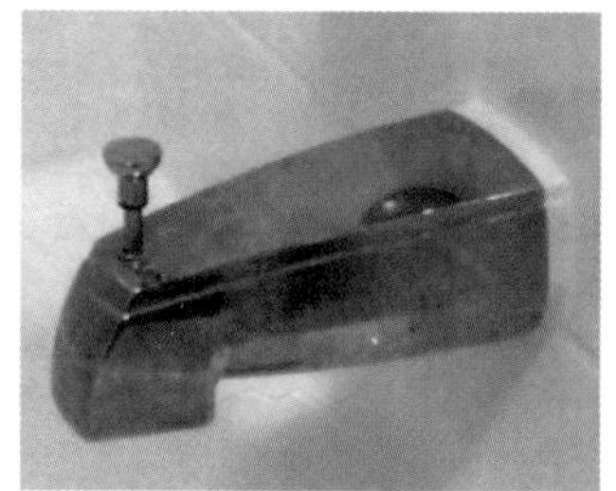

图1.5　拉起水龙头上面的抓手

这里只是介绍了个典型的例子，我们在居家生活、旅行住宿的过程中不可避免还会遇到很多浴室里有关淋浴花洒和水龙头切换时相当尴尬的事。这些遭遇可以启发我们今后在产品交互设计时要考虑得更加周全。

1.2 洗手间的标志

如图1.6所示，男女洗手间入口处安装的洗手间标识。此时有个选择题摆在你的面前：左边的是男洗手间还是女洗手间呢？

针对这个问题，有九成的人会回答是男洗手间，但是正确答案是女洗手间。

也就是说，左边的是女洗手间，右边的是男洗手间。那么，为什么会有那么多人搞错呢？

图1.6　男女洗手间入口处安装的洗手间标识

如图1.7所示，为该洗手间的俯视图。其实这个洗手间的标识只是提示这里有女洗手间和男洗手间而已。

如果想一想从使用者的角度看到的标识是什么样的，问题就很明显了。从走廊走过来的人，会从侧面看到该标识，所以垂直安装在墙壁上的洗手间标识被人理解为是贴在墙壁上的，如图1.8所示。从空间角度来说，两个洗手间应该分别在标识的两侧，正因为被人理解为标识是贴在墙上的，所以看到它的人会认为靠近自己这边的是男洗手间，稍微远一点的是女洗手间，结果进入了错误的洗手间。

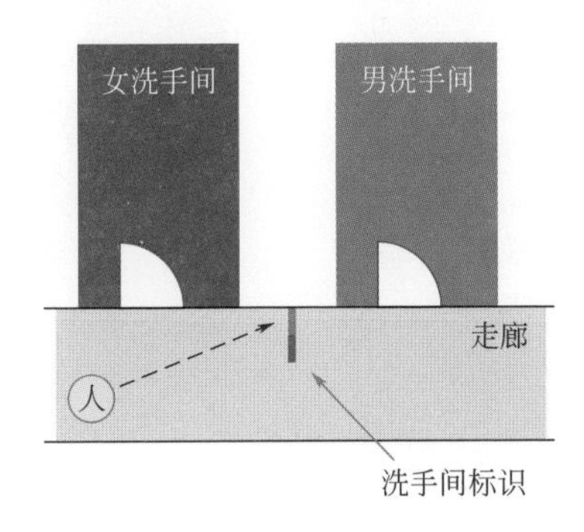

图1.7　洗手间俯视图一

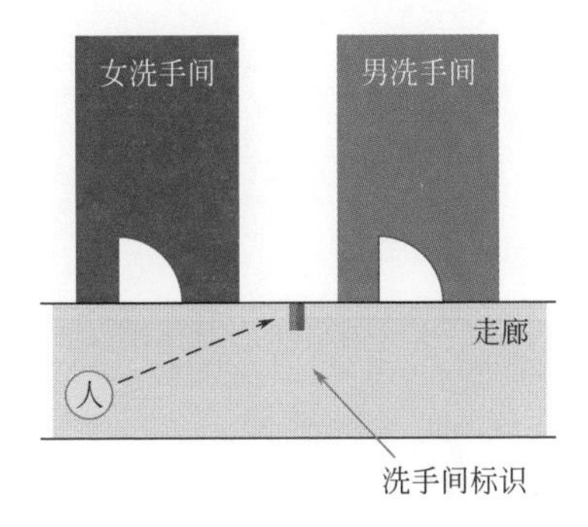

图1.8　洗手间俯视图二

这样的案例其实有很多。洗手间标识大多数是由设计师设计的，但是很少有设计师会参与现场安装标识的工作当中。很多时候都是不关心视觉识别系统（VI）的人拿到标识后就直接安装了，完全不会多加考虑，所以经常会出现这样的情况。设计出来的通俗易懂的标识，不仅没有正常发挥功效，反而起了反效果。

1.3　开关的一致性

如图1.9所示，某公寓室内的开关。因为要操控两盏照明，所以装了两个开关。位于上方的开关每按下一次，开关上的指示灯（表示装置工作状态）就会在灭灯和绿灯之间交替；位于下方的开关则是在灭灯和红灯之间交替。如果要用这个开关来关闭两盏照明，你会怎么做呢？

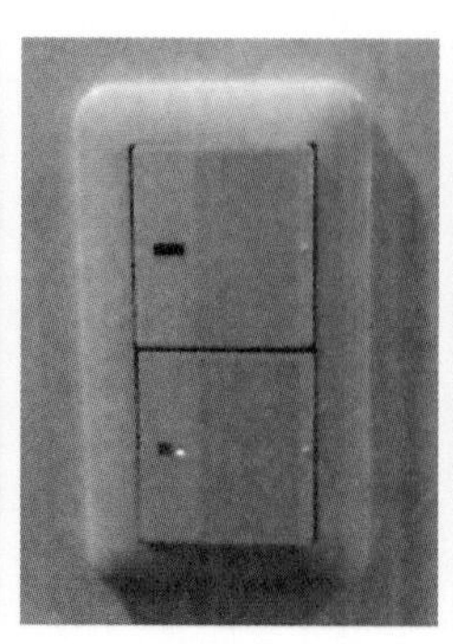

图1.9　某公寓室内的开关

正确答案应该是图1.9中从左边数第二幅图的状态。首先，上面的开关在指示灯熄灭的时候表示照明是打开的状态，绿灯的时候表示照明是关闭的状态。而下面的开关，指示灯是红色时表示照明是打开的状态，灭灯时表示照明是关闭的状态。那么这个开关到底为什么会设计成这样呢？

首先，这两种开关都有自己的名字，上面的叫作萤火虫开关（萤火虫开关的指示灯在照明关闭时会点亮绿灯，照明打开时熄灭），下面的叫作飞行员开关（飞行员开关的指示灯在照明关闭时会熄灭，照明打开时则点亮红灯）。

萤火虫开关通常用来告诉用户这里有一个照明开关，打开后可以照亮这一片区域（比如走廊、玄关等），即使在黑暗中也能被用户发现；而飞行员开关则多用来提示用户“这里的照明（比如洗手间、浴室的照明或者室外的照明等）还开着呢，别忘了关”。

在本案例中，上面的开关操控的是走廊上的照明，下面的开关操控的是屋外的照明，所以为了使用户在昏暗的走廊中也能看到开关而使用了萤火虫开关，而又因为在室内无法看到室外照明的状态，于是使用了飞行员开关。这本身是没有问题的，但这两种开关被作为一组安装在了同一个地方，就让人迷惑了。上下两个开关的指示灯颜色不同，而且指示灯熄灭时代表的含义也不同。这样的两个开关放在一起，用户在操作时很容易搞错。开关并不是只要根据其用途来安装就可以的。

本案例充分说明了在同一场所中的UI要保持一致性，这一点是非常重要的。

1.4 智能手机的接听按钮位置

以苹果（Apple）公司的iPhone和各个品牌的安卓（Android）手机为代表的智能手机，不仅能查看短信、浏览网页，还能用来做很多事，比如在地图上找到当前所在地和目的地，更改火车的乘坐时间，通过社交网络服务（SNS）和其他人取得联系、打游戏消磨时间，等等。

在使用iPhone时有一个问题，当有来电时，iPhone上会显示出如图1.10所示的界面，想要接听的话应该按下A按钮或B按钮中的哪一个呢？

答案如图1.11所示，应该是使用B（右边的按钮）来接听。在iPhone手机上，左边是“拒绝”按钮，右边是“接听”按钮。

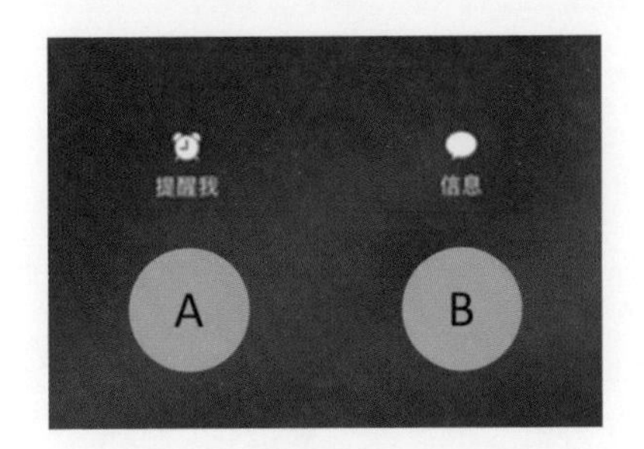

图1.10 iPhone的来电界面

图1.11 iPhone中“拒绝”按钮在左，“接听”按钮在右

针对这个问题，大多数人应该认为A是“接听”按钮，在使用iPhone接电话时会误按了“拒绝按钮”，拒接了工作相关的电话和亲人朋友打来的电话。

之所以会搞错“拒绝”按钮和“接听”按钮的位置，最主要的理由是有的手机（图1.12）“接听”按钮在左边。因此，很多人已经习惯了按下左侧按钮来接电话的操作方式，当使用按钮位置布局不同的iPhone时就很容易出错。

如今，手机成了一个全天候设备，不同于个人计算机（PC）被放置在桌面上使用，人们在站立、走动、乘车甚至吃饭时都在操作和使用手机。所以握持和操控感受对于用户体验非常重要……而如今的手机，触摸屏幕已经代替键盘成了手机的主体，所以用户的握持和操作手机的方式与之前也已经完全不一样了。

图1.12 “接听”按钮在左，“拒绝”按钮在右

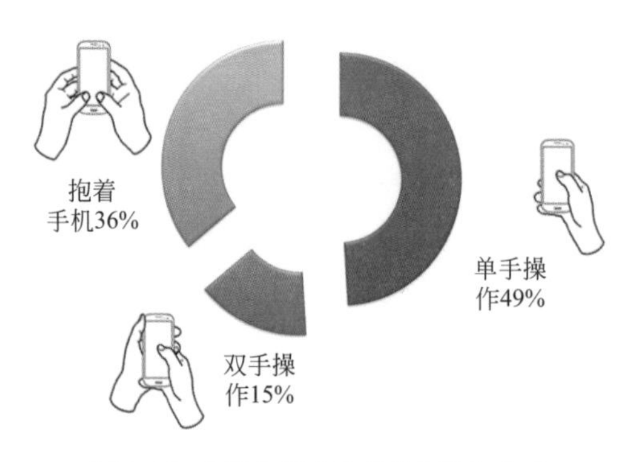

图1.13　握持和操作手机的姿势和方式

相关研究显示，人们在操作手机时一般不会固定一个姿势，会经常变换握持和操作手机的姿势和方式。在操作手机时，49%的人会单手操作，15%的人会双手操作，还有36%的人竟然会像怀抱孩子一样抱着手机操作，如图1.13所示。

而在单手操作中，67%的人用右手，33%的人用左手。

因为用户无意识中就会采用一直习惯的操作方式，所以如果界面要求用户采用不同的操作方式就需要在设计界面时下一些功夫。不过在这个案例中，“拒绝”按钮和“接听”按钮只是在软件画面上的标识而已，只要增加一个设定项，允许用户调换按钮位置应该就可以解决问题了。

1.5 “确定”按钮

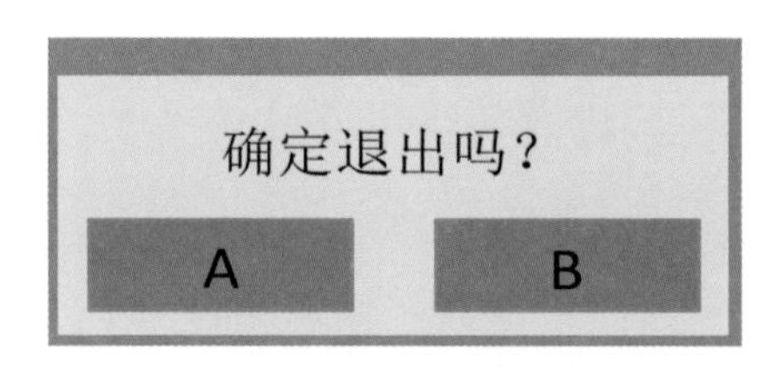

图1.14　对话框

有些东西虽然没有标准化，但是为了保证一致性，也制定了设计指南。假设在计算机上操作某应用时，弹出了如图1.14所示的对话框。该对话框上有两个按钮，请问你认为A和B中哪个是表示“是”“YES”“OK”含义的按钮?

根据用户是惯于使用Windows系统还是惯于使用Mac系统，该问题的答案会形成两种。认为A是“OK”按钮的读者应该比较常用Windows系统，而回答B是“OK”按钮的读者则应该习惯使用Mac系统。

如图1.15所示，是分别在lVIicrosoft Windows 7和Apple Mac OS X 10.9上使用WSH（Windows）、osascript（Mac）这两个操作系统标准功能显示的对话框示例。图1.15中能看出Windows系统的对话框，“OK”按钮显示在左边，而Mac系统的对话框，“OK”按钮显示在右边。并且两种系统中“OK”按钮的初始状态就是被选中的状态，所以只要按下键盘上的Enter键，就相当于按下了“OK”按钮，从而确定了操作。

图1.15　WSH（Windows）和osascript（Mac）操作系统标准功能显示的对话框示例

现在我们知道了在Windows系统和Mac系统中“OK”按钮的呈现方式是不一样的。那么在对话框中“OK”按钮到底应该在左边还是在右边呢？认为放在左边比较好的理由有“会高频率使用的按钮应该放在用户最先看到的位置”等。按水平方向书写的中文和英语，阅读时都是从左往右的。所以当有多个按钮并排显示时，用户会先看到最左边的按钮，因此认为“OK”按钮应该放在左边。而且，不仅在系统操作中是这样，我们平时说话时也是会说“请回答‘是’或者‘否’”，而不会说“请回答‘否’或者‘是’”。所以先出现“OK”再出现“取消”会比较符合人们的习惯。

另一方面，认为放在右边比较好的理由有“在对话框中最后看到的按钮应该是用于确定操作的”。从左往右阅读时，都是先看完内容再进行确认（下结论），所以认为最后看到的右边的按钮才应该是“OK”按钮。而且，如果说“上一页”在左边，“下一页”在右边比较符合人们的习惯的话，那么“取消”就相当于“上一页”，“OK”则相当于“下一页”，所以“OK”按钮应该在右边。想一想这个说法也让人不禁点头呢。

双方都能列举出各种理由来说明自己观点的合理性，但是观点毕竟也取决于个人的主观思维和喜好，所以无法简单地得出答案。当惯用Windows系统的人来开发用于Mac系统的应用时，或者是惯用Mac系统的人来开发用于Windows系统的应用时，有时就会出现“OK”按钮的位置和相应操作系统标准相反的情况。当UI和操作系统标准相悖时，计算机内就会缺少一致性，导致UI会不方便人们使用，所以这一点一定要注意。

不过还存在这样一种情况。比如网页上的注册系统中，“OK”和“取消”按钮的位置关系，和自己的计算机操作系统上的“OK”和“取消”按钮的位置关系不同，用户在使用时也会觉得有点别扭。虽然目前的技术可以让网页在一定程度上区分用户是从什么操作系统访问的，从而使按钮的显示和操作系统标准一致，但是无法完全保证这种识别是准确的。

这个案例所说的按钮的话题，和之前所讲的iPhone的“接听”和“拒绝”按钮的位置是有关联的。Apple公司的人机交互界面指南中规定：左边应该是

“取消”按钮，右边应该是“OK”按钮。按照这条原则，iPhone上“拒绝”按钮在左，“接听”按钮在右也就说得通了。但是，从手机的使用习惯（虽然并没有标准化，但这是用户从以往使用手机的经验中构筑出来的规则）上来说，左边是“接听”按钮，右边是“拒绝”按钮比较便于用户使用。

指南是会随着操作系统的版本升级而发生变化的。比如，智能手机中经常用到的谷歌（Google）的Android系统，在2.X版本时“OK”在左边，但是从4.X版本开始“OK”就显示在右边了。通过和以前的产品进行比较，我们可以发现iPhone按钮的规则也在渐渐地发生改变。

不仅是计算机和智能手机才具有这种指南，在游戏领域的相关开发中，为了避免用户混乱，也存在各种指南。比如规定特定的按钮只用于特定种类的操控手柄上（幸亏有这个规定，用户才能在有那么多游戏的情况下操作也不会出现大的混乱）。不过，在任天堂出品的操控手柄和微软（Microsoft）出品的操控手柄上，A、B键的位置和X、Y键的位置都是相反的，这也会导致使用者感到混乱，如图1.16所示。当然，这跟用户的使用习惯也有一定的关系。另外，家用电视游戏机（PlayStation，PS）的操控手柄上有O按钮和X按钮。关于这两个按钮，如日本制造商制造的产品中“O”代表确定、“X”代表取消，但是美国制造商制造的产品中“X”代表确定、“O”代表取消，导致用户很混乱。由于存在文化背景的差异，不频繁打游戏的人要花很长时间才能适应，所以还是希望可以统一。

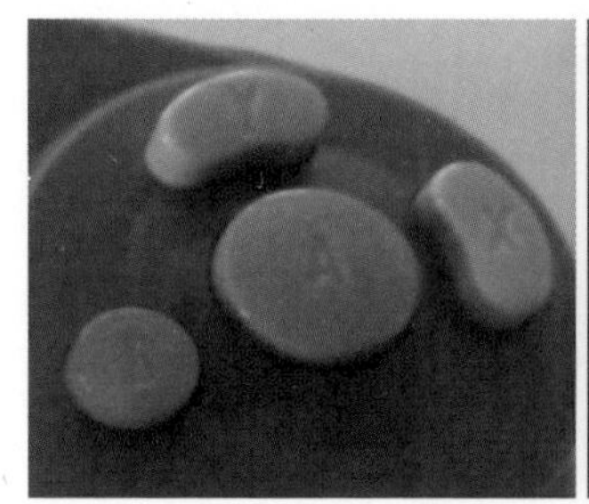

(a)任天堂Game Cube

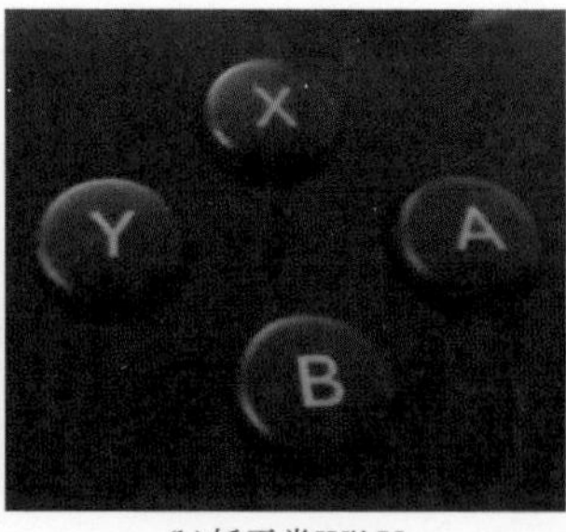

(b)任天堂Wii U

(c)Microsoft Xbox 360

图1.16　任天堂出品和微软出品的操控手柄

CHAPTER TWO

第 2 章

交互设计理论概述

Graphic

Interaction

Design

UI

Required

Courses for

UI Designers

2.1 交互设计的“初心”

消费者们似乎已经患上了“新奇特”疲劳症。人们在产品中挖掘其意义，在交互设计中寻找人性。从曲面屏幕到能够自动分析液体成分的智能杯子就似乎有点多余，这些交互设计师就像任何一个身处市场链却在拖延解决问题的人一样倍受指责。认识到这个问题仅仅是第一步，交互设计的未来在于再次回归人性。

我们在开启天马行空的设计思维模式之前，要好好回想一下：我们人类来自哪里？将去往何方？

2.1.1 交互设计的前世

早在20世纪初，交互式设计还很少出现，市场对其的需求几乎为零，那个时代人们更加依赖实体物理按键来直接操控各种机械设备。例如，车床把手所转动方向即为车床齿轮所转动方向，非常直观。当时人们需要做的，顶多就是如何将把手设计得更适合人手把握，而非交互设计底层认知中常常所提到的，诸如“如何让用户理解并重视这个交互界面？”“这个晦涩的界面设计会起到什么作用？”抑或“这种交互式设计对我们的产品品牌带来何种影响？”

现如今交互式设计理念的早期案例则是打字机（图2.1），这是一个文字处理器和打印机的综合体，并且还无需担心电量。尽管从结构上来看是完全机械式的，但键盘按键同输出效果之间还是具有一对一关系的。尽管如此，一些人还是设想以特定的非线性规律，即以在实际英语使用中单词出现的频率这种抽象的方式来排列按键。此外，键盘按键还考虑到人的触觉因素，比如人的手指所能覆盖的最远平均距离以及键盘按键之间的间距。

图2.1　打字机

这项科学创新在引入了迎合人类手指头形状的专利弯曲键帽之后则更显人性化了。这就是人类早期交互式设计的典范，这个几近完美的设计历经140年从未发生改变，如图2.2所示，从1878年生产的雷明顿2号打字机到1984年第一代苹果麦金塔电脑，（Macintosh）再到2003年的黑莓推出的全键盘智能手机，再到2007年苹果第一代iPhone智能手机的虚拟键盘。尽管打字机看起来是一个概念更为抽象的设备，但是其设计内核中所洋溢出来的自然、人性、简单和感性的特质的确值得大家学习、领会，并在今后的设计工作中融会贯通并加以应用。

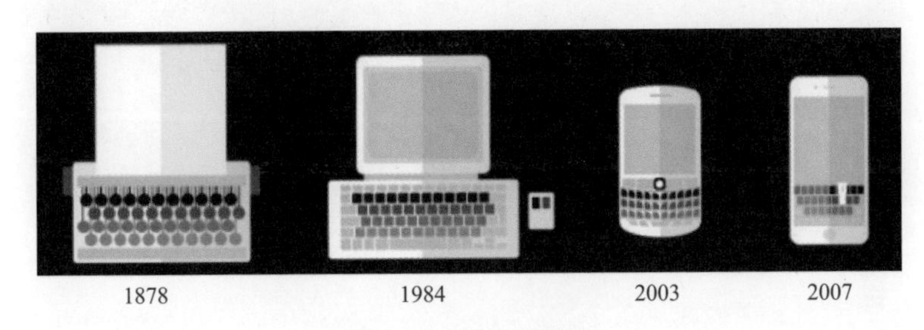

图2.2　打字机的发展

人类的交互是基本和自然的，而工具却依旧在进化发展，我们曾在人机交互过程中的抽象和有形、数字和模拟中不断纠结和挣扎。20世纪中期的计算机也能完成现如今计算机所承担的任何工作任务，只不过运行速度慢些罢了。如今来看，计算机的处理速度并非其获得大众接受和认可的障碍，问题在于即便是当时发明了性能强大的计算机，但是几乎没有人知道如何使用从而被抛弃。

数字时代的突破并非添加显示器和键盘这么简单，也不是举世瞩目的半导体微型化的技术。就笔者看来，数字时代的到来源自20世纪70年的一项驯化计算机这只“超级大猛兽”的发明，那就是图形用户界面（GUI），它是人机交互设计史上最为伟大的理念和产品之一。

世界上首个图形用户界面来自当时名不见经传的施乐（Xerox）公司帕克研究中心（Palo Alto Research Center，简称PARC），实际上现如今大家都耳熟能详PARC和它的发展史以及世界上首部个人计算机施乐奥托（The Xerox Alto）的故事，就连比尔·盖茨和史蒂夫·乔布斯都是当时施乐的粉丝，这两位计算机巨头“偷师学艺”施乐并最终成就了微软和苹果。如图2.3所示为施乐（Xerox）公司官网。

施乐的首台个人计算机（PC）奠定了现代计算机的基础，从网络办公室、写字板、图标、菜单再到电子邮件等都深受PC“鼻祖”施乐的影响。可以说施乐在图形用户界面以及“桌面比拟（Desktop Metaphor）”的引入开创了现代计

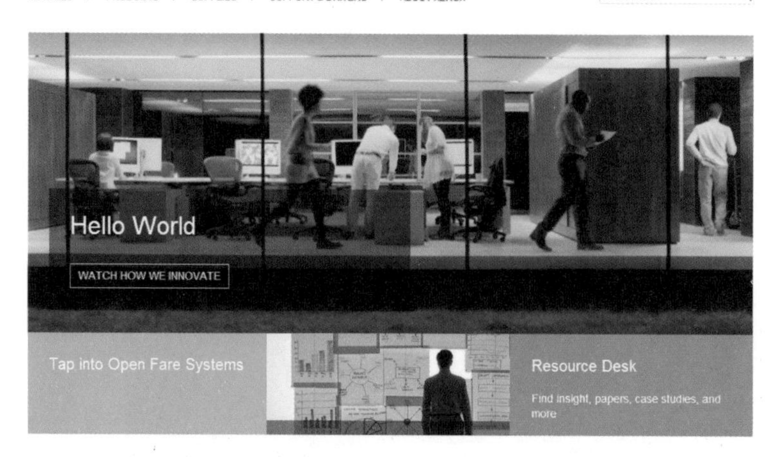

图2.3　施乐（Xerox）公司官网

算机的先河。1979年施乐个人计算机同苹果1984年第一代Macintosh个人计算机用户界面的对比如图2.4所示。

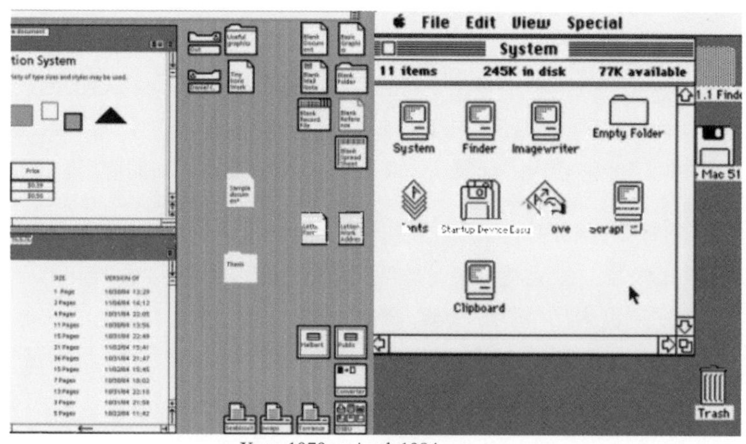

Xerox1979 vs Apple1984

图2.4　1979年施乐个人计算机同苹果1984年第一代Macintosh个人计算机用户界面的对比

可以说，施乐将计算机中那些只有“技术宅”才能理解的晦涩抽象工具，形象化地处理成小孩子都能理解并掌握的图形化界面。这一切都要归功于“桌面比拟”将抽象的数字世界“翻译”成具体的图形。现在的我们早已理解如何去进行计算机操作，比如文件、文件夹、回收站、剪切和粘贴，等等。这些20世纪70年代之前还挺抽象的概念，已经成为我们现代生活中密不可分的一部分。说起来都有点不可思议，笔者有的时候竟然对真实的照片文件进行剪裁和缩放等操作，现如今高度发达的图形化界面真的是模糊了虚拟和现实世界的界限。

图2.5　磁力积木

2.1.2　交互设计的今生

（1）交互式设计的迷失和顿悟

我们可以在很多国家和地区展开调研，来了解人们是如何去关联这些工具的。我们当然可以从这些特定的调查个案中找到一些有用、可用且令人满意的结果。但是对于笔者而言，看着一岁半大的儿子独自玩耍的过程就十分具有启发性。小孩子更喜欢有触感的实际物体和动作，比如点击、扭曲以及泡沫包装、铃铛和块状玩具，如今很流行的磁力积木，可以锻炼孩子的手部协调能力和大脑的思维开拓能力（图2.5）。

即便是对于成人而言，使用走在人类科技发展最前沿的极其复杂的设备，最好的微交互还是那种直接的、人性化、实体化且符合人类感官逻辑的，谷歌的Material UI就恰如其分地掌握住了这种微妙的平衡。人类如何感触和理解周边世界万物当然是根本，但仍不要忘记交互式设计也是在创造一种全新的体验，无论是在零售、数字还是消费电子领域（图2.6）。

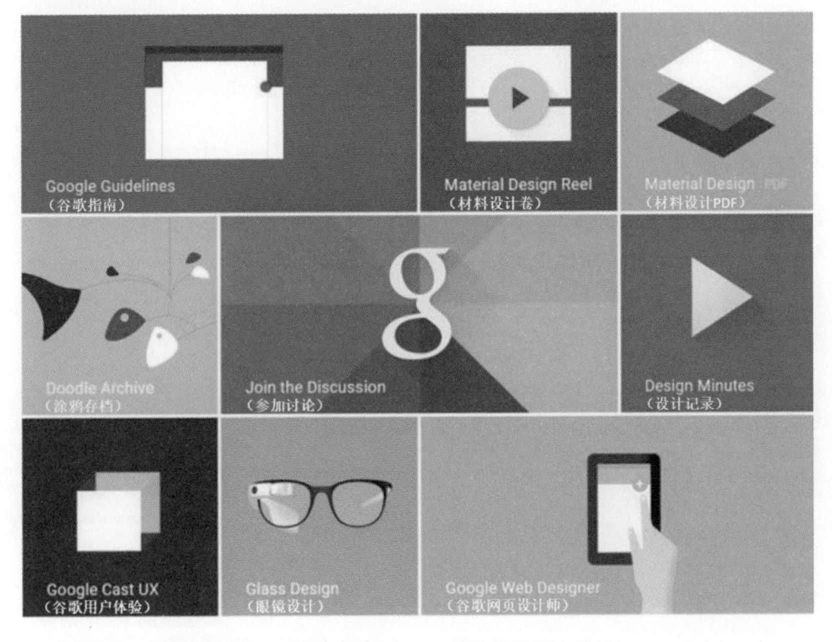

图2.6　谷歌更新了安卓的设计语言——材料设计语言（Material Design）

创新设计人员应该具备将事物简明扼要且清晰明了地展现出来的能力，而非仅仅是解决各种问题。最终，我们将这些交互“翻译”成人性化、感官的、情绪化和功能性的表达。听起来简单，但要真正实现可不简单。动辄放出“加一块触摸显示屏”是很简单，但是这中间缺失了根本意义上的重回质朴的创新交互设计精神内核。

（2）尽显多余的触摸设计

现如今“满城尽是”触摸屏，很多地方本不应该采用触屏设计。即便是特斯拉汽车公司极具人气的创新设计师，在Model S车型上也剑走偏锋，忽视了传统驾车体验的潜能。触屏控制在驾车操控的便捷性、安全性和稳定性上都无法比拟传统的物理实体按键（图2.7）。

图2.7　Model S超大尺寸的类似于iPad的控制触屏

当然我们无法在任何单一环境中都依赖施乐帕克研究中心式的比拟设计思路。交互设计师们必须再三评估数字交互和模拟交互的设计权衡。将一个巨大的触摸显示屏置于汽车中控台并将几乎所有汽车的操控都整合其中，但在这种交互设计的“翻译”过程中，用户又失去了一些东西。用触摸屏操控的确炫酷，但这东西吸睛度太强，别忘记你是在开车，用眼睛来观察路面情况。出于安全因素考虑，感官上的满足不足一提。

如图2.8所示，1800年的打字机、1970年施乐奥托个人计算机、1980年的苹果Macintosh个人计算机、1990年的无印良品（MUJI）收音机、2000年

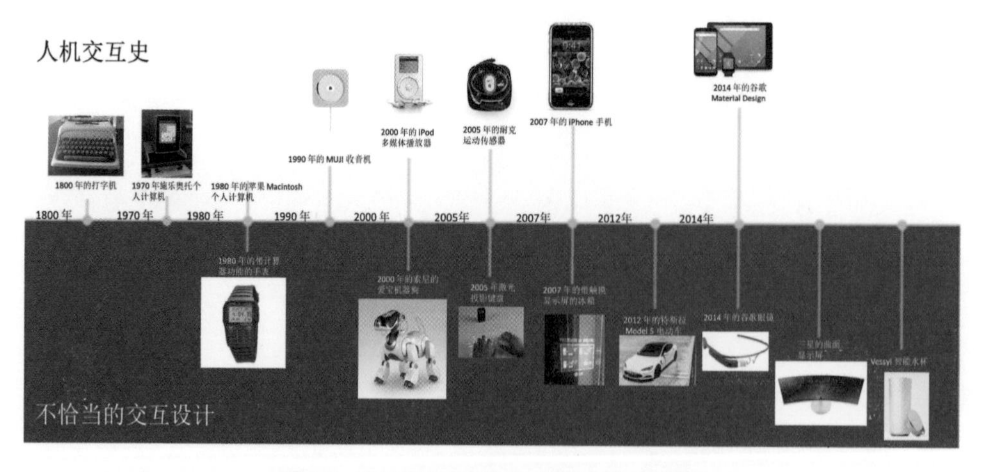

图2.8　交互设计产品案例“黑白榜”示意图

的iPod多媒体播放器、2005年的耐克运动传感器、2007年的iPhone手机以及2014年的谷歌Material Design都位列“白榜”；而1980年带计算器功能的手表、2000年索尼的爱宝机器狗、2005年激光投影键盘、2007年带触摸显示屏的冰箱、2012年的特斯拉Model S电动车、2014年的谷歌眼镜，再到目前三星的曲面显示屏和维瑟利（Vessyl）智能水杯（图2.9）都不幸位列“黑榜”。

图2.9 Vessyl智能水杯

（3）更懂人性的交互设计才是真

教授兼作家唐纳德·诺曼（Donald Arthur Norman）曾说过：“当技术满足了基本需求，用户体验便开始主宰一切。”人性化的交互式设计的实质就是根据情景环境来在感性和抽象中寻找平衡，需要设计人员深入洞悉每一种全新设计所面临的风险，必须潜心解构其间的普适性和新奇特，精密权衡新技术的所失与所得。总而言之，找到完美的交互设计的平衡，对于人性化关注的回归才是重点。

2.2 与交互设计相关的一些基本概念

2.2.1 交互设计的概念

交互设计（Interaction Design），它是定义、设计人造系统的行为的设计领域。交互设计在于定义人造物的行为方式相关的界面，即人工制品在特定场景下的反应方式。通过对界面和行为进行交互设计，从而可以让使用者使用人造物来完成目标，这就是交互设计的目的。

从用户角度来说，交互设计是一种让产品易用、有效而让人愉悦的技术，它致力于了解目标用户和他们的期望，了解用户在同产品交互时彼此的行为，了解“人”本身的心理和行为特点，同时，还包括了解各种有效的交互方式，并对它们进行增强和扩充。交互设计还涉及多个学科，以及和多领域、多背景人员的沟通。

交互设计，应当是创造承接用户与产品（计算机、互联网等）之间的界面。交互设计的出发点在于研究用户和产品交流的时候，人的心智模型和行为模型，并在此研究基础上，设计界面信息及其交互方式，用人机界面将用户的行为翻译给计算机，将计算机的行为翻译给用户，来满足人对软件使用的需求。所以，交互设计是面向用户的，这是交互设计所追求的，也是交互设计的目的所在。

2.2.2 交互设计体系

交互设计是一门多学科交叉，需要多领域、多背景的专业人士参与的新兴学科。与传统设计学科不同，交互设计以用户为中心，研究某些人在特定的场景下与不同的设备产生行为的交互过程。

从理论层面看，交互设计起源于20世纪初出现的工业设计，工业设计者在进行设计时，不仅要考虑产品的物理属性，包括产品的整体外形、各种细节特征的相关位置、颜色、材质、音效等，还要考虑产品使用者的生理和心理因素，也就是人类工效学的研究内容。早期欧洲提出的人类工效学侧重于研究环境施加给人的物理影响，1957年，美国成立的人为因素和人类工效学学会提出的人因工程学，则开始将其从人类工效学独立出来，更加强调认知心理学以及行为学和社会学等学科的理论指导，考虑更多人的因素，更符合以人为核心的理念。

从实践层面看，早期的设计强调美感，多指工业产品的外观设计或者是计算机软件的界面设计。1986年，Donald Arthur Norman在与史蒂芬·W.德雷珀（Stephen W.Draper）合著的文章《在人机交互的新视角下以用户为中心的系统设计》中第一次提及以用户为中心的设计理念，倡导好的设计应该在每一步的设计流程中都有用户的参与，才能设计出符合用户期望的产品。交互设计作为一门关注交互体验的新学科在20世纪80年代诞生，它由IDEO的其中一位创始人比尔·莫格里奇在1984年一次设计会议上提出。比尔·莫格里奇一开始将它命名为“软面（Soft Face）”，后来把它更名为“Interaction Design”，即交互设计。20世纪90年代后，设计逐步从界面拓展开来，强调计算机对于人的反馈交互作用，“人机界面”一词被“人机交互”所取代。交互设计逐步进入人们的视线，成为设计领域不可或缺的一部分。从图2.10可以看出，交互设计虽属于以用户为中心的设计，但涉

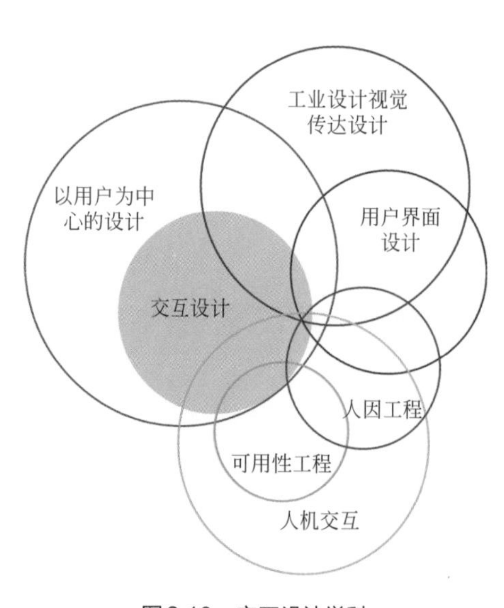

图2.10　交互设计学科

及了工业设计、用户界面设计等多个领域。

研究人员在长期的项目实践中总结出了自己对交互设计的独到见解，认为交互设计除了基本的信息技术之外，还要考虑商业创新、工程管理等与用户紧密相关的方面，将用户需求渗透到设计过程的每一个步骤中。研究人员将商业、媒体和信息渗透在交互设计的每一个步骤中，建立一套完整的交互设计体系（图2.11）。

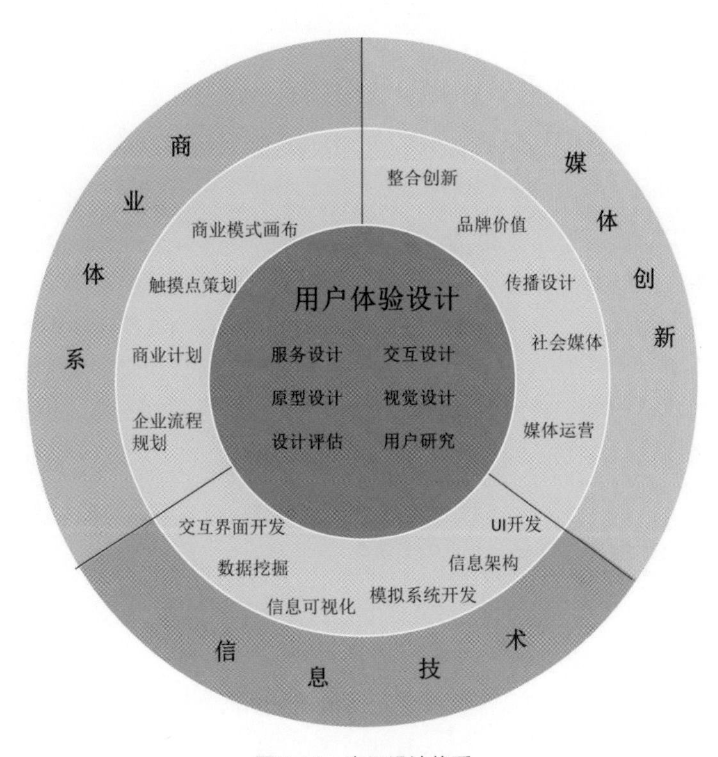

图2.11　交互设计体系

2.2.3 UE——用户体验设计

用户体验——User Experience，缩写为UE，用户体验设计。

这个词最先由电子工程学、心理学、认知科学学者唐纳德·诺曼（Donald Arthur Norman）在20世纪90年代提出。通过提升用户与产品或服务交互中的可用性（分为有用性和易用性）、可触达性、情感性等因素，最终使用户达到满意的设计过程，便是所谓的用户体验设计。

其实当时时任苹果公司用户体验架构师（User Experience Architect）的诺

曼，主要是针对人和计算机的交互层面，提出的“用户体验”，他认为光是用可用性设计或者用户界面设计来定义当时那些计算机系统或软件设计师做的事情还是太狭窄。

但随着其自身定义的不断发展，用户体验设计覆盖的也已经不只是人和计算机的交互层面，也可以是人和器物的交互（工业设计）、人和系统的交互（服务设计），等等。

用户体验设计最早可以追溯到20世纪40年代，只不过那时它有另一个名字，叫作人因工学设计（Human factors and ergonomics），用户体验之于人机交互不同的是，后者更专注于物理环境下，人的因素（生理、心理等因素）和实体产品设计（物理因素）之间的关系。

所以实际上，不论是过去传统的产品设计，计算机时代的软件设计，还是当下体验经济时代的服务设计，广义上讲，都是在设计用户的体验，只是承载功能、传递价值、产生体验的媒介不同罢了，媒介也就是设计产物——设计者缔造解决方案的载体，可以是硬件产品、软件系统，也可以是服务体系。所以本质上用户体验设计可以泛指所有的以用户为对象的设计领域，也可以具体指某个细分设计专业。

2.2.4 interaction——交互设计

我们可以把interaction这个词拆开来理解，由inter和action组合而成，在一个交互关系中，一定有一对或多对主客体存在，他们相互（inter）作用（aciton），主体输入、客体输出（Input/Output，I/O）的行为过程就是交互（interaction）。那么交互设计，其实就是在设计交互（design interaction），设计“人之于其他一切客体的行为”。

要设计人的行为，首先就要了解人是怎么产生行为的。仔细研究，你会发现，不管对于何种客体，人的行为大致一样，都经历了一段从感性认识到实践，再到理性认识的过程：感知（perception）、预测（anticipation）、行动（action）、反馈（feedback）、认知（cognition）。

举个例子，当某人看到墙上有个折弯、凸出的横向圆柱器物（感知）时，觉得应该可以握着它并且可以旋转（预测），于是他这么做了（行动），这个圆柱器物果然旋转了并且伴随着“咔嗒”一声，同时随着此人继续拉动圆柱器物，这面墙被打开了（反馈）。于是这个人明白了，这面墙是个门，而这个折弯、凸出的横向圆柱器物是可以控制这个门开关的装置，于是他以后都知道，这个叫作门的把手（认知），如图2.12所示。

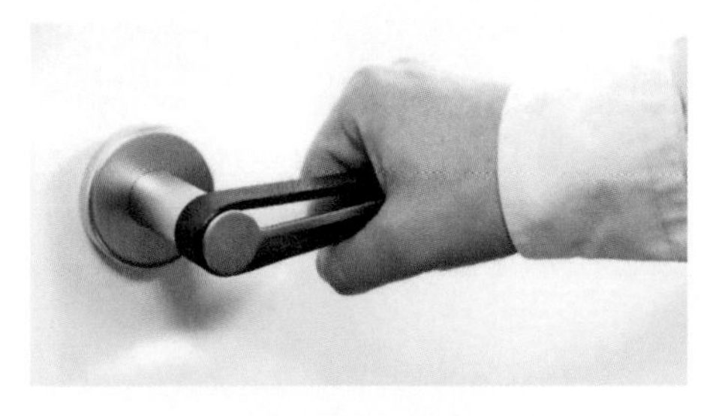

图2.12 门把手

在这个过程中，用户得到的反馈符合了他最初的预测，顺利完成了目的，产生的这种愉悦、顺心的情感其实就是体验。所以，用户体验来自用户与客体的交互过程和它带来的结果，用户体验设计包含交互设计，如果说体验是设计者最终的目的，那么交互设计就是实现体验的渠道和来源。

同时，在这个过程中，其实只有门把手才是设计者直接缔造的产物，你可能会说这是属于产品设计师的范畴，但它的的确确演绎出了一整个人的行为过程，并且靠这个产物实现了人的目的或需求，这好像又是交互设计师的范畴。

读到这里，你可能会发现，原来往往人们判别设计范畴的方法是直接看这个设计师产出的是什么，是门把手，就是产品设计师，是光标，就是软件设计师。但本质上他们都是交互设计师，都遵循着交互设计中最核心的行为逻辑在做设计。用户在某种特定场景下通过媒介的使用行为来完成某个目的，其中包含了在设计交互中必不可少的五个要素：用户（who）、场景（when&where）、媒介（what）、行为（how）、目的（why）。

所以在交互设计范畴下，继续细分专业方向的标准就是媒介——人行为作用的客体，设计师缔造的直接对象。人和器物之间的交互——产品设计；人和信息之间的交互——视觉传达或数字媒体；人和计算机之间的交互——狭义交互设计，等等。

如今为什么提到交互设计或者用户体验设计，人们下意识地会将它们和软件设计、网页设计、App手机应用设计画等号，就是因为（移动）互联网时代或者数字经济时代的主要产品形态是虚拟的（软件系统或服务体系），交互的媒介则是以诸如电脑、手机触屏等为载体的图形界面（Graphic User Interface，GUI）。

2.2.5 HCI——人机交互

HCI——Human Computer Interaction，人与计算机交互，也就是我们经常讲的人机交互。

计算机是一种新媒介、新客体，所以人和计算机之间的交互，依然属于交互设计范畴下的一个领域。提到HCI，就不得不提另一个词，HMI（Human Machine Interaction），人与机器交互。

HMI可以指人与搭载计算机的机器之间的交互，比如智能洗衣机、数码照相机等，也可以指人与不搭载计算机、计算处理靠机械运作的传统机器之间的交互，比如自行车，所以如果我们把计算机也比作机器的一种类型的话，那么HCI是被包含在HMI范畴中的，它们同时属于交互设计范畴。

人机交互，计算机这一全新客体的出现，改变了人以往与物的交互行为方式。前面我们提到的门把手的例子，当人给予这个门把手一些操作，也就是输入动作后，把手的旋转、门铰链的转动导致门的开启等过程，都是可以被感知的，也就是物的计算过程是可见的、瞬时的，人可以马上感知和判断自己的输入或操作，有没有对客体产生影响和作用。但是对于计算机而言，这个计算过程是人看不见的，我们称之为“黑箱化”的，那么，人通过一些输入设备对计算机发出操作，怎么才能让人感知到计算机有反应、有在计算，这就需要非物理界面进行信息的表达和传递。

2.2.6 UI——用户界面

UI——User Interface，用户界面。

它是不同交互媒介用来表达功能和反馈用户行为结果的重要载体。还是拿门把手的例子来解释，如果门把手是用户要完成开门目的的媒介，那么它的造型、材质等塑造出的整体外观就是这个媒介的用户界面，属于物理界面，首先它的外观让人对其有一个初步的视觉感知，其次折弯、凸出的横向圆柱特征传递出可以握持、旋转的功能含义，最后它本身的旋转、给手的触感直接给予人操作行为的反馈（图2.13）：

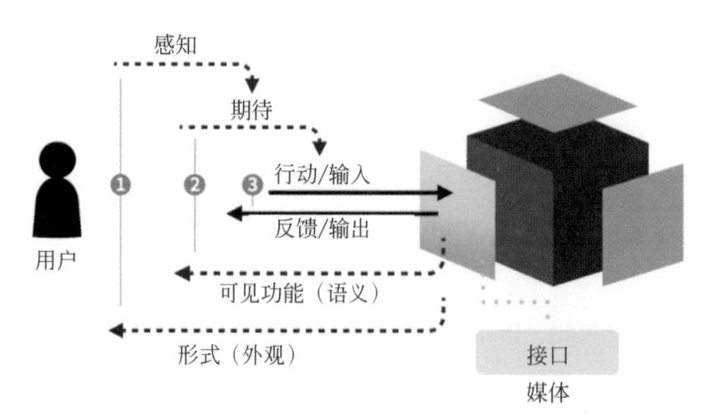

图2.13　反馈/输出对应行动/输入

① 形式（外观）对应感知层；

② 功能可见性（产品语义）对应预测层；

③ 反馈/输出对应行动/输入。

同样道理，对于如今高度普及的智能手机而言，那块触屏下的图形界面就是用户界面，属于虚拟界面，手机系统或软件应用的所有功能，以及人点触、滑动操作后的所有反馈，便都是通过这个二维的、图形语言的用户界面来表达的，如图2.14所示，iOS系统中开关控件的设计，它的图形语义就暗示着人可以像现实生活一样，通过拨动按钮，来实现开关的功能。

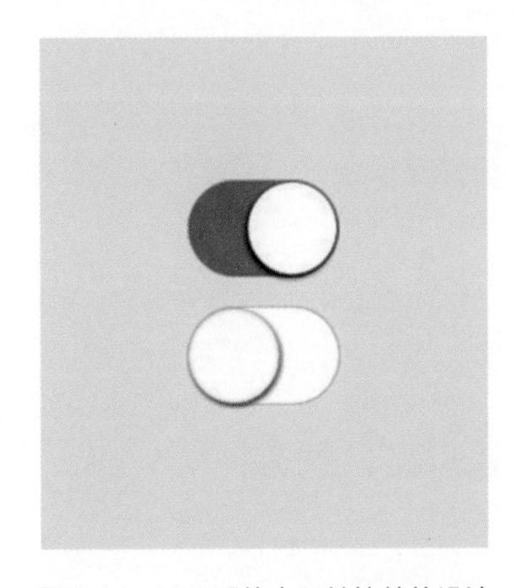

图2.14　iOS系统中开关控件的设计

由于图形要素在以屏幕、触屏为主要交互媒介中扮演了主要角色，这就不难解释为什么很多视觉设计师可以较低成本地转型为UI设计师，但我们始终要明晰，这里的UI指的仅仅是GUI，图形用户界面。因为对于整个HCI范畴而言，GUI只是其中一种且较早的用户界面形式。

计算机最早与人沟通的界面是CLI（command-line interface），也就是指令式用户界面，人输入计算机语言（早期的二进制语言），计算机反馈的也是计算机语言，如今的程序员依旧使用的是这种交互方式，它对人的专业性要求高，交互的信息也极为抽象；而后随着施乐公司（Xerox）的一群电脑工程师发明了图形界面（GUI），人不用再学习复杂的计算机语言，即使是儿童都可以通过鼠标来操作屏幕里的一切图形元素，所看即所得；后来，抛开鼠标、键盘等外接输入设备，人能直接用手指、手势甚至其他人体组织等作为输入设备，和计算机进行交互，这就属于NUI（Natural User Interface），自然用户界面；未来，人机交互界面还会发展到诸如TUI（可视化用户界面）、OUI（有机用户界面），甚至BCI（脑机接口）等阶段（图2.15）。

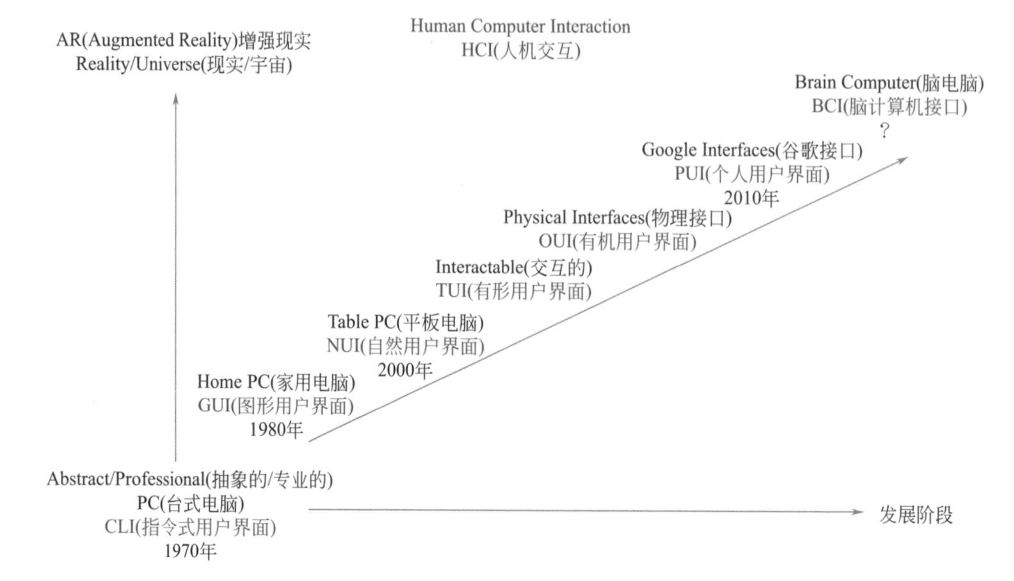

图2.15　HCI人机交互下用户界面的演变过程

2.3 交互系统的5个要素

交互设计和其他设计方向一样，都是一种有目的和计划的创作行为，只是它们各司其职，设计对象不同而已。其他设计的对象是信息、材质，抑或空间。而交互设计的对象则是行为。

我们来回顾一下淘宝购物的过程。先注册登录App—找到搜索框进行搜索—浏览搜索结果—点击“详情”—立即购买（不满意则返回继续筛选）—填写收货信息—付款—等待收货—确认收货—评价—完成。利用互联产品满足一个需求，是需要通过一步步的行为（点击、滑动、输入等），而交互设计师则负责设计这些行为，让用户知道自己在哪、能去哪、怎么去。

辛向阳教授提出了交互设计五要素的概念，分别是“行为、用户、目的、媒介、场景”。人机交互是用户产生动作且收到反馈的一个回路，类似于人与人之间的沟通。这里的动作一般是指有意识的行为，既然是有意识的行为，肯定有发出行为的人（用户），发出这些行为的动机是什么（目的），通过什么载体来承载这些行为（媒介），这些行为在何时何地怎样的情景下产生（场景）。在淘宝购物的例子中，用户是需要买东西的人，他的目标是买物品，行为则是一次次输入、浏览、滑动、点击等，媒介则是淘宝App，场景会根据用户所处的情况而有所不同。

2.3.1 用户

产品立项后，确定产品定位，去了解用户，互联网产品可能存在很多种用户，一定要以目标用户的研究为主，网易云音乐的用户可能有学生、工人、音乐发烧友等，但是它的目标用户却是白领。从不同渠道去收集目标用户的需求、筛选需求、确定需求优先级，确保需求是真实的。

艾伦·库珀（Allan Cooper）在书中讲了三个模型，即心理模型（用户认为软件应该怎样工作）、表现模型（设计者将软件的运行机制展示给用户的方式）和实现模型（软件如何工作的模型）。心理模型是用户对产品的预期，表现模型是产品被设计成的样子，实现模型是开发产品所使用的技术手段。用户并不关心实现模型，只关心表现模型有没有符合自己的心理模型。只有站在用户的立场去思考，让产品的表现模型更贴近用户的心理模型，用户就愿意使用。

2.3.2 行为和目标

使用产品时，不同用户可能有不同目标，一个用户也有可能有多个目标。研究用户的目标是为了确定需求、清楚产品要满足用户多少个目标。交互设计师再根据不同的目标去设计相应的行为路径。错误的目标、烦琐的行为路径，都会导致用户放弃产品。

按照用户不同的目标，行为路径可以分为随机式、往复式、渐进式。

当用户没有明确目标时，行为则比较随机，用户会在App里不断地跳转，例如：没有明确购物需求时逛淘宝；随机地查看新闻内容。

当用户有个模糊的目标时，则会往复地对比内容，从而确定自己的目标，并完成目标。例如：当在“人人都是产品经理”浏览“关于交互设计方法论”的文章时，就会进行搜索，并在搜索列表和文章详情间来回切换，直到找到想要的交互方法论的信息。

当用户具有明确目标时，行为路径就会较明确，一步步推进。例如北京雾霾很严重，想在京东买个3M的口罩，用户路径为：搜索“3M口罩”—浏览搜索结果列表—点进去“商品详情”—直接购买（或加入购物车后再付款）—填写信息—等到收货—给予评价。

首先要明确用户的目标，根据不同目标确定行为路径是随机、往复还是渐进，针对不同的行为类型进行相应的交互设计。

2.3.3 媒介

媒介可以理解为产品形态，产品是用App、网页、公众号、微信小程序、H5（即HTML5，超文本标记语言）宣传页等，还是其他形式，这属于媒介。互联网产品常见的媒介是App，但要具体问题具体分析。

不同的媒介有不同的特点，一定要根据自己的业务类型来选择适当的媒介，同时应该考虑到性价比。

2.3.4 场景

场景是个很容易被忽视的问题，随着智能手机的快速普及，移动互联网时代提前到来，用户使用产品时的场景变得更为复杂，可能在嘈杂的地铁里，也可能站在路边、躺在床上，等等。

大家熟悉的打车软件，一般都会有两个App，一个乘客端、一个司机端，司机端的用户是正在开车的司机，而司机为了安全一般会把手机固定在车载架上，这个场景就是司机端App所处的主要场景，那么设计App时就要考虑到车内光线问题、司机操作便捷性和安全性等问题。

CHAPTER THREE

第 3 章

交互设计的理念与方法

Graphic Interaction Design UI

Required Courses for UI Designers

前两章着眼于概念的厘清与观念的建立，从这一章开始，我们要逐渐切入实际的设计原则和技巧运用。

3.1 前田约翰（John Maeda）的10个精简定律

前田约翰（John Maeda）是世界知名的图像设计师、视觉艺术家、电脑科技专家，也是麻省理工学院媒体实验室的教授。前田约翰在艺术上的贡献也不容忽视，他得奖无数，例如美国设计界最高荣誉史密森学会（Smithsonian）杂志的国家设计奖（2001年）、日本朝日设计奖（2002年）、德国雷蒙德·洛威（Raymond Loewy）基金会奖（2005年）、戴姆勒克莱斯勒设计奖（2000年），等等。他曾在巴黎、纽约、伦敦、旧金山、东京、大阪等地举办过多次个人展览，深获好评，他的作品也被纽约现代美术馆、旧金山现代美术馆、史密森尼机构的国家设计美术馆收藏。

以下从他2006年出版的经典书作《精简的法则》（The Law of Simplicity）出发，在前田约翰精简十大定律的架构之下讨论“少即是多”与交互设计的关联。

3.1.1 缩减

达到精简最直接的办法，就是深思熟虑去探究一切缩减的可能。

精简设计的第一条定律，就是尽一切可能去缩减。对此，前田约翰提出了S-H-E的三大原则，意即是：缩小（shrink）、隐藏（hide）和蕴涵（embody）。以缩小原则达成的轻、薄、短、小，是迈向精简的第一步，也符合数位科技的趋势。进一步将次要或不常用的功能隐藏起来，更能够让设计维持精简。但在缩小和隐藏的同时，必须特别注意质感的维持。不当的缩减，会让设计变得廉价和平凡无奇。因此，在做每一个缩减决策的同时，都要考量设计所蕴含的价值感。设计所蕴含的质感，可以透过细节、材质和市场宣传等方式提升。最重要的是，愈简单的设计，愈需要精致地去考量每一个细节和元素（图3.1）。

图3.1 马兰士（Marantz）SR6003 AV扩音器成功利用隐藏的概念来提升精简的设计质感

3.1.2 组织与安排

有条理的组织，能够让复杂的系统看起来简单明了。

愈是复杂的设计，就愈需要花时间做组织和归纳，因为条理清晰的组织，能够带给使用者精简的感觉。组织的主要工作，包括：分类、标示、合并和排列优先级。将信息和功能合理地分类，是组织与安排的第一步。然后将分类出来的每一个组群，给予明确的标示（名称、编号、色彩都可以），就会有进一步化繁为简的效果。接着，则是去比较每一个组群的内容，如果找到相近或是类似的组群，不妨把它们合并。最后，必须依重要性做出优先级的排列。关于这一点，前田约翰认为可以参考帕雷托法则（又称80/20法则），将最重要的20%放在高阶的优先地位，其余的80%，可以放到次要的低阶地位。

3.1.3 差异

精简与复杂两者相依共存。

大多的事物和感觉，都是在对照和比较之下，才会凸显出其珍贵的价值。因此精简风格的设计，并不等同于全盘一致的单调，而是要注重多与少、满与空、轻与重、明和暗、大和小这些差异性的对照，就如同一首隽永的曲子，其旋律必然要有抑扬顿挫的起伏，才能够丝丝入扣、动人心弦。

进一步探讨，简单与复杂两者，其实是相依共存的。特别是在数码科技领域，这种看似矛盾的逻辑，更是随处可见。关于这一点，琳达·提胥勒（Linda Tishler）在《简单之美》（The Beauty of Simplicity）一文中，有过很贴切的描述："这是科技发明最大的自相矛盾，我们不断要求生活中有更多东西——更多特色、更多功用、更多能力，但同时，我们又要求它更容易使用。犹如艾雪（Escher）画作中的那种扭曲逻辑，最简单使用的科技，通常在设计上都是最困难的。"

20世纪90年代末期，各家科技公司逐鹿中原，抢夺搜寻引擎市场。为求"高人一等"，众家好手纷纷绞尽脑汁，致力于提供更多的功能和服务。就在此时，Google以单纯、极简的风格独树一帜，并因此脱颖而出。Google的普及，其实是因为它以极端复杂的程序，简化了搜寻这个困难的挑战，并且为用户提供了精简的使用体验。这就是以困难、复杂来创造方便、简单的最佳实例（图3.2）。

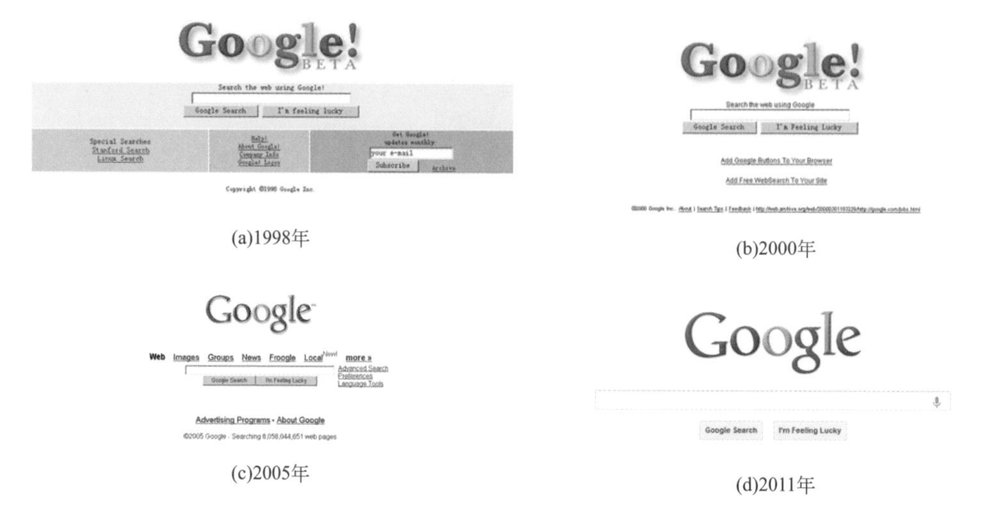

(a)1998年

(b)2000年

(c)2005年

(d)2011年

图3.2　Google为用户提供了精简的使用体验

3.1.4 感情

情感总是愈多愈好。

精简，并不等于是情感上面的节俭或是人性方面的冷漠，事实上，愈是精简的设计，愈是需要投注更多的关心、注意和努力。从使用经验设计的角度来看，能够提升感情层面满足的触媒，总是愈多愈好。而且多些关怀、多些关爱、多些有意义的行为，这种层面的投资永不嫌多，而且愈多愈好。

图3.3　Arc笔

帕金森患者的一个突出病状便是写字会变得又小又密。由于手部肌肉会产生抽紧，导致手不听使唤，便会产生这种结果。如图3.3所示为帮助帕金森患者写字而设计的Arc笔。在帕金森患者写字的时候，Arc笔内置的振动马达会传输细微的电流，通过适当的震颤让患者更好地控制笔触。

在对18名患者进行试验后，设计团队发现Arc笔的确对他们的书写有了很大的帮助，而且在关闭书写笔十分钟后，患者依然能比较流畅地写出正常的字体，无疑，这表示Arc笔能对患者的书写有一定的提升作用（图3.4）。

正如设计团队中的一位设计师（Lucy Jung，她也曾是一名肿瘤患者，在鬼门关走了一遭之后，开始想到要为病人设计点什么，来改善他们的境况）所言，

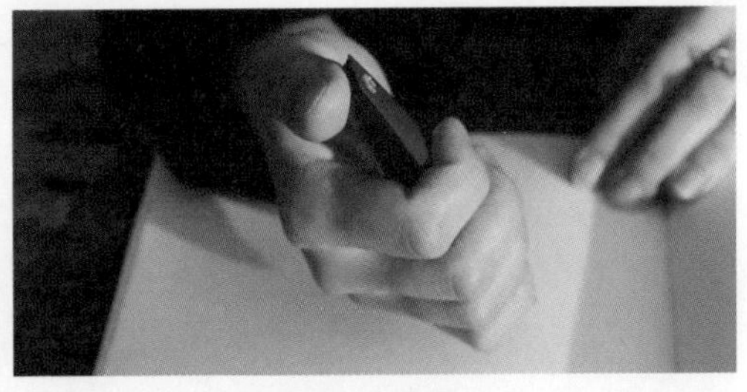

图3.4　试验证明Arc笔的确对帕金森患者的书写有很大的帮助

“当我们谈起慢性病患者的时候，我们通常考虑到的都是如何解决他们的日常需求，可是我们的生活不是只有吃喝拉撒，我们还需要写字、画画，甚至是听音乐，患者同样希望能享受到和正常人一样的娱乐。所以Arc笔便成了我们努力的方向。”

3.1.5 信任

简便与信赖的平衡。

交互设计在数字时代的重大挑战，就是在使用者了解数字系统与数字系统了解人之间，取得一个完美的平衡。使用者愈了解数字系统，就愈能够拥有主控和掌握系统的能力，但相对的，这种知识的学习曲线就会愈长。反过来说，数字系统拥有使用者愈多的信息，就愈能够简化操作者学习和使用的步骤。这两者之间的重点，就在于使用者对于系统能够给予多少的信任。试想，如果一切的个人资料，都储存在存储器之中，那么在网络上填表格甚至购物的时候，自然会免除了许多的步骤。但使用者是否能够如此信任这个体制，以隐私来交换这种简便呢？因此我们可以说信赖感的建立，就是提供自动化便利的关键。

3.1.6 时间

节省时间，创造一种精简的感觉。

使用者会喜欢使用一款交互设计产品，通常并非取决于功能方面的强、弱、高、低，而是和系统操作的速度和节省时间有关。这个论点最佳的负面例证，就是让微软惨遭滑铁卢的Vista（图3.5）。2007年推出的Vista操作系统，在功能上远远超过旧版的Windows XP，但是因为始终无法克服运作缓慢的问题，因此大多数的用户，根本不愿意升级，甚至还被评选为数字科技史上最失败案例

图3.5　Vista操作系统让微软惨遭滑铁卢

的第二名。由此可证，从使用者的角度来看，功能与满意度不一定呈正比，真正要讲求的，其实是“效能”，也就是重视时间这个使用经验的关键。当然，让系统运作达到迅捷是终极目标，但与科技打交道，就不免受限于软硬件运作的诸多限制。因此前田约翰特别提醒，如果等待已经成为必然，那交互设计师就必须以巧思来提升等待的经验，减少过程中人们所产生的不耐烦及其他负面情绪。

3.1.7 学习

知识让一切都变得简单。

对钢琴家而言，演奏很简单，因为长年累月的训练，让他们非常熟悉这种乐器；对厨师而言，炒菜很简单，因为他们非常了解烹饪的相关知识。熟悉感与知识，会让人们对于事物产生顺手、简单、方便的感觉。因此前田约翰将交互设计与教学类比，指出交互设计师在设计界面的同时，必须以老师设计课程的态度和方式，设法帮助缩短初学者的学习曲线，迅速让他们达到得心应手的境界。对此，他提出了B、R、A、I、N五个要点。从交互设计的角度来分析，“BRAIN”的精神可这样理解：

（1）Basic（基本）

设计师必须放下自己对于这个产品和系统的认识，回归到基本面，去体会初学者的需求。

（2）Repeat（重复）

鲜少有人能够过目不忘，反复提供重要资讯，有助于用户学习与记忆。

（3）Avoid（避免）

避免让使用者产生无功感，特别是要避免炫技，因为特效和新功能，容易让初学者在眼花缭乱间感到手足无措。

（4）Inspiration（鼓舞人心）

不时给予使用者鼓舞，让他们产生学习的动力，也就是说，在操作过程中，不断透过各种感官诱发正面的情绪反应。

（5）Never（绝不）

永远不要忘记“反复”这一个诀窍。

3.1.8 失败

有些东西永远也无法变得简单。

尽管精简是前田约翰所追求的目标，但他却坦诚，并不是所有的东西，都能够达到精简这个目标。而精简，也并不是美学唯一的可能性。有些东西的复杂性，反而是不可或缺的特质。因此追根究底，前田约翰认为真正的关键，在于比形式更重要的实质意义。

3.1.9 脉络

看似周边、次要的，都可能很重要。

不把一个单字放在前后文句的脉络之间，根本无法辨识它的真实涵义。设计过程中最常犯的一个错误，就是太快聚焦在所谓的重点之上，而忽略了以全盘、宏观的角度，来检视整体脉络的相互关系。

特别是交互设计，它其间的各项环节错综复杂，因此更要注重设计时眼界的广度。无论是整体策略的制订或者是单一元素的设计，都必须随时提醒自己“三不原则”：没有不重要的细节、没有不需要的考量以及没有不必要的尝试。设计的思考一定要彻底和周全。比如，在设计新闻网站之前，必须先观察媒体生态与阅读习惯的改变，才能制定出成功的策略。在规划网站的信息架构时，必须思考使用者的习惯、人机间的互动、知识内容的管理，等等。就连在设计一个按钮之前，都必须先纵观整体视觉体系的规划，才能做出正确的选择。

3.1.10 唯一

前田约翰曾尝试将所有先前讨论过的观念再度去芜存菁，以一句话为精简这个观念总结一个最精简的定义：真正的精简，就是将一切的平凡无奇剔除，同时提升真实、深刻的实质意义。

他的论述颇有层次和深度，他从实际可以运用的原则出发，一路探讨到形而上的精神阐述。在科技的领域中，我们常常会不自觉地迷失在“重踩油门”的快感里。认为复杂的功能和设计，最能够吸引眼光，因此拼命想炫耀技术上的成就。网页设计喧哗而刺眼，手机功能过半都没人会用，遥控器上按钮多到令人眼花缭乱，这些都是屡见不鲜的案例。殊不知，根据美国消费科技协会的某项调查结果显示，87%的消费者认为，在接触新科技时，简便是他们最重视的特质。

也许，在所有人都在向前急奔的同时，交互设计师最需要的，并不是在科技方面钻牛角尖的神乎其神，而是在风驰电掣的竞赛中，有停下来为使用者深思的勇气。

3.2 本·施耐德（Ben Shneiderman）界面交互设计的8大黄金法则

如下所述，这8大黄金法则是本·施耐德的《设计用户界面》（*Designing the User Interface*）这本书中的一些理念，对于提高程序易用性来说非常重要。

3.2.1 一致性

当你在设计类似的功能和操作时，可以利用熟悉的图标、颜色、菜单的层次结构、行为召唤、用户流程图来实现一致性。规范信息表现的方式可以减少用户认知负担，用户体验易懂、流畅。一致性通过帮助用户快速熟悉产品的数字化环境从而更轻松地实现其目标。

一致性体现在相似的情况下操作一致；在提示、菜单及帮助信息等中使用的名词统一；功能一致。

3.2.2 常用用户使用快捷操作

随着使用次数的增加，用户需要有更快完成任务的方法。例如，Windows和Mac为用户提供了用于复制和粘贴的键盘快捷方式，随着用户更有经验，他们可以更快速、轻松地浏览和操作用户界面。

3.2.3 “完结”设计

不要让你的用户猜来猜去，告诉他们其操作会引导他们到哪个步骤。例如，用户在完成在线购买后看到“谢谢购买”消息提示和支付凭证后会感到满足和安心。

3.2.4 提供有用信息的反馈

用户每完成一个操作，需要系统给出反馈，然后用户才能感知并进入下一步操作。反馈有很多类型，例如声音提示、触摸感、语言提示，以及各种类型的组合。对于用户的每一个动作，应该在合理的时间内提供适当的、人性化的反馈。如设计多页问卷时应该告诉用户进行到哪个步骤，要保证让用户在尽量少受干扰的情况下得到最有价值的信息。

3.2.5 提供简单的错误操作的解决方案

用户不喜欢被告知其操作错误。设计时应该尽量考虑如何减少用户犯错误的机会，但如果用户操作时发生不可避免的错误，不能只报错而不提供解决方案，请确保为用户提供简单、直观的分步说明，以引导他们轻松快速地解决问题。例如，用户在填写在线表单时忘记填写某个输入框时，可以标记这个输入框以提醒用户。

3.2.6 允许撤销操作

设计人员应为用户提供明显的操作方式来让用户恢复之前的操作，无论是单次动作、数据输入还是整个动作序列后都应允许进行返回操作，正如本・施耐德在他的书中所说：“这个功能减轻了焦虑，因为用户知道即便操作失误，之前的操作也可以被撤销，鼓励用户去大胆放手探索。”

3.2.7 给用户掌控感

设计中应该考虑如何让用户主动去使用，而不是被动接受。要让用户感觉他们对数字空间中一系列操作了如指掌，在设计时按照他们预期的方式来获得他们的信任。

3.2.8 减少短时记忆负担

人的记忆力是有限的，我们的短时记忆每次最多只能记住五个东西。因此，界面设计应当尽可能简洁，保持适当的信息层次结构，让用户去再认信息而不是去回忆。例如，我们经常发现选择题比简答题更容易，因为选择题只需要我们对正确答案再认，而不是从我们的记忆中提取。

3.2.9 本·施耐德的8大黄金法则在苹果产品设计中的应用

苹果整合本•施耐德的8大黄金法则设计出成功的产品，从Mac到移动设备设计都取得了巨大的成功，以产品设计的一致性、简洁直观为追求。

（1）一致性

“一致性”和“感知的稳定性”在Mac OS的设计中体现得淋漓尽致。不管是20世纪80年代的版本，还是现在的版本，Mac OS菜单栏设计都包含一致的图形元素。随着时间的推移，Mac OS的外观有很大变化，但Mac OS菜单栏设计却一直都保持一致（图3.6）。

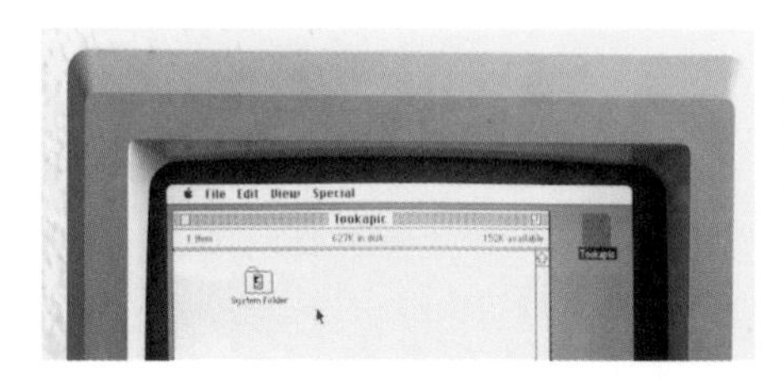

图3.6 Mac OS菜单栏设计一直都保持一致

（2）快捷操作

图3.7 Mac允许用户使用各种键盘快捷键

Mac允许用户使用各种键盘快捷键（图3.7），实现了通常需要鼠标、触控板或其他输入设备才能完成的操作。使用频率较高的键盘快捷键有复制和粘贴（Command键+X和Command键+V）以及截图（Command键+Shift键+3）。

（3）有用信息反馈

当用户点击Mac桌面上的文件夹时，该文件夹会“突出显示”，这是视觉反馈的一个很好的示例。另外，当用户拖动桌面上的文件时，用户可以看到在按住鼠标时，文件显示被移动的状态（图3.8）。

（4）操作流程的设计

当用户将软件安装到Mac OS时，提示信息的屏幕显示用户当前的安装步骤（图3.9）。

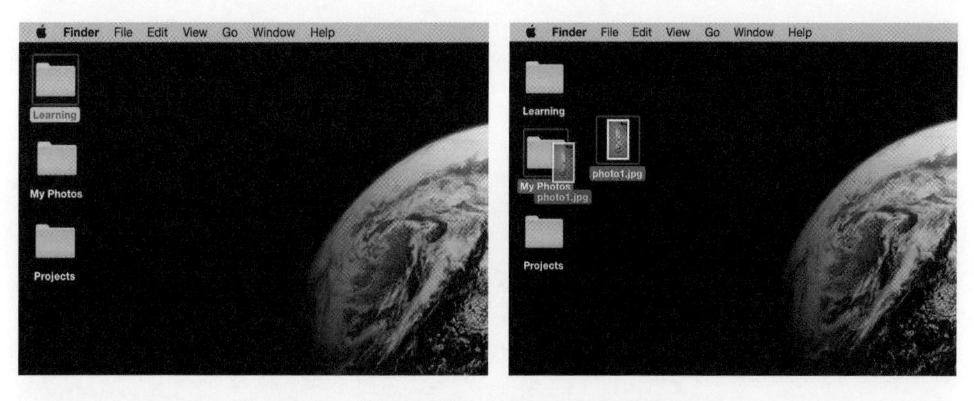

图3.8 “突出显示”的文件夹和被拖动的文件

图3.9 提示信息的屏幕显示用户当前的安装步骤

（5）错误操作的解决方案

在软件安装过程中，如果发生错误，用户将收到友好的提示信息。提供复杂的解决方案，或用户难以理解的解决方案，或只报错不提供解决方案，都是极大影响用户体验，使用户沮丧的关键原因。根据错误操作的严重程度，区分何时使用小的，不会影响用户操作的提醒，以及何时使用大的，侵入式提醒。但当错误操作发生时，应谨慎选择正确的语气和正确的语言提醒用户操作错误。

Mac OS通过显示一个温和的提示消息向用户解释出现的错误操作及其原因。另外，解释这是由于自己的安全偏好选择，进一步向用户保证，告诉他们一切在掌控范围内（图3.10）。

而Windows系统中这个非常不友好的提示信息使用“fatal（后果严重的）”和“terminated（被终止）”字样。这样的负面的、不友好的言语肯定会吓倒大多数用户（图3.11）。

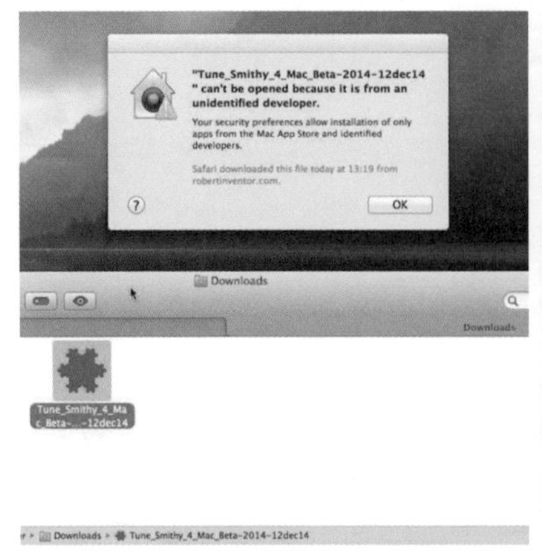

图3.10　Mac OS通过显示一个温和的提示消息向用户解释出现的错误操作及其原因

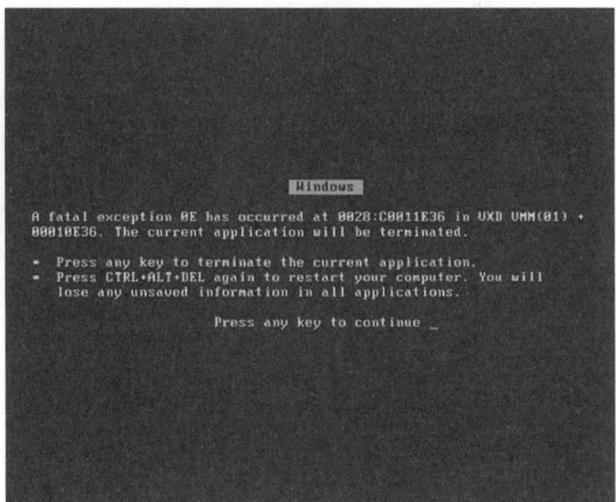

图3.11　Windows系统中不友好的提示信息

（6）允许撤销操作

当用户在安装过程中提供信息时发生错误，允许他们重新回到上一步，而不必重新开始（图3.12）。

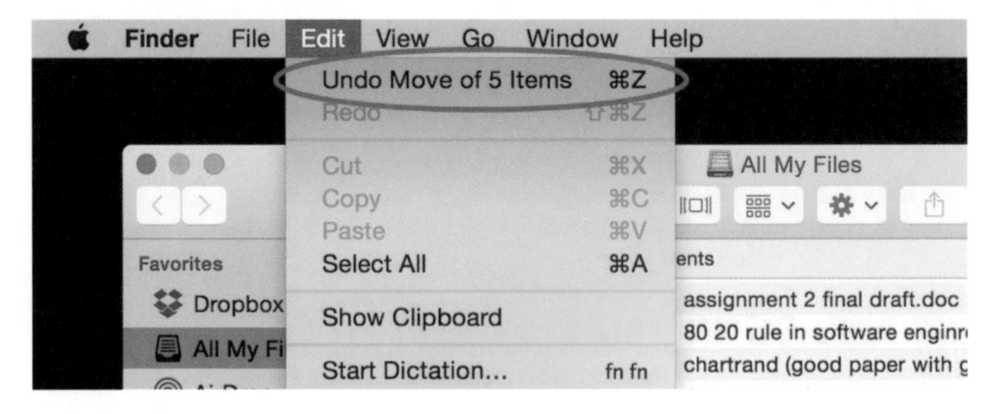

图3.12　允许撤销操作

（7）给用户掌控感

让用户有权选择是继续运行程序还是退出程序，Mac的活动监视器允许用户在程序意外崩溃时“强制退出”（图3.13）。

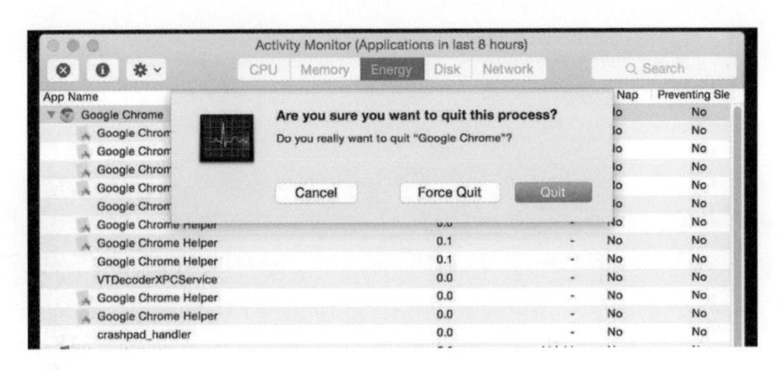

图3.13　给用户掌控感

（8）减少短时记忆负荷

由于人类短时记忆每次只能记住5个东西，所以苹果iPhone屏幕底部的主菜单区域中只能放置4个及以下的应用程序图标，这个设计不仅涉及对记忆负荷的考虑，还考虑了不同版本一致性问题（图3.14）。

图3.14　苹果iPhone屏幕底部的主菜单区域中只能放置4个及以下的应用程序图标

3.3 交互设计的8大策略支柱

下面将介绍的，就是交互设计师必须了解并且善加运用的8种交互设计策略，它们分别是：制约（constraint）、反馈（feedback）、关联对应（mapping）、能见度（visibility）、惯例（patterm）、一致性（consistency）、个性化（personalization）以及脆弱环节（weak link）。这8种策略能够预防错误、提升功用直觉、增加效率、缩短学习曲线，因此也可以说是交互设计的8大支柱。

3.3.1 制约

制约是一种防止使用者犯错的机制，它的另外一个说法，就是防呆装置。防呆是一种预防矫正的行为约束手段，运用避免产生错误的限制方法，让操作者不需要花费注意力，也不需要经验与专业知识即可准确无误完成正确的操作。广义来讲，防呆就是如何设计一个东西，而使错误发生的机会减至最低的程度。避免工作错误的发生，进而达到“第一次就把工作做对”之境界。

如图3.15所示，这款iF获奖作品“微笑钥匙”就通过防呆设计解决了关于钥匙的4大难题。自然的弧度，更加贴合拇指和食指，用着更舒服；更容易分辨钥匙的朝向——不用再去记忆哪面是正确的朝向，自然贴合拇指与食指的那面，便是正确的；钥匙平放的时候，因为这弧度，更容易被拿起来；钥匙上面有数目不等的凸起小颗粒，用于区分是哪儿的钥匙，比如说，1个小颗粒是办公室的，2个是自家大门的。这在晚上看不清的时候尤其方便，不用再一串钥匙挨个尝试了。

防呆设计经常使用感官替换的方式来进行设计。如图3.16所示，这款杯盖，

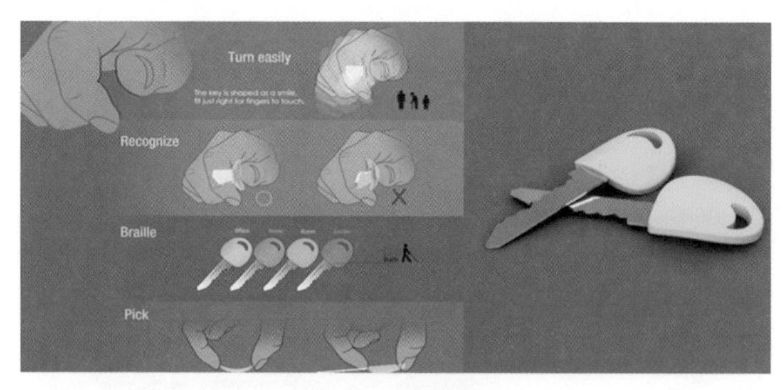

图3.15　微笑钥匙

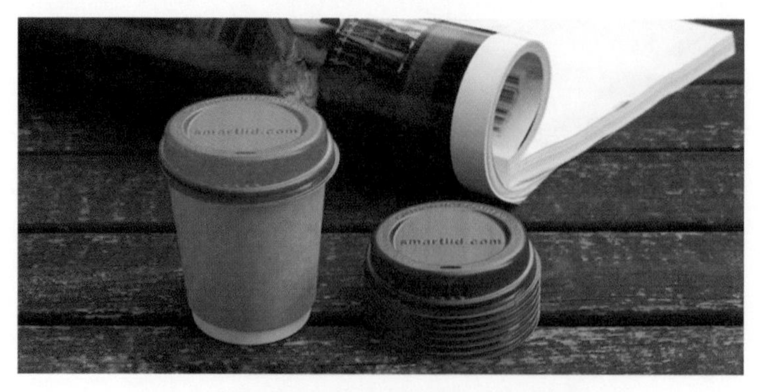

图3.16　通过视觉替代触觉进行防呆的咖啡杯设计

通过视觉替代触觉进行防呆。可以感应杯中液体的温度显示不同的颜色。通过视觉的警示提醒人们此时的饮品很是烫口，避免一时糊涂拿起就喝了。

“人非圣贤，孰能无过”，就算是再熟练的专家，也有失手或闪神的可能，因此制约机制的建立，是交互设计过程中非常重要的一项工作。我们还可以进一步细分，把制约分成强制性、极限性和保险性三种。

强制性的制约，完全不让使用者有任何犯错的可能，例如，计算机内存模块上有一个凹洞，借此确保只有正确的安装方向才能够将它插入记忆槽。数码照相机记忆卡上的切角也有相同的功能，让用户只能以正确的方向插入。许多的数字器材的接头和组件，都会有这种设计，但这并不是一个起始于数字时代的观念，旧式的录音带上也有防呆装置，只要把“预防再录孔”上的塑料片折断，就可以防止将录音带内容洗掉。如图3.17所示为USB防呆卡口设计。

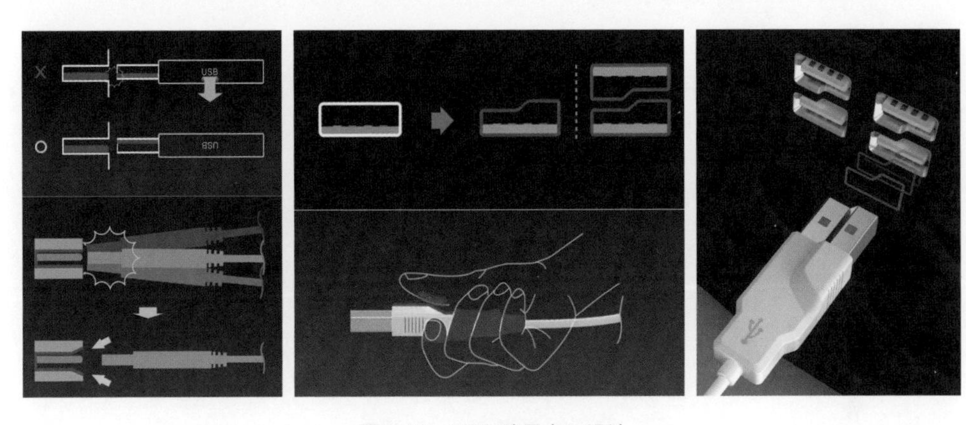

图3.17　USB防呆卡口设计

极限性的制约，则是在系统超载之前，就用自动性的机关去制止系统继续运作。马桶水箱以浮球来侦测水量，在水漫出水箱之前会自动停止供水，这就是极限性制约的典型（图3.18）。这种机制在软件设计也很重要，在程序运算出现超载情况时，必须能够自动停止该程序的运作，以免造成系统性的“停摆”。

保险性制约的概念，则是刻意将操作程序复杂化，减少失误发生的可能性。例如，为了防止孩童不懂事吃错药，许多药品包装设计，会让盖子必须先向下压之后再用力旋转，才能够将盖子打开（图3.19）。为了防止孩童玩打火机，因此使用者必须先按下保险钮之后才能点火，也是同样的保护功能。枪支的保险锁、手榴弹的保险插销，都是这种形态的制约。将保险性制约概念运用在软件界面上，则是在执行关键或无法恢复的动作前，会先以对话窗口来提出警告，让使用者多经过一道确认的手续，之后系统才会开始执行。

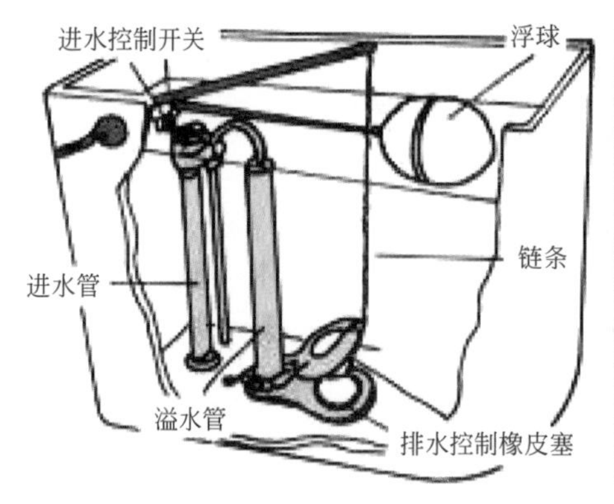

图3.18　马桶水箱以浮球来侦测水量

图3.19　药品包装设计要防止小孩能随意打开

谷歌邮箱（Gmail）有这样一个功能。为了防止用户在心情不好、精神不济或者酒过三巡之后，会不小心发出让自己在清醒之后悔不当初的电子邮件，Gmail让使用者可以选择开放“邮件防呆装置”，设定在按“传送”之后，马上会跳出一个询问“确定传送”的视窗。询问内容，是几则必须在60秒之内回答完毕的数学问题，透过这个缓冲程序，一方面可以确定使用者的头脑是清醒的；另一方面也让使用者借机好好想一下，这封信件到底该不该发出。这个防呆装置，就是有趣的软件制约范例。

3.3.2 反馈

另一个交互设计师常用的策略，就是让使用者在操作的过程中，每一个动作都得到适当的反馈反应。用户在按下按钮之后听到一个声响，发出邮件后得到一个确认信息，或者是将点选的档案用醒目的颜色凸显，这些都是常见的反馈机制。它的主要功能在于让用户肯定自己的动作已经产生了效果。如果按了一个选项之后没有得到任何反馈，用户将无法确定系统是否接收到指令，可能会让使用者连续再按几次，甚至因此而造成不必要的错误。

反馈对于软件接口设计特别重要，因为对于用户而言，软件系统的运作是完全隐形的，因此接口必须负责随时对用户提供信息。数字反馈反应设计的最高指导原则，就是反应的及时性。根据研究报告指出，对于使用者而言，在0.1秒以内得到的是实时反馈；若是在0.1～1秒内才得到反馈反应，会让用户感觉系统运作并不顺畅；如果在1秒以后还未得到反馈反应，使用者会认为运作可能已经受到干扰，并且开始臆测系统运作是否不正常；大多数的人，如果在10秒之后仍未等到任何反馈，会认为系统运作已经终止，并且开始尝试重新登入或开机等障碍排除。

在产品设计上，许多的反馈反应会自然发生，例如，开关发出的声响、键盘的触感甚至于东西拿起来的质感，等等。值得注意的是，这种反馈其实还带有暗示质量的功能。例如沃尔沃（VOLVO）的高级房车，连关车门时的声音和重量，都会传达出一种扎实和信赖感。因此，交互设计师一定要了解，反馈除了实际的功能之外，也是建构使用体验的重要一环。

另外一种反馈，则是向用户通报系统运作的进度。最常见的例子，就是在下载文件、安装软件或者执行复杂的运算功能时，电脑屏幕上经常会出现的进度条。还有一个常见的例子是地铁车厢内显示已运行站点的灯带。这种进度的反馈功能，在于让使用者确定系统是否运作正常，同时也会缩短使用者认知中的等待时间。根据相关研究报告显示，设计成功的进度条，能够有效地给使用者系统运作比较顺畅的错觉。而且尽管两者等待时间完全相同，过程中持续加速的进度条，会让使用者感知的进度比较快，反之，进度条如果在过程中出现明显停顿，使用者所感知的速度就会慢（图3.20、图3.21）。

图3.20　设计可爱的进度条

图3.21　地铁车厢内显示已运行站点的灯带

无论你在设计怎样的产品，总会涉及“用户行为与反馈效应”这样的循环。

很多时候，良好而有效的“反馈循环（feedback loop）”是决定一款产品能否取得成功的重要因素。那么，怎样通过精心打造的反馈循环对用户行为产生影响呢？

“反馈循环”在我们的现实生活中是无处不在的，它可以揭示出人们是否做了正确的选择。一个人吃了不好吃的东西会觉得恶心难受，并在未来产生排斥行为；而吃了好吃的东西则会感到幸福香甜。

如果你善待他人，而对方也以同样的方式进行反馈，你就会觉得很开心；如果一个人损害自己的身体，身体就会出问题——我们的大脑似乎就是有一套这样的奖惩机制。

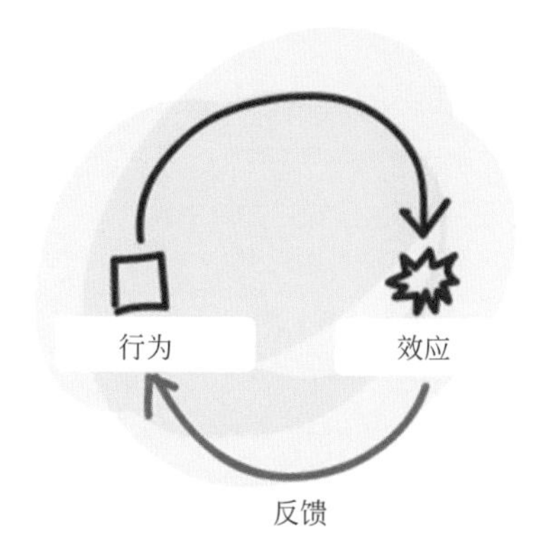

图3.22　反馈循环

反馈循环由以下几个环节组成（图3.22）：

① 一个人发起行为；

② 该行为产生一个或多个效应；

③ 其中一些重要的效应会以某种方式反馈给行为发起人；

④ 行为发起人根据收到的反馈继续产生新的行为，规律地如此循环下去。

3.3.3 关联对应

关联对应的概念，就是要设法让操作方式与效果产生正确的联结。如果要将光标移到左边，使用者就必须将鼠标往左移动，这就是很直接而且正确的联结；但如果你故意把鼠标往右转90°，事实上你还是可以操作光标，但鼠标和光标之间的关联对应就会变得很奇怪，鼠标必须往上，光标才会向左移动，因此操作上就会变得很困难。Apple公司的圆形鼠标，因为正圆本身没有方向性，在握的时候不容易找到正确的角度，因此操作就会很困难。

图3.23　汽车驾驶座旁边的车窗控制按键

另外一个常见的关联对应例子，就是以位置做联结。如图3.23所示，汽车驾驶座旁边的车窗控制按键，左前按钮控制驾驶座的窗户，右前的按钮控制副驾驶座的窗户，左后方的按钮控制驾驶座后方的窗户，右后方的按钮控制副驾驶座后方的窗户。如此一来，在前、后、左、右的位置上，就得到了合理的关联对应。如果四个按钮排成了一条直线和其所控制的窗户丧失了对应，就很容易造成使用时的错误和操作的困难。如图3.24所示，电梯按钮也是相同的道理，楼层愈高，按钮就排在愈上面，如果反过来把一楼排在上面而顶楼排在下面，这就会造成关联对应的混乱。

图3.24　电梯按钮的排列

以上所提到的方向和位置的直接对应，是属于自然的关联对应（natural mapping）。另外一种，则是逻辑上的关联对应（logical mapping）。逻辑的关联对应，指的是一种逻辑上的合理转换，比如：高和大、低和小、重和多、轻和少之间，在逻辑上是合理的转换。所以把控制钮往上推的时候声音会变大或者灯光会变亮，这都是合理的联结，反之则违反了常人的逻辑习惯。

如图3.25所示，天猫电器城界面标示，在“综合”选项旁边有一个向下的箭头，在逻辑上，这个箭头代表什么意义呢？它是代表在哪方面上的排序由高到低呢？我们无法确定。这种不确定，就是逻辑关联对应策略错误所造成的混乱。如图3.26所示，国外的梅西购物网站的界面，会发现他们直接用文字标示出“Price : Low to High（价格：低至高）”或“Price : High to Low（价格：高至低）”，这种做法就避免了逻辑关联对应错误所造成的困扰。

错误的关联对应，并不会让产品无法使用，但一定会增加使用者的记忆负担和延长操作的学习曲线，这些都是交互设计必须避免的。因此，交互设计师必须非常细心，认真检视每一项关联对应的策略，让使用者能够毫无疑虑地凭直觉操作。

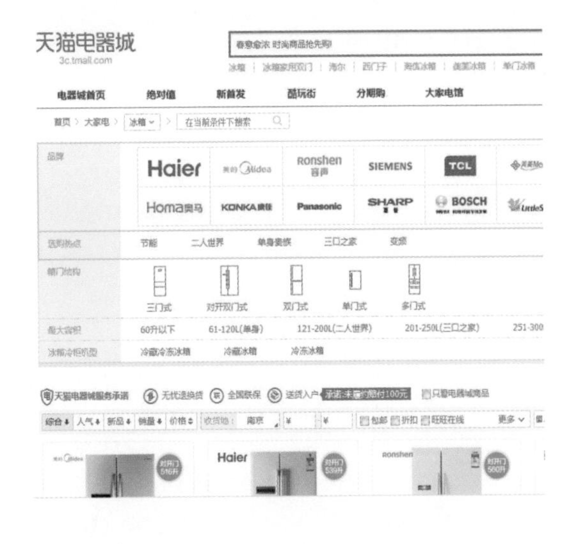

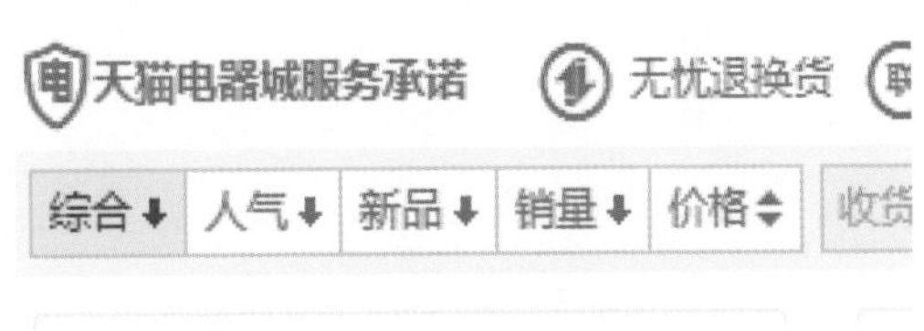

图3.25　天猫电器城界面标示

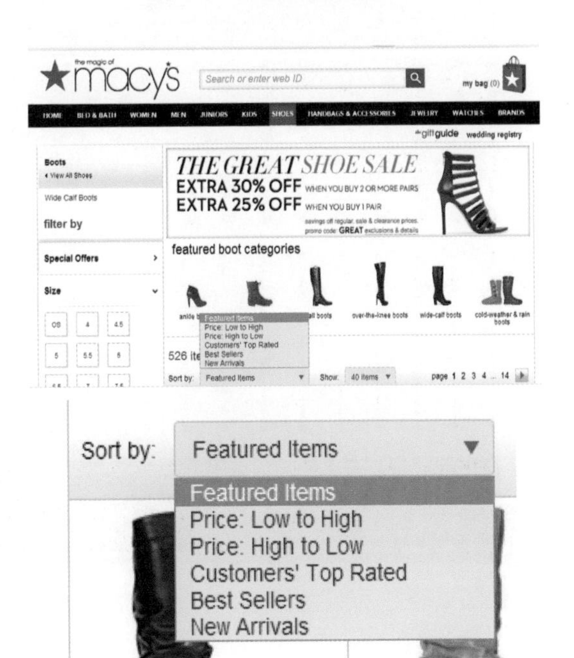

图3.26　梅西购物网站

3.3.4 能见度

唐纳德·诺曼（Donald Arthur Norman）在1988年讨论“能见度”的时候指出：功能愈明显，用户就愈容易知道下一步该怎么做。对功能简单的软硬件而言，这很简单，只要把所有按钮都清楚地放在使用者能够一目了然的位置即可。而为功能复杂的系统设计互动，能见度就成了一门高深的学问。因为，如果让所有功能的操控都出现在接口的表层，那为数众多的各种按钮和选项，反而增加了使用上的困难度。

在设计复杂的软件接口时最常见的争议，就是浅宽信息架构与窄深架构的可用性比较。浅宽式的信息架构就是一次看到的选项数量很多，但减少了层级的分隔；窄深式信息架构就是每次看到的选项数量比较少，但却分为很多个层级。一般而言，浅宽式信息架构比较容易使用，因为人类辨认的能力很强，因此很快就能够找到需要的项目；窄深式的架构则会强迫使用者不断做选择，因此可能会花较多的时间。

如图3.27所示专业录音室的控制台将所有的控制键展开在表面，是典型的浅宽式信息架构。如图3.28所示购物网站一般为窄深式信息架构。

图3.27　专业录音室

Microsoft公司在1998年曾经做实验比较三种信息架构：架构一，8个主选项，每项各有8个副选项，每个副选项各有8个内容物（8×8×8=512）。架构

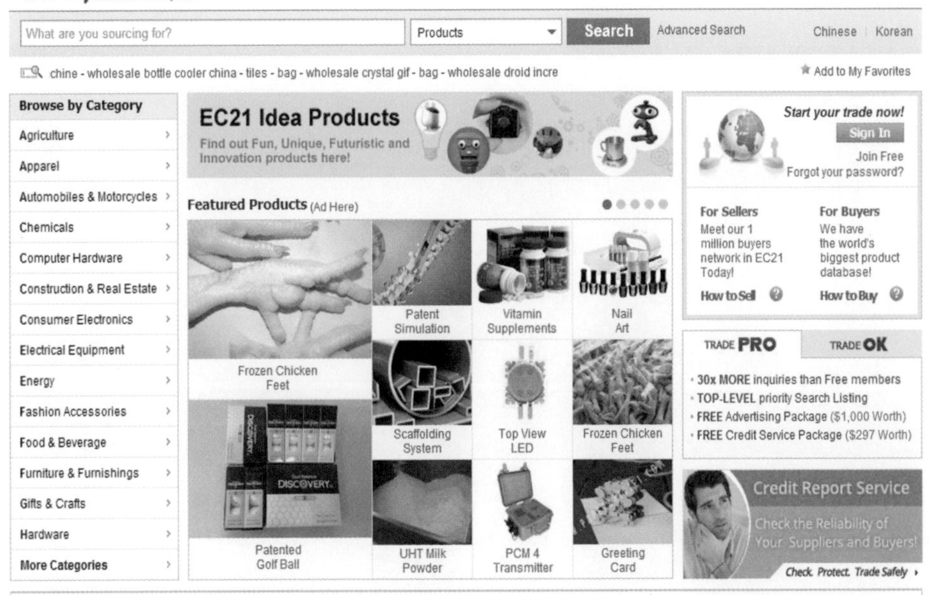

图3.28　购物网站

二，16个主选项，每项有32个内容物（16×32=512）。架构三，32个主选项，每项各有16个内容物（32×16=512）。实验结果发现，架构二比架构三有效率，而架构一则是最没有效率的一种。信息架构的宽度与深度均衡，还应该要考虑内容形态与视觉策略规划。以乔许·贺恩（Josh Hearn）所设计纽约指南网站为例，它虽然是标准的窄深式架构，但选项展开时的视觉变换饶富趣味，而且能够正确地将用户导向需要的页面，因此使用经验上是优美的。

唐纳德·诺曼是单纯地从可用的角度来讨论，因此我们如果从设计策略的角度来讨论能见度，还必须注意的是：使用者在每一个阶段最有可能需要的下一个功能是什么，并且让那些功能适时浮出台面。亚伦·库伯将这种手法称为：顺应使用者需求去变化你的接口（inflect your interface to match user needs）。亚伦·库伯还进一步表示，能见度编排的考虑依据为：使用频率、变化度以及危险度。使用频率高的功能，当然要放在明显的位置。会对接口、内容信息和整体运作造成全面更新或调整的功能，则可以放在比较深的位置，因为这种功能需要时间执行，如果使用者因为不小心按到，而造成不断来回切换，容易造成系统运作上的错误。风险比较高的功能，例如将硬盘重新规格化或是清除记忆体等。这种具有高危险性的功能，也应该放在接口系统的深处，以免误按造成不可挽回的后果。

3.3.5 惯例

有一句谚语：You don't have to reinvent the wheel（你不用重新发明轮胎），意思就是既然已经有人发明了轮胎，你需要这个工具时，就不需要浪费时间和精力重新再发明一次。对于惯例的认识与运用，具有相同的意义。惯例可以从以下两个方向来节省时间增加可用性。

① 从目前市面上类似的产品或接口设计中去芜存菁、找出惯例，能够让设计团队快速地架构出一个设计方针。

② 惯例的运用，让使用者在第一次接触这个设计时，可以倚赖他们过去使用类似产品的经验，不用重新摸索，因此可以缩短学习曲线。

大多数的惯例都有其来由，例如，许多网站都会把按钮设计成具有立体感的图样，这是网络设计常见的简单惯例。而这个惯例的起源，则是因为有立体感的图像，会让用户想起家电用品上的按钮，所以它的功用直觉就很明显。如图3.29所示，许多网站都会把公司商标放在左上角，这也是网站设计的一个常见惯例，而它的来由，则是因为左上角的图标，最不容易因为窗口改变大小而被切掉，而且，大多数人的阅读习惯由左至右，所以左上角是最有效的宣示位置。

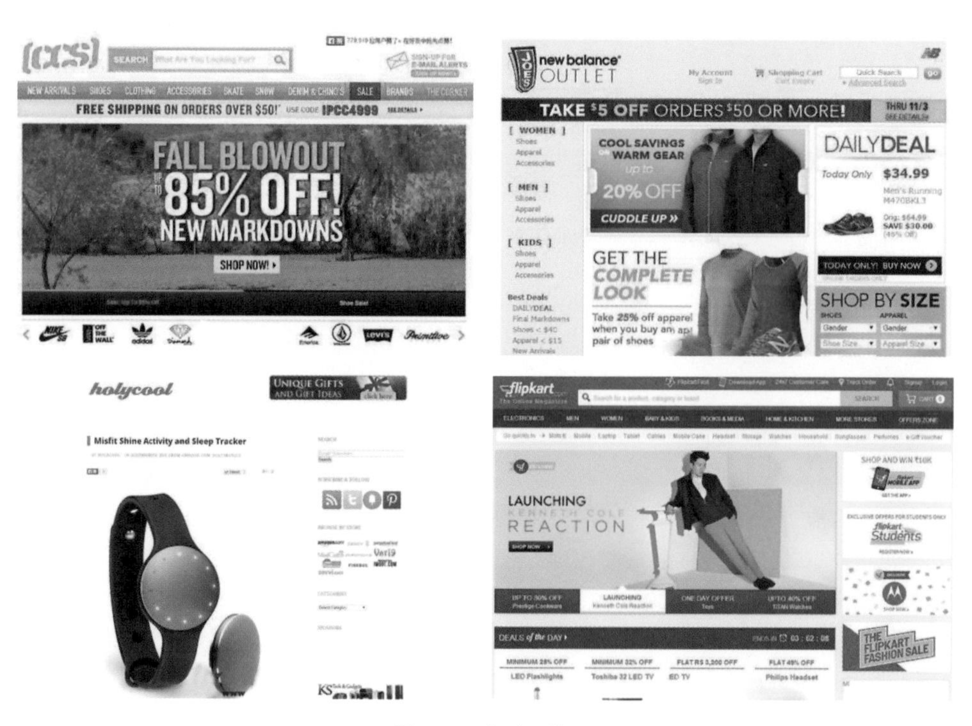

图3.29 各种网站

遥控器选台按钮往上按会跳到数字高的台，往下按会跳到数字低的台；音量控制旋钮往右拨声音会变大，往左拨声音会变小；往右的箭头代表放音，两条直杠代表暂停（图3.30），正方形代表停止。这些都是交互设计中的常见惯例，如果改变它或者是逆势而行，就有可能增加使用上的困难。因此，在与利害相关人面谈之后，研究流程里的下一个步骤，就是竞争产品稽核（competitive product audits）。从这个过程里面，除了要找出市面上现有产品设计上的优缺点之外，也要列举出一些常见的惯例。

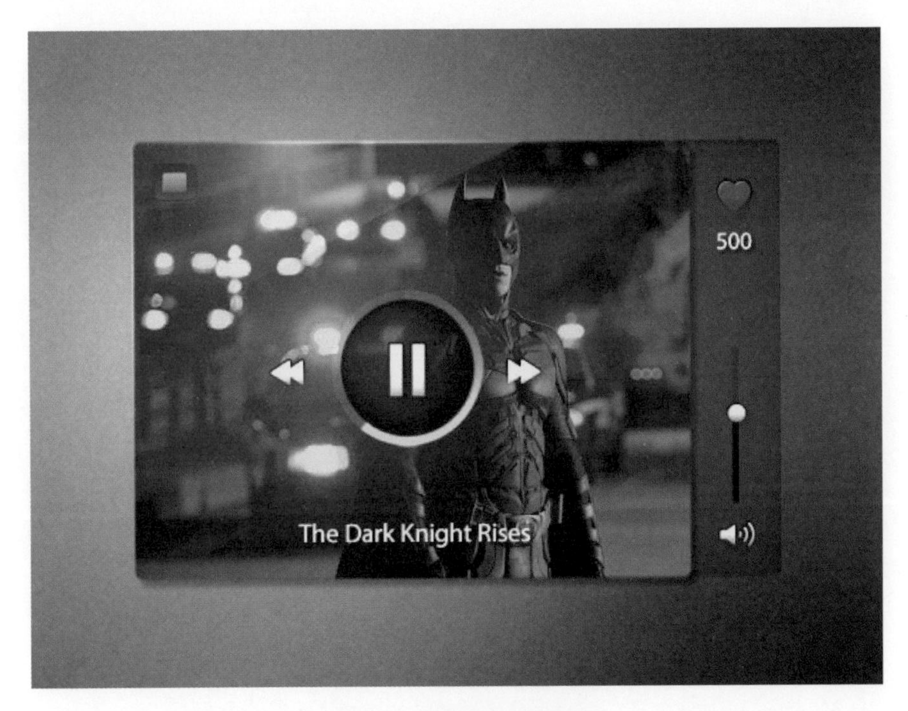

图3.30　两条直杠代表暂停

但是惯例这个设计策略，可以说是一把“双刃刀”。它的坏处，在于如果你完全依循惯例，这个设计本身就很难有独特性。因此运用惯例策略的重点，在于将它分成以下三个步骤：

① 找出惯例；

② 分析形成惯例的原因；

③ 寻找改进的可能性和合理运用这些惯例的方法。也就是不要一股脑地照单全收，而是要用智慧将既有的惯例提升到另一个层次。

要记住，站在巨人的肩膀上，才可以比巨人看得更远。绝大多数的时候，认识惯例之后将它升华，比从头做起来得更有效率。

3.3.6 一致性

一个国家或机关，最怕的就是朝令夕改，因为这样会让大家无所适从。同样的，在交互设计中，最怕的就是整体设计没有一致性。这样的做法，会让使用者产生混淆。例如，在同一个网站架构之内，字体、用色、构图、文字撰述的态度甚至于照片的形态和风格，都必须有一致性。这个策略有以下三个好处：

（1）能够快速地建立一个明确的用户心智模式

用户心智模式，就是用户对于系统功能和使用方式的认知。这种心智模式的建立，能够让使用者将精神集中在内容或其他需要注意的事项，而不是一直尝试去了解和学习新的互动规则。例如，如果在首页中红色的字是超链接，而黑色的字是内文，在子页面中，这个规则就应该要一直延续下去。如果每一页都有不同的规划，那使用者每一次进入新的页面都必须重新学习，因此大量增加了理解性工作和记忆性工作。

（2）能够快速地建立产品或公司的形象

以统一的设计策略来强化使用者对于公司或产品的印象，这个就是品牌营销的概念。这种一致性，还可以延伸到串联同一个公司的不同产品和服务。例如Adobe公司的软件，不仅在视觉辨认系统上有一致性，而且在操作接口配置上，也运用了相同的逻辑和规则。这种整体性的串联，能够建立专业的气势和风格。

如图3.31所示是谷歌产品的包装设计，一份完整的系列产品，采用了谷歌的颜色调色板，是所有客户都希望拥有的收藏品，产品使用了一种独特的艺术形式、松散的插图，给人一种清新的感觉，从而获得更多的关注。

（3）能够突显重点

许多人误以为，改变能够突显每一个视觉元素的独特性。事实正好相反，一致性，其实才是突显重点的第一要件。如图3.32所示，平面上每一个元素都不一样，结果所造成的是一种混沌的平面效果，因为所有的不一样相互抵消，反而丧失了聚焦的功能。如图3.33所示，在一致性中突然出现一个特例，它马上会成为视觉的焦点。这个技巧，被称为是“智能性的不规则”（intelligentinconsistency）。

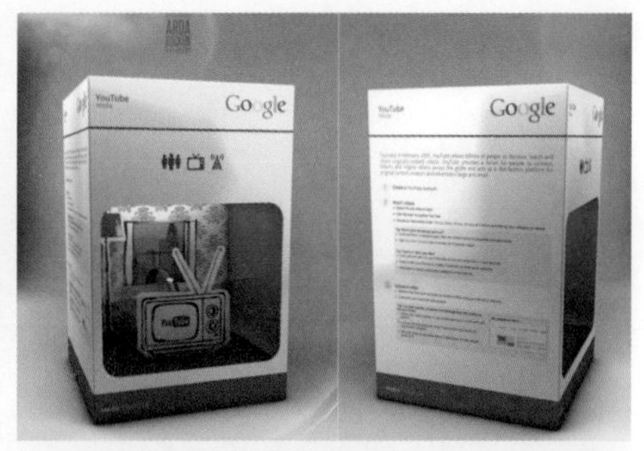

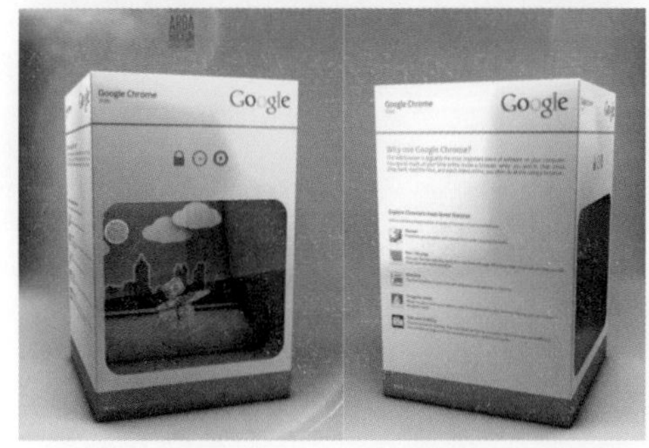

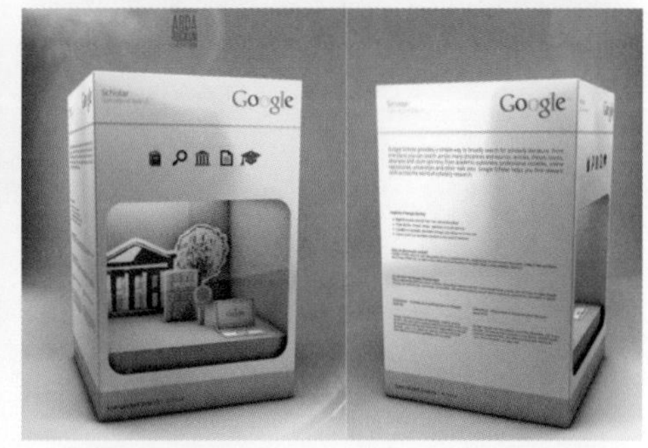

图3.31　Google系列完整的包装设计

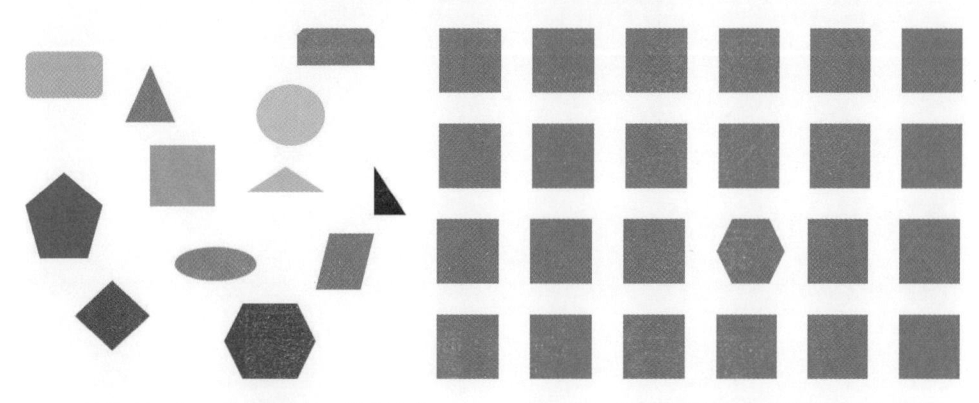

图3.32　每一个元素都不一样会造成混沌且没有重点的平面效果

图3.33　规律中突然出现的特例会成为焦点

3.3.7 个性化

在讨论优秀交互设计的标准时，资深交互设计师劳拉莉·艾尔本（Lauralee Alben）曾经提出一个称为可变性（mutability）的概念。艾尔本认为，设计师应该要针对将来可能的改变，预留了适当程度的延展性，以及容许使用者用超出预期的方式与产品互动。在科技快速变迁的时代，延展性其实并没有那么重要，因为一个数字系统或产品，在市面上的寿命大多不超过五年。因此，和可变性概念相似但比它更重要的，就是个性化的概念。

个性化这个设计策略，能够让使用者依据自己的需求，来调整互动产品的功能和操作方式。对于初学者而言，个性化并没有特别的意义，因为他们还在摸索的阶段，因此无法有效地理解应该如何运用个性化来提升使用经验。但个性化对于经常使用产品的中级使用者以及专业使用者来说，却是一项非常重要的功能。因为专业使用者喜欢掌控，因此个性化的设定能够让他们得到所需要的操控感。这也就是为什么绝大多数的软件，都会有参数设定（preference setting）这一项功能的主因。

对于经常使用产品的中级用户而言，因为他们知道自己常用的功能或需求是什么，因此个性化的设计策略会让他们的操作更顺畅。如图3.34所示以英国BBC天气网站为例，允许使用者依照个人需要和爱好来添加、来安排版面，这就跳脱了传统用一份设计满足百样人的缺陷，允许科技以更人性、更自我的方式，来服务每一个使用者。

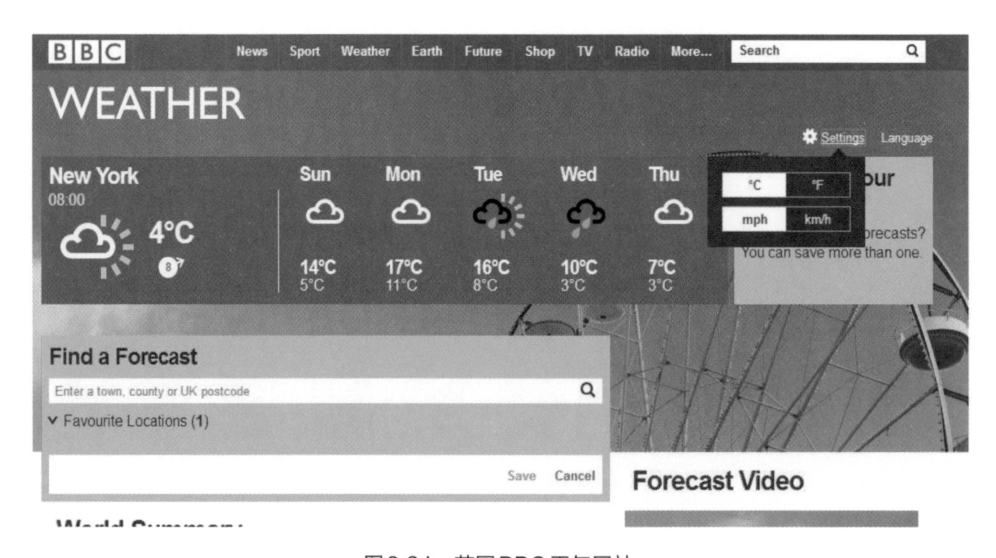

图3.34　英国BBC天气网站

Android和iPhone手机平台的成功，也必须归功于个性化这个设计策略。苹果著名的App Store（苹果应用商店），让使用者可以下载各种不同的软件，以符合自己需要的方式来运用到智能手机上（图3.35）。

图3.35　苹果应用商店

3.3.8　脆弱环节

脆弱环节的概念，就是在系统架构中刻意留下一个弱点，因此在意外状况不幸发生的时候，这个环节会首先故障或损坏，借此保护系统的其他重要部分。旧式电箱中的保险丝，就是一个脆弱环节机制的典型，在电力超载的时候，不耐高温的保险丝就会首先烧断，因而终止继续供电，避免酿成火灾。现代的汽车结构设计中也有类似的机制，在车祸撞击发生的同时，引擎下方的脆弱环节会让引擎往下掉，避免沉重的机件往后方推挤，造成驾驶者的伤亡。整体而言，脆弱环节这个设计策略的终极目标，就是以牺牲脆弱环节来保障使用者的安全。

3.4　成功的交互设计要缜密考量的5个“W”因子

相信各位设计师都有过灵机一动冒出好玩并且很有创意的想法的时候，但是首创的想法往往有80%都无法被用户接受。究其原因，要么该款产品无法为用户带来真正的实惠，要么违背了用户的意愿，要么产品做出来本身就是个“灾难”。

在刚开始学习交互设计的时候，我们最容易犯的毛病，就是把自己当成是使用者的典型。认为只要我懂，大家就应该能懂。因此常常会设计出只有自己才会使用的界面或产品。

学习交互设计，一定要认清使用者心智模式决定一切的事实，这与真理、是非或对错无关。在设计互动的过程里，我们一定要谨记：找不到的功能根本没有功能，不会用的功能还不如没有功能。例如，你在山中埋下了一个稀世珍宝，但却画了一幅没有人看得懂的藏宝图，如此一来，这个宝藏等于根本不存在，因为没有人能够根据一张看不懂的地图找到任何东西；但它又比没有宝藏更讨人厌，因为它会让人想去找却又找不到。这种挫折感，是建立产品忠诚度时最大的敌人。

因此，在从事交互设计时，建议不要让设计者解说自己所完成的互动作品。而应该找一个没有看过这件作品的同学或同事来直接操作，而且一边操作一边告诉大家，他认为这有什么功能，先看到了什么，会选择按哪里，认为下一步应该怎么做，等等。这种交互报告方式被称为是大声思考（think aloud），它其实是一种可用性测试的技巧，因为它能够让设计者了解，他所设计出来的系统形象是否有误导或盲点，也是让初学者学习使用者测试（user testing）重要性的第一步。

一个好的交互设计，要能够自己为自己辩护，不需要设计师的任何说明。想要达到这个境界，就必须认识构思一个交互设计时必须要缜密考量的五个“W”因子，因为唯有从这五个方面进行详细考量，才能摒除自我盲目的坚持，建立出正确的互动模型，这也就是接下来要讲的内容。

3.4.1 Who——给谁用

了解使用者，是交互设计师的首要课题，因此在构思设计方案的初期，就必须先锁定“目标客户群”（target audience）。目标客户群的范围越小，特性就越鲜明，也越容易抓到他们的喜好。比如说，如果目标客户群是十五至二十岁长三角地区的女生，我们就比较容易了解她们喜欢的风格和文化习惯；但如果目标客户群是十五至二十岁全中国的女生，那么在喜好甚至连语言的选择都会有很大的变数。因此目标客户群的范围愈大，当然市场愈大，但也愈不容易找到有效的设计策略。

一般的设计者，经常会有“散弹打鸟”的心态，认为网撒得愈广，潜在的商机也就愈大，殊不知这其实常常会收到反效果。因为目标客户群定得愈广就必须将设计做得愈没有特殊个性，因此很容易得到一种平淡无奇的设计成果，导致无法真正吸引任何一个族群。

许多人可能会想，所谓的了解使用者，就是发问卷去问他们喜欢什么。关于这一点，资深交互设计师罗勃·霍克曼（Robert Hoekman）有一针见血的说法：“历史告诉我们，人们不一定做正确的选择。他们做安全、让自己舒服的选择。”也就是说，如果你通过问卷来做调查，相信绝大多数的人都会告诉你少吃盐酥鸡、多吃蔬菜，因为这样比较健康。但是早上刚做完问卷调查，晚上就去排队买盐酥鸡的人，绝对不在少数。因为：不能直接问使用者他们想要什么，这样只会得到理论性的回答，而无法知道在真实的情况下，他们所会做出的真实抉择。也就是说，真要了解目标客户群，就不能用推测或者直接询问，而是必须真正地去做研究和观察。在以后的章节中，我们还会继续探讨交互设计常用的六个用户研究方法，分析在不同情况下适用的研究策略。

如图3.36所示，当人们必须依赖假肢的时候，鼠标、键盘或触摸屏幕这些专门针对双手设计的电子产品使用起来是很困难的。然而这些截肢患者一般都能够用他们的假肢来做各种不同的姿势，以便他人能够理解。

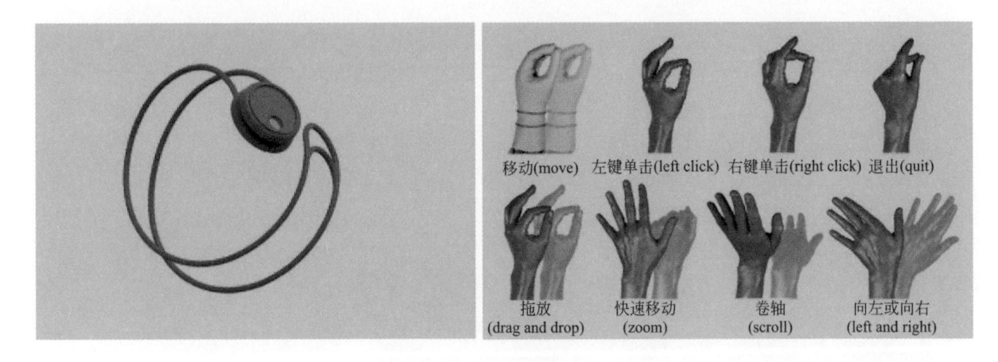

图3.36 Shortcut

Shortcut是一款可以戴在手腕处的数字化假体，包括了最基本的功能，如鼠标移动、左击、右击、滚动鼠标，以及一些快捷方式功能，如放大或退出等，可以将截肢患者用他们的假肢做出的各种不同的手势以及平面上的移动转化为一种无线的电脑控制。

这种以使用者为中心的设计方式使得控制过程非常快速且直观。

3.4.2 Why——为何用

“为何用”并不只是说明产品的用途而已，而是要去思考功能背后更深一层隐性的涵义。譬如说，大家都知道网上拍卖最大特点在于网站本身不参与交易，既不接触商品也不参与货币结算，既不负责库存更不负担运费，而是消费者对消费者的电子商务平台。但人们为什么要透过网上拍卖买东西？它真的比在实体或购物网站快吗，方便吗？它要等结标、付款、邮寄或面交，所以其实并不快；从方便来讨论，这也是不合理的，仅安排面交就得耗时费工，甚至还要担心诈骗或名实不符。所以我们必须进一步深入思考。

首先，买绝版或别处找不到的收藏品，网上拍卖自然有它的优势。第二点则是它远比商店有社群的感觉，因为不只是单纯的商家对客户，而是各种不同的人在此聚集，就像是在周末逛跳蚤市场一般，气氛是很重要的。更重要的，则是抢便宜的快感。曾经在倒数几秒抢到东西的朋友，都知道这其实是很过瘾的一件事。美国eBay网站因此还多加了方便网友在拍卖结束前倒数抢拍的工具，如果你抢标成功，在得标通知上，eBay公司还会特别恭喜你。因此网上拍卖平台要成功，就要透过各种独特的交互设计，设法强调特别商品和社群特质，甚至连猜对手的底价、得标成功率、倒数抢标都可以成为一种游戏（图3.37）。

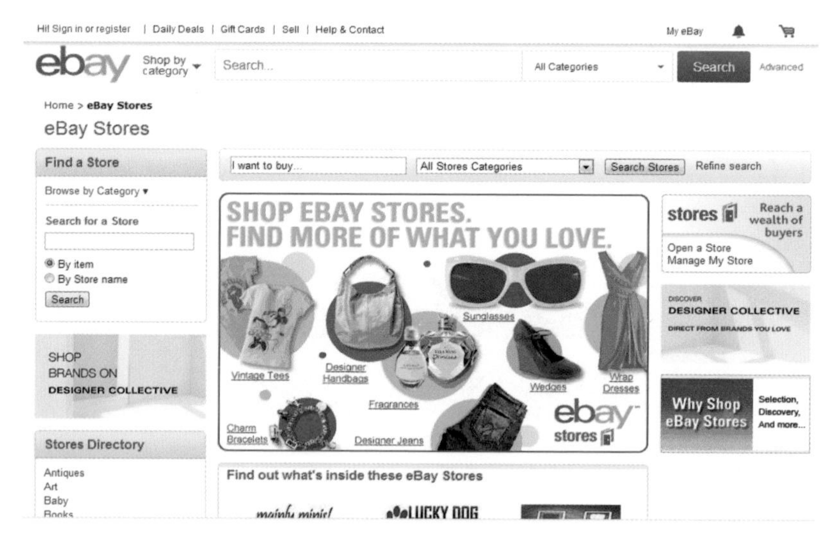

图3.37　eBay网站

同理可证，一样是智能型手机，针对年轻的学子，就必须了解他们期待与同学联系的社交功能；针对走在时代尖端的新潮男女，就必须满足他们将智能手表当成时尚配件的欲望；针对正在职场奋战的青年朋友，就要让它善于应付各种商务需求。经过这种深度的思考，深入了解使用产品真正的原因、动机和理由，才够能在使用者和他们的需求之间，建构出正确的互动模式。

3.4.3 Where——在哪里用

在不同的场域使用的东西，在交互设计方面自然会有不同的考量，因为场域会影响使用者在操作当下的状态、态度和需求。就像是放在客厅的物件，要精致、质感大方；厨具要实用、材质要容易清理；当然也只有防水、防滑而且绝对不会漏电的物件，才待得了浴室。再如同样是在设计电话，家用、办公室或者是公共空间使用，在结构和功能上都会大不相同。

图3.38 Ameluna吊灯

如图3.38所示，Ameluna吊灯，获得2017年德国红点产品设计所有奖项中的最高荣誉奖——最佳设计奖。由意大利Artemide S.p.A.设计公司与德国奔驰公司（Mercedes-Benz）共同推出的一款高科技智能吊灯，这款吊灯利用灯体的光学特性，将高高在上向下照射的光源，变成一道圆形的光带。既有光，也有影，光影结合令其好似月光静静地挂在空中。而灯体的外形，则仿照跑车的样式，充满流线的美感，亦动亦静。

除了以上这种比较实际、直接的考量之外，使用的场合也会影响使用者状态和需求方面的优先级。

如图3.39所示，韩国Emotive Digital公司研发了一款名为Translook的可交互透明橱窗，在商店、自动售货机等地方应用面极广，不仅能动态展示富有创意的广告和宣传片，还为消费者提供最近距离的互动，只要动动手指就能了解丰富详细的商品信息。

图3.39 可交互透明橱窗

3.4.4 When——何时使用

设计互动时，还需要注意使用者会在什么时候使用该产品，因为环境和当

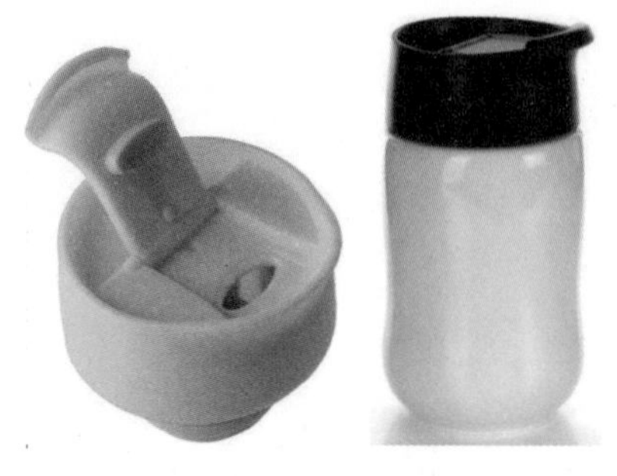

图3.40 中国台湾乾唐轩的“快乐曲线”易开盖随身杯

时可能发生的其他情况，都必须在设计师的考量之内，才能够避免因为冲突而造成意外。比如，开车的人必须将手和注意力保持在道路安全上，因此就算不能采用声音控制，也必须让操控程序极度简化。就连设计给开车的人使用的保温杯，除了保温、防止液体外溅之外，也要有能用一只手指就轻易开关的出水口，因为在开车的人，通常只能空出一只手来做这个动作（图3.40）。

我们在外出时可以看到许多人在过马路时眼睛都不曾离开手机，这无疑是十分危险的行为。如图3.41所示，这款概念设计智能盲道系统（Smart Tactile Paving），实际上是一个安置在地上的信号灯，同样红色代表禁行，绿色代表可以通过。当人们走到突出的纹理处便能意识到已经到达路口，即使是低头玩手机也能用余光瞄到信号灯。在一定程度上可以提醒人们注意安全。

图3.41 智能盲道系统

3.4.5 What——如何用

在策划的阶段，交互设计师至少要考量三个程度的使用者：初学者（beginners）、中级使用者（intermediates）和专家（experts）。一般来说，初学者需要的是引导，中级使用者需要的是提示，而专家需要的是掌控力。关于这一点，帖欧·曼道尔（Theo Mandel）在《界面设计的元素》（*The Elements of User Interface Design*）书中提出一个很贴切的比喻，他说：这就像是让人开车或坐火车一样，开车时，使用者完全掌控他们自己的方向和目的地，但问题是，使用者必须有一定的技巧才能开车，而且，开车的人还必须知道自己想去哪里。火车则会强迫使用者成为乘客而不是驾驶员。对于惯于开车的人而言，他们也许不喜欢火车，因为他们无法控制火车的时刻表和路径，但新手和偶一为之的人，多半会喜欢搭乘火车，因为他们根本搞不清楚状况，所以不介意让火车驾驶员来主导他们的旅程。

一些交互设计师最容易犯的一个错误，就是把所有的使用者都当成是专家，因为交互设计师很容易将自己对于产品或界面的了解，直接投射在使用者的身上，这种情况，在软件及网络设计方面最容易出现。另外一个极端，则是太过于倾向初学者的设计。一般人停留在初学阶段的时间并不会太长，而且大多数的人并不喜欢自己一直是“初学者”，因此一定要让使用者，能够选择去关掉像是“操作提示”或是“功能导览”这些初学者才需要的元件。

在接触交互软件或硬件产品之后，绝大多数的人很快就会做出选择：一是放弃这个产品，二是继续使用并且进阶成为中级使用者。尽管这些使用者，会很快去熟悉自己所经常使用的功能，但鲜少有人会多花时间，去彻底认识其他自己不需要以及不常用的部分。也就是说，绝大多数的人都会停留在中级使用者的阶段，而不会达到无所不知的专家的境界。如果不相信的话，只要把手机的说明书拿出来，详读之后你一定会发现除了一些自己常用的功能之外，还有许多自己不熟悉和不知道的功能和操作方式，因为大部分的人，往往都是软硬件产品的中级使用者。

事实上，许多专家相信，无论网站和软件提供再多的功能，绝大多数的人只会去学习使用其中的20%。因此在设计过程之中，交互设计师要同时为三个不同程度的使用者做考量，但必须以中级使用者为依据，因为这是最大的使用者族群。对此，知名软件设计师亚伦·库伯（Alan Cooper）如此表示：“我们的目标，既不是去迎合初学者，也不是去强迫中级使用者成为专家。我们的目标有三个层次：让初学者快速而且轻松地晋升为中级使用者；小心不要为有企图成为专家的使用者留下任何阻碍；最重要的，则是要让留在核心的这些中级使用者开心。”当然，个别产品会有相当的差异。例如专业数码产品的中级使用者，对于科技的认识一定会比一般消费性数码产品的中级使用者高。想要对于中间使用者的能力与需求做出正确的评估，一样需要做调查和研究。

对于眼盲或视力受损的儿童来说，如何训练好他们的认知能力和记忆能力就成了非常重要的事情。如图3.42所示，这款名叫Smash-a-ball的机器，可以用来帮助视力有缺陷的孩子发展认知水平，开发记忆和空间意识。

图3.42　Smash-a-ball

这款Smash-a-ball游戏装置有

些像我们熟悉的打地鼠游戏，同时还包括了一个可穿戴背包，用来给孩子提供触觉反馈，Smash-a-ball要求用户玩时必须依赖从盒子里发出的音频信号，然后孩子们必须复制匹配的按钮进行相应的操作。

Smash-a-ball可以给孩子提供一个与朋友和家人互动的平台，还可以帮助视障孩子改善他们的记忆力和反应速度。设计师表示，“当孩子穿着背包的时候，他会感觉到触觉的刺激，他们必须模仿，然后在主板上尽可能快速和精确地操作。毫无疑问，这将提高他们的认知发展，无论是身体还是空间意识等关键技能都会得到改善，也同时增加了反应速度和记忆力，建立了一个更坚实的自尊基础。”

CHAPTER FOUR

第 4 章

用户体验设计

Graphic

Interaction

Design

UI

Required

Courses for

UI Designers

4.1 用户体验设计的概念

用户体验设计（User Experience Design），是以用户为中心的一种设计手段，以用户需求为目标而进行的设计。设计过程注重以用户为中心，用户体验的概念从开发的最早期就开始进入整个流程，并贯穿始终。其目的就是：

① 对用户体验有正确的预估；
② 认识用户的真实期望和目的；
③ 在功能核心还能够以低廉成本加以修改的时候对设计进行修正；
④ 保证功能核心同人机界面之间的协调工作，减少缺陷。

在具体探讨用户体验之前，先回忆一下我们去餐馆吃饭的经历吧。

是什么让你选择这家餐馆？刚进去的时候，餐馆给你的第一印象是什么？服务员是否让你在等候一阵子之后领你去合适的座位？菜单放在桌子上的什么位置？浏览体验如何？你点了哪些菜？上菜的速度够快吗？味道地道吗？服务员够不够勤快体贴？你是否还想去这家餐馆吃饭？

所有的这些问题都关乎你对于这家餐馆印象的好坏，也直指这家餐馆的用户体验本身。

当然，我们通常所说的用户体验所针对的对象大多是数字和科技产品或服务。这也就意味着，用户体验设计本身有着进一步提升的可能性。

4.2 用户体验设计的4个基础

用户体验是指“产品如何与外部发生联系并发挥作用”，也就是人们如何“接触”和“使用”它。

在谈用户体验之前，应该先谈谈产品的用户价值——因为，产品对于用户有何“作用”，明确用户为何会“接触”和“使用”产品——即，用户价值是用户体验的前提，没有用户价值，用户体验就是空谈。

当然，用户体验有其重要性，良好的用户体验可以为企业带来以下几点优势：

① 形成了用户对企业的整体印象，界定了企业的差异性；
② 提高客户忠诚度；

③ 提高转化率，从而提高企业投资回报率（ROI）；

④ 提高运营效率，提高员工生产力和自豪感。

因此，我们有必要对用户体验足够的重视。

用户体验是一种纯主观的在用户使用一个产品（服务）的过程中建立起来的心理感受。因为它是纯主观的，就带有一定的不确定因素。个体差异也决定了每个用户的真实体验是无法通过其他途径来完全模拟或再现的。但是对于一个界定明确的用户群体来讲，其用户体验的共性是能够经由良好设计来认识到的。

用户体验主要来自用户和人机界面的交互过程。在早期的软件设计过程中，人机界面被看作仅仅是一层包裹于功能核心之外的“包装”，而没有得到足够的重视。其结果就是对人机界面的开发是独立于功能核心的开发，而且往往是在整个开发过程的尾声部分才开始的。这种方式极大地限制了对人机交互的设计，其结果带有很大的风险性。因为在最后阶段再修改功能核心的设计代价巨大，牺牲人机交互界面便是唯一的出路。这种带有猜测性和赌博性的开发几乎难以获得令人满意的用户体验。至于客户服务，从广义上说也是用户体验的一部分，因为它是同产品自身的设计分不开的。客户服务更多的是对人员素质的要求，而已经难以改变已经完成并投入市场的产品了。但是一个好的设计可以减少用户对客户服务的需要，从而减少公司在客户服务方面的投入，也降低由于客户服务质量引发用户流失的概率。

现在流行的设计过程注重以用户为中心。用户体验的概念从开发的最早期就开始进入整个流程，并贯穿始终。其目的就是保证：对用户体验有正确的预估；认识用户的真实期望和目的；在功能核心还能够以低廉成本加以修改的时候对设计进行修正；保证功能核心同人机界面之间能够协调工作，减少漏洞。

用户体验设计的核心在于建立真实环境，产品或设计需要将观众带入到不同于他们日常生活的思想状态中。这并不容易，用户体验设计师在为用户设计引人入胜的体验时需要使用各种方法。进行用户体验设计时，以下4点构成了设计项目的基础。

4.2.1 独特性

有些空间设计是非常出色的用户体验设计案例，例如博物馆和主题公园。每一家博物馆和主题公园都有一个明确的体验环境，可以让观众沉浸在故事环境中。当观众浏览博物馆陈列柜中的人工装饰品时，是不需要听故事的。交互技术赋予了人工装饰品故事性和丰富的体验性，它们能使展品以一种更生动、更有意义的方式出现在观众面前。

上海第一家电影博物馆坐落于徐家汇的上海电影制片厂旧址上，新的电影博物馆坐拥4个楼层，有70多个互动装置以及3000多件历史文物展品。作为这座城市的第一个电影博物馆，它将成为上海电影在国际影坛占有一席之地的巨大助力。

不同于其他任何形式的博物馆，电影博物馆将个人生活与记忆联系在了一起，通过一个15,000平方米的互动展示景观，创造了一个以互动和对话为推动力的博物馆体验环境（图4.1）。

图4.1　15,000平方米的互动展示景观

在真实的录音棚中为经典的译制影片配音，行走在这仿如现实的上海南京路摄影场景中，抑或是在“灯光地毯”上过一回明星瘾，千万虚拟粉丝和摄影师的闪光灯试图捕捉刚刚经过的“明星们”（图4.2）。在上海电影博物馆，参观者成了电影中的一员，并被邀请积极地参与到其中。整个融入电影世界的关键概念成了贯穿上海电影博物馆的主线，以国际化的新文化热点吸引力结合一定的本土特色，将历史文物与周围的互动环境无缝地衔接在了一起。

博物馆的参观者能在此邂逅瞻仰上海电影史上最为著名的面容和地区，更能前所未有的近距离接触电影名人与电影场景。4D相册承载了电影人的记忆与人生故事，同时也展现了电影如何慢慢渗透并注定成了上海这座城市每日生活中的一部分。上海曾经最成功的电影制片厂在馆中通过文物与多媒体相结合的形式栩栩如生地展现在参观者面前，如图4.3所示。

图4.2　灯光地毯

图4.3　4D相册

4.2.2 可实现性

故事和讲述是强有力的传达工具，设计师可以通过一个参与性更强的交互体验确保积极的体验效果。一个好的体验应该混合视频、动画和当时的日常环境信息，这可以使观众沉浸在那个时代的生活中，并使那个时代的物品变得有生命。

4.2.3 关联

一名合格的交互设计师要知道如何深入用户的心里。设计师应该熟知消费者的心理，在传达内容时应该反复发掘与用户息息相关的信息，并对反馈即时做出回应，以确保自己的设计尽可能满足消费者的需求。这对于增强用户的参与性来说至关重要。

4.2.4 空间

人们在哪里使用这个项目，有能力想象出用户如何参与项目，灵活运用色彩、动画、文字等元素打造合适的空间对于设计师非常重要。如果项目位于博物馆里，需要一块触控屏，设计师就需要考虑用户的不同高度（展示高度离地有1.5米的话，就能阻止8岁孩子使用它）。现场参观时地图很重要，把地图放在哪里可以将项目的潜力发挥至最大化？空间的交通流量怎样？参观时大多数人在哪里？他们是走路参观还是骑车参观？

图4.4 在数字广告牌上播放视频

如图4.4所示，墨西哥旅游局（Tourism Mexico）曾委托J.Walter Thompson（JWT）设计公司针对北美市场设计一个出色的、参与性强的、让人过目不忘的视频项目。该视频曾在美国纽约时代广场美国傲飞（American Eagle Outfitters）品牌的数字广告牌上播放。项目的挑战是在建筑物外广告牌的不规则空间和表面上塑造冲击力。设计师利用色彩、动画、文字和丰富的图片来展示墨西哥美丽的自然风光，这些自然风光与纽约华丽的城市风光形成了鲜明对比。

每一次体验都是独特的，每个人对体验的理解也不尽相同。交互设计师只有通过调研和尽量多角度地思考，并具有设计热情，才能设计出带有积极意义的好体验——这也是每一个项目的目标。

4.3 用户体验设计的5个层面

4.3.1 用户体验设计的5个层面

用户体验五要素是一个非常经典的框架体系，它包括战略层、范围层、结构层、框架层和表现层（图4.5）。

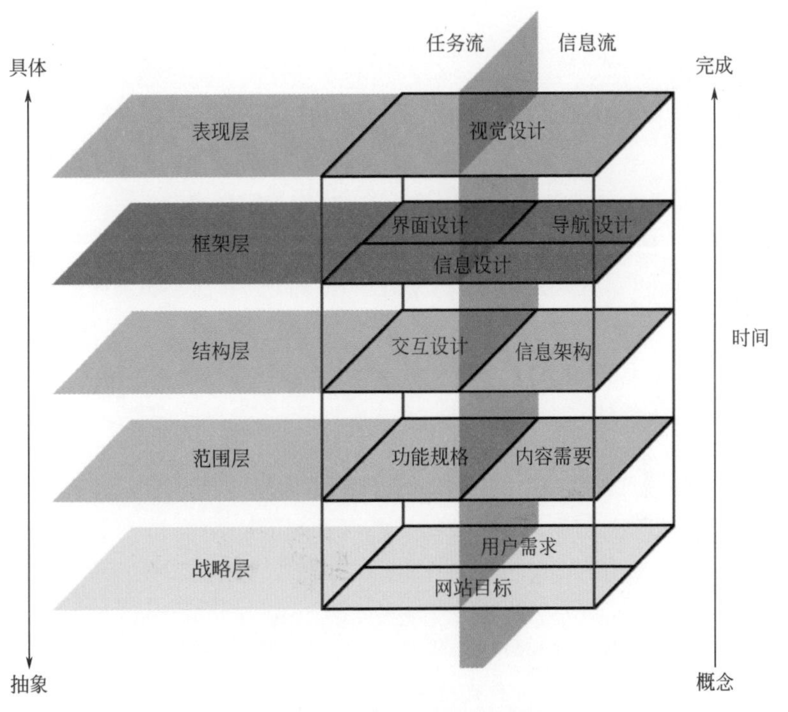

图4.5 用户体验设计的5个层面

4.3.1.1 表现层

关键词：视觉传达。

表现层是最直观的。例如，打开一个App，你看到的所有形状、文字、色彩都属于这一层面。表现层决定了用户的第一印象，同时可以通过形状大小、字体大小、颜色深浅等因素来影响用户感知，达到设计目的。

4.3.1.2 框架层

关键词：页面布局。

在表现层之下，框架层体现了页面的结构和布局，例如横幅的位置、按钮的位置。好的设计就是当用户需要的时候它恰巧就在。页面布局要符合用户习惯，比如将重要信息放在最佳视域（当眼睛偏离视中心时，在偏离距离相等的情况下，人眼对左上的观察最优，依次为右上、左下，而右下最差。因此，左上部和上中部被称为“最佳视域”）。例如：一个新的小区刚刚建成，小区外面有一大片草坪，设计师没有急着修路，而是等待。过了一阵子，草坪被踩出了一条条路，设计师根据这些路为基础进行修路。这个例子也充分体现了“以用户为中心”的思想。

4.3.1.3 结构层

关键词：信息架构、页面流。

结构层相对于框架层较为抽象，我们可以将它理解为“连接”。框架层是针对单页面的结构设计，而结构层则是将单页面连接在一起，从而形成了系统。以App设计为例，框架层决定了你点击页面图标或按钮后页面跳转到了哪一页。通过删除、组织、隐藏和转移，将复杂的结构变得简单化，也是提高用户体验的重要手段，例如QQ 5.0的升级，通过汉堡导航及标签将功能整合，使得应用在感觉上“苗条”了很多。

4.3.1.4 范围层

关键词：功能、需求分析。

范围层可以理解为产品的功能及特性。比如微信可以聊天、查看朋友圈、发红包等。范围层一般是由需求决定，需求则是从用户中分析提炼而来的。试想一个毫无用处的产品，有人会去下载吗？所以，如何分析提取用户需求，将需求转化为功能，也变得至关重要。

4.3.1.5 战略层

关键词：产品目标、用户需求。

成功的用户体验，其基础是一个被明确表达的“战略”。知道企业与用户双方对产品的期许和目标，有助于确立用户体验各方面战略的制定。例如“微信”的定位是熟人社交，而“陌陌”则是陌生人社交，两个不同的定位解决了用户不同的需求。

4.3.2 5个层面的关系

战略、范围、结构、框架、表现这五个层面提供了一个基本的架构，在这个基础的结构之上来讨论用户体验。在每一个层面上，我们处理的问题有的抽象，有的则具体。

如图4.6所示，用户体验核心要素五个层面自下而上是从抽象到具体的过程，具备连锁效应。

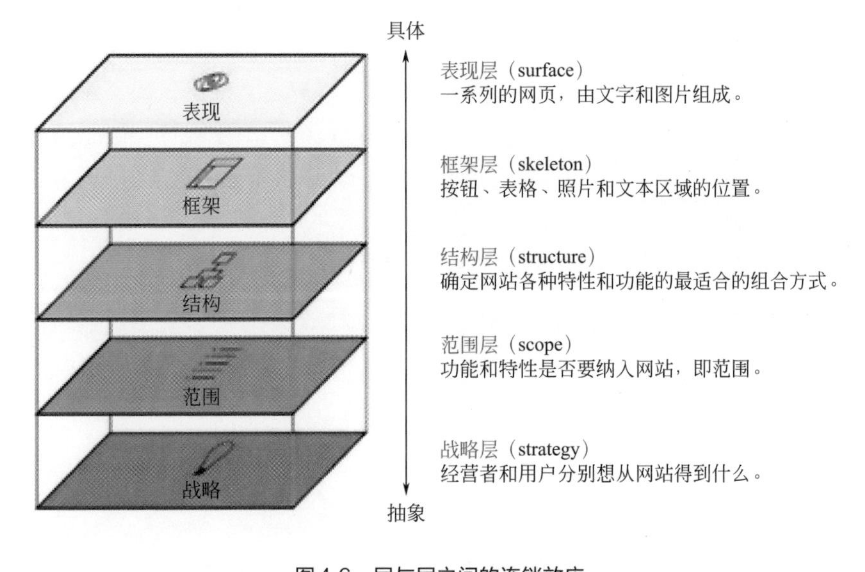

图4.6　层与层之间的连锁效应

在最底层，我们完全不需要考虑产品的外观、性能等，而在最顶层，我们需要详细知道产品所要呈现的每一个环节。随着层次的上升，我们所要做的决策一点点变得更加具体，并且会涉及越来越多的细节。

这些层面是环环相扣、相互依赖的，每一层面都是根据它下面的层面所决定的。因此也就是表现层由框架层来决定，框架层由结构层来决定，结构层由范围层决定，范围层由战略层决定。

当我们所做出的决策没有上下层面相互一致时，项目最终的结果将会与预期偏离，甚至导致所做的工作功亏一篑。而在团队将各个不匹配的因素关联在一起时，糟糕的事情就会越来越多。时间被无休止消耗，负担费用提升，团队争议增多。更糟糕的是，产品上线以后用户并不会为大家的付出买单，甚至会痛恨它。

因此这种依赖已经决定了将会是从战略层上的决策具有自下而上的“连锁效应”。也就是在每个层面上我们可用的选择，都受到其下层面所确定的结论的约束。

最好的方式是在让每一个层面的工作在下一个层面结束之前完成。

当然这并不是说，所有较低层面上的决定都必须要在较高层面的决定之前产出。因为各个层面的相互依赖决定了影响也将是相互的。

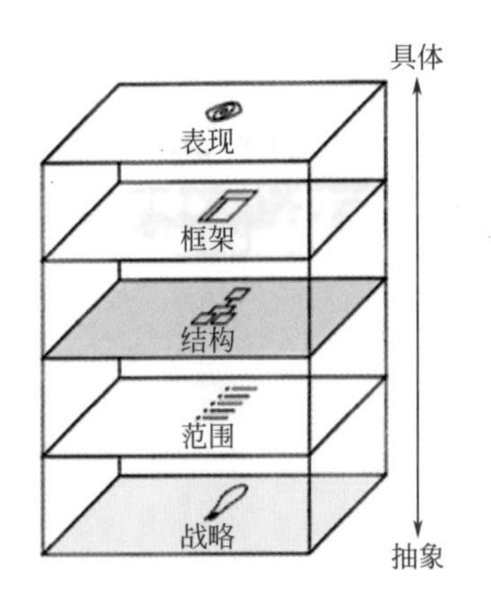

因此，较高层面的决策有时会促成较低层面的决策的准确性。称其为“偏离性检测”的过程。该过程是异常关键的，如果你是在较高层面决定之前已经完成了较低层面，那么几乎可以肯定的是——你的产品已经走进了一个危险区。

相反地，应该是把握好在任何一个较高层面的工作都不能发生在较低层面决定之后。这个是需要技巧与把控力的，所以一定要控制好节奏（图4.7）。

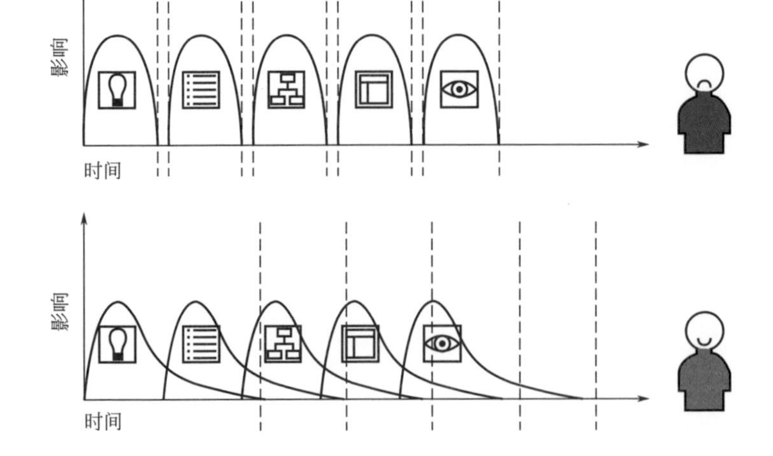

图4.7　每一个层面上处理的问题都有抽象和具体之分

4.3.3 需求和问题管理的3个要点

根据各层面之间的联系，我们在处理需求和问题时，应该注意以下3个方面。

4.3.3.1 充分了解业务和问题

当我们在某个层面出了疏漏，这个错误很可能在下一个层面的工作中被放大。虽然在快速变化的环境中，我们也很难有把握评判决定是对是错，但充分了解业务和问题，终归是能让我们避免一些错误的。

4.3.3.2 剔除不相关的问题

五个层面之间的互相约束能帮助我们很好地圈定产品的范围。当我们接手问题的时候，就能快速地辨别问题是否处于范围之内。对于不相关的问题，不应该浪费工作时间。

4.3.3.3 确定问题的位置和边界

当问题处于范围之内，我们就要确定问题是在哪个层面，对问题提出解决方案所造成的影响会有多大。例如，登录界面上的登录按钮不好用，是因为它的位置问题（框架层）还是因为它的颜色（表现层）？做出调整后会产生怎么样的影响？都是我们需要进行分析讨论的。

4.3.4 案例 知乎App用户体验设计层次分析

这里以Android系统手机上的知乎App版本为例。

4.3.4.1 战略层

（1）产品定位

在当今信息化的时代，如何方便快捷地获取高质量的知识成为互联网用户的一大痛点。知乎正是从该痛点出发，建立了一个以大学生、公司白领、行业精英为主要用户的高质量在线问答社区。

（2）用户需求

普通用户寻求高质量知识、行业精英指点；行业精英通过高质量的回答传播自己的观点并获得他人认同，成为该知识领域的意见领导者。

对应马斯洛的需求层次理论，回答获得他人认同可以满足自我实现和获得尊重的需要，用户间的互动可以满足用户社交的需要。

4.3.4.2 范围层

（1）基础功能

提问、回答、检索、关注、浏览、收藏、分享、私信、评论。

（2）特色功能

① 编辑问题　采取wiki（一种允许一群用户用简单地描述来创建和连接一组网页的社会计算系统）的形式，任何用户都有权限对问题进行编辑，这样有利于提高问题的质量、减少重复问题的出现及错误，同时系统会记录操作者身份，当出现恶意行为时会酌情给予警告或者封停账号等处理。

② 对回答进行投票　包括：赞、没有帮助、感谢、收藏。通过用户的行为筛选出高质量的答案及该领域的意见领导者，以满足普通用户需求高质量知识的需要；一个账号只能对同一个问题进行一次回答，但可以反复修改回答。有效减少了无效回答的行为，提高了回答的整体质量。

③ 邀请回答　方便提问者向行业精英提问，同时有助于精英发现高质量的问题，增加了用户间的互动。

4.3.4.3 结构层

知乎的主要流程是用户通过信息检索或提问的方式获取想要的高质量知识，或者通过回答自己擅长领域的问题传播自己的观点并获得他人的认同，形成一个良性互动的高质量在线问答社区。

知乎的信息组织分类方式和导航结构体现出该App以层级结构和线性结构为主的信息架构，通过话题标签及关注功能为用户提供个性化推荐，建立了一个满足用户需求且可以高效浏览产品内容的架构体系。

知乎App信息架构图如图4.8所示。

4.3.4.4 框架层

（1）首页

首页页面布局如图4.9所示。

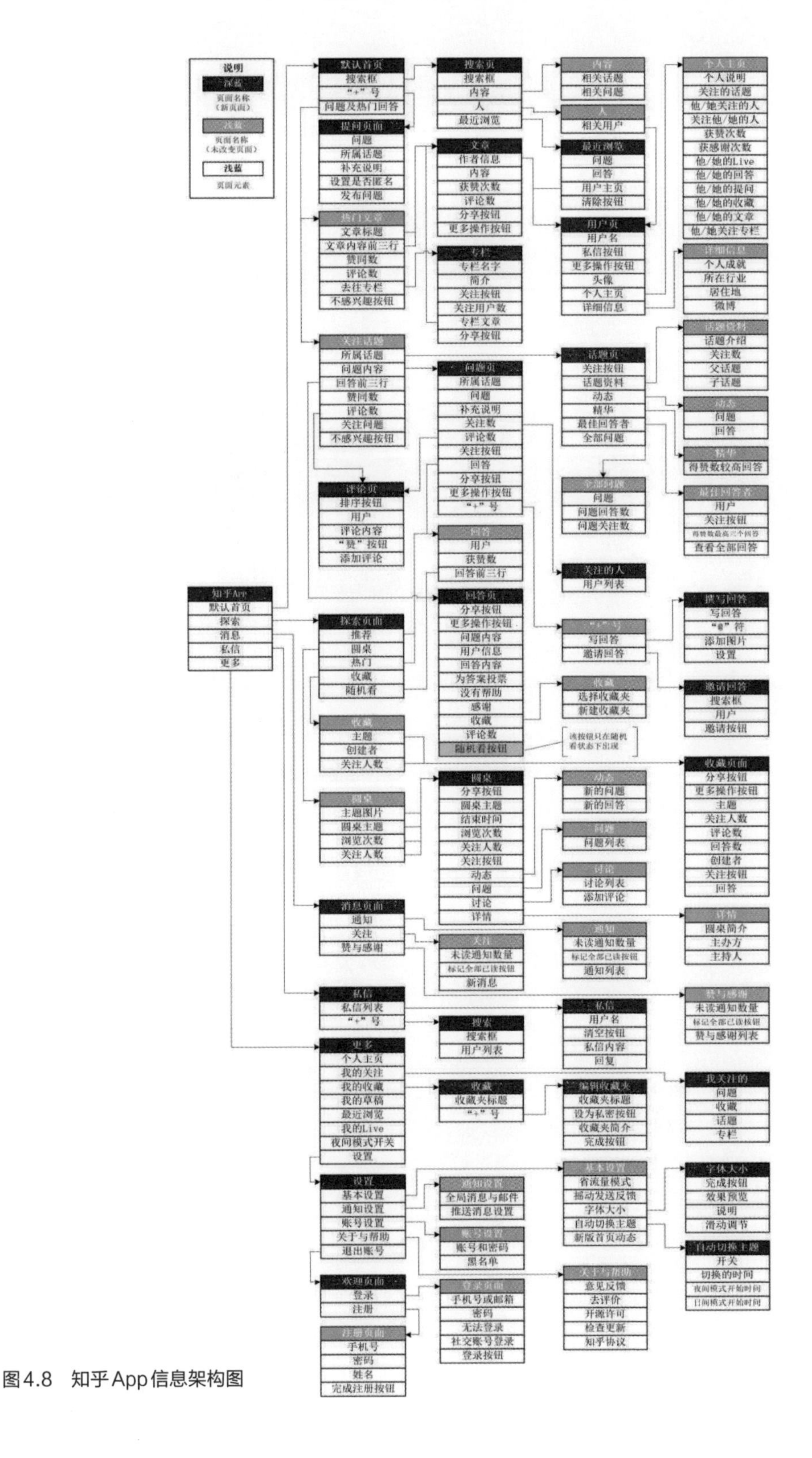

图4.8 知乎App信息架构图

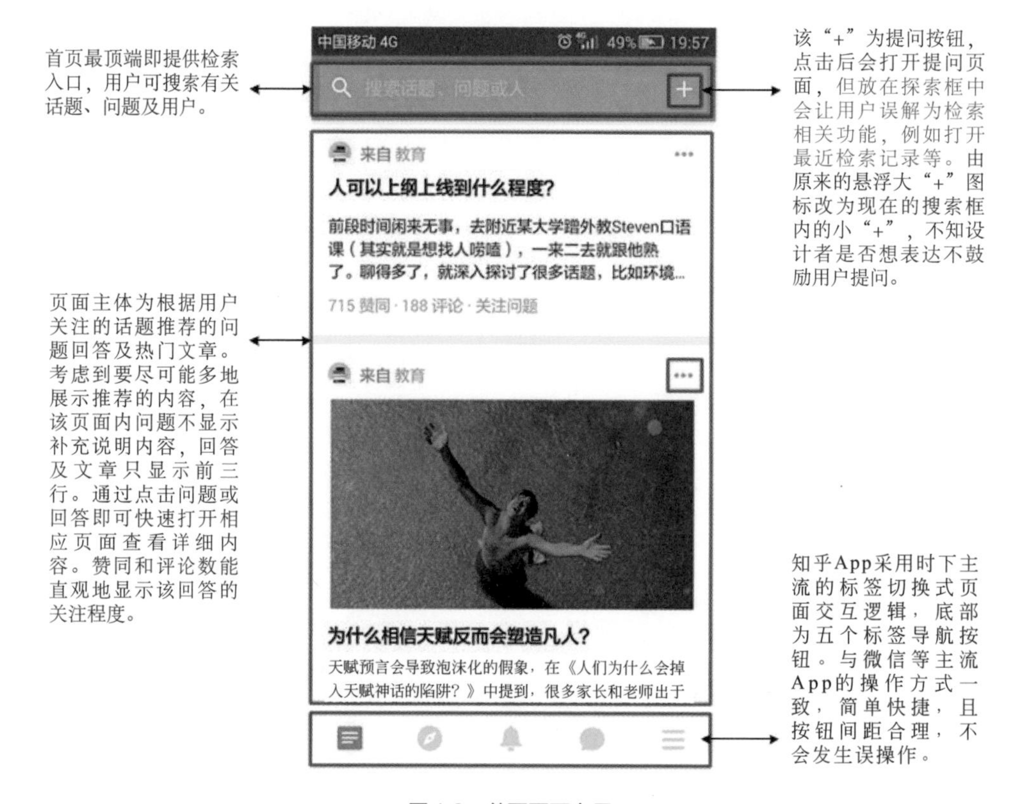

图4.9　首页页面布局

首页提供了浏览、检索及提问入口，减少了核心功能的用户路径长度。

由于移动端输入不便，阅读成了知乎App最主要的功能。设计师为尽量增加用户向下翻页时屏幕有效显示面积，减少用户翻页次数，手指向上滑动屏幕翻看其他热门问题或文章时，页面顶部的搜索框和底部的导航栏会自动隐藏，改为向下滑动屏幕回看之前内容时搜索框和导航栏会重新出现。

首页没有设置“返回顶部”的按钮，但按手机的“返回”按钮或者导航栏的“首页”标签时可实现快速返回顶部。

（2）提问页

提问页页面布局如图4.10所示。

编辑问题时关闭提问页面，之前编辑好的问题内容会自动保存。重新打开提问页面后输入的焦点会停留在问题末尾。

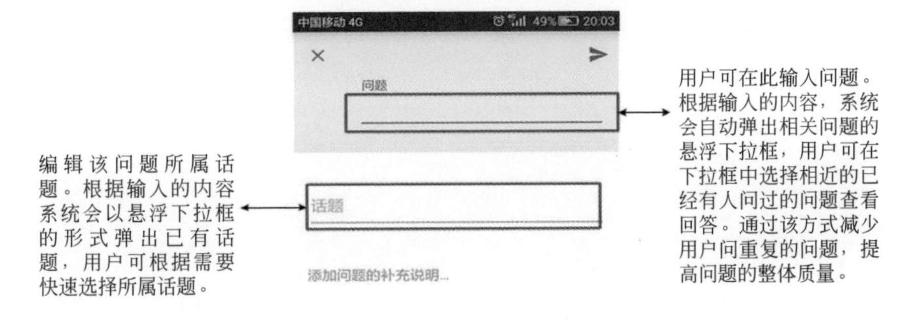

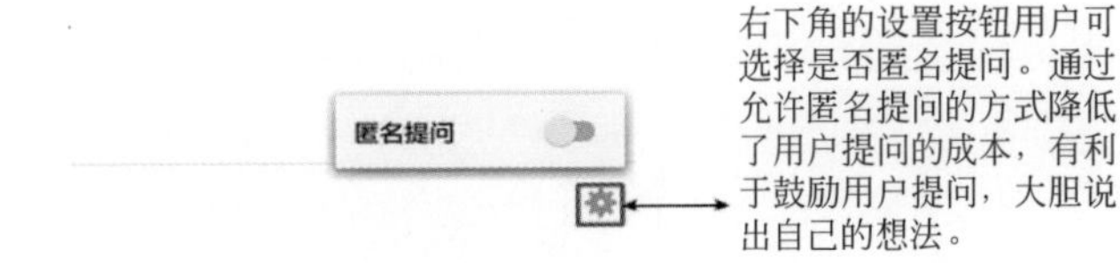

图4.10　提问页页面布局

（3）问题页

问题页页面布局如图4.11所示。

图4.11　问题页页面布局

由于每个ID只能对一个问题给出一个回答的设定，如果已经回答过该问题了，点击“+”后显示的是“查看回答”，用户可根据自己的需要选择是否对自己给出的答案进行修改。

（4）回答页

回答页页面布局如图4.12所示。

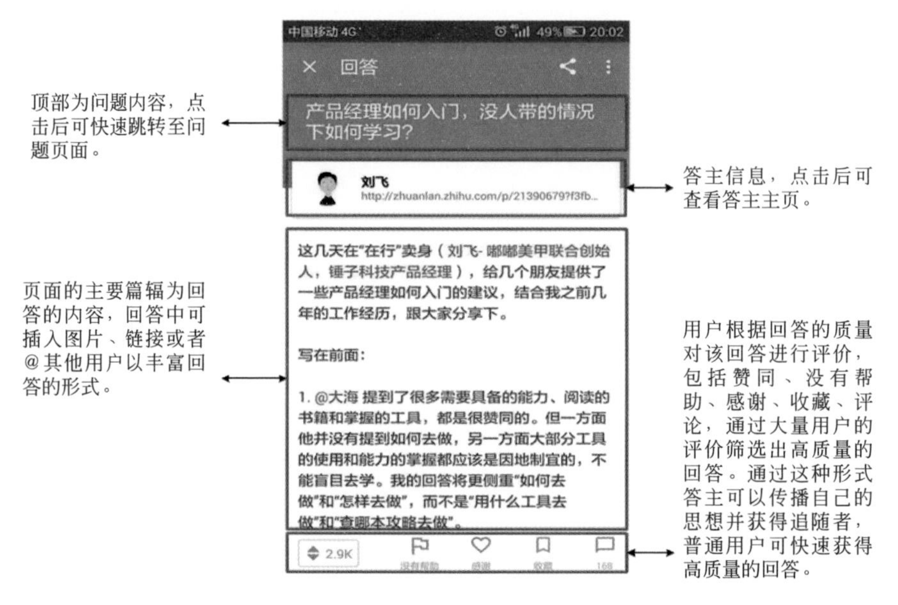

图4.12　回答页页面布局

① 为提升用户的阅读体验，手指向上滑动屏幕翻看文章内容时，顶部的题干和底部的评价栏会自动隐藏，增加了屏幕的有效显示面积，减少了用户翻页次数。且通过该页右上角的“字体大小”选项可快速调整回答的字体大小。

② 当回答内容比较长时，如果想回到顶部，可通过点击顶部的问题题干，可快速返回顶部。

③ 误触手机的返回按钮会直接退出该回答页面，重新点击该回答页面链接，进来后又必须重新编辑回答内容。

④ 点击回答中的图片可进入看图模式，看图模式下可快速翻看回答中的全部图片并提供下载图片功能。

⑤ 在浏览回答内容时经常可以碰到答主公开赞同或反对某个回答的情况，并附上回答链接。

（5）探索页

探索页页面布局如图4.13所示。

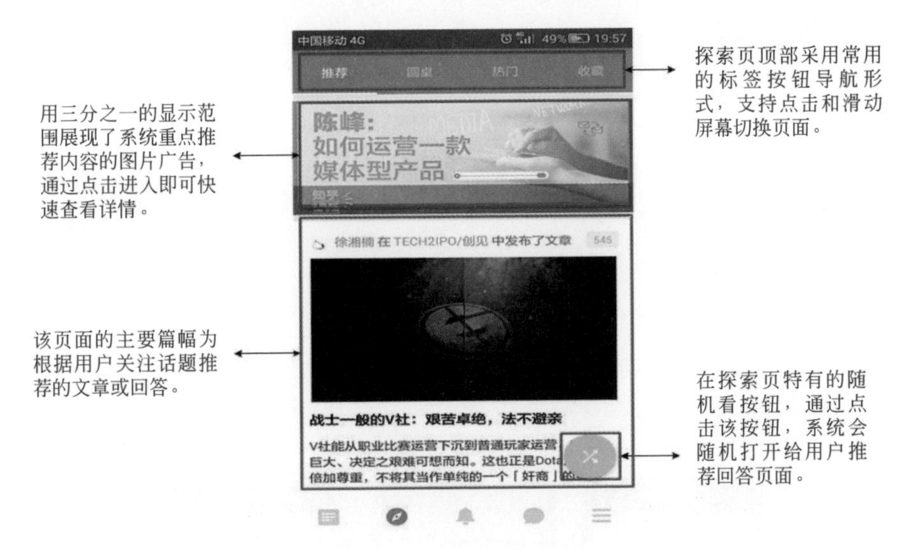

图4.13　探索页页面布局

随机看功能给用户一种“随便逛逛”的感觉，能够帮助用户发掘自己感兴趣的问题，增加用户停留时间。

（6）消息页

消息页页面布局如图4.14所示。

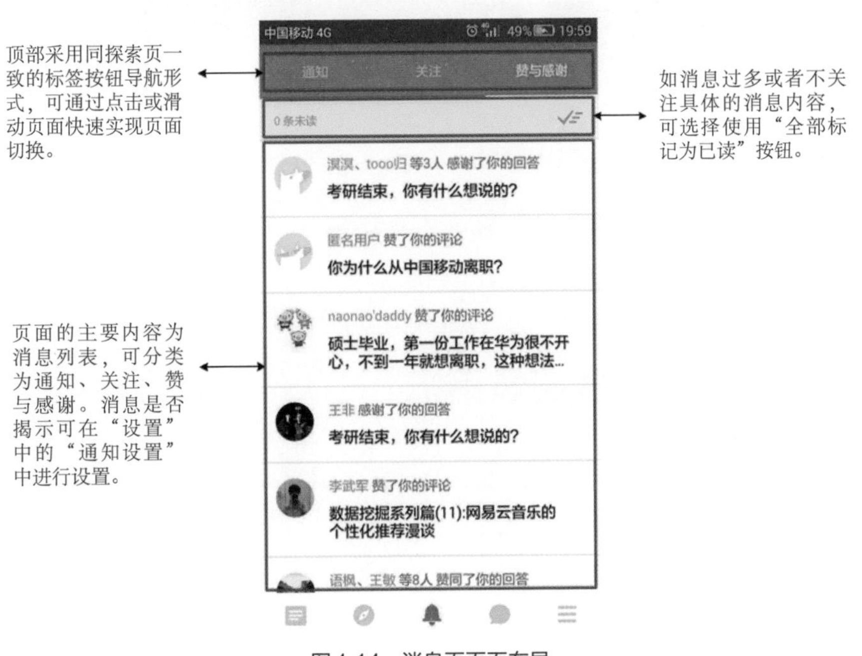

图4.14　消息页页面布局

消息页页面的主要内容为消息列表，可分为通知、关注、赞与感谢。消息是否提示可在“设置”中的“通知设置”中进行设置。

所有的消息列表均未提供删除功能。

4.3.4.5 表现层

如图4.15所示，知乎App整体以蓝色色调为主，正文内容白底黑字，灰色为辅，配色清新，体现了朴实简约的学院风格。问题页面的“+”号（回答或邀请回答）、探索页面的“+”号（随机看）采用黄色的悬浮按钮设计，与蓝色形成撞色，醒目突出，体现了设计者鼓励回答与探索的初衷。

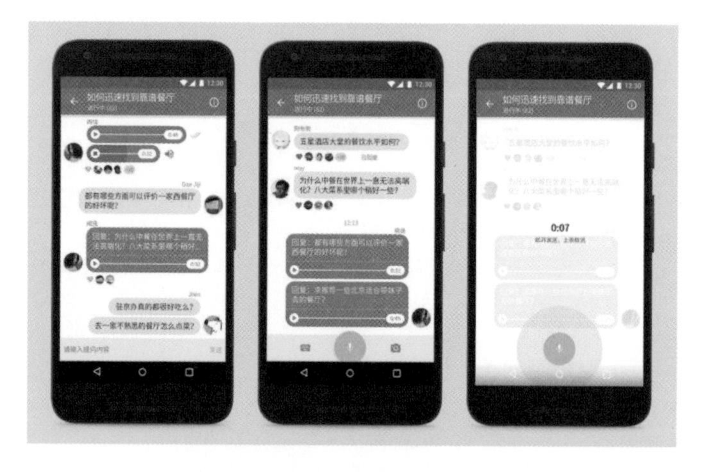

图4.15 知乎App

字体、字号可在设置中根据个人偏好设置字体大小。

采用当下流行的标签切换式页面逻辑，与微信等主流App一致，简单易用。

4.4 用户体验的衡量指标

百度百科上对用户体验的注解是：用户体验是用户在使用产品过程中建立起来的一种纯主观感受。如果按这样理解，体验似乎就是一件纯主观感性的事情，那么衡量用户体验也应该用纯主观的指标吗?

继续往下思考，我们为什么要衡量用户体验，只是单纯为了让用户感觉很满意?当然不是，让用户满意的背后其实是希望用户带来更大的价值。对于企业来说，不论在战略上把“用户体验”置于多么高的位置，其终极目的依旧是用户的商业价值。而用户的商业价值最直接体现的就是用户忠诚度。也就是说，公司提升用户体验的根本诉求之一是为了提升用户忠诚度。因此，当衡量用户体验时，更为科学的方法是可以从如何衡量用户忠诚度开始。

4.4.1 行为忠诚派

这是大多数公司采用过的思路，即便是初创公司，没有系统的体验思维，也知道建立用户行为指标体系，监测用户的行为是否忠诚（这是公司能否存活下来的关键之一）。

对于平台型产品而言，供给侧用户（如淘宝商家）和需求侧用户（如淘宝买家）的特性不同，用户忠诚行为指标也有较大差异。供给侧用户常见的忠诚行为指标包括留存率（失活率）、活跃度、服务好评率等，而需求侧用户常见的忠诚行为指标除了留存活跃外，更直接的还有复购率等。

行为指标的优点是可以直接通过后台沉淀的行为数据获得，相对而言更加客观。这在崇尚大数据驱动的背景下，可能更受企业认可。

不足的地方是行为忠诚跟用户忠诚始终存在差距，无法全面衡量用户忠诚。这之间的差值跟企业所处于的行业性质有密切关系。企业垄断程度越强，差值越大。什么意思呢？比如OTA（在线旅行社）行业，“携程”“去哪儿”的用户留存活跃复购都很高，但这并不能说明用户忠诚，可能是因为用户可选择余地少，不得不行为忠诚，而不是主动行为忠诚。只要市场上出现更优质的选择，用户流失不可避免。

4.4.2 态度忠诚派

态度忠诚，即更注重监测用户的主观感受。不少公司或多或少都有开展追踪用户态度的措施，小到在产品环节中加入满意度评价插件，大到系统性开展满意度或NPS调研。目前比较流行的用户（主观）体验监测指标有CSAT（用户满意度）、NPS（净推荐值）、CES（用户费力度）等。

4.4.2.1 CSAT（用户满意度）

CSAT评分的目的是测量用户对企业产品、服务或交互的满意程度。CSAT通常让用户回答一个或一组问题，或者完成一份详细的问卷，从而得到相应的分数，评估用户对产品的体验。

常设的问题如：

请选择以下选项来描述您对这款产品的整体满意程度。

非常不满意；
比较不满意；
一般；
比较满意；
非常满意。

4.4.2.2 NPS（净推荐值）

NPS作为未来的客户忠诚度指标，最近得到了很多人的关注。NPS展现的基本核心理念是，一个企业的用户可被划分为三类：推荐者、中立者和贬损者。

其核心问题是：您有多大可能向您的朋友推荐我们（的产品或服务）？然后让用户从0～10分中选择一个分数，0分代表“完全不可能”，10分代表“非常有可能”。

4.4.2.3 CES（用户费力度）

CES关注的是企业会让用户费多少力气去满足自身需求。

常设的问题是：您需要花多少力气去实现自己的需求？请从1～5的范围内选择。然后让用户从1～5中间选择一个数字。1代表非常轻松，5代表非常费劲。

相比行为指标，态度指标更注重用户的心理感受，更贴近体验本身。这是态度指标的优点。

但其缺点同样也很明显。如果能顺利获得用户真实的态度指标，用户的态度和行为匹配，这是最理想的结果，但实际上很难。最现实的问题是，获取用户真实态度，挖掘到用户实际的想法和意愿是一件极有挑战的工程。用户说他愿意推荐，他就真的推荐了吗？行为上真的就忠诚了吗？

本质上这是对人的探索，人文社科的套路从来不是客观准确的“1+1=2”。为了尽量探知并量化衡量人的态度和意愿，为了尽量减小测量误差，社会学、心理学等学科产生出了很多方法。态度指标体系的建立关键在于逼近真实、减少误差。这对于体验团队的专业性要求极高。

对于企业而言，要建立一套监测用户主观态度的体验系统，需要投入的人力、物力不可小视，并且还要冒着无法准确获得真实态度的风险。

4.4.3 综合派

鉴于行为指标和态度指标各自的不足，不少公司在实际运作中，综合了两者，同时从数据驱动和用户为中心的角度出发，采用了综合体验指标。比较典型的有Google提出的HEART模型。

HEART是一个用来衡量提升用户体验的框架，每个字母代表一种用户体验测量标准：

Happiness（愉悦感）; Engagement（参与度）; Adoption（接受度）; Retention（留存率）; Task success（任务完成率）。

这五项仅仅是指标体系的范畴，不同产品可据此定义具体的指标，用以监控用户体验。

愉悦感结合用户的满意度来度量，任务完成度结合任务完成的效果和效率来度量。参与度、接受度、留存率一般通过广泛的行为数据来制订。

在综合指标设定中通常不一定要用到所有维度，但可以参考该框架来决定是包括或排除某个维度。比如供给侧用户需使用你的产品作为工作的一部分，在这种环境下参与度就没有什么意义了，此时可以考虑选择愉悦感或者任务完成度。

综合体验指标的好处在于同时衡量了行为和态度忠诚，降低了由单侧衡量带来的片面和不准确风险，能较大程度获得用户忠诚度。

那么，对于不同类型公司来说，该如何选择合适的指标体系来衡量用户体验?

按行业性质的角度来说，垄断程度越高，行为忠诚衡量用户忠诚的程度越弱，此时需要侧重关注用户态度忠诚；垄断程度越低，市场竞争越激烈，用户的选择空间很大、转移成本很小时，可侧重关注用户行为指标。

互联网行业，流量效应明显，全盘通吃的巨头和“独角兽”众多，对于这部分公司而言，这个时候只关注行为指标是不够的，要时刻谨记的是，你的用户未必是真的因为忠诚才选择你，可能是，此时别无选择。

在实际运作中，纯粹只衡量行为或态度一侧忠诚的情况很少，基本都是往综合体验指标的方向发展。

侧重关注行为指标的公司，或多或少会加入满意度评价来获取用户意愿等；而在衡量用户意愿的态度指标体系中，比如NPS（净推荐值），其创始人自始至终都在强调需要定期验证态度指标NPS与用户忠诚行为之间的关系。如NPS与用户忠诚行为并不匹配，那么NPS对衡量用户体验的准确度和科学性就要受到质疑。

CHAPTER FIVE

第 5 章

交互设计的心理学

Graphic

Interaction

Design

UI

Required

Courses for

UI Designers

5.1 交互设计的5个认知因素

认知是我们在进行日常活动时发生在头脑中的过程，涉及感知、视觉、记忆、注意、思维等众多活动，唐纳德•诺曼将这些不同的活动划分为两个模式：经验认知与思维认知。其中经验认知是指有效、轻松地观察、操作、响应我们周围的事件，并要求达到一定熟练的程度，如驾驶、阅读等；思维认知涉及思考、决策、解决问题，是发明创造的来源，如写作、学习、设计等。两种模式在日常生活中缺一不可，相互影响，相互协作，共同为人类活动提供支持。

5.1.1 感知因素

感知是我们对周围世界产生的最开始、最基本的认知，但这种感知并不是对周围世界的真实描述，更大程度上来说是我们所期望感知的，而我们的预期又受到过去、现在、将来的影响。其中，过去是指我们所获得的经验，现在指当前所处的环境，将来指我们的目标，这三种因素交互地甚至共同地影响着我们对周围世界的感知。

如图5.1所示的一串字母，由于上下文以及整体的影响，我们会很自然地将第二个字母认为是“H”，而将第五个字母认为是“A”，但如果将这两个字母单独列出来的话，就很难判断到底是“A”还是“H”了。

THE CAT

图5.1　同样的字符因其周围字母的影响而被认成“H”和“A”

由此可知，我们的感知是主动而非被动的，我们移动眼睛、鼻子、嘴巴、耳朵、手去感知我们想要或者希望去感知的事物，感知受我们所获得的经验、当前所处环境以及目标的影响，因此在用户界面设计时必须要确保信息易于察觉和识别。

利用感知因素做交互设计时要注意以下几点：

① 更加关注避免歧义，如计算机上经常将按钮与文本输入设置成看起来高于背景的部分，这其实是为了符合大多数用户习惯于光源在屏幕左上角的

惯例；

② 注重一致性，在一致的位置摆放相同功能的控件与信息，方便用户很快找到并使用它们；

③ 理解目标，用户去使用一个系统或者应用程序总是有目标的，而设计者就需要了解用户的这些目标，并认识到不同的用户目标很有可能是不同的。

5.1.2 视觉因素

视觉因素应该说是交互设计中最为关注的一个点，因为一般而言，交互设计的好坏在很大程度上由视觉开始，并由视觉结束。早在20世纪早期，一个由德国心理学家组成的研究小组就试图去解释人类视觉的工作原理。他们发现：人类的视觉是整体的，视觉系统自动对视觉输入构建结构，并在神经系统层面上感知形状、图形及物体，这就是非常著名的格式塔原理，为图形和用户界面设计准则提供了有用的基础。

当前许多出色的用户界面设计都是将格式塔的接近性、相似性、连续性、封闭性、对称性、图底、共同命运等原理综合起来使用的。

如图5.2所示，Leodis网站首页界面设计。这个网站的设计用到了上述七个原理中的多个原则，使得整个网站看起来井然有序，内容丰富而不凌乱，漂亮的图片被置于简约的排版中，引人入胜，令网站真正与众不同的是它的配色，强烈的对比令网站的色彩不再“扁平”，这种错落令人着迷。

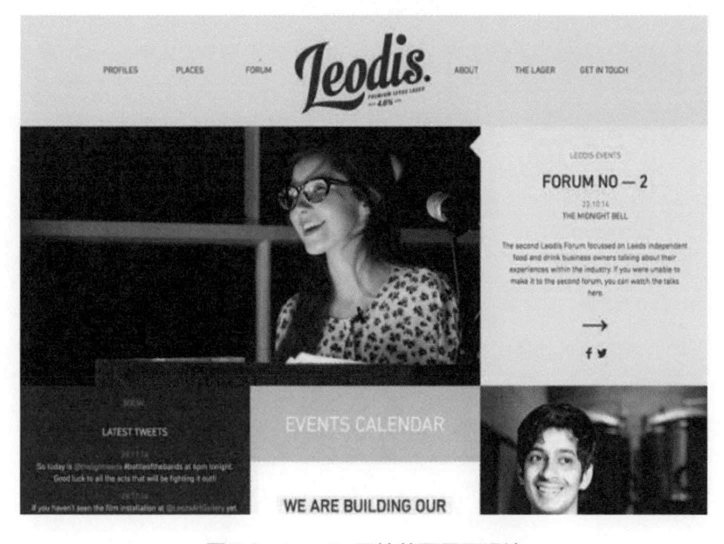

图5.2 Leodis网站首页界面设计

格式塔原理的运用很好地说明了我们的视觉系统是如何被优化从而感知结构的，感知结构使我们能够更快地了解物体和事物，而结构化的呈现方式更有利于人们理解和认知。例如：苹果手机在显示11位电话号码时是以“3-4-4”的形式呈现的，还有众多银行卡上的银行卡号，大多是以多个短数字串的形式呈现的，这种结构化的呈现形式提高了用户浏览数字串的能力。还有一种很有用的结构化方法——视觉层次，将信息分段，显著标记每个信息段和字段，用层次结构来展示层次及其子段，使得上层的段能够比下层更重点地表示出来，如图5.3所示，使用黄金比例构建层次结构，它能使得布局有轻重，又显得足够协调。

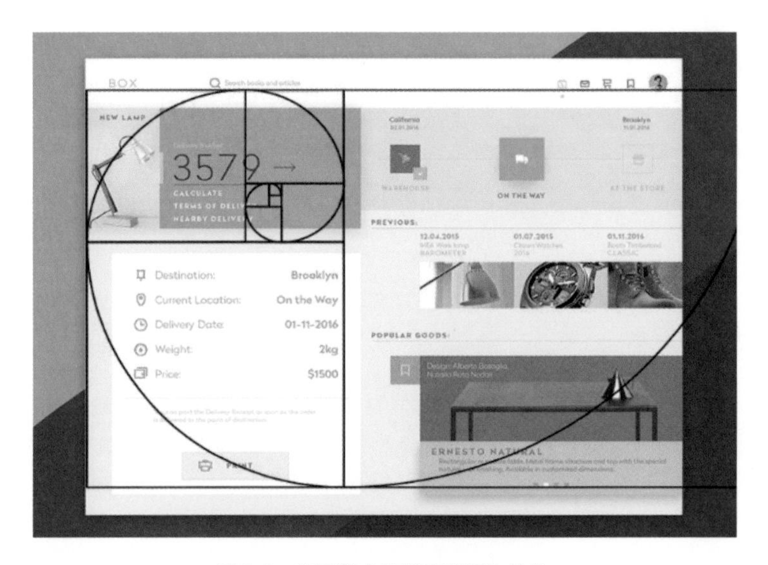

图5.3　使用黄金比例构建层次结构

利用视觉因素做交互设计时要注意以下几点：

① 信息的显示应醒目，以便执行任务时使用。

② 可使用以下技术达到这个目的：使用动画图形、彩色、下划线，对条目及不同的信息进行排序，在条目之间使用间隔等。

③ 避免在界面上安排过多的信息。

④ 有时候朴实的界面更容易使用，如百度、Google等搜索引擎，主要原因是用户可以很容易找到输入框进行所需的操作。

5.1.3　注意因素

我们的大脑有多个注意机制，其中一些是主动的，一些是被动的，而且非常有限，当人们为实现某个目标去执行某项任务时，大部分的注意力是放在目标以及与任务相关的东西上的，很少注意执行任务时所使用的工具，但当你将注意力放在工具上时就无法顾及任务的细节了。例如，你在割草时，割草机突然停止工作了，此时你会马上停下来将注意力集中到割草机上，因为重新启动割草机成了你的主要任务，你更多地关注割草机而较少地注意草地了，当割草机重新工作时，你重新开始割草，但你多半忘记了你割草割到了什么地方，但草地会提示你。这就是为什么大多数软件设计准则要求应用软件和网站不应唤醒用户对软件或网站本身的注意，而是应该隐入背景中，让用户专注于自己的目标。

由于注意力的有限性，在实现某个目标时，只要有可能，特别是在有压力的情况下，我们更愿意采用熟悉的方式去实现目标，而不是探索新路。

对于交互设计来说，用户对这种熟悉和相对“不用脑子”的路径偏好说明利用注意因素做交互设计时要注意以下几点：

① 有时不动脑子胜过按键；
② 引导用户到最佳路径；
③ 帮助有经验的用户提高效率；
④ 界面设计应能激发用户探索界面的使用；
⑤ 需及时帮助用户完成相应的扫尾工作。

5.1.4 记忆因素

人类的记忆被分为短期记忆和长期记忆，其中短期记忆涵盖了信息被保存从几分之一秒至一分钟的情况，而长期记忆则从几分钟到几小时、几天、几年甚至一辈子。这种将记忆分为短期记忆和长期记忆的区分同样也体现在计算机上，如中央处理器中的计数器就属于短期记忆存储，而像硬盘、U盘、光盘等外部存储设备属于长期记忆存储。当前在记忆和大脑方面的研究更是明确地表明：短期记忆和长期记忆是由同一个记忆系统实现的，这个系统与感知相联系，并且比之前理解得更加紧密。

与长期记忆的易产生错误、受情绪影响、追忆时可改变等特点相比，短期记忆的准确性更高，因为短期记忆其实是我们注意的焦点，即任何时刻我们意识中所专注的事物。将短期记忆视为注意当前焦点的表达更清楚：将注意转移到新的事物上就得将其从之前关注的事物上移开。而在进行人机交互的过程中更加注重的是人的短期记忆，因为短期记忆的容量和稳定性对人机交互设计影响重大，因此，在进行交互设计时必须要考虑到用户短期记忆的容量和稳定性。

制订模式是一种常用的便于用户操作的方法，在带模式的用户界面设计中，允许一个设备具有比控件更多的功能。如在绘图程序中，点击和拖曳通常是在画面上选择一个或者多个图形对象，但当软件处于“画方框”模式时，这两个动作变成了在画面上添加方框并将它拉至希望的尺寸。由于大脑容量限制，人类无法在短时间内记住大量的信息，正如你问一个朋友去她家的路线，她给了你一长串的步骤，你多半会记不住，可以拿笔记下或者让你朋友用短信或者E-mail发给你，等需要的时候拿出来看。类似地，在多步操作中应该允许用户在完成所有操作的过程中随时查阅使用说明，对于这一点，大多数系统会考虑到，但也有些做不到的。

利用记忆因素做交互设计时要注意以下几点：

① 应充分考虑用户的记忆能力，切勿使用过于复杂的任务执行步骤；

② 善于利用用户长于“识别”短于“回忆”的特点，在设计界面时应使菜单、图标保持一致；

③ 为用户提供多种电子信息呈现方式，并通过易于辨别的方式如不同颜色、标识、时间戳等，帮助用户记住其存放位置。

5.1.5 思维因素

思维是人们在头脑中对客观事物的概括和间接的反应过程。不同的人对同一事物有不同的思维方式，如对于情人节送花一事，一般女生会觉得很浪漫，可以增进彼此的感情；而大多数男生觉得很浪费，鲜花开不了几天就谢了，还不如买吃的实惠，前者就是很明显的感性思维方式，而后者是典型的理性思维方式。

不同的思维方式同样会影响到交互设计的用户体验，因此在做交互设计时，需要具体分析主要用户群的思维方式：对于偏感性思维的用户群，交互设计界面应该选择色彩鲜明的、多些互动、能够激发共鸣的成分；而对于偏理性思维的用户群，应注重内容的条理性，界面应尽量简单利索，如当前比较流行的扁平化设计。

利用思维因素做交互设计时要注意以下几点：

① 应设计不同的界面版本供用户选择，如QQ邮箱有简单模式与复杂模式；

② 为用户提供不同的显示方式，如允许用户自由放大文字、更改字体、颜

色等；

③ 在界面中隐藏一些附加信息，专门供那些希望学习如何更有效执行任务的用户访问。

5.2 记忆与交互设计

记忆是人类储存信息的“硬盘”，它可以收集信息、处理信息，并且可以对外界的刺激做出反应。人类可以在需要的时候去“硬盘”中调取信息。但是这个“硬盘”有着一些瑕疵，因为它会受到人类机体和情感因素的影响。了解记忆的运行机制，会帮助设计师创建出人性化的界面，节省工作量，提升产品的易用性。

5.2.1 记忆的基本类型

一般来说，心理学家将记忆分为三种：感觉记忆、短期记忆和长期记忆（图5.4）。

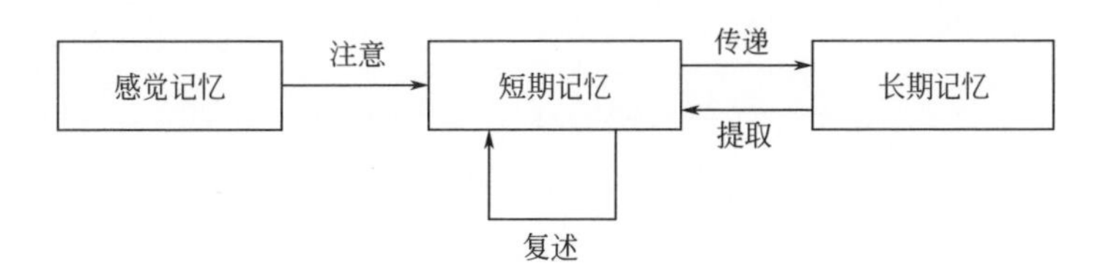

图5.4　记忆的模块模型

5.2.1.1 感觉记忆

感觉记忆是指信息经由感官接收后，感官所做的短暂时间的储存，亦称工作记忆。

5.2.1.2 短期记忆

短期记忆最重要的特征是信息保持时间相当有限。在未经复述的条件下，大部分信息在短期记忆中保持的时间很短，通常在5～20秒，最长不超过1分钟。

5.2.1.3 长期记忆

长期记忆是能够保持几天到几年的记忆。

上面所述的这个记忆模型主要包括以下几个重要的过程。

（1）注意

感觉记忆通过“注意”进入短期记忆。也就是说对于感觉记忆如果没有受到注意，很快就消失了；如果受到注意，就进入短期记忆阶段。

（2）复述

短期记忆的保留时间也很短。但是，通过复述（重复背诵）可以使得信息在短期记忆中保持更长的时间并且可以存储到更加持久的长期记忆中。

（3）传递

短期记忆产生后会自动向长期记忆传递。在短期记忆中保留的时间越长，在长期记忆中留下的痕迹也越强烈。不断地重复能加强长期记忆的保留。

（4）提取

长期记忆的提取和使用，主要有回忆和再认两种基本形式。回忆是过去经历过的事物以形象或概念的形式在头脑中重新出现的过程。再认是人们对感知过、思考过或体验过的事物，当它再次呈现时，仍能认识的心理过程。再认比回忆简单。

设计师在创建产品交互流程的时候，一定要将用户记忆这个因素考虑进去。用户对于产品的体验一旦转换成了长期记忆，这意味着用户在使用过程中会更加的便捷高效。比如，现如今我们手机上基本最少安装了一家银行的App（比如建设银行）。我们经常使用的话，会对建设银行的界面流程十分熟悉。同样是一个转账功能，我们用建设银行所花费的时间比其他不常用的银行短得多。

如何将信息转化为长期记忆唯一的方式是重复和联想。德国心理学家艾宾浩斯（Ebbinghaus）的研究发现，多数人现下读的书，在二十分钟之后只记得其中六成，到了隔天更是只记得其中的三成。但之后遗忘的速度较为趋缓，到了一个月后还能记得其中的两成。可见，对“记忆”而言，第一天是记忆的关键时刻。研究发现，如果在阅读后的九小时之内对阅读的内容做一次复习，则可以有效提升长期记忆量。同理，第一次使用一款App的时候，用户需要花费时间去适应陌生的设计语言和界面风格。但是第二次乃至第三次使用的时候，用户就会越来越熟悉，减少了用户的记忆负担。重复（再认）让记忆变得简单。

例如，许多人在背诵英文单词“ambulance（救护车）”会使用中文谐音来帮助自己记忆。这个就属于通过联想来将短期记忆转化成长期记忆。

5.2.2 2个记忆定律

5.2.2.1 米勒定律

1956年，乔治·米勒对短期记忆能力进行了定量研究，他发现人类头脑最好的状态只能同时处理最多7±2个信息团，这一发现被称为米勒法则。从心理学角度来看，人脑处理信息的能力是有限的，原因是短期记忆储存空间的限制，数量过多将会使得大脑出错的概率大大增加（图5.5）。

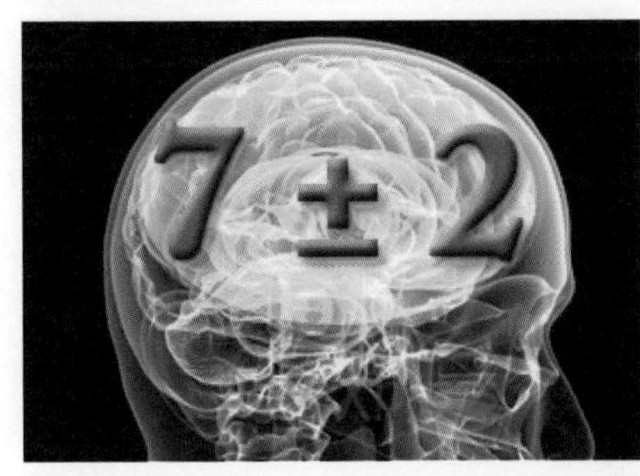

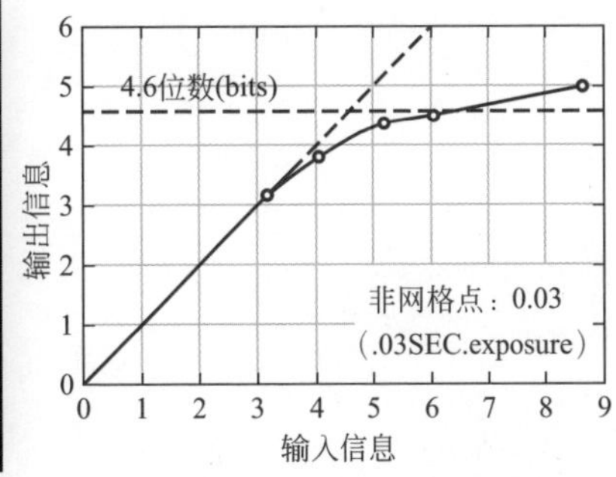

图5.5 神奇数字7±2法则

后来恰德·希夫林（Richard Shiffrin）和罗伯特·诺索夫斯基（Robert Nosofsky）对米勒法则进行了更为细致深入的研究，他们发现人类可以同时处理的信息数量取决于信息自身的性质。简单来说，人类可以同时记住7个数字、6个字母或者5个单词。

5.2.2.2 席克定律

先来看看图5.6的漫画，你是不是觉得在日常的生活、工作、娱乐中自己患上了选择困难症？也许这并不是你的错，而是对方给予的选项太多。

图5.6 质疑自己患上了选择困难症

席克定律（Hick's Law）：一个人面临的选择（n）越多，所需要做出决定的时间（T）就越长。用数学公式表达为：

$$RT=a+b\ \log^2(n)$$

式中　RT——反应所需时间；

a——与做决定无关的总时间（比如说前期认知和观察时间、阅读文字、移动鼠标去按钮等）；

b——根据对选项认识的处理时间（从经验衍生出的常数，对人来说约是0.155秒）；

n——具有可能性的相似答案总数。

也就是说：当选项增加时，我们做决定的时间就会相应增加。

图5.7　路标

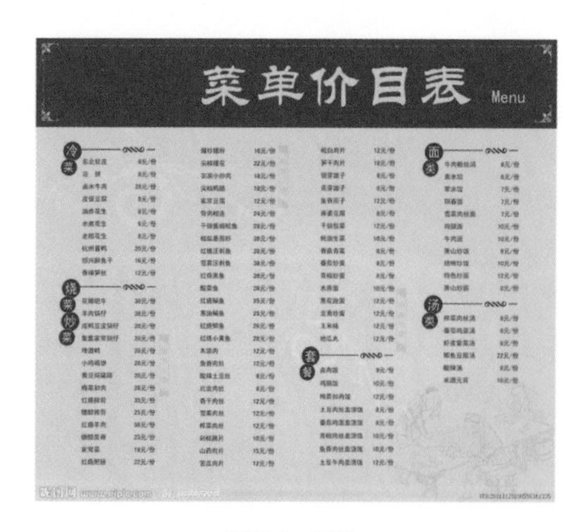

图5.8　菜单

听起来深奥，但它们其实就隐藏在我们每一天的生活之中，一点儿也不难懂。如图5.7～图5.9所示，路标越多，驾驶员要根据目的地而决定转弯与否的时间就会拉长；当菜单选项增加时，使用者选择的时间也会增加；控制按键越多，使用者花在做出简单调整决定的时间就会变长。

以上这三幅图有没有唤起你心中某些痛苦的记忆呢？过多功能和选项的罗列会让人苦恼，这时就可以利用席克定律来改变它。

如果在你的流程、服务或产品中“时间就是关键”，那么请把与做决定有关的选项减到最少，以减少所需的反应时间，降低犯错的概率。也可以对选项进行同类分组和多层级分布，这样用户使用的效率会更高，时间会更短。

席克定律另外一个要点，就是适用于必须快速做出反应的紧急状况处理。在设计障碍排除或是紧急意外处理界面时，必须删除一切不是绝对必要的选项。例如飞机的逃生门、火车的紧急停驶装置或是大楼的灭火设备等，在这些攸关生命安全的危机处理过程之中，选项并不是使用者的朋友，而是他们必须克服的障碍（图5.10）。

图5.9　使用者花在做出简单调整决定时间与控制按键的数量成正比

图5.10　紧急逃生装置的操作方式必须要绝对简洁

但席克定律只适合于“刺激—回应”类型的简单决定，当任务的复杂性增加时，席克定律的适用性就会降低。如果设计包含复杂的互动，请不要依靠“席克定律”做出设计结论，而应该根据实际的具体情况，在目标群体中测试设计。

5.2.3　记忆特点与交互设计原则

5.2.3.1　短期记忆是有限的

短期记忆，和进行中的任务关系比较大，也称之为工作记忆，短期记忆有利于我们正在进行的任务，对于阅读、计算十分重要。我们肯定经历过一次记住13位的手机号码，并不断默念这个号码帮助记忆，但是打完电话后，完全不记得刚才的号码。又如1+2=3，看到第二个数字的时候，需要记得第一个数字，才能进行运算，对不对？这是我们平时习以为常并且觉得理所应当的事情，但是正是因为有短期记忆的存在，我们进行阅读并理解上下文，进行数学计算，逻辑推导才成为可能。

设计原则：

① 多次确认重要、复杂的操作结果；

② 分步的任务之间不要有太多相关性和需要用户去回忆的内容；

③ 任务流中减少干扰信息，让用户能集中注意力。

如图5.11所示，选完筛选条件之后，回到爱彼迎民宿列表，筛选功能入口处有标记已选条件数量。

在选完入住日期后，会进入到一个预览页面，用户可以再次确认选择的房间数量、入住时间、人数（图5.12）。

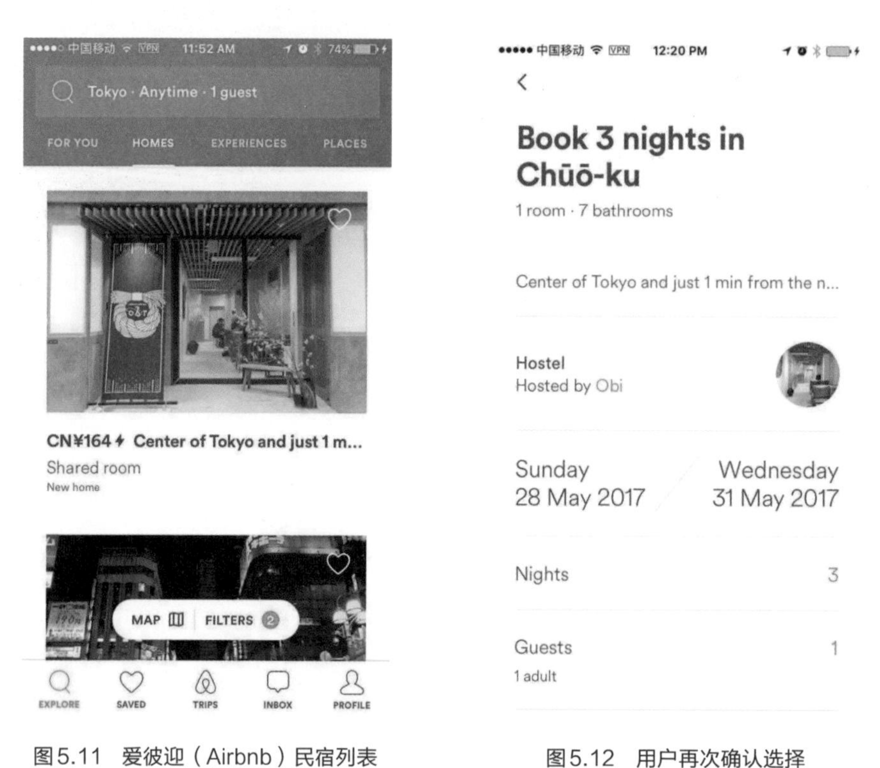

图5.11　爱彼迎（Airbnb）民宿列表

图5.12　用户再次确认选择

5.2.3.2　记忆占用大量脑力资源

人每秒接收400亿个感官输入，一次可以注意到40个。但是对40个东西产生直觉不一定意味着对他们产生有意识的加工。思考、记忆、加工和表达需要大量的脑力资源。

设计原则：

① 具象图标、颜色、形状等视觉元素有利于记忆；

② 页面跳转的一致性，自然地过渡转场会减少用户的记忆负担。

如图5.13所示，Facebook Event（一种社交工具）用颜色和图标区分不同时间的活动，帮助用户记忆，时间长了，用户可以凭直觉选择。

再如图5.14所示，汤博乐（Tumblr），点击关注某账号之后，账号的头像会弹跳到首页标签里面，指引用户以后会在首页中看到此账号的推送。

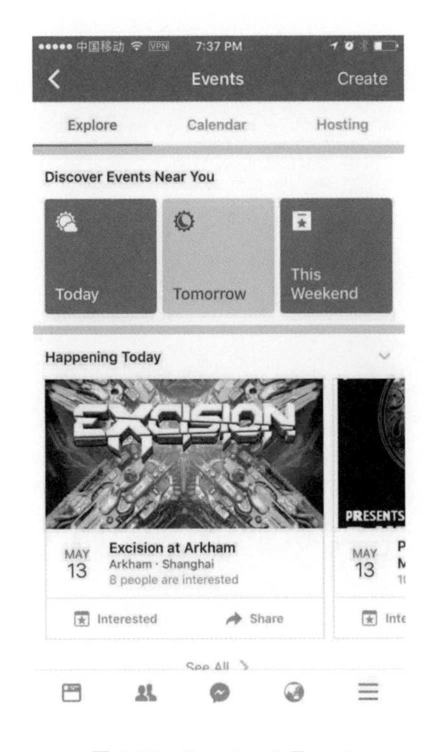

图5.13　Facebook Event

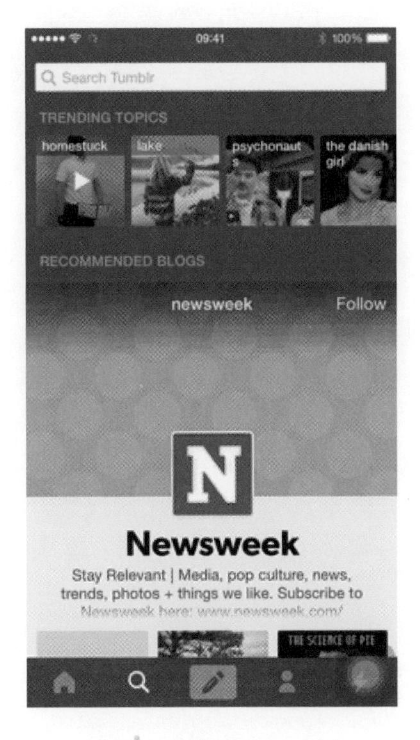

图5.14　汤博乐（Tumblr）

5.2.3.3　人一次只能记住4项事物

如果人可以集中注意力，并且过程中不受外界干扰，那么人可以记住3～4项事物。为了改善这种不稳定的记忆，人们会将信息进行分组以加强记忆。比如电话号码1366-5230-725，13位的手机号码分成3组，有利于长期保存在记忆里。当然能将展示给用户的信息限制在4条固然好，但是面对复杂的业务，也不必强求，可以用分组和归类的方法展示。

设计原则：利用分组将“4”变多。

5.2.3.4　人必须借助信息巩固记忆

如果人们能把新信息和已有信息联系起来，就更容易强化新信息或者把它保存在长期记忆里，从而更好地记住和回忆这些信息。用户在使用产品的过程中，会形成图式，图式会帮助用户快速理解整个产品的功能和使用。

设计原则：保持控件使用的统一。比如用相同的控件处理反馈、页面跳转等。

5.2.3.5 再认比回忆更容易

可以做一个记忆测试，先记住列表中的词（如：钢笔、铅笔、墨水、尺、回形针、订书机、电脑、USB、剪刀、书签、桌子、白板），然后默写下来，这个是“回忆任务”。如果让你再看这个列表或者走进一间办公室，说出哪些东西在列表上出现过，这就是“再认任务”。再认比回忆更容易。许多界面设计规范和功能都经历数年的改善，以缓解与记忆相关的问题。

设计原则：全新的设计语言和系统需要引导用户去适应，如新手引导视频、页面、新功能提示等。

例如，Instagram（照片墙）和iOS的重大改版都有不同的声音，有的用户很满意，有的用户却很反感，新的用户界面改变用户的习惯，从前的记忆都不见了，需要在新的用户界面上重构自己的图式。幸好Instagram和Apple都有庞大的用户和拥护者，追逐最时尚、最新潮的设计也许是产品和用户都需要的。

5.2.4 心智模型

5.2.4.1 心智模型的概念

人们根据自己在传统行业中积累的知识、信息和认知，构成了他们对事物的“心智模型”，或者说是“概念模型”（图5.15）。

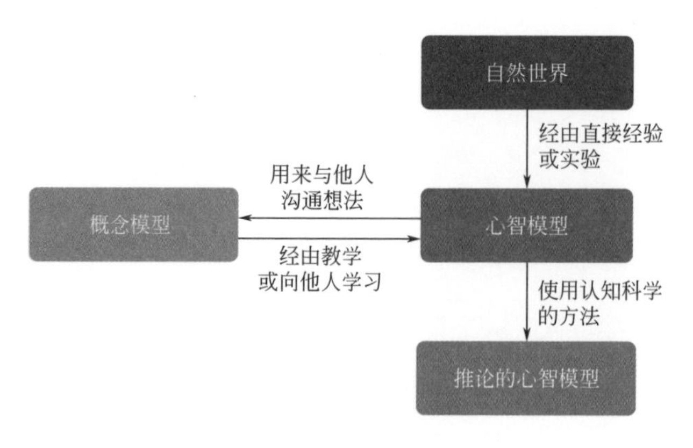

图5.15 心智模型

人们的心智模型都有什么特征呢？唐纳德・诺曼1983年提出的以下“六个关于心智模型的特质”，而这六个特质并非相互独立的。

（1）不完整性

人们对于现象所持有的心智模型大多都是不完整的。

（2）局限性

人们执行心智模型的能力受到限制。

（3）不稳定

人们经常会忘记所使用的心智模型细节，尤其经过一段时间没有使用它们。

（4）没有明确的边界

类似的机制经常会相互混淆。

（5）不科学

人们常采取迷信的模式，即使他们知道这些模式并非必要的。

（6）简约

人们会多做一些可以透过心智规划而省去的行动。

因此，用户来到一个网站通过一系列访问路径实现自己的目的或者诉求时，一定是带着某种心智模型来的，即用户对某个事物和功能已经有了预先的认识和判断。如果现实当中已经有了人人都熟悉的心智模型，产品的设计就要去迎合它。这样用户对产品的接受过程就会变得异常简单。而一旦用户的心智模型跟不上产品界面上所呈现的功能，用户就容易受到挫折，哪怕这样的挫折是一点点，也很快就会放弃。而产品设计中的用户心智模型，就是用户对产品的了解、预测、使用方法等的一种心理的构建，它决定了用户对产品的理解和期望。

5.2.4.2 产品使用方式契合用户心智模型

现实生活中，大家对红包长什么样子已经有了认知。所以，微信红包的设计处处体现一个原则——符合用户的心智模型，并且处处覆盖着这个认知。红包的形态为红色长方形，上面有黄色的封口，并且可以在屏幕上展示出来。人们看到都知道这是红包，习惯性地要去点。而微信红包的功能也的确满足了用户的三种心理需求和使用方式：一是它符合用户平时习惯，收红包的动作是一递、一接、一拆；二是重视现实生活中的仪式感；三是保障了用户的控制权，红包拆还是不拆用户都有自主选择的决定权。好奇心、期待感、惊喜、趣味等人类基本的情感要素都体现在打开红包那一刻的设计里了。

同样，小米手环、Keep等健身类App的火爆也在契合着用户的心智模型，在用户自己的知觉、判断、认识上表现出符合于公众舆论或多数人的行为方式和心智模型。例如，Keep首次登录，引导用户完成基本信息资料，以便后续在“我的训练”页面呈现与用户较为匹配的备选训练计划。然后，用户选择适合自己的或选择自己想要参与的计划（即使与当前自身情况不匹配），开始训练，App开始计数，并在任务结束后产生用户的个人数据，在个人数据中心进行呈现。整体流程较为合理，契合用户本身的心智模型。在任务完成后主动引导用户分享，产生UGC（用户原创内容）内容，对于构建社区、沉淀内容、加强互动有重要意义。当天任务结束后，在“我的训练”页面（即App首页）会出现个人数据中心模块。

5.2.4.3 产品界面符合用户心智模型

用户与产品之间的互动是通过产品的界面来实现的。产品界面所呈现出来的交互功能和视觉设计都需要与用户的心智模型保持一致，才能方便用户理解和感知。用户的心智模型是用户操作和产品设计之间的桥梁，借助这个桥梁，可以更好地理解和使用产品。

用户心智模型能够说明使用者对产品的需求、使用状况和行为习惯，借此分析出最佳的人机交互方式，并运用于“以用户为中心”的产品开发设计之中。比如，手机银行用户一旦开始使用手机银行后，就会将查询业务、简单的理财业务、需要外出办理的业务转移到手机银行上办理，逐渐形成首选使用手机银行的习惯，甚至只用手机银行的习惯，这就是金融业务移动化趋势在迎合用户趋向于便捷和简单的心智模型。通常那些比较成功的手机银行App基本都对用户群体的心智模型路径和场景做了规划、设计和引导。

好的App没有把这些访问的路径独立起来，而是设置在用户自然的访问路径的途中，没有刻意、没有思考，也不会遇到挫折。在用户简单体验的过程当中，用户想要做的事情也顺其自然地完成了。

5.2.4.4 用户心智模型的移植

苹果公司在它的PC、iPod，iPhone等产品的界面中都使用了相似的视觉风格和交互方式。让用户在不同的产品之间转换时，很容易找到他们使用过的产品的影子，能够迅速地适应新产品。用户的心智模型可以移植到其他一系列相关的产品上面，从而缩短学习和摸索的时间。当人们可以熟练地使用数码相机的时候，也可以很轻易地去操作数码摄像机（Digital Video，DV），这就是将对数码相机的认知转移到了DV上。很多知名品牌的一系列产品中，在设计上都有着强烈的内在一致性，具有可识别性。当用户使用其中的某一款产品，即可形成对该产品的心智模型，当接触到另一款同一公司的产品时就很容易上手。

5.2.5 创造利于记忆的用户体验的7种诀窍

5.2.5.1 不要让用户一次记忆太多事情

不要让用户同时处理过多的信息，这并不意味着我们在屏幕中只能放5～9个元素。因为在某些情况下，有些信息是必须展示的，是没有办法删减的。在这种情况下，我们可以通过建立视觉层级，将用户的注意力吸引到关键区域（图5.16）。

图5.16　通过建立视觉层级将用户的注意力吸引到关键区域

此外在进行设计的时候，设计师应该时刻牢记注意力比例。因为用户的注意力是一个稀缺的资源，过多的信息展示会稀释用户的注意力，用户会需要更长的时间来消化这些信息。此外用户都有害怕损失的本能，每次做决策都是一个权衡利弊的过程，给用户过多的选项（内容），用户就会陷入纠结的状态。我们要尽量给用户创造不需要思考的选择。

图5.17　PatPat（母婴专业平台）App列表页界面设计

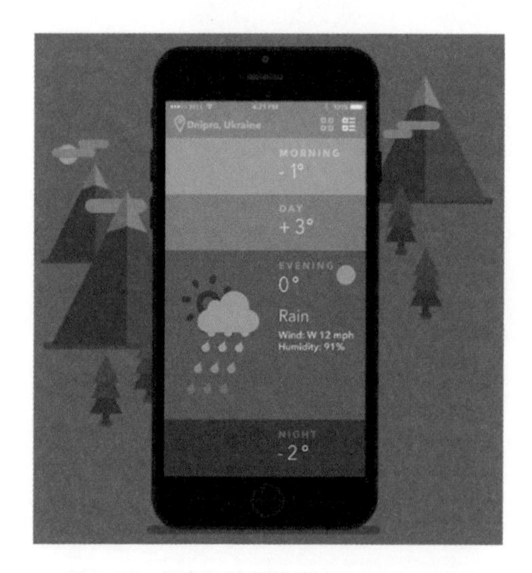

图5.18　使用易辨识的模式和图形来减轻记忆负荷

5.2.5.2　不要一次提供太多选择

记忆是一种保护人类免受糟糕体验的机制。选项越多，他们就会想起越多相关联的事物，越容易分心——在这样的情景下不可能预知结果好坏。而且，一次给出太多选项，其数量超出了工作记忆能处理的范畴，超出了用户承受范围。在电商平台中，这个因素尤其需要慎重考虑，应该找到一种平衡，给予用户所有必要信息，同时避免给出过多选择，如图5.17所示。找到这种协调是体验设计师的主要挑战。

5.2.5.3　使用易辨识的模式和图形来减轻记忆负荷

人类是视觉动物，图形的作用不应该仅限于吸引用户的注意力，它更可以用于通知用户、整理内容。具象的插画和图形（图标）配合文案的使用更利于用户记忆。而且这种设计模式具有极强的普适性，因为图形和插画超越了语言、宗教和地域，可以被用户广泛接受。例如，我们看到放大镜图标就会联想到搜索，看到国旗图标便知道可以更换语言，在天气类应用中看到太阳就明白意味着晴天，如图5.18所示。所有这些记忆都深深储存在我们的脑海中，我们只需要合适的联系物就可以唤起它们。

5.2.5.4　在导航中运用统一的标记——一致性原则

页面跳转的一致性原则会对产品易用

性产生极大的影响。用户在使用过程中，会在不同的页面之间来回切换。这意味着用户要处理的信息量是巨大的，所以设计师应该保障交互过程的一致性以降低用户的记忆负担。

如图5.19所示，在这个页面中，按钮的样式是圆角矩形，而在下一个页面里，按钮的样式变成了无边框。用户在浏览过程中，可能会注意到这个小细节，并且会被困扰，就有可能打断了用户原有的操作流程。用户会将更多的注意力放在页面中不一致的元素上，忽视那些相同的部分。我们期望用户在不同的页面中关注的是不同的内容，这是提升产品易用性的关键。因为页面转换中有不一致的元素而导致用户注意力的分散是设计师的失职。

图5.19　页面转换中有不一致的元素而导致用户注意力的分散

5.2.5.5　不要隐藏导航的关键信息

导航设计中，关于信息的隐藏和展示一直争论不休。首先，我们要清楚，用户界面设计的最终目的是为了让用户清楚地了解当前发生了什么（自己所处的位置、系统的当前状态）。当导航中引入菜单，滑动这些元素时，意味着一些内容会被隐藏。所以在使用的时候，我们应该尽可能地慎重。在大多数情况下，特别是目标用户群不明确的而且层级比较复杂的功能，隐藏其导航元素（接口）不是一个明智的选择。用户需要花更多时间去寻找并且记住它们的位置，从而会降低用户参与度。

当然是否隐藏导航元素并没有一个定论，有的用户赞成，因为节省了屏幕空间，整个界面看起来清爽了许多；有的用户反对，因为他们要花额外的时间去寻找那些功能的入口。

目前我们的一个折中的方法——功能的优先级。展示重要的功能，一些次要的功能可以隐藏起来。

5.2.5.6 刺激多感官的记忆

人们对于信息的读取第一阶段就是感官记忆。就像我们使用一款App，初次体验就是感官记忆。感官记忆来自我们的视觉、听觉、触觉。为了给用户留下一个深刻的印象，设计师应该寻求将产品给用户带来的感官记忆转化成短期记忆乃至长期记忆。那么应该怎么做呢？设计始于视觉，但是不仅限于视觉。设计师不能只想着做一个华丽好看的页面来留住用户，更应该刺激用户的多个感官来给用户留下好的印象。

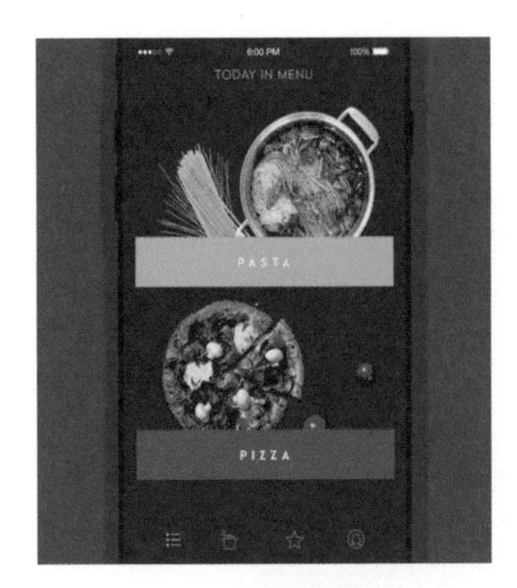

图5.20　带有文案的图标

如图5.20所示，带有文案的图标（一种图标格式，用于系统图标、软件图标等）通过视觉和语言记忆提升了易用性。一些交互配以一些声响更容易给用户留下印象，比如按键音、任务完成音。美食类App配以令人垂涎欲滴的食品图片，加上微动效，很能激发用户的食欲。

5.2.5.7 情绪的记忆

交互中情感反馈是能否留住用户的关键。糟糕的用户体验会促使用户忘记，并且会产生消极情绪，大脑从保护机体的角度就会对你的产品发出拒绝的指令。反之，好的用户体验可以给用户带来激昂的情绪，更能留住用户。一个风格活泼可爱的下拉加载动画可以给用户带来一个愉快的用户体验，如图5.21所示。

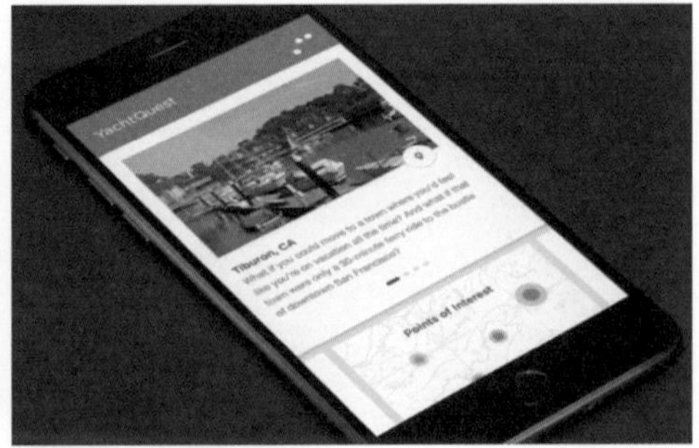

图5.21　一个风格活泼可爱的下拉加载动画过程

5.3 affordance——交互设计界最夯的字

佐藤雅彦在《创意人生小小哲学》中曾经提到："一个好的工具，其本身的设计重点，已经主动透过形状、外观告诉人们应该如何使用它"。这么简单的一句话，其实就已点出了交互设计最重要的精神。这涉及到交互设计的专业领域中一个非常重要的核心概念——affordance。

affordance就是指行为心理暗示，是用户碰到客观现象采取本能的行动。日本有一款发泄游戏叫"PutiPuti"，是一种塑料气泡玩具（图5.22）。这款产品的创意来自看见塑料薄膜泡便想去挤压它，这是在心理学上被称为"affordance"的现象之一。如果设计产品时，能够考虑人的本能意识和行为，暗示某些操作，那所设计的交互式产品将具有很大创造力。设计者创造的外界物与用户的心理映射间插入的是一个等号。生活中，一种固化的印象在用户心中扎根时，产品才真正具有自己的"语言"，能够与用户沟通。

图5.22 日本的一款发泄游戏"PutiPuti"

affordance的心理暗示作用如何应用在图标设计中呢?

图标很重要的作用就是向用户传达出正确的操作信息。很多图标采用类似照片的写实性不失为一种好办法，详细地绘制人们熟悉的对象是有意义的。但是，绘制人们不熟悉的对象或抽象概念（如网络）又有什么意义呢?有多少用户见过裸露的硬盘驱动器是什么样子呢?用户最终还是依靠附加的文字来理解。

以页面上的"主页（Home）"图标为例。如图5.23所示，最左边写实的房子，细节越多越难搞清楚指代的意义，中间图标普遍性和可识别性高许多。但是过少的细节可识别性就会降低，如右侧图标去除掉门和烟囱，“主页（Home）”图标更像指示向上的方向键。

图5.23 “主页”图标的细节变化带来的不同含义

写实性和可识别性要维持在一种曲线的平衡中。完美的图形界面设计应该出现在曲线的中央（图5.24）。

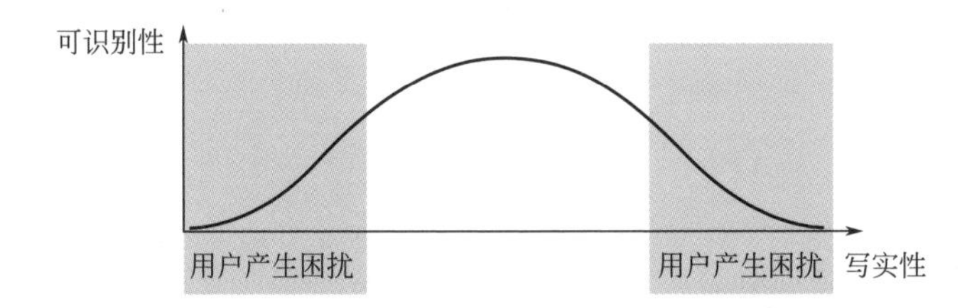

图5.24 写实性和可识别性要维持在一种曲线的平衡中

那么合理恰当的细节应当是什么样子的呢？究竟什么样的细节不会过度分散用户注意力？以两个按键为例，如图5.25所示，左侧的按键过于写实，如果放入界面中容易分散用户注意。右侧的静止的边框，无法促进用户进行交互，很容易被忽略。而中间的按键比较合理、恰当。

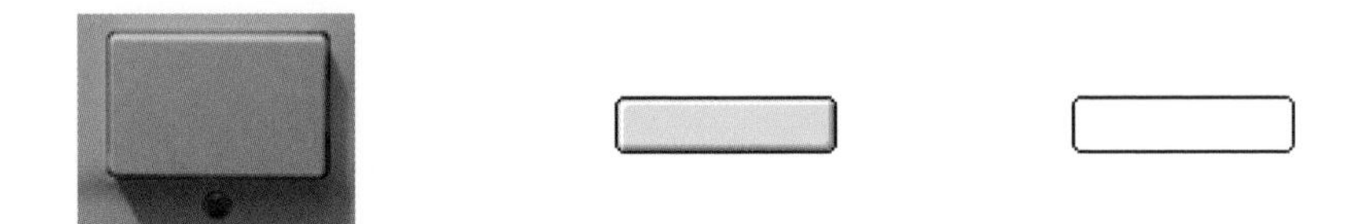

图5.25 按键图标的细节处理

这就是图形用户界面（GUI）设计师和一般视觉设计师或平面设计师最大的不同——设计的图案要有某些交互行为的暗示作用。比如，iPad上拨动的按钮就会让用户有向哪里拨动的行为暗示（图5.26）。

图5.26 iPad上拨动的按钮

affordance现象，如果掌握不好，也可能给产品的设计带来副作用。因为人们也可能因为心理认知而对设计不良的产品进行误操作。

对于某些特殊图形符号，用户是可以无障碍捕捉的。我们在国外旅行时发现，即使到非英语国家，遇到比如数字、箭头这些图形，即使没有前后语境，任何人都可以快速理解。数字表示顺序，箭头表示方向。这些都可以作为图像的安全使用范围。

总之，图形界面设计中，图形很大程度相当于一种符号，来传递某种功能信息。符号本身就是简洁抽象的，如何让用户更快速准确地理解符号和相关含义才是设计的首要问题。所以合理应用写实手段，处理好细节，达到“增之一分则太长，减之一分则太短”的效果，增加用户交互欲望才是最重要的。

5.4 产品体验设计的3大心理效应

5.4.1 鸟笼效应

20世纪初，心理学家詹姆斯从哈佛大学退休，同时退休的还有物理学家卡尔森。一天，两人打赌。詹姆斯说：“我一定会让你不过多久就养上一只鸟的。”卡尔森不以为然：“我不信！因为我从来就没有想过要养一只鸟。”

没过几天，恰逢卡尔森生日，詹姆斯送上了一只精致的鸟笼作为礼物。卡尔森笑了：“我只当它是一件漂亮的工艺品，你就别费劲了。”从此以后，只要客人来访，看见书桌旁那只空荡荡的鸟笼，他们几乎都会无一例外地问：“教授，你养的鸟儿什么时候死了？”卡尔森只好一次又一次地向客人解释：“我从来就没有养过鸟。”然而，这种回答每每换来的却是客人困惑而又有些不信任的目光。

无奈之下，卡尔森教授只好买了一只鸟！

这就是心理学上著名的“鸟笼效应”：消费者的消费行为完全是可以被优秀的生产厂商所引导的；一旦想办法让消费者养上鸟，他们就会源源不断地找你买“鸟食”！

通常情况下在设计中植入“鸟笼”，目的却是要出售“鸟笼”里的商品或服务，也就是免费试用、收费增值服务的思路。这样的产品思路做得最好的就是苹果公司。

苹果采用的产品战略是：手机本身其实只是一个鸟笼。一个再高级、性价比再高的手机，没有大量的有趣、实用的软件支持，也不过就是用来打电话、发短信、听音乐、照相的简单设备。可见，人们会在偶然获得一件原本不需要的物品的基础上，不自觉地继续添加更多自己不需要的东西。

再如，对于喜爱喝咖啡的小资群体来说，每天一杯星巴克，太贵，每天坚持手冲咖啡，又太累。在这样的“痛点”之下，出现了一款产品，它方便快捷，不需要清洗，咖啡新鲜，出品稳定——胶囊咖啡机。胶囊咖啡机是一种新型咖啡机，它的最大的特点是不能磨咖啡豆，不能使用咖啡粉进行冲泡，只能使用专门的咖啡胶囊。购买了咖啡机以后，咖啡胶囊就会成为持续消费的物品，有了载体以后，改变快消品的品类及营销方式，持续刺激咖啡爱好者的需求，并不断提升改良产品的符合度。

另外一个比较好的利用鸟笼逻辑的产品就是小米手机，小米手机的特色并不仅仅在于让人羡慕的硬件配置，而是他们花费了大量人力、物力、财力所推广出来的“铁人三项”: MIUI、米聊、小米商店。凡是购买小米手机的用户，今后一定会使用“米聊”这样的智能手机语音聊天工具，同时MIUI也会成为用户为之发烧的一个切入点。这样的生态系统，必然让消费者为之迷恋，并持续付费。

除此之外，鸟笼效应放在企业里也可以说明很多问题。对整体而言，它可以说明企业的战略应该和能力相匹配，很多时候应该“顺势而为”，企业有什么样的能力，什么样的资源，往往就决定了战略的大方向。

5.4.2 福格行为模型

福格行为模型（BJ Fogg′s behavior model）是一种有效探寻行为原因的模型，根据这个模型，当一个具体的行为发生，必须同时具备三个元素：（给用户足够的）动机、（用户有能力完成转化）能力和（需要有触发用户转化的因素）触发器。

这个模型假定，只有当一个人有足够的动机，并且有能力去做到（比如，他们想吃饭并且他们有一碗饭），而且有一个触发器来提醒的时候，一个行为才最有可能发生。譬如饥饿唤醒你寻找食物的动机，中午12点有一个饭局，也是提醒你要吃饭的触发点。

所以，产品最核心的障碍就是触发点，触发点有两种表现形式：内在触发、外在触发。

内在触发就是用户使用你产品的内在动力，或者叫作核心痛点。如果我们想要改变用户的行为，那么首先我们就必须理解他们的需求，什么能给予他们动机来改变行为。譬如肚子饿了，不想出门吃饭，那么就需要有“大众点评”“美团外卖”等产品的出现；再譬如想拍出漂亮的照片，但是并不是每个人都是PS高手，那么就有“美颜相机”等产品的出现。也就是说当用户从一个App中不断获得好的体验时，内在的行为触发点就出现了。

当内在触发类的产品满足用户基本需求以后，外在的行为触发才是凸显好的产品体验的方式。如果一个用户通过外在触发收获了一次好的体验，那么未来他的使用次数就会增多，如此往复，就会形成习惯模式。能给用户带来好的体验感的外在触发，一般有邮件、推送、短信、提示/提醒。在特定的时间甚至特定的地点推送通知消息，去吸引用户的注意力到产品上会变得前所未有的容易。然而必须理智使用向用户推送通知的这个能力，以免用户把它们当作干扰，或者可能索性关掉它们。

虽然，大量的提醒使App的用户们感到厌烦，并且卸载率会急剧上升。但是符合用户同理心，在恰当的时机通过外在的触发，融入场景过程的使用，还是能够让用户感受到关心和帮助，以此提高产品的使用率。譬如一些权限获取、消息推送，用得好会给用户带来贴心之感，用不好就会让用户感觉被打扰。

另外，不同的用户能力等级也不同，不同的用户偏好的触发器也不同。为了设计一款成功的产品，需要为用户有机整合这三种因素，并且充分理解目标受众。任何App只要能让人获得社会认同和瞩目或能帮助人增加和他人的连接，都会十分引人注意，令人欲罢不能。

譬如，在首次使用一款产品的时候，通过注册、登录这样简单的流程，给用户好的体验，让用户第一时间爱上这款产品，就是一种符合不同触发条件的策略。用户注册了，他们开始使用这款软件，但是似乎无法留住他们足够长的时间，你现在要处理的是持续参与挑战。

如何让使用这款产品的用户，可以一步步经历掌握、模拟构成习惯，来形成真正的内在动机呢？答案就是保证持续的参与。

奖励机制即是提高持续参与的“良药”，在产品之中，设计适当的挑战，在产生焦虑或无聊间细心地保持平衡，这样就会让用户印象深刻，并产生持续高涨的积极性，不断使用你的产品。

除此之外，如果能利用视觉、动画、交互给用户一次愉快的产品体验，那将会是更加丰满的回忆，让用户记得这款产品，并习惯使用和投入时间享受，这才是产品设计最迷人的地方。与视觉、动画、交互相互辉映的最有效且是最友好的吸引用户途径的方式，是社交激励。因为，我们都有着对他人强烈而执着的兴趣，以及获取他人认同的强烈欲望，社交是了解圈子、获得社会认同感的方式。所以，一个产品的外在触发最关键的动机，就是社交激励。从身边朋友驱动使用，掌握虚荣心的普遍度，就可以较好地刺激用户的习惯性养成。

内在动机存在于用户的内心，可以通过引导式设计模式来将其不断放大。虽然引导式设计模式可以用来说服用户注册产品并开始使用它，但只有那些正确的、交互的和持续性的使用才能够放大内在动机。综上所述，设计一款让用户“上瘾”的产品，至少做好这四步：触发（内在、外在），行动（接触、使用），多变的酬赏（社交激励、游戏机制）和投入（形成习惯）。

5.4.3 心流理论

5.4.3.1 什么是心流体验

20世纪60年代，当时还在芝加哥大学就读博士的匈牙利裔美国心理学家米哈里·齐克森米哈里在研究创意过程时发现，在一幅画创作顺利时，有些艺术家会全身心地投入，废寝忘食，感受不到疲惫和任何不适，仿佛全世界只有画画这一件事直到创作结束。之后的研究里，他访谈了大量的象棋选手、舞蹈家、攀岩者试图找到其中缘由（图5.27）。

多年之后他再次整理，将这心流的表现特征概括为六点：强烈、集中的注意力；行动和意识的融合；能从容应对局面，完全控制自己的行为；自我意识的消解；时间的扭曲以及内在奖励，行动本身即是目的。基于这些发现，他建立了如今广为流传的最初心流模型图（图5.28）。

图5.27　心流理论创始人米哈里·齐克森米哈里

他对心流体验的定义为：“行动者进入一种共同经验模式。在该经验中，使用者好像被吸引进去，意识集中在一个非常狭窄的范围内，以至于与活动不相关的知觉和想法都被过滤并忽略掉，并且丧失自我意识，只对活动的具体目标和明确的回馈有反应，透过对环境的操控产生控制感”。

具体表现为：全神贯注地投入工作，经常忘记时间以及对周围环境的感知，这些人在工作过程中获得了一种难以言状的乐趣体验。

比如，很多人打游戏都会达到废寝忘食、欲罢不能的状态。再者，经验说明，当人的内心有一个积极的、清晰的愿景，而且相信自己能够实现它的时候那么就能够产生这种心流。譬如沉浸在一本书中，或一首歌曲中，专注忘我的感觉就是一种生活中的心流体验。

心流理论的核心就是说人在技能与挑战匹配时才能达到心流状态。其中心流体验即为沉浸式体验，也可以认为是一种专注。

如图5.29所示，X、Y轴分别表示技巧和挑战。譬如一款游戏，当人们刚开始接触的时候，会觉得每一步都非常新奇，这时候人会处于A1状态，随着闯关次数的增多，逐渐失去新鲜感以后，人们会焦虑是否还有更高阶的关卡可以突破，这个时候就进入A2状态。待人们花一周时间终于突破了一个高阶关卡以后，又开始觉得游戏乏味而变得厌烦，于是人进入了A3阶段。当人们继续闯关达到一定级别，后续的进阶都能得心应手，并在群体里获得一定的赞美以后，人逐步进入A4状态，A4是比A1还让人们感觉具有沉浸感的阶段，这时候人们就能体会到心流体验的美感。

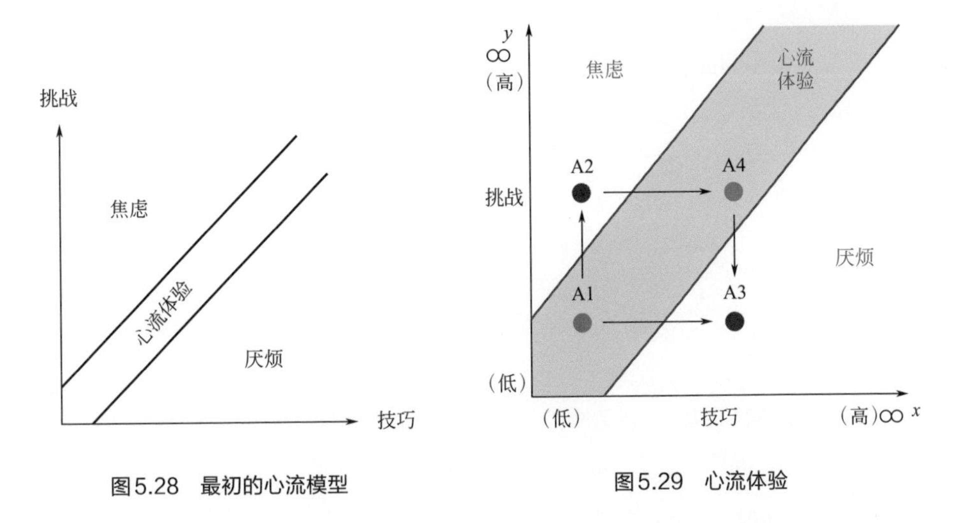

图5.28　最初的心流模型

图5.29　心流体验

通过以上解释，我们知道，如果需要用户拥有沉浸式（心流）的体验，必须做到这三个关键点：用户在体验过程有非常明确的目标，譬如购买、通关；对用户的交互行为有即时的反馈，最好是让用户觉得任何互动能都得到回应；需要给用户一些困难，让用户找到能力与挑战的匹配点，从而通过设计来提高用户的能力。也就是接下来要阐述的如何制造心流体验。

5.4.3.2 心流体验的9个特征

心流体验是个体完全投入到某种活动的整体感觉，心流体验的9个特征如图5.30所示。

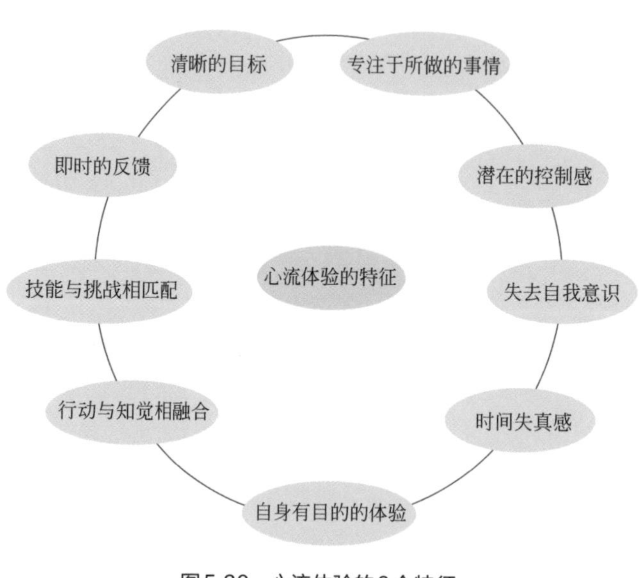

图5.30 心流体验的9个特征

根据心流体验产生的过程，这9个特征又被归因为3类因素。

（1）条件因素

包括个体感知的清晰目标、即时反馈、技能与挑战的匹配。只有具备了这3个条件，才会激发心流体验的产生。

（2）体验因素

指个体处于心流体验状态的感觉，包括行动与知觉的融合、注意力的集中和潜在的控制感。

（3）结果因素

指个体处于心流体验时内心体验的结果，包括失去自我意识、时间失真感和体验本身的目的性。

造成心流体验的一个重要因素是技能与挑战的平衡，也就是解决问题的能力与问题难度的匹配度。当技能不足以解决困难时就会引起用户的焦虑，而太多技能遇到低难度的问题时又会让用户感觉无聊。心流体验发生在当技能和挑战都最高的时候，介于焦虑和无聊的感受之间。

5.4.3.3 如何制造心流体验

米哈里·齐克森米哈里认为，使心流发生的活动有以下特征。

① 人们倾向去从事的活动；
② 人们会专注一致的活动；
③ 有清楚目标的活动；

④ 有立即回馈的活动；
⑤ 人们对这项活动有主控感；
⑥ 在从事活动时人们的忧虑感消失；
⑦ 主观的时间感改变，例如可以从事很长的时间而不感觉时间的消逝。

以上项目不必同时全部存在才能使心流产生。但米哈里·齐克森米哈里也提出一些方式，使得一群人可以在一起工作，使得每个个体都能达到心流的状态。这种工作群体的特征包括：

① 创意的空间排列；
② 游戏场的设计；
③ 平行而有组织的聚焦；
④ 目标群组聚焦；
⑤ 现存某项工作的改善（原型化）；
⑥ 以视觉化增进效能；
⑦ 参与者的差别是随机的；
⑧ 其他相关领域。

对于如何制造心流体验，马西米尼（Massimini）等人提出八区间心流体验模型，如图5.31所示。

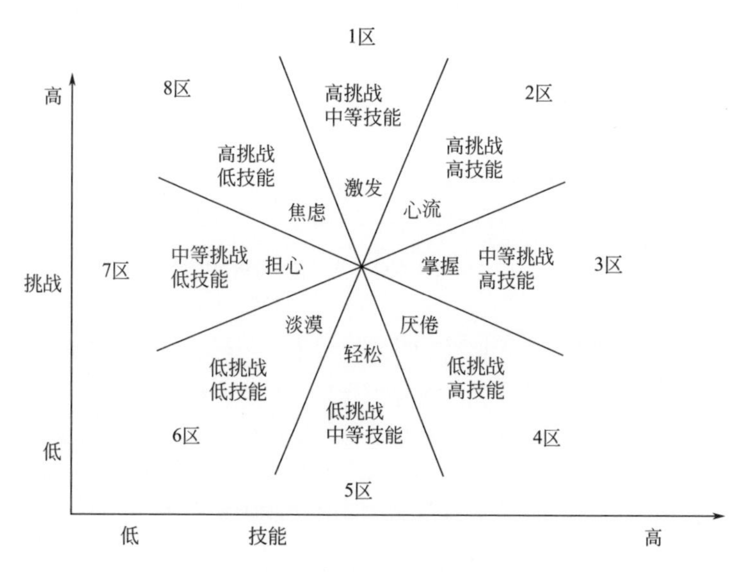

图5.31　八区间心流体验模型

当人们处于高挑战、高技能水平的时候，心流会产生，身心处于最积极、意识处于最享受的状态。当人们处于高挑战、中等技能水平的时候，好胜心将被激发，往往热衷于提高技能，以尽量接近心流。

当人们处于中等挑战、高技能水平的时候，会充分享受掌控带来的愉悦体验。

当人们处于低挑战、低技能水平的时候，无聊、淡漠的心态会产生，进而放弃活动。

所以要制造心流体验的关键在于调整挑战和技能的相对关系，规律地进行1区到2区再到3区的循环。

那么，如何制造持续的心流体验呢？

芬兰学者凯里（Kiili）曾经提出过一个体验式游戏学习模型，如图5.32所示。

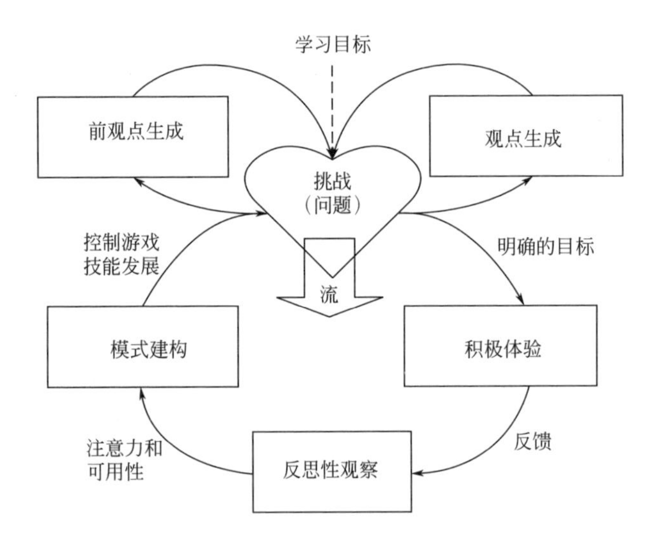

图5.32　芬兰学者Kiili提出的体验式游戏学习模型

该模型非常类似人的血液循环系统，由一个构思回路、体验回路和挑战池组成。基于目标的挑战是整个模型的中心，持续不断地挑战维持着游戏动机和学习参与性，技能在体验回路中逐步提升，构思回路分为前观点生成和观点生成两部分，用户在面临挑战的时候创造性地生成未必正确的前观点，而后通过体验回路尝试解决问题并验证观点，最后在观点生成部分修正或强化观点，最终达到意义建构。

所以制造持续的心流体验的关键在于有一个完善的循环学习架构，引导玩家逐步地学习、提升技能，并面对新的难题。

5.4.3.4 心流体验设计要点

一个好的用户体验产品，必定会使用户产生心流。一个产品的用户体验值越高，用户产生的心流就越高，因此用户会持续努力以继续获得这种感受，就会对产品产生巨大的依赖性和黏性，产品的用户体验就能得到显著提升。

以下5个要点可以帮助设计师培养用户的心流体验。

（1）平衡挑战与用户技能

平衡挑战与用户技能之间的差异是激发心流体验的最重要的设计原则。根据用户技能水平的差异以及两种不同类型心流的特点，交互设计应该采用不同的原则和方法。网站交互带来的挑战可以是视觉、内容和交互方式上的。简单来说，一个网站的一切，包括内容、信息、架构、视觉设计等都对心流体验有所帮助。

以娱乐为导向的心流体验设计应该满足用户以创造性的思维来浏览和探索网站的需求，很少或根本不建立挑战，避免引起用户的焦虑。因此，网站设计主要通过视觉元素，如亮丽的颜色和高对比度，引起浏览者感官刺激和内心的愉悦。

在目标导向型的心流体验中，完成任务的难度越大会给用户带来越多的激励，但是也会让用户感到焦虑，并且在遇到困难时较少地进行创造性的思考。所以对目标导向型的心流设计来说，应该尽量减少不必要的干扰因素，为用户完成任务提供方便，包括使用较少的视觉元素、即时地提供明确的反馈，也就是说要提高互动设计的可用性。除此之外，对于目标导向的互动设计，加入适当的娱乐元素比单纯的目标导向操作更能够激发心流体验，例如定制个性化的界面。

如图5.33所示，Best Made Company（一个户外产品商店）。一个充满了漂亮产品的电子商务网站，访问者可能并不知道想要什么，但是当浏览Best Made Company的网站时，就会突然发现自己需要的物品。因为它具有非常干净和极简的设计，该设计方式使得产品照片

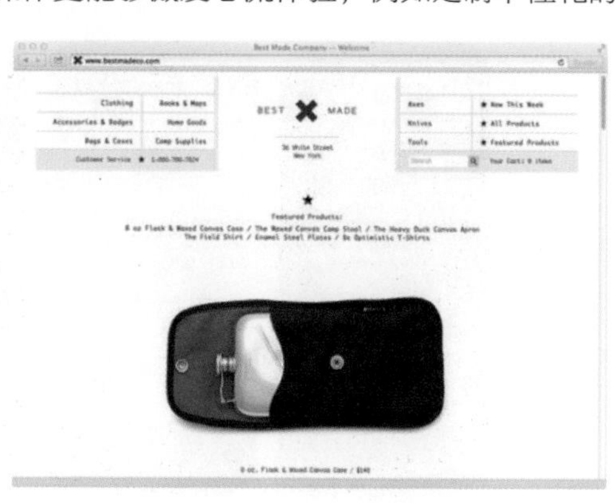

图5.33 Best Made Company

图5.34　百度

以及所有产品详情都显示在白色背景上，让产品真正成了页面的中心部分。

再如图5.34所示，“百度”就是一个典型的目标导向型网站，其页面采用极简化的设计使其功能突出，减少对用户操作的干扰。同时它也提供了个性化的页面风格，当用户通过所注册的账号登录以后，可以看到在其主体搜索功能的下方显示了相应的推荐信息，并且页面背景显示了个性化的背景图片，增强了搜索页面的个性与趣味性。

（2）提供探索的可能

心流的定义告诉我们当用户的技能超过网站交互操作带来的挑战时，用户就不会全身心地投入到网站体验中，甚至会觉得无聊。为了避免这种情况的出现，交互设计必须提供探索更多功能和任务的可能性。

对于以内容诉求为主的交互设计，需要及时更新内容并通过适当的方式吸引用户的注意。

如图5.35所示，滴滴“脑内映像馆”H5（即HTML5）。在2017年的战略布局中，滴滴一直在践行“共享出行数据，共建智慧交通”，并且不断在用层出不穷的“黑科技”解决这个难题。

图5.35　滴滴“脑内映像馆”H5

为了让普通用户都能更清晰、更直观地了解滴滴科技具体都有哪些、都是些什么，滴滴制作了这支脑洞大开的H5——脑内映像馆。这是一个展览脑内秘密的博物馆，这里陈列了很多名人，古今中外应有尽有。任意选择一个人物之后，他的“大脑”就被打开了，钻进他的“脑洞”里看一看，会跳出一个与这个人物相匹配的脑内动画。每一个秘密，都是一个滴滴科技：雍正——滴滴大数据；阿尔法狗——机器学习；哥伦布——智能规划路线。印度人——智能拼车；发明家——潮汐车道；贾耽——智慧诱导屏。

以功能诉求为主的交互设计，例如在线购物网站等，可以通过扩展交互功能的方式帮助用户进行探索。

如图5.36所示，“苏宁易购”的相机页面中，不仅为用户提供了商品分享、商品收藏、有奖调查、用户评论、在线咨询等交互操作，还为用户提供了商品对比的功能。单击商品图片左下方的“对比”，帮助用户探索页面中更多的交互功能。

图5.36 “苏宁易购”的相机页面

(3) 吸引用户注意并避免干扰

将用户的注意力集中在正在执行的任务上是实现心流体验的基本要素之一。网站交互应该通过合理地设计，长时间吸引用户的注意力，避免干扰。因此，应该尽量避免使用弹出式对话框，即使一定要出现，也应该采用合适的形式和语气。很多网站在设计时就试图把对话框的出现频率降到最低。

如图5.37所示，Good as Gold珠宝电商网站，这是一家总部设在新西兰惠灵顿的时尚商店。他们的电子商务网站是令人印象深刻的。大型首页图像会吸引用户进入，同时还可以通过多种不同的方式浏览网站，例如，大的下拉菜单或者以按照A ～ Z列出的每个供应商为特点的品牌页面。

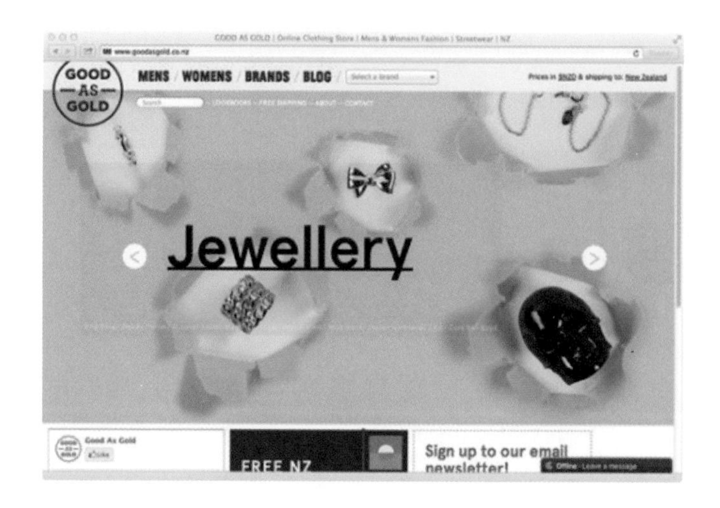

图5.37　Good as Gold珠宝电商网站

另外一个避免干扰的方法是通过交互动画效果来实现两个屏幕显示的切换。尽管动画在交互设计中可以以很多方式出现，但是这样的方式会让用户明白页面是怎样发生变化的，避免用户需要花费精力去搞清楚这两个页面是如何进行切换的，也有助于将用户的注意力集中在交互操作上。

如图5.38所示，Drybar电子商务网站。优秀的配色搭配微妙的动画让这个网站同时具有风格和个性。鼠标放在吹风机上，它会在绳子上弹跳；鼠标悬停到顶部的导航图标上时，一些小动画会给用户提示和反馈。像这样的触控操作，会让访问这个网站变得有趣，而不会使人不知所措甚至感到厌烦。

图5.38　Drybar电子商务网站

（4）给用户控制感

心流体验要求建立用户对网站交互的控制感。目前交互设计中常用的适应性界面，即交互产品自动根据用户的行为调整界面设计，尽管从某种程度上让互动产品看起来非常人性化和智能化，但是剥夺了用户对界面的控制权，实际上有损用户的心流体验。合理的解决方案就是不要让交互设计自己决定界面该怎么变化，而是全权交给用户决定。

时下比较流行的广告形式是H5，时下的热点是嘻哈（Hip Hop）。农夫山泉“维他命水”做了一支互动H5——“维他命水style，随时随地有嘻哈”，“专属”自带的独特性，也让不少用户更有动力完成制作，乐于分享，如图5.39所示。

图5.39　农夫山泉“维他命水”互动H5

如图5.40所示，打开H5，颜色亮丽的农夫山泉维他命水包装设计映入眼帘，非常吸睛。点击下一步，你可以随意选择选手的发型、配饰和特征，搭配完成后它们会成为瓶子的一部分。随之而来的是一种熟悉感，好像这就是选手们的拟人化身。这些细节让不少了解农夫山泉维他命水H5互动广告的用户在体验H5时备感亲切，从而让他们更好奇地继续玩下去。

“拼命，不如拼维他命，注意随时随地摄取好维生素”是H5中的固定歌词，简明扼要说明了农夫山泉“维他命水”的功能。剩下的部分由自己创作歌词，最多能填写6句。如图5.41所示，制作完成后，便会自动生成一首专属的说唱音乐（rap）。

图5.40　选择瓶身和嘻哈造型

图5.41　填写歌词界面

在歌曲生成环节，由于无法判断用户输入的字数数量，需要结合节奏进行编排，这一点非常具有挑战性。将文字转化为声音，并根据伴奏的节奏唱出来的技术形式，在国内也少有前例。

（5）时间的失真感

用户在心流状态时，常常感觉不到时间的流逝，但是，如果交互过程被中断，用户会认为他们花费了比实际更长的时间进行操作，这种现象被称为相对主观时间持续感。除此之外，如果让用户执行一系列复杂的网站任务，并给予相应的帮助，然后要求每个用户估计他执行每个任务的时间。通常，任务越困难，用户越认为他们花了比实际更长的时间去处理。尽管这个发现不能转化为直接的交互设计原则，但是相对主观时间持续感可以用来测试干扰任务设计的难度和复杂度，有助于设计决策。

如图5.42所示，NIKE“玩转全场挑战赛”H5设计。随着新战靴“Kyrie 4”的面世，凯里·欧文（Kyrie lrving）展示了他的篮球哲学：相对于循规蹈矩、听从别人意见，他更喜欢相信直觉，找准自己的方向与节奏。而他把这种精神称之为——“find your groove（找准你的节奏）”。

用户在此H5的交互操作中，往往会忘记时间的存在，交互方式便捷，并且很容易理解，带来良好的心流体验。

再如图5.43所示，FontShop（德国的字体销售网站）。当FontShop决定在几年前进行再次设计时，他们在原始状态下采取了非常规的发布设计的路线，并邀请用户参与陪伴网站重新设计直至完成的旅程。

Fontshop希望客户测试驱动器、辩论以及与网站互动，而这些会影响再次设计采取的方向。这样做的结果是呈现了一个能够极大程度满足用户需求的梦幻般的网站。

图5.42　NIKE“玩转全场挑战赛”H5设计

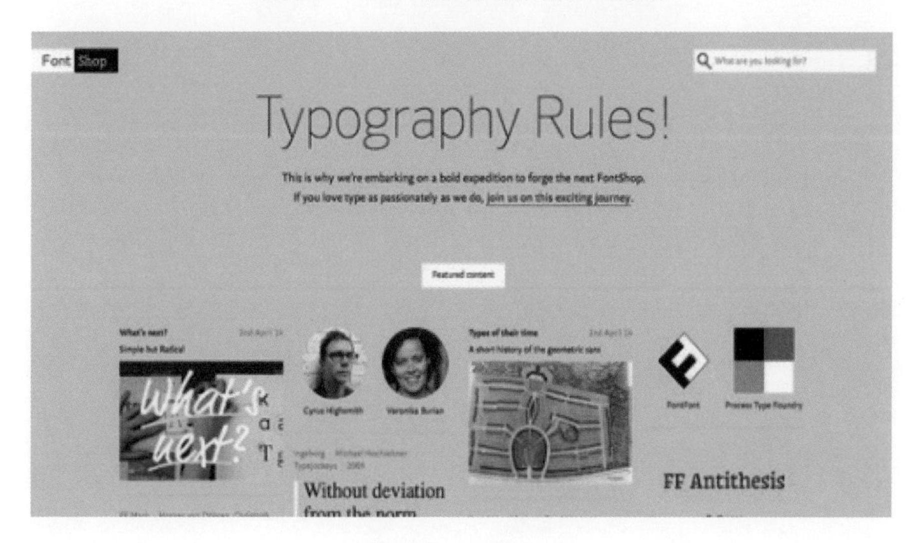

图5.43　FontShop

5.4.4 沉浸感

所谓沉浸感，就是指由于注意力高度集中在某个目标情境下，带来相关情感体验、认知体验的强烈交互过程。简单来说，就是注意力高度集中的状态，注意力越集中，越能体验到沉浸感。

5.4.4.1 沉浸感的3个层次

沉浸感有三个层次：

（1）信息导致的沉浸

即信息当中能引发人沉浸式关注的部分，比如关于奇闻、关于情感、关于反常规等信息，能导致沉浸，这个层次的沉浸是眼球的沉浸，用户能被不由自主地吸引过去，但是这样的沉浸是初级的，它仅仅是信息释放的刺激，还不能算是对沉浸感的经营。

（2）感官的沉浸

即通过某些文字载体，释放固定刺激，唤起人们的感官感受，或是情绪体验，比如某人因某些内容（可能通过视觉、听觉、触觉、感觉而传递）感到气愤、身体僵硬、四肢发抖等。

（3）大脑的沉浸

即让大脑全然沉浸的状态，这个状态常见于人类学习、操作陌生道具、成长体验时。

5.4.4.2 沉浸式体验

沉浸式体验往往既包括人的感官体验，又包括人的认知体验。

（1）感官体验

例如游乐场、迪士尼主题乐园，很多项目对人有一定挑战，主要是利用人的感官体验，从而让人感觉到刺激。但是利用感官刺激达到心流状态，很难维持长久。

（2）认知体验

例如下棋、扫雷等策略游戏，又如教学这些活动对人的技能与挑战匹配主要利用人的认知体验。

而事实证明，既包含丰富的感官经验，又包含丰富的认知体验的活动才能创造最令人投入的心流。

5.4.4.3 沉浸式体验在游戏中的应用

一个沉浸式的游戏产品需要具备如下三方面的因素。

(1)可控感

如何让用户下载了游戏之后不马上删掉？这个时候需要满足用户的第一层心理需求——控制欲，而这体现在两个方面：渐进式的上手和清晰的游戏路径。

① 渐进式的上手　渐进式上手做得较成功的手游产品如《部落冲突》(Clan of Clash)、《大都市》(Megapolis)(图5.44)等，共同点都在于游戏中任务目标的难度都是从0到1慢慢地增强。

图5.44　Megapolis

在游戏的初始时都会通过简单的任务引领让用户边了解游戏的操作边提升等级或建立自己的“王国”，而且在游戏中的每个操作都会得到即时的视觉化、数据化的显示，如出招的音效、伤血的红字、城堡升级后规模大小形状的变化等，这些都会让用户在游戏初期就感到一种“一切都在我的掌控中”的感受，渐渐地熟悉和享受游戏带来的喜悦感，炉石传说“五分钟上手，十分钟一局”就成了该观点的最经典的诠释。

接着游戏任务的难度才会逐渐升级，从最初的30秒可以让兵营升级完成，变成2分钟或者遇到Boss的难度提升。

② 清晰的游戏路径　渐进式的上手只是让用户不立马删掉游戏，在度过初期的新鲜感之后用户的疲劳和厌倦感随之而来，这个时候一定要告诉用户他能在游戏中做什么，做成什么样，如何去做，将更多的长远任务或者未来的场景展现出来。

现代人的关键词是“迷茫”，不知道自己的明天在哪里，看不到自己现在做的事情能给自己带来哪些直观性的经验成长，而一个成功的游戏产品的设计正是为了解除“迷茫”感。

在Clan of Clash中，用户可以参观世界顶级玩家的部落；在Megapolis中，用户可以参观系统NPC（非玩家角色）的城市王国，可以在地图中看到自己未开发的城市版图等（图5.45），以上这些都是为了让用户能清晰地理解游戏的运作规则，让用户清晰地看见自己的奋斗目标在哪里，让用户感觉到自己只需要按着地图攻略或者不断地训练尝试一定能达到期望的目标。最终让用户对这个游戏产生了不是简单的任务完成所带来的表层控制感，而是一种很清晰的对游戏的把控感。

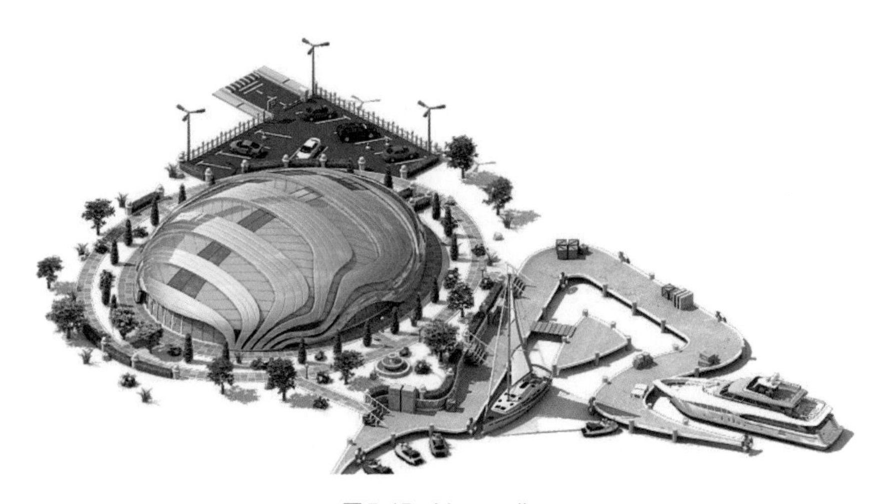

图5.45　Megapolis

（2）成就感

可控感让用户在游戏中扎根，那么什么让用户沉浸，在游戏中不断成长呢？需要满足用户的哪种心理需求呢？游戏对于绝大多数的用户而言就是满足自己在现实世界所无法获得尊重抑或是虚荣等方面的要素，所以培养用户在游戏中的成就感也就成了打造一款令人喜欢沉浸的手游的重中之重。

① 多样小目标　为了将用户牢牢拴在游戏里，游戏不应该只提供升级难度的体验，还应提供各种全方位多角度的玩法。让用户总能找到一个可预见的小目标，不断去完成它，获得完成时的成就感。如过5分钟又可以收取资源升级建筑了抑或是再差10%经验又可以升到下一个等级了。用户一旦得到这个成就感，为了维持这种欣快的感觉，他们会自然而然迫不及待地投入下一个小目标中。

② 随机性的意外　之所以将随机性放在成就感中，因为随机性是最能让用户产生成就感和惊喜的设定，是人类进化历程中所保留的基因。《炉石传说》的抽“卡牌”、《艺电体育世界足球在线3》(FIFA Online 3）的抽“球员卡”（图5.46)、《暗黑破坏神3》的怪物随机掉落的“装备”，以上这些随机性设定都让用户又爱又恨，让用户有一种欲罢不能的感觉。

图5.46　FIFA Online 3的抽球员卡

对于新用户而言，产生了一种“自己可以弯道超车”的侥幸心理，臆想身边的好友虽然比自己提前入手游戏，但自己可以通过非凡的运气快速抽到“好卡”，快速超越的投机心理；对于老用户而言，随机性也许会挫败他们的成就感，但也会激发他们不断地去尝试的想法，因为每个人心中都有一种“王侯将相宁有种乎”的想法。正如《失控》一书所言“不可控性和不确定性孕育了创新”，游戏中的随机性也为游戏增添了更多的惊喜与征服感。

③ 荣誉机制　成就感除了游戏日常所获取“金币”“装备”等物质奖励外，“名誉”“称号”“人脉”等成就系统也同样重要。比如完成了某种成就，就会被记录展示在好友的排行榜中，成为游戏中一呼百应的“帮主”或者“老大”，打造一身游戏中的极品“装备”或外观。

一款好游戏一定会不断地在游戏过程中去激励用户，在用户合适的成长等级生成相应的荣誉标识，让用户可以感受到权利和万众仰慕的感觉。

（3）得失感

这点非常容易理解，当用户在游戏中收获得越多，成就感越强的时候，他便越难割舍与这个世界的联系，离开这个游戏会让他失去所耗费众多时间与精力打造的世界，产生一种心有不甘的失落感。

5.5 巴莱特的图式理论

5.5.1 图式理论

图式最早是由英国试验心理学家巴莱特（Bartlett）提出的，图式（Schemata）指的是已知信息在头脑中的储存方式；过去经验在头脑中的反映或重组；已知信息对新信息的加工并通过筛选、吸收或同化新信息的过程。在图式结构中，每一个组成成分构成一个空当，当人们在理解、吸收新的信息时，人脑中已存的信息图式、框架或网络就会对新信息进行解码或编码，并将其填充到图式的空当中，当图式的空当被具体信息填充后，图式便具体实现了。比如，狗的图式信息包括它们的身体（如四条腿、有毛发、有尾巴）、它们的行为（如吠叫、流口水、追逐猫）和它们的品种（如牧羊犬、猎犬、贵宾犬）。而且，狗的图式还包括更高层次图式的特征，如属于哺乳动物（温血动物、脊椎动物、胎生）或适合作为宠物饲养（喜欢家庭生活、忠诚、训练有素）。所以，当遇到狗时，我们的心理图式便会调用这些信息，让我们知道这种动物会有何种行为。

那么何谓图式理论呢？简单地说，当你看到羽毛，你会认为这是一只鸟，鸟的特征有很多，比如有翅膀、羽毛、喙等，当看到这些任意特征，即便只看到一种特征，人们也会认为它是一只鸟。当看到某些事物的某一特征，大脑会将其他特征组合起来，形成一个完整的画面，这就是图式理论的简单解释。图式理论的整体图解如图5.47所示。

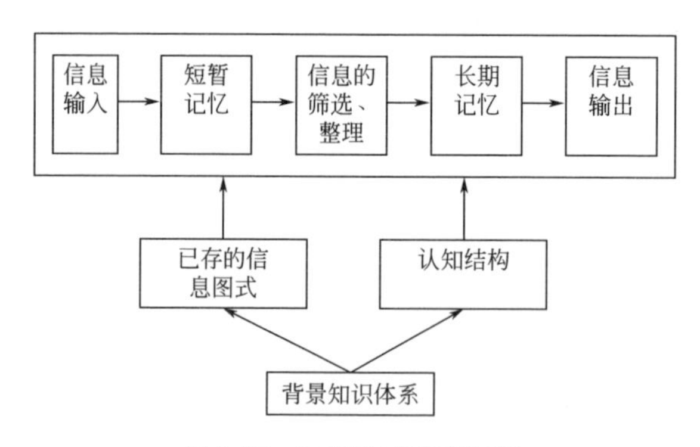

图5.47　图式理论的整体图解

早期人们对人类认知的理解主要是行为主义的S→R模型，针对行为主义模型的缺点，瑞士心理学家，发生认识论的创始人皮亚杰提出了图式概念，并由此提出了S→（AT）→R的公式，即：一定的刺激（S）被个体同化（A）于认知结构（T）之中，才能做出反应（R），如图5.48所示。

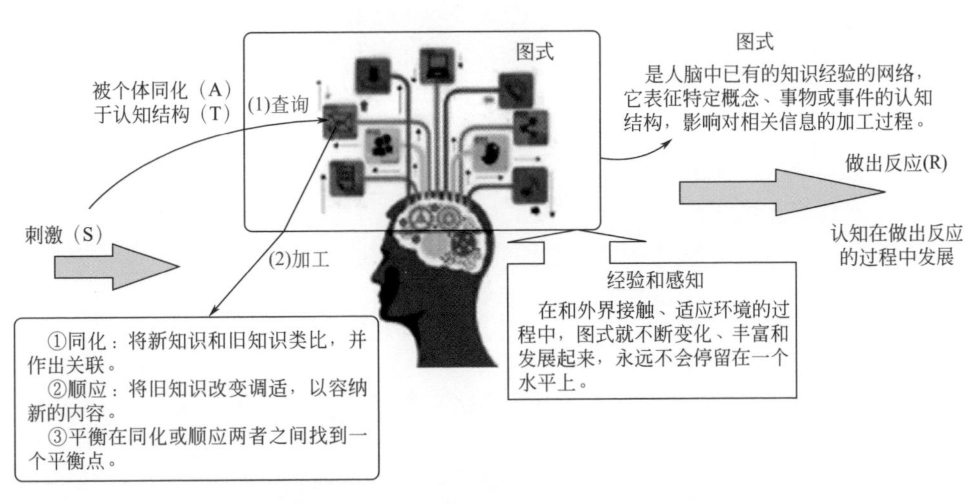

图5.48 皮亚杰提出的S→（AT）→R公式

5.5.2 图式理论的要点

5.5.2.1 图式的形成和修正

图式的形成和修正有以下三个过程：

（1）增生

对事实的学习，对文本和事件的理解结果（接口—抽象类）。

（2）调整

图式经发展而变得与经验更一致时就出现了调整（抽象类—类）。

（3）重建

通过类比学习进行。模仿旧图式，对其进行调整以适应新的情境（类—子类）。

5.5.2.2 图式的特点

① 图式一旦形成，具有相当的稳定性。

② 图式决定着人做信息选择时相应的内容和倾向、偏好。

③ 可引起新信息的加工，在原来图式的基础上，新的内容会被添加更新，形成新的认识。

④ 可以预测事件的发展。

⑤ 可激发性，图式一旦被启动，就会像程序一样被严格执行下去。

5.5.2.3 四种平衡

① 同化和顺应之间的联系。
② 个体图式中子系统的平衡。
③ 调节个体部分知识与整体知识之间关系的平衡。
④ 图式自动化与认知负荷。

图式的自动化可以提高认知负荷。图式，在影响人们如何解释事件及解决问题时是主动的，也称作是“心理模型”。图式被视为有空位的知识包（可用相关的、有联系的细节填充到空位上），它们是储存信息的一种经济方式。在问题解决中，已具有自动化图式或心理模型的学习者，在工作记忆中有更大的加工容量，可以将图式用于解决更复杂的问题。

例如，人们在解决问题时会出现基于图式的加工，而图式或心理模型也为推理提供了基础。某领域的专家，倾向于用特定的、基于领域的策略来推理，他们解决问题的方式是识别以前经历过的模式，并与手头问题的相应方面进行匹配来熟练地解决问题；而新手，不具备足够细致的学科心理模型而不能进行推理，他们被迫运用更一般的问题解决策略（如任务分解到能入手的程度），这种策略在解决问题时既缺乏效率也缺乏效力。

5.5.3 图式理论有助于提升游戏的趣味性

游戏设计师也需要有效的交流信息，也就是玩家必须学习和掌握的规则和机制。这种教导过程是游戏开发者面临的最大挑战之一，许多很有趣的游戏最终失败，完全是因为只有少数玩家能够学会其中的机制。

目前有许多工具可用来解决这个问题，包括节奏设置的教程、能够起到作用的工具提示和可接入性良好的UI，但最为简单的方法是激活玩家大脑中与游戏基础机制相符的图式。

5.5.3.1 现实性与趣味性的辩证法

使用图式作为工具来让玩家触及游戏规则会产生现实性的问题，因为规则需要精确地符合玩家在心目中的假想情况。例如，棒球游戏中的规则与现实规则不同，不但会使得玩家的棒球图式无法发挥作用，还会让玩家感到糊涂。因而，设计师必须考虑现实性，这是非常重要的考量。

但是，游戏开发者们似乎对现实性并无好感，比如，有些粉丝会专门挑游戏中犯下的历史细节性错误，确实，“电子游戏教父”席德·梅尔（Sid Meier）曾经说过：“当趣味性和现实性发生冲突时候，首先应该顾及趣味性。”

但是，现实性能够让玩家更容易学习并领会游戏机制，这会让游戏显得更好玩。但过于追求游戏现实性的问题在于，有些设计师希望游戏可以将玩家大量的知识带到游戏中，这可能会限制游戏的潜在用户数。

如图5.49所示，席德·梅尔并没有完全根据历史记载来构建《海盗掠夺》（Pirates！）这款游戏，而是根据《海盗》电影，也就是好莱坞式的海盗时代。所以，每个海盗都有个长久被西班牙人扣押的妹妹，每个小酒馆中都有个神秘的陌生人拿着藏宝图的核心内容。同样，威尔·赖特（Will Wright）也没有真正基于家庭生活来开发《模拟人生》，而采用了情景喜剧的风格。

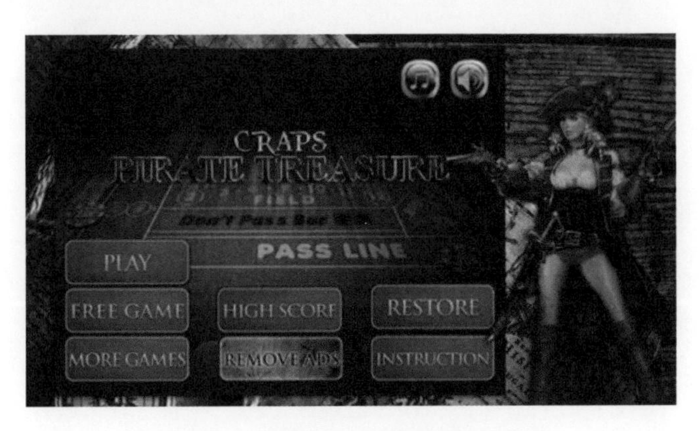

图5.49　好莱坞式的《海盗掠夺》游戏

5.5.3.2　题材图式对行业创新会产生巨大影响

题材图式没法与游戏世界分离，游戏资深人士最终会开发出他们自己的图式，而这些是设计师必须遵循的，更为准确地说，玩家会根据游戏题材而产生相关图式，比如第一人称射击图式、平台游戏图式、战斗游戏图式等。就像玩家遇到新“狗”会期望它做出某些符合脑中的“狗”图式的行为一样，那些遇到新即时战略游戏的玩家也会希望游戏符合心中的即时战略游戏图式；玩家可能希望游戏视角能够设置成俯视，可以控制多个“单位”，需要“矿工”开采资源获得“金钱”，具备军事和科技的基本“建筑”，更高层次的游戏平衡等。

避开这些特征的游戏可能会显得很特别，但几乎都无法取得商业上的成功。用户在花钱购买新游戏时会显得很保守，他们在购买之前对游戏的理解越深刻（即游戏符合题材图式），他们会越愿意购买游戏，所以，题材图式对行业内的创新会产生很大的影响。可能解决题材图式限制性的最佳方法是，通过游戏的真实主题向玩家提供非同寻常且更强大的图式。如图5.50所示，《任天狗》（Nintendogs）并没有完全符合某种成功的商业题材，但是游戏中照顾宠物狗的主题激活了用户的图式，因而这款游戏得以畅销。这款游戏之所以能够吸引玩家，这得益于他们已经对宠物狗很了解。

图5.50 《任天狗》（Nintendogs）游戏

5.5.3.3 用鲜明的主题来激活用户的图式

确实存在部分愿意涉足自己不熟悉题材的玩家，比如《矮人要塞》（Dwarf Fortress）和《领土之战》（Dominions）系列游戏早期的玩家。但是，多数玩家只有在理解游戏主题之后才会选择游戏，因而，设计师需要用图式来吸引玩家，可以通过游戏的可视化主题，也可以利用某些已经为人所熟知的题材。

虽然后者可以成功地将游戏销售给忠实的核心玩家，但只有前者才能让游戏接触主流受众。任天堂Wii是这个主机时代中最棒的例证。除了控制系统的可接入性之外，该公司旗下许多畅销游戏都有着鲜明的主题，能够轻易激活用户的图式。

5.5.3.4 好的游戏必须触发玩家自己的图式

游戏的机制必须与主题相符，找到能引起用户反响的主题只是成功的一半。老式的“趣味性超越现实性”的看法会让设计师因注重趣味性的需求而打破游戏主题与其内在机制联系，玩家开启新游戏时总是带有愿景，所以玩家有权期待游戏能够符合自己的图式。比如，桌游《农场主》（Agricola）激活了玩家的农耕图式，来传授相对复杂的经济引擎，玩家已经理解了“犁地”“播种”“收获小麦”“烘焙面包”和“供养家庭”这个顺序，这使得“资源”“土地”“升级”和动作间的复杂互动更容易学会。因而，游戏主题的最重要的工作之一是帮助玩家理解并记住游戏机制，这也是为何游戏主题和机制应该相配套的原因所在（图5.51）。

图5.51　桌游《农场主》（Agricola）激活了玩家的农耕图式

5.6　普拉切克的情绪心理进化论

罗伯特·普拉切克（Robert Plutchik）是著名的心理学家，在哥伦比亚大学获得博士学位，曾任教于两所知名大学，是情绪理论方面的学术领袖。

罗伯特·普拉切克开创了情绪的心理进化理论，将情绪分为基本情绪及其反馈情绪。他认为人类的基本情绪是物种进化的产物，是物种生存斗争的适应手段。

关于情绪，罗伯特·普拉切克提出了以下10个观点：

① 情绪存在于所有物种的任何进化水平上，人类和动物同样都有情绪。

② 情绪在不同物种中进化程度不同，因此会出现不同的表现形式。

③ 情绪是生物体在进化过程中出现的、对环境变化的反馈行为，其目的是为了使生物体更好地解决生存适应问题。

④ 虽然在不同的生物体中，情绪反应的出现条件和表现形式各有不同，但是有一些基本的情绪元素是普遍存在于不同物种之间的。

⑤ 基本情绪共有8种，分别是：生气（anger）、厌恶（disgust）、恐惧（fear）、悲伤（sadness）、期待（anticipation）、快乐（joy）、惊讶（surprise）、信任（trust）。

⑥ 其他情绪都是在8种基本情绪的基础上混合派生出来的。

⑦ 基本情绪是理论化的情绪模型，其特征可根据事实观察得出，但无法被完全定义。

⑧ 每种基本情绪都有与之相反的基本情绪。

⑨ 任何两种情绪之间有不同程度的相似。

⑩ 任何情绪都可以表现出不同的强度。

基于以上情绪理论，罗伯特·普拉切克在1980年绘制了情绪轮盘模型。其中立体模型以一个倒立的圆锥体的形式呈现。这个模型可以帮助设计师理清各种情绪间错综复杂的关系，并可以作为情感化设计中的“调色板”。通过不同情绪的结合，创造不同层次的情绪反馈，从而加强用户在使用产品时的感情共鸣。

如图5.52所示，基本情绪两两对立关系如下：

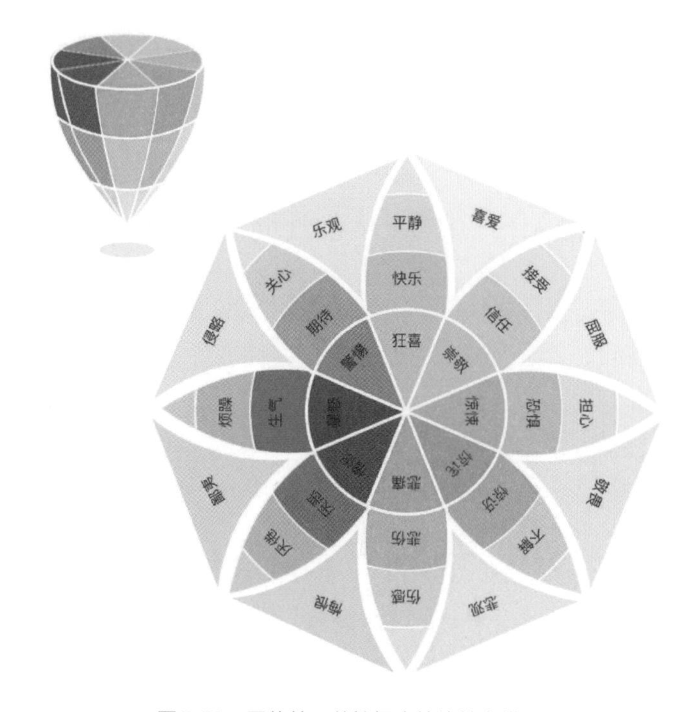

图5.52 罗伯特·普拉切克情绪轮盘模型

① 快乐对悲伤；

② 信任对厌恶；

③ 恐惧对生气；

④ 惊讶对期待。

基本情绪结合情况则是：

① 期待+快乐=乐观（optimism），对悲观（disapproval）；

② 快乐+信任=喜爱（love），对悔恨（remorse）；
③ 信任+恐惧=屈服（submission），对鄙夷（contempt）；
④ 恐惧+惊讶=敬畏（awe），对侵略（aggression）；
⑤ 惊讶+悲伤=悲观（disapproval），对乐观（optimism）；
⑥ 悲伤+厌恶=悔恨（remorse），对喜爱（love）；
⑦ 厌恶+生气=鄙夷（contempt），对屈服（submission）；
⑧ 生气+期待=侵略（aggression），对敬畏（awe）。

情绪轮盘只是一个简单的情绪模型，可以通过丰富轮盘的形式来展现更多、更复杂的情绪关系。它很好地归纳了用户在使用产品过程中可以产生的基本情绪，可以作为情感化设计研究的起点。

5.7 评估交互设计三个“E”指标

考虑了交互设计关键的五个要素，怎么评估交互设计的成功与否呢？这里就需要谈到评估交互设计三个“E”指标。

射箭要有箭靶，赛跑要有终点。学习交互设计非常重要的一个步骤，就是认识评估设计质量的标准。因为只有了解什么是好的，才能够以成功为标杆，避免迷失与错误，朝正确的方向前进。下面我们一起来详细认识下评估交互设计成功指数的三“E”指标。

评估交互设计作品最好的方式，就是透过“Effective（有效）”“Easy（简便）”和“ Enjoyable（享受）”所组成的三“E”指标。这个评估方式，也相对呼应了由功能性、可用性和愉悦性所组成的“消费者需求阶层金字塔”概念。

5.7.1 Effective

使用者会去使用互动产品，一定是有其必须完成的任务、解决的问题或者是想要达成的目标。比如说，人们使用售票机，就是要完成买票的任务；上网搜寻，就是要解决遇到的问题；玩手机游戏，就是希望达到娱乐的目标。所以交互设计的最低限度，就是要能够成功地协助使用者，让他们完成任务、解决问题或者是达到目的。不能协助使用者有效达成心之所欲的互动产品，就是完全失败的交互设计。

关于实用的重要，早在中世纪时期，哲学家托马斯·阿奎那（Thomas

图5.53　哲学家托马斯·阿奎那

Aquinas，图5.53）就曾说："如果一个巧匠决定用玻璃来做锯子，来使锯子更为美观，那这个结果不但是一把没用的锯子，同时它是一件失败的艺术品。"因此对于任何工具而言，"功能"这一点的重要性，是毋庸置疑的。那么，除了能够协助使用者成功达到目的之外，要怎样才能算是真正有效呢？这个问题的关键之一，其实就是"千金也难买"的光阴。

如何提升软硬件运作的速度，那是工程师才有能力去挑战的课题。交互设计的艺术，则是在于如何排除一切操作程序上的困难和烦琐，压缩使用者从进入系统到达成目的所需要付出的时间代价。市面上许多的产品，都会不约而同地强调"随插即用""程序简单"以及"操作流畅"，也就是这个原因。

更重要的是，当等待已经成为一种必然，那么就要着眼于如何去减少等待所造成的负面影响。有这样一个经典案例：纽约的一栋商业大楼，因为电梯太少造成人们乘坐时等待时间长，让租户纷纷迫不及待在租约到期就迁出。为求改进租用状况，管理公司集合了各界专家以寻求解决之道。建筑师和工程师所提出的解决办法，都是在建筑结构上改变，而这样的办法则会在财务和工程所需之时效性上，对管理公司造成极大的负担。最后，一条由交互设计师提出的意见，却只用了300美元，就让这栋大楼"起死回生"。

这个聪明的交互设计师，调整了电梯等待区的灯光质感，并且装上许多镜子，因为只要能够成功转移注意力，成功提升电梯的使用经验，就可以削减等待所造成的不耐烦。一般常见的转移注意力方式，是去放置装饰品或是艺术品，但艺术品不仅昂贵而且保管困难，更何况，不管任何风格的装饰或艺术品，都不可能符合所有人的品位，放久了之后，也很容易会看腻，交互设计师知道，人们永远看不腻的只有自己。这就是交互设计深谙人性的一种智慧。

除了显性的使用有效指数之外，另外一个值得注意的是从品牌形象出发的隐性有效指数，也就是说，除了好用之外，交互设计还必须搭配美学上的思考，才能够成功传达出正确的信息，建立品牌认识度和形象。但特别要注意两件事：第一，品牌形象的建立，并不是把商标多放几处或者将它放大。这种"强迫推销"容易造成反效果。第二，漂亮的设计并不一定就是合适的设计。好的设计，是指善用设计语言，为公司和品牌做出独特定位。

在国际设计界，Bang & Olufsen（简称B & O）是一个非常响亮的名字，1967年由著名设计师雅各布·延森（Jacob Jensen）设计的Beolab 5000立体声收音机以其全新的线性调谐面板，其精致、简练的设计语言和方便、直观的操作方式确立了Bang & Olufsen经典的设计风格，广泛体现在其后的一系列的产品设计之中（图5.54）。雅各布·延森在谈到自己的设计时说："设计是一种语言，它能为任何人理解。"

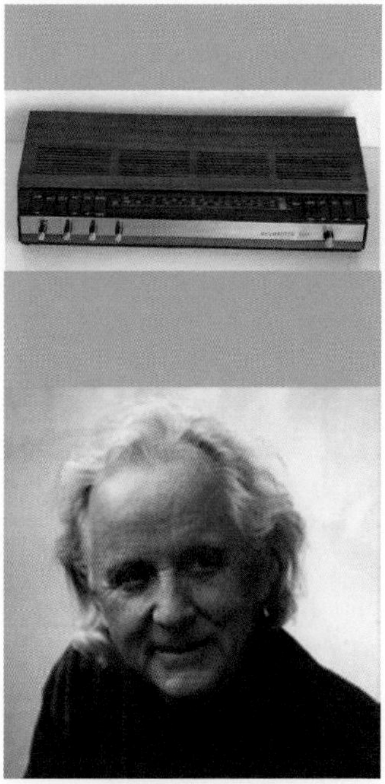

图5.54　著名设计师雅各布·延森（Jacob Jensen）设计的Beolab 5000立体声收音机

为创造B & O产品独特的风格，该公司在20世纪60年代末就制订了七项设计基本原则。

（1）逼真性

真实地还原声音和画面，使人有身临其境之感。

（2）易明性

综合考虑产品功能、操作模式和材料使用三个方面，使设计本身成为一种自我表达的语言，从而在产品的设计师和用户之间建立起交流。

（3）可靠性

在产品、销售以及其他活动方面建立起信誉，产品说明书应尽可能详尽、完整。

（4）家庭性

技术是为了造福人类。产品应尽可能与居家环境协调，使人感到亲近。

（5）精练性

电子产品没有天赋形态，设计必须尊重人机关系，操作应简便。设计是时代的表现，而不是目光短浅的时髦。

（6）个性

B & O的产品是小批量、多样化的，以满足消费者对个性的要求。

（7）创造性

作为一家中型企业，B & O不可能进行电子学领域的基础研究，但可以采用最新的技术，并把它与创新性和革新精神结合起来。

七项原则中并没有关于产品外观的具体规定，但通过这七项原则，建立了一种一致性的设计思维方式和评价设计的标准，使不同设计师的新产品设计都体现出相同的特色。另外，该公司在材料、表面工艺以及色彩、质感处理上有自己的传统，这就确保了设计在外观上的连续性，形成了简洁、高雅的B & O风格。如图5.55～图5.57所示为B & O的产品。

图5.55　B&O专为苹果设计的音箱底座Beosound 8

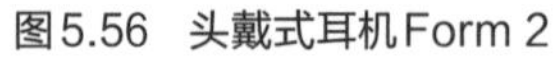

图5.56　头戴式耳机Form 2

图5.57　无绳电话BeoCom 2

在每年的国际设计年鉴和其他设计刊物上，在世界各地的设计博物馆和设计展览中，B & O公司的设计都以其新颖、独特而受到人们的关注。

5.7.2 Easy

三“E”指标中最复杂、最难解释的，就是“Easy”这一项。简单地说，要达到简便的境界，交互设计师所需要的，是一种“不用思考、因为我都帮你想好了”的体贴精神。这并不是低估使用者的智能和能力，而是尽可能事先排除一切不必要的干扰和噪声，让用户能够专注、有效率地达成他们使用交互产品的目的，进而得到一个愉快的使用经验。这种宁愿减少功能也要坚持操作简便的哲学，就是苹果公司坚持的设计理念。这个哲学也让iPhone/iPod touch/iPad所串联而成的“i”系列产品，成为目前“最火红”的移动式平台之一。一个交互设计要简便，设计师就必须挖空心思，帮使用者减少以下四种工作：记忆性工作、肢体性工作、视觉性工作和理解性工作。

5.7.2.1 记忆性工作

除非必要，人们不会刻意耗费精神去把东西记起来，因为记忆和回想，对使用者是一种负担。在操作及互动方面，要尽量减少使用者需要去记的东西，例如：密码、档案名称、选项的位置、操作的步骤和程序等，这些都是增加记忆工作的一种负担。

我们都知道苹果公司的产品是简洁设计的最好代表，其中“i”系列产品都以操作简便为核心理念（图5.58）。

图5.58 苹果公司的“i”系列产品

对于人类而言，“识别（recognition）”远比“回想（recall）”容易。由此在操作流程中，要尽量让使用者以识别的方式来操作，也就是在界面中清楚标示一切的可能性。就像是在大卖场中，如果产品的位置、出口的方向和物品的价格都标示得清清楚楚，采买的过程就会流畅而无负担。如果标示不清，客户就得不时停下脚步去回想：要如何走回出口结账？蔬果区在哪里？刚刚看到打折的洋酒放在哪里？

尽量让信息或选项都一目了然，是免除回想和记忆操作方式的基本原则。有人因此建议少用“下拉式功能选择单（pull-down menu）”，因为隐藏式的子选项容易增加认知和记忆的工作。这个建议的出发点是正确的，但结论却略显武断，因为它并不适用于所有的情况。如果选项真的太多，不用下拉式功能选择单或其他方式来归类，会造成视觉性工作的增加和混淆，这需要依个案在两者得失之间做评量与比较，因此这个建议的实际运用有待商榷，必须依个案性质而定。

有关于减少记忆性工作的相关理论，还包括有一个称为“魔术数字7”的惯例。这个惯例来自普林斯顿大学心理学教授乔治·米勒（George Miller）的研究，他在1956年发表研究结果，指出人类短期记忆的限度，在5±2的范围，因此少于7个单位为一组信息，比较容易记忆。因此许多交互设计师，尽量将每一个信息组的数量控制在7以下（如在一个主选项下不要超过7个子选项）。当信息总数必须超过7的时候，我们就要善用“形成组块（chunking）”的技巧。

“形成组块”是一种提升短期和长期记忆效能的技巧，也就是把较长的资讯分成小组，借此方便使用者辨识与记忆。在日常生活中，我们会把电话号码写成：（025）8567-7942而不是02585677942，这就是在利用“形成组块”的技巧来简化对一长串数字的辨识与记忆。

5.7.2.2 肢体性工作

顾名思义，肢体性工作就是指各种肢体上的运动。移动鼠标、按键或是转动调整按钮等，都是交互设计必须考量的典型肢体性工作。但所谓减少肢体性工作所针对的，是无特别意义，也不能提升使用经验的动作。所以像任天堂Wii这种强调肢体运动的操控方法，或者是运动器材的操作方式，当然都不在此限，因为这些肢体运动是使用经验的重要环节，也是协助使用者达成使用目的的过程（图5.59）。

图5.59　任天堂Wii游戏机

在网络及数字接口设计方面，减少肢体性工作最直接的建议就是：让使用者以最少的按钮操作，就能快速找到需要的信息；尽量把相关的选项放在接近的位置，以减少光标移动的距离；控制页面信息的数量，减少用滚动条移动档案的必要性；注意页面规划的一致性，减少用户四处扫描寻找所需信息等。

在网页设计中，框架、边界、方块和所有类型的容器都用于分割页面内容。就如典型的头条设计，设计元素被巧妙地包含在内，且与内容分开。现在，常见的趋势是将这些额外窗口都去除掉。无边界设计，是一种极简主义的设计方法，并且随着不断发展带来有趣的变化。

如图5.60所示，网页中已经不存在页眉和页脚的概念。相反，页面看上去感觉更加像一个交互式展示摊位。页面内容层次由左到右地依次组织，这样使得页面布局更加直观。这样的设计几乎不需将内容从导航中分离。相反，更能显示出产品的美感。

图5.60　博朗（Braun）网页设计

减少肢体性工作的设计，其实是典型的一种知易行难。在接下来的章节会提到的一些人机交互学说和概念，例如心理学家保罗•费兹（Paul Fitt）在1954年发表的费兹定律（Fitts Law）、钱宁•艾克（Johnny Accot）和翟树民（Shumin Zhai）所提出的操纵定律（Steering Law）等，都是进一步深入研究时所必须讨论的议题。

5.7.2.3　视觉性工作

视觉性工作，泛指所有增加眼睛负担的元素，包括凌乱的构图、混淆的颜色、不必要的图像、夸张的动态、错误或难懂的字形等。如果你看过将文字直接压在复杂背景照片上的设计，就知道视觉性工作会严重影响资讯的可读性（readability）。以为填满画面就是认真、负责的设计，这是初学者最容易犯的通病，因为初学者还不懂得“精致（elegance）”和“编辑（edit）”这两个最高指导原则。在没有自信的阶段，往往容易倾向“多”和“复杂”的设计，希望把画面填满。

很多人会搞错精致的意思，认为精致就是“小”和“少”，但这其实不是精致的原意。所谓的精致，说的是“纤秾合度”。也就是说，设计的复杂程度，要因应需求做弹性调整。比方说，一个架构、功能都很复杂的网站，当然不可能因为一味追求构图上的简洁，而牺牲了该有的功能和信息。所谓的精致，是因应实际需求，达到“多一分太多、少一分太少”的绝对完美的状态。

要达到精致，重点就在于编辑，也就是在设计的过程里，要不断地挑战每一个视觉元素的正常性和必要性。如果没有必要多用这个颜色，就把它拿掉；如果没有理由选择这个复杂的字形，就把它换掉；如果没有原因去设计不同形状的按钮，就让所有按钮统一。哪怕是一条线、一个点、一个特殊效果，都必须有绝对存在的理由和必要，这种去芜存菁精神的结果，就是一种精致。

如图5.61所示，通过“百度知道”新版和旧版的区别来体会一下什么是精致。

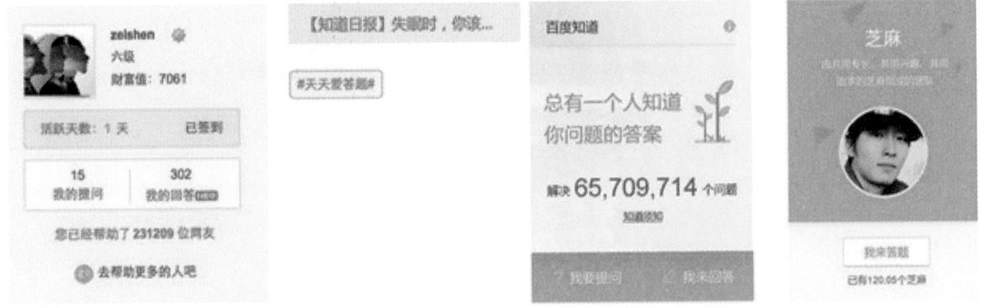

(a)旧版“百度知道”　　(b)新版“百度知道”

图5.61 “百度知道”新版和旧版色块划分的区别

新版的界面中品牌色的应用变得更加考究了，除了大导航上面的绿底色以外。在按钮与文字等细节地方也都融入了品牌颜色。相比之下，旧版“百度知道”的品牌色主要集中在首屏的背景色，这样大面积用色容易让用户失去聚焦点，反而不易于记忆。视觉设计师也注意到了这点，在颜色的运用上，细节的处理远比大色块要显得精致许多。

如图5.62所示，新版的“百度知道”在内容的布局排版上更直观地给出了用户想要的内容。弱化了问题和分类的比重，减少了用户非必要的操作。更多的版面用来突出有效的信息，如：“知道日报”“真相问答机”“大数据”等。用户打开网站，看到的都是优质信息的推送。既方便了用户，又提升了品牌专业度。

图5.62 “百度知道”新版和旧版布局排版的区别

5.7.2.4 理解性工作

理解性工作，就是让使用者去动脑筋思考。这里说的是避免让使用者做没有必要的思考。譬如说在给选项或按钮命名的时候，要尽量用熟悉的词汇，避免语意不清，否则使用者必须停下来思考一下，试着去理解和联想，对于使用者而言，是浪费性的理解工作。

另外两个减轻理解性工作量的方法，就是注重先前所讨论过的功用直觉（affordance），以及随时要让使用者有明确的定位感。功用直觉就是要确认导览列、按钮、文字输入栏或是内文，都该透过视觉来传达自己的功能和属性。这样一来，使用者就不需要花太多精力去分辨和思考，所谓的定位感，就是要让用户在使用过程中无须去思考：我现在到底在哪里？这个页面上最重要的信息是什么？我要怎样找回刚才看过的数据？我下一步要按哪里？关于这一点，研究可用性的专家史蒂芬·克鲁格（Steven Krug）建议，一般常态性的网站，必须有一个常驻性的导览列（persistent navigation），而这个导览列要包括五个要件：网站名称标示（site ID）、回首页的连续（home）、搜寻功能（search）、实用工具列（utility）及主要区块（sectuions，或称为primary navigation）。用户深入网站后，另外还要有所在位置标示（“you are here” indicator）、页面名称（page name）、区域导览列（local navigation）和导览路径标示（breadcrumbs）来显示经过的路径和相对关系。

另一个与理解性工作相关的讨论比较容易有争议，那就是文字和图标（icon）的理解性工作量。一般来说，文字的传达比较直接、清楚，但图标也有其吸引注意力、遍免冗长文字、多重涵义和凸显风格等优势。因此两者之间并没有绝对的优劣，重要的是，如果选择使用没有搭配文字的图标，图标本身的设计一定要达到符合文化、民情，才不容易被误解或造成混淆。

5.7.3 Enjoyable

有效和简便，都会直接影响到Enjoyable（享受）这个指标，但要有效地提升享受指数，我们还必须理解产品设计大师派屈克・乔登（Patrick Jordan）的理论，因为它还牵涉心理学层面的研究。沠屈克・乔登在2002年出版的《超越可用性：产品带来的愉悦》一书中指出，设计产品可以从生理、社会、心理、思想等层面带给使用者愉悦感。下面以汽车为例，解说这四个方面与交互设计的关系。

5.7.3.1 生理愉悦

这是一种来自知觉系统的愉悦感，触觉、味觉、听觉都可以成为刺激喜悦的来源。所以物品材质的触感、重量、大小甚至散发出来的味道，都会影响使用经验。一张舒服的沙发，必须柔软，表面不会感觉冰冷，没有塑胶的异味等，因为这些都会妨碍使用者去享受生理层面的喜悦。

方向盘和皮件的触感甚至于新车特有的味道，这些都是属于生理愉悦的范畴。因此高级汽车，都会特别强调真皮座椅、宽敞舒适等质感方面的生理愉悦。除了比较明显的触感和嗅觉之外，重量感和声音也是提升生理愉悦的关键，因此宝马公司的研发中心，甚至还有专门研究开车门时应有的重量感和声音的部门，因为他们了解这一切的细节都会影响车主的使用体验。

5.7.3.2 社会愉悦

与朋友、家人、同事或整体社会联结所带来的快乐，属于社会愉悦的范畴。手机和网络便于联系情感的功能，带来的就是一种直接享受的社会便捷。而社会愉悦的另外一个层次，则是享受产品在社会地位或个人形象上的象征，例如名牌的衣服不一定穿起来比较舒服，但它可以投射出“成功”的社会形象，而这也是属于社会愉悦的范畴。邦迪亚克牌汽车的广告语“坐在里面是件美事，被人们看见坐在其中更是快事”就很好地表达了车主所诉求的社会愉悦满足感。

尊贵、高价位的形象，有助于车主展现身份、地位，这是一种社会愉悦。在这一方面，像奔驰和劳斯莱斯这些高级车厂，就占有相当的优势，因为它们已具有公认的尊贵象征地位。

表达社会愉悦的另一个方法，就是强调开车和家人出游或和朋友相聚的快乐。这就是为什么，许多汽车广告会刻意强调“汽车是家庭生活的重心”，因为这种阖家欢乐的形象，有助于提示汽车所提供的社会愉悦功能。

5.7.3.3 心理愉悦

心理层面的愉悦，来自经由互动而达到的成果。例如许多女孩子通过网购以低价抢到了想要已久的衣服，之后通过便利的在线刷卡省掉了到银行汇款的手续，收到衣服后试穿特别舒适得体，整个人容光焕发，马上自拍美照发到“朋友圈”。当得到大家的赞美后，整个人就会获得极大的心理满足。这整个过程，让使用者连续享受到心理层面的愉悦。

5.7.3.4 思想愉悦

一个人的品位、审美观、价值观以及自我期待，都是属于思想愉悦的范畴，所以这是一种比较抽象的概念。审美和品位比较容易说明，每个人都有各自的偏好，例如一个人买了一辆符合自己眼光的自行车，这是一种思想愉悦上的享受。但如果有人因为节能减碳而去买自行车，这也是思想愉悦，因为自行车符合他重视环保的价值观。另外有人为了锻炼身体而去骑自行车，那么骑车时所享受的，还是属于思想愉悦的范畴，因为骑车满足了他希望健康的自我期待。

与车相关的思想愉悦，可以来自许多不同的方面。强调形状设计的线条和美感，可以满足重视生活美学的人；强调节能减碳的电油车型，可以满足重视环保者的价值观；中控系统的尖端技术，可以带来先进的时尚科技感。

讨论到这里我们就会发现，汽车其实是一种进化程度相当高的交互设计。在许多产品还在追求可用性的阶段，汽车的设计，其实早就进入已使用经验主导交互设计的境界。

设计师泒屈克·乔登在《超越可用性：产品带来的愉悦》一书中指出：“交互设计师的工作，在于让使用者能够运用产品的功能，同时，也让人和产品之间以一种优美的方式互动。互动的美学，应该是设计师的目标。对使用者而言，使用产品功能的整体过程，应该是一种值得享受的美丽经验。它的首要条件，就是使用者至少不应该在操作过程中感到懊恼，但我们不应该把可用性当作设计的终极目标。”

设计一台汽车，我们绝对不会只要求可用性，认为只要能让车主以车代步、安全开到目的地即可。驾驶汽车是一种整体的体验，设计任何的数字产品，也都应该以此为标杆。泒屈克·乔登认为，整体使用经验和使用者在操作过程中的情绪反应，才应该是主导交互设计的动力。也就是说，如汽车所有的设计环节，从外形、材质、性能，一直到广告企划，都应该有明确的企图和规划，才能够提供独一无二的使用经验。

例如，英菲尼迪执行设计总监阿方索表示：“英菲尼迪的设计是不同文化的完美融合。认为汽车应当既浪漫多情，又强劲有力。基于此理念，着力打造唤起消费者灵动体验的产品。”“和谐”是美的一种至高境界。英菲尼迪的设计始终致力于在现代和传统的“冲突”的碰撞中构建和谐之美。

关于从使用性设计到使用经验设计，乔登提出了以下三点建议：

（1）不要只想功能直觉，要去思考如何创造一种诱惑

功能直觉让使用者能够通过视觉的暗示，就了解如何使用一个界面。但让他们知道如何去使用，就要再进一步，从情感的层面去引导使用者，让他们想要去使用这个界面。

（2）不要只想外形上的美观，要思考如何去创造互动的美感

传统的观念，将设计局限在视觉美感上的追求，因此所谓的视觉设计，不过就是请美工人员为工程师所创造的系统“搽脂抹粉”，用漂亮的图案或颜色把功能性包装起来，而在交互设计的层面，缺乏创造性和远见。这也就是为什么，市面上总是充斥着各种华而不实的数字互动产品。数字软、硬件的设计，必须以交互设计为出发点，才能够超越功能性。

（3）不要只想使用上的便利，要思考如何去创造使用带来的愉悦

人们会去演奏乐器，并不是因为它好用。人们会去学习乐器，所追求的是演奏过程所带来的愉悦体验，这是互动产品设计师所必须铭记于心的制胜关键。

以使用经验主导交互设计，是近年来业界思潮的主流，之前提过的iPhone和iPad，其实就是这种设计的成功典范。单就硬件规格来讨论，iPhone并不是市面上功能最强的手机，iPad更是规格十分单薄的平板计算机，但它们触控接口流畅的使用体验，在目前的确是“独步全球”“无与伦比”，让人不由自主地想拿起来把玩。交互设计的最高境界，是超过实用和好用层面的。

5.8 障碍设计的4种方法

对于绝大多数的设计师而言，障碍和冲突给设计带来的影响通常是负面的。

这也使得绝大多数场景下，有障碍的用户体验被界定为不良的设计，最直接的影响是减缓交互的速度，降低转化率，阻碍进度。

不论是用户界面设计还是用户体验设计，追求顺滑、流畅、快速的用户体验成了设计师们的首要目标，打破障碍、减少冲突，成了无数设计师所痴迷的设计追求。最典型的案例，就是亚马逊的一键登录，以及一键重新购买。

无障碍的设计是尽量减少体验过程中所消耗的能量。在我们想象中，理想的用户体验应该是易用且快速的，但是实际上并非一直如此。

正如桑盖·乔迪（Sangeet Choudary）所说："如果你所设计的障碍是有助于整体的互动，而非阻碍，那么它就是有帮助的。"适当地为交互设置障碍是可以改善整个用户体验的。

5.8.1 可以有效组织用户思考的障碍

在产品和服务的关键环节，加入一些恰到好处的障碍，让用户在这一刻停下来思考他们正在做的事情是否正确。这种策略能让用户通过思考来减少犯错的风险。例如，当用户要删除某些内容的时候，系统通常都会有确认删除的对话框弹出，让用户再次确认，这就是一个典型的案例（图5.63）。当用户看到对话框的时候，自然会再次反思"我真的要这么做吗？"而值得注意的是，对话框中突出显示的是"撤消"按钮而非删除。

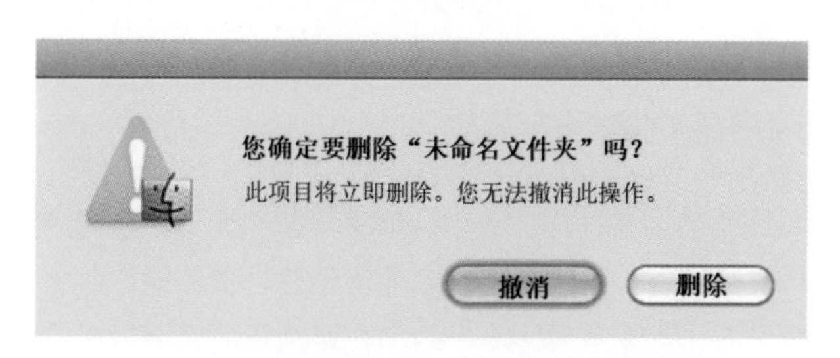

图5.63 障碍让用户通过思考来减少犯错风险

5.8.2 帮助用户更好地学习技能的障碍

从某种意义上来说，障碍会造成混乱，增加认知负荷。当你的设计需要用户去思考，在绝大多数情况下，不一定是件好事，因为这对用户而言产生了负担，它是障碍。但是在教育类产品当中，障碍实际上对最终结果是有正面影响的。在前面的案例当中，设置障碍让用户警醒，防止了不少安全性上可能潜藏的问题，所以并不是所有的障碍都是有害的。我们当初在学习知识和技能的时候，比如学骑自行车，都是在磕碰和障碍中逐步成长起来的。我们大多数人都是克服了障碍成长起来的。

图5.64　智力图形解谜游戏《纪念碑谷》

相比于成功，人们从失败中学到的东西更多，游戏是更典型的案例。在游戏当中，障碍以任务和关卡的形式呈现出来，用户在这当中不断学习。从新手到专家，在一步步成长中养成，而这个过程让人沉迷。没有障碍和难度的游戏没人喜欢，因为障碍带来的是乐趣。游戏设计师通过关卡和障碍来促进用户学习，并且将痛点转化为令人兴奋的挑战（图5.64）。

但是作为游戏设计师，在障碍和关卡的设计上要非常地小心谨慎，令人振奋的设计和使人沮丧的设计之间往往只有一线之隔。障碍如果太低，游戏会变得无聊；难度如果太大，用户则很容易放弃。不过，经验丰富的游戏设计师通常都能够很好地把握这个度。

5.8.3　能让用户感觉更好的障碍

早在2011年的时候，哈佛大学、耶鲁大学和杜克大学的研究人员通过一系列的研究和实验发现，人们对于自己动手创建、制作的东西更加重视，他们将这一效应命名为“宜家效应”——人们在某个东西上所投注的精力越多，对它就越重视。

用户对于自己亲手组装的宜家家具有着独特的情感联系，而App开发者和网站设计师对于自己的产品更是如此（图5.65）。

从本质上来看，是付出带来了喜爱。当你将精力和时间投入在一些东西上，你和它之间就产生了情绪关联。人们喜欢成就感，因为成就感所附带的是能力感和控制感。

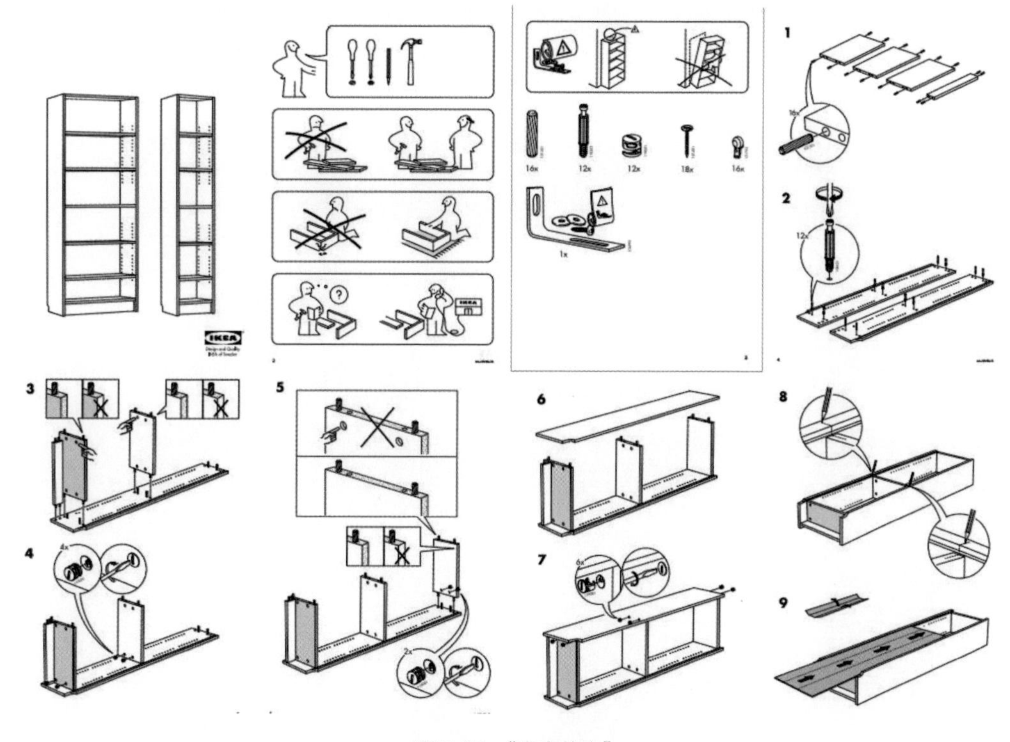

图5.65 “宜家效应”

需要注意的是：

① 用户只有在付出且完成任务之后，才能和产品产生联系（爱）；

② 奖励/回报的价值应该高于用户的付出，换句话来说，就是奖励要足够高。不过考虑到每个人的认知都不同，奖励的尺度要控制好。

5.8.4 对质量有提升的障碍

想让产品获得更多新用户认可的时候，让体验流畅顺利是很自然的目标，如果用户在注册环节就感受到障碍了，这违反了用户体验的原则。不过，这也要区分产品和用户。障碍和门槛本身是可以用来筛选用户的，对于需要用户来产生高质量内容的平台而言，门槛和障碍是提升质量的必备组成部分。当产品体验和用户质量以及他们的交互挂钩的时候，门槛和障碍就显得很有帮助了。

如图5.66所示，Product Hunt网站（一个发现新产品的平台）。如果任何人都能在这个平台上发布新的产品和内容，那么它将很快被垃圾内容填满。相反，

Product Hunt 的团队精心筛选能够认真发布正确内容的人，正是设置障碍以获得高素质的内容发布者，成就了如今的 Product Hunt。

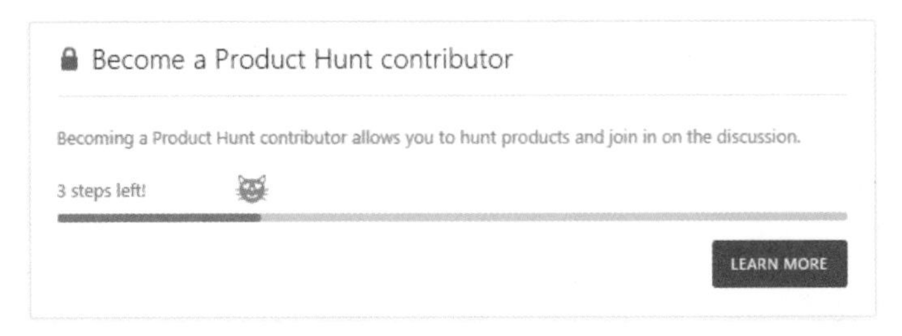

图5.66 Product Hunt网站

CHAPTER SIX

第 6 章

用户需求研究

Graphic

Interaction

Design

UI

Required

Courses for

UI Designers

6.1 用户

不论是产品还是服务，最根本的就是要满足目标用户的需求，提高用户体验度。满足需求的前提是要知道用户的需求是什么，知道用户需求的前提是真正了解用户。所以，先了解用户，再明确需求，最后满足需求增强用户体验，这就是一个产品或服务价值实现的过程。

6.1.1 用户研究的目的

为什么在设计过程中需要时时以研究用户作为基础呢？原因在于，用户是产品成功与否的最终评判者。实际上，任何一件产品的设计开发人员都会在工作的过程中考虑到与用户相关的问题，但最终的产品却往往仍然存在着不同程度的用户接受性问题。

但在客观现实中，人们常常会忽视用户研究的重要性。一个常见的错误观点是认为自己就是用户之一或者对产品的使用情况已经有足够了解，所以可以想象用户的期望。这些人假设自己能够使用的产品其他人也能使用，自己喜欢的性能其他人也喜欢。但设计和开发人员不能代表最终消费者的意见，设计开发人员的意见也不是产品成功与否的最终评判。

在很多情况下，如果产品的设计与开发人员能够在产品研究和开发的不同阶段有效地与用户进行沟通，使设计建立在深入、细致、准确地了解用户情况和需求的基础上，就可以避免上述问题的发生。在整个产品设计和开发过程中执行以用户为中心的原则，时刻考虑用户的需求和期望。

6.1.2 用户分类

贾尔斯·科尔伯恩（Giles Colborne）在《简约至上：交互式设计四策略》中把用户分为三种类型：专家型用户、随意型用户和主流用户（最大的一个用户群体）。艾伦·库珀（Alan Cooper）则把用户分为：新手、专家和中间用户。主流用户（或者说中间用户）占绝对的主体地位，专家型和新手型相对而言是较少的。

（1）专家型用户

专家型用户持续且积极地学习更多的内容，希望看到为他们量身定做的前所未有的技术，他们舍得花时间研究新产品、产品的新功能。然而，专家并不是典型用户，他们追求主流用户根本不在乎的功能，他们不会体验到主流用户遇到的问题。专家也是非常重要的人群，因为他们对缺少经验的用户有着异乎寻常的影响。当一个新用户考虑产品时，会更加信赖专家。

（2）新手型用户

新手型用户是敏感的，而且很容易在开始有挫败感，没有人希望自己永远是新手。新手会很快成为主流用户，或者干脆放弃。作为交互设计师，最好把用户（尤其是新手）想象成非常聪明但非常忙的人，他们需要一些指示，学习过程应该快速且富有针对性。在向新手提供帮助时，标准的在线帮助是一个很糟糕的工具，因为我们知道，帮助的主要功能是为用户提供参考，而新手不需要参考信息，他们需要概括性的信息，比如一次全局性的界面导游。

给新手提供受限的、简单的一组动作即可很好地满足他们的需求。但随着用户经验的增加，他们对于扩展功能和快速性能的要求也在增加。分层或分级结构的设计，是便于用户平滑地从新手过渡到专家的一个方法：当用户需要更多功能或者有时间学习这些功能时，他们就能上升到较高的层次。

（3）中间用户

拉里・康斯坦丁（Larry Constantine）最早揭示了为中间用户设计的重要性，他把那些用户称为“不断提高的中间用户”；艾伦・库珀则称之为“永远的中间用户”。主流用户使用某产品的目的是完成某项任务，他们会掌握一些重要功能的使用方法，但永远不会产生学会所有功能的想法。主流用户知道如何使用参考资料，只要不是必须一次解决所有问题，他们就有深入学习和研究的动机，这意味着在线帮助是主流用户的极佳工具。主流用户通常知道高级功能的存在，即使他们可能不需要。

① 主流用户最感兴趣的是立即把工作做完，专家则喜欢首先设定自己的偏好；

② 主流用户认为容易操控最有价值，专家则在乎操控的是不是精确；

③ 主流用户想得到靠谱的结果，专家则希望看到完美的结果；

④ 主流用户害怕弄坏什么，专家则有拆解一切刨根问底的冲动；

⑤ 主流用户觉得只要合适就行了，专家则想着必须精确匹配；

⑥ 主流用户想看到示例和故事，专家想看的则是原理。

交互设计师必须为专家用户提供一些功能，也必须为新手提供支持。但更重要的是，必须把大部分的才智、时间和资源为主流用户而设计，为其提供最好的交互。

交互设计的目标在于：首先让新手快速和无痛苦地成为主流用户；其次避免为那些想成为专家的用户设置障碍；最后也是最为重要的是，让主流用户感到愉快，因为他们的技能将稳定地处于中间层。

6.1.3 用户特征

交互设计必须努力使产品的大多数用户（主流用户）达到相当的满意程度，这就要清楚地认定谁是目标用户、交互式产品应提供哪些支持。某一产品的用户常常是一个具有某些共同特征的个体的总和。如表6.1所示，列出了一些常用的描述用户特征的方面。

表6.1 一些常用的用户特征描述的类别

序号	用户特征	主要方面
1	一般数据	年龄； 性别； 教育程度； 职业
2	性格取向	内向型/外向型； 形象思维型/逻辑思维型
3	一般能力	视力、听力等感知能力判断和分析推理能力； 体能
4	文化区别	地域； 语言； 民族习惯； 生活习惯； 代沟
5	对产品相关知识的现有了解程度和经验	阅读和键盘输入熟练程度； 类似功能的系统的使用经验； 与系统功能相关的知识
6	与产品使用相关的用户特征	公司内部/外部； 使用时间、频率
7	产品使用的环境和技术基础	网络速度； 显示器分辨率及色彩显示能力； 操作系统及软件版本软、硬件设置

在实际用户分析时，应当根据产品的具体情况定义最适合的用户特征描述。对于每个产品来说，定义用户不需要对所有用户特征进行描述，但逐一审视用户特征将有助于全面把握设计的可用性，避免遗漏重要的用户特征。

6.2 获取用户信息的18个有效方法

6.2.1 用户观察

通过用户观察，设计师能研究用户在特定情境下的行为，深入挖掘用户“真实生活”中的各种现象、攸关变量及现象与变量间的关系（图6.1）。

图6.1 观察乘客刷卡进地铁的过程

不同领域的设计项目需要论证不同的假设并回答不同的研究问题，观察所得到的五花八门的数据亦需要被合理地评估和分析。人文科学的主要研究对象是人的行为，以及人与社会技术环境的交互。设计师可以根据明确定义的指标，描述、分析并解释观察结果与隐藏变量之间的关系。

当设计师对产品使用中的某些现象、攸关变量以及现象与变量间的关系一无所知或所知甚少时，用户观察可以助设计师一臂之力。也可以通过它看到用户的“真实生活”。在观察中，会遇到诸多可预见和不可预见的情形。在探索设计问题时，观察可以帮设计师分辨影响交互的不同因素。观察人们的日常生活，能帮助设计师理解什么是好的产品或服务体验，而观察人们与产品原型的交互能帮助设计师改进产品设计。

运用此方法，设计师能更好地理解设计问题，并得出有效可行的概念及其原因。由此得出的大量视觉信息也能辅助设计师更专业地与项目利益相关者交流设计决策。

如果想在毫不干预的情形下对用户进行观察，则需要像角落里的苍蝇一样隐蔽，或者也可以采用问答的形式来实现。更细致地研究则需观察者在真实情况中或实验室设定的场景中观察用户对某种情形的反应。视频拍摄是最好的记录手段，当然也不排除其他方式，如拍照片或记笔记。配合使用其他研究方法，积累更多的原始数据，全方位地分析所有数据并转化为设计语言。例如，用户观察和访谈可以结合使用，设计师能从中更好地理解用户思维。将所有数据整理成图片、笔记等，进行统一的定性分析。

为了从用户观察中了解设计的可用性，需要进行以下步骤：

① 确定研究的内容、对象以及地点（即全部情境）。

② 明确观察的标准：时长、费用以及主要设计规范。

③ 筛选并邀请参与人员。

④ 准备开始观察。事先确认观察者是否允许进行视频或照片拍摄记录；制作观察表格（包含所有观察事项及访谈问题清单）；做一次模拟观察试验。

⑤ 实施并执行观察。

⑥ 分析数据并转录视频（如记录视频中的对话等）。

⑦ 与项目利益相关者交流并讨论观察结果。

使用此方法要注意以下几点：

① 务必进行一次模拟观察。

② 确保刺激物（如模型或产品原型）适合观察，并及时准备好。

③ 如果要公布观察结果，则需要询问被观察者材料的使用权限，并确保他们的隐私受到保护。

④ 考虑评分员间的可信度。在项目开始阶段计划好往往比事后再思考来得容易。

⑤ 考虑好数据处理的方法。

⑥ 每次观察结束后应及时回顾记录并添加个人感受。

⑦ 至少让其他利益相关者参与部分分析以加强其与项目的关联性。但需要考虑到他们也许只需要一两点感受作为参考。

⑧ 观察中最难的是保持开放的心态。切勿只关注已知事项，相反的，要接受更多意料之外的结果。鉴于此，视频是首要推荐的记录方式。尽管分析视频需要花费大量的时间，但它能提供丰富的视觉素材，并且为反复观察提供了可

行性。

但此方法也有局限性，当用户知道自己将被观察时，其行为可能有别于通常情况。然而如果不告知用户而进行观察，就需要考虑道德、伦理等方面的因素。

6.2.2 问卷

问卷是一项常用的研究工具，它可以用来收集量化的数据，也可以透过开放式的问卷题目，让受访者做质化的深入意见表述。在网络通信发达的今天，以问卷收集信息比以前方便很多，甚至有许多免费的网络问卷服务可供运用，但方便并不代表可以随便，在问卷设计上仍然必须特别小心，因为设计不良的问卷，会引导出错误的研究结论，而导致整体设计方针与策略上的错误。

张绍勋教授在《研究方法》一书中，针对问卷设计提出了以下几个原则：

第一，问题要让受访者充分理解，问句不可以超出受访者之知识及能力范围。

第二，问题必须切合研究假设之需要。

第三，要能够引发受访者的真实反应，而不是敷衍了事。

第四，要避免以下三类问题：

① 太广泛的问题。例如“你经常关心国家大事吗？”每一个人对国家大事定义不同，因此这个问题的规范就太过于笼统。

② 语意不清的措辞。例如“您认为汰渍洗衣粉质量够好吗？”因为“够不够”这个措辞本身太过含糊，因此容易造成解读上的差异。

③ 含两个以上的概念。例如“汰渍洗衣粉是否洗净力强又不伤您的手？”这样受访者会搞不清楚要回答“洗净力强”和“不伤您的手”这两者中的哪一项。

第五，避免涉及社会禁忌、道德问题、政治议题或种族问题。

第六，问题本身要避免引导或暗示。

例如“女性社会地位长期受到压制，因此你是否赞成新人签署婚前协议书？”这问题的前半部分，就明显带有引导与暗示的意味。

第七，忠实、客观地记录答案。

第八，答案要便于建档、处理及分析。

现在，有好多专业的在线调研网站或平台，调研者可以选择多样化的调研方式。

在线问卷调查的优点主要体现在以下7个方面：

① 快速、经济；
② 包括全球范围细分市场中不同的、特征各异的网络用户；
③ 受调查者自己输入数据有助于减少研究人员录入数据时可能出现的差错；
④ 对敏感问题能诚实回复；
⑤ 任何人都能回答，被调查者可以决定是否参与，可以设置密码保护；
⑥ 易于制作电子数据表格；
⑦ 采访者的主观偏见较少。

而在线问卷调查法的缺点是：

① 样本选择问题或普及性问题；
② 测量有效性问题；
③ 自我选择偏差问题；
④ 难以核实回复人的真实身份；
⑤ 重复提交问题；
⑥ 回复率降低问题；
⑦ 把研究者的恳请习惯性地视为垃圾邮件。

与传统调查方法相比，在线调查既快捷又经济，这也许是在线调查最大的优势（图6.2）。

图6.2　提供在线问卷调研和数据分析的软件

6.2.3 面谈

面谈可以用来取得各种不同的信息，因此软件设计大师艾伦·库珀将面谈分为以下四大类。

（1）和利害相关人的面谈

所谓的利害相关人，包括负责设计案的客户，以及公司的营销、管理、市场调查、研发、客服等重要部门的负责代表。这个面谈会议，主要目的除了确认设计案在经费和时间上的限制外，也要进一步了解公司的经营模式、技术能力与限制、对于产品的愿景、市场竞争及对于使用者的了解等。除了提问以及记录之外，还要向利害相关人取得相关文件资料，以便在面谈后进行文献研究以及竞争产品稽核等。所有利害相关人已经做过的市场调查、品牌定位设计或技术资料等，都可以协助勾勒出设计案的限制与可能性。

（2）和相关领域专家的面谈

因为交互设计团队本身，可能并不了解需要运用这个接口或产品的专业领域，因此需要先取得一些相关的知识。例如，要设计医学信息交流网，必须先了解学界的文化和习惯；要成立一个“球员卡”收集网站，要从玩家的观点来了解“球员卡”收藏，才能设计出适合收藏家运用的接口。同样是信息流通与分享，但需求和形态都大不相同，只有透过相关领域专家面谈，才能深入了解相关知识。

（3）产品的使用者的面谈

如果市面上已经存在有相同或类似的产品，这个面谈的主要目的，就是在于了解他们对于该类型产品的态度、想法、使用方法和状况、喜好、改进建议等。如果市面上还没有类似的产品，就要透过和目标客户群的面谈，来了解这个产品在他们工作或生活中可能占有的地位，以及可能对他们造成的正面或负面影响等。

（4）做客户面谈

一般的产品，通常用户就是购买者，但如果是专门提供给企业或机构的软、硬件，那有决定权和负责采购的人，就不一定会是产品真正的用户。在这个情况之下，还需要做客户面谈，也就是和负责采购的人沟通，进一步去了解选择采购产品的目的、用意、条件、流程和所期待的技术支援等。

在各种面谈过程中，都要保持客观的态度，让受访对象畅所欲言。另一个技巧，就是尽量不要准备冗长的问题，让整个过程变成问卷般单调的一问一答。应该要尽量引导受访者，让他们用叙述的方式来描述状况。也就是说，尽量不要用是非选择的方式提问，而要用类似“请描述一下你第一次使用这个产品的情况”的这种提问方式，让受访者以说故事的方式来做陈述。由于在陈述过程之中，会比较容易深入了解使用者的真实状态和发觉一些原先设定题目时并未想到的细节。

6.2.4 实地调查

所谓的实地调查，就是亲身到产品使用的现场，去观察和记录真实的过程和状态。假设要设计一套教学用的软件，设计前一定要到教室里面，去实际观察上课过程中老师与学生的互动状态，才能够设计出符合需求的成品。这种观察所得到的信息，是无法用面谈来取代的，因为通常人的主观意识和记忆，并不一定与事实相符。很少学生会在面谈中提到，上课过程中会和朋友用手机微信聊天，和受访者交谈，会厘清一些细节和原因。

尽管问卷和面谈都可以提供一些用户的相关信息，但实地调查，其实才是了解使用者以及使用状况最好的方式。

6.2.5 知觉地图

知觉地图，也称为定位网格，是反映消费者对某产品或品牌的感受的视觉表达图。设计师可以依此评估消费者如何看待某产品或品牌及竞争对手的产品或品牌（图6.3）。

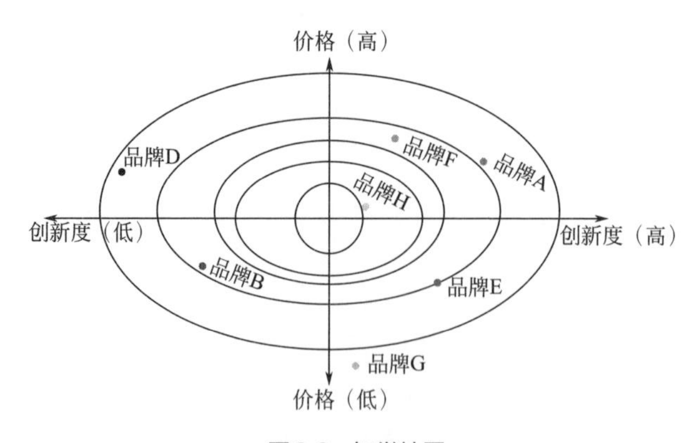

图6.3　知觉地图

知觉地图是制订市场营销策略的有效工具。此方法能提供诸多与市场划分、产品定位相关的有价值的信息。可以根据这些信息对市场营销中各种综合元素进行决策。

知觉地图既适用于现有的产品与品牌，也适用于潜在的新产品和品牌。就现有产品而言，它能帮助你依据消费者的认知标准评估该产品的竞争优势或劣势，从而明确建立竞争优势的基础。它也能反馈某一产品和品牌是否需要被重新定位，并指出应该重新定位的坐标位置。

对潜在的新产品或品牌而言，运用知觉地图可以找到市场机会，特别是在当前市场上没有能够满足消费者理想状况的产品或服务的时候。无论市场上是否存在正在筹划中的新产品，如果能知道消费者对产品的感知以及它们理想中的产品，对设计师而言，是为之后的设计流程获取了至关重要的信息。

绘制一张知觉地图并不需要太多专业知识和经验。绘制一张高阶形式的知觉地图需要运用统计方法，如多维排列、因子分析和判别分析等。为了防止因为一些误导性的语言或不合理的回答形式而使得搜集到的信息不可用，执行者需要仔细斟酌提问的语言以及回答的形式。因此，建议在操作前模拟执行一次，以便调整数据搜集方式。

创建一张知觉地图的基本步骤如下：

① 确定需要评估的属性，例如，价格或创新度。这些属性应该是潜在消费者最关注的，或是对他们最重要的（即决定性的）产品属性。

② 确定竞争产品或品牌。

③ 要求潜在用户按照所定义的重要属性对产品或品牌进行评分。

④ 让潜在消费者对这些评定属性的重要程度进行评分（最重要的属性称为“理想点”）。

⑤ 如果需要对多个属性进行评估，则从中选出两个（建议从最重要的两个开始）并依据步骤③和步骤④将其绘制于地图上。对其他属性组合运用相同的方法重复，便可绘制多个知觉地图。

需要注意的是，一张知觉地图每次只能展示两种评估属性。如果需要评估的属性数量多于两个，则需要绘制多幅知觉地图或使用价值曲线图进行评估。每幅知觉地图所反映的是在某一时段用户对品牌的感知位置，因此该评估需要不断更新，尤其是当市场变化较快的时候。知觉地图可以反映一些市场机会，但不能体现该机会将存在多久，也不能反映公司是否具备资源和能力去实现这个机会。

6.2.6 焦点小组

在经验丰富的主持人的指导下，精挑细选出的、具有很强代表性的参与者可以为主题、模式和趋势提供深刻的见解。

焦点小组是一种定性研究方法。市场研究人员利用这种方法从精挑细选的参与者之中，收集他们对一种产品、服务、营销活动或品牌的意见、感受和态度。

焦点小组的优势在于这个群体所创造出的活力。如果参与者的筛选适当，主持人经验丰富，参与者可以快速与他人结成伙伴。在这种环境当中（不会担心被人议论评价），参与者更愿意分享经验、故事、记忆、看法、欲望和梦想。组织得当的焦点小组可以充分利用彼此间不具威胁的团体动力，总结以往经验，从而确定对小组来说具有价值的重要信息，以使小组具有独特的优势。

对于以下与设计相关的调查，优秀的主持人可以让小组中的每个成员提出更多的见解。

① 回顾一段时间内事情发生的经过。

② 解释目前为止对哪些方面还不满意，或者对与过程无关的其他“人物”存在哪些误解。

③ 揭示参与者在完成指定任务过程中的潜在情绪（恐慌、不确定、沮丧、焦虑）。

④ 参与者想出的变通方法和技巧，以便更好地工作。

⑤ 了解小组成员如何与别人建立社会资本。

⑥ 了解小组成员共同的逻辑和思维模式。

分析焦点小组的数据时，应考虑参与者得出结论所使用的逻辑。另外，需要特别注意他们叙述的故事、使用的隐喻和类比，以及描述自己的经历、喜好和记忆的方式。寻找重复出现、产生强烈反响的主题和话题，就可以分析出目前的趋势。

经验丰富的主持人根据这些趋势得出一种假设。但这种假设通常需要更多的评价和调查来验证。焦点小组方法需要结合其他精心挑选的定量和定性方法，继续调查参与者的态度和行为，并在人们使用产品或服务的实际情境下观察他们的行为。但绝对不能根据焦点小组得出的结果推断所有人的感觉。

焦点小组的配置通常包括围坐在桌子前的一些参与者、席位卡、不干扰过程的麦克风和记录整个过程的摄像头。通常情况下，隔壁的屋子中的观察人员和利益相关者可以利用平面电视或者单向镜观察到会议的全部过程。焦点小组方法受到的批评之一是会议召开时气氛枯燥乏味。但重要的是，研究人员要考虑到这种背景之下人们会产生的偏见，以及这种偏见会影响参与者，影响对研究数据的分析（图6.4）。

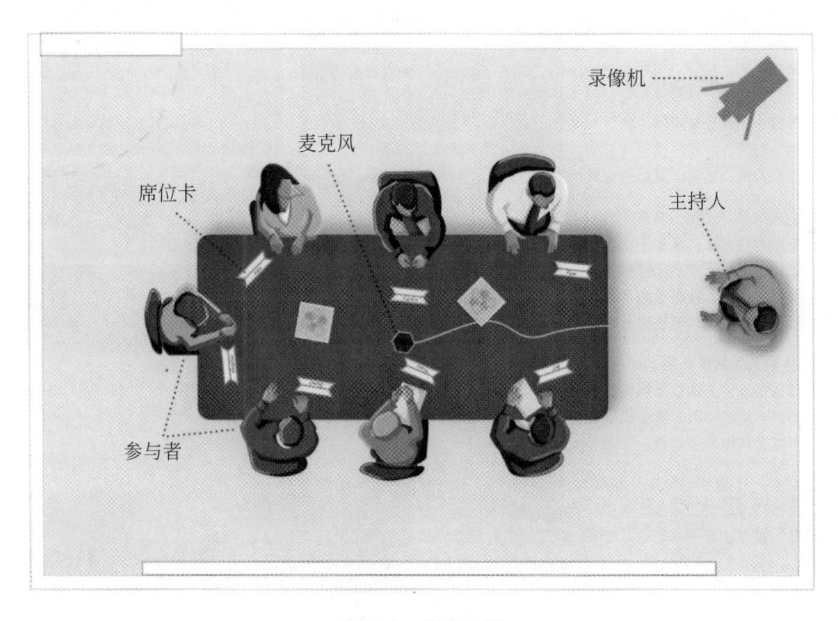

图6.4　焦点小组

6.2.7　亲和图

亲和图是一种可以有效收集观察结果和观点，并形象地将其体现出来，为设计小组提供参考数据的设计过程。

如果研究数据是存储在人们的头脑中的隐性知识或者被淹没在访谈笔记中，那么设计小组就很难综合分析观察结果。但是在亲和图的构建过程中，设计人员通过便笺纸上写下的内容就可以捕捉研究中得出的见解、观察、问题或要求，并逐一深入分析各种设计内涵。然后根据相关性收集并分类，得出研究主题。常见的两种亲和图是：

（1）脉络访查亲和图

如果研究人员可以在4～6个不同的工作地点采访到典型的工作人员，就有足够的代表性数据可以完成一个亲和图。在组合亲和图之前，对每个采访对象平均记录50～100条的观察结果，每一个观察结果都用一张便笺纸记录下来，以免之后会问到相关的问题，并确保便笺纸上标明采访记录的出处。然后，在墙上贴几张大尺寸的纸（如果有必要的话，还可以移动亲和图），把便笺纸贴在上面，设计小组开始仔细解读便笺纸上面的内容，考虑每一张信息的深刻含义。把反映出相似意图、难题、问题，或者反映出亲密关系的记录聚集在一起，这样我们就可以了解其中的人物、他们的任务和问题的本质。

在脉络设计中，先进行脉络访问调查再开始制作亲和图。不需要预先规定类别，而是采用“自上而下”的步骤建立亲和图。墙上张贴的纸张必须足够大，足以容纳数百（有时甚至数千）张便笺纸。InContext制定的亲和图标准是一个人每天100张便笺纸（图6.5）。

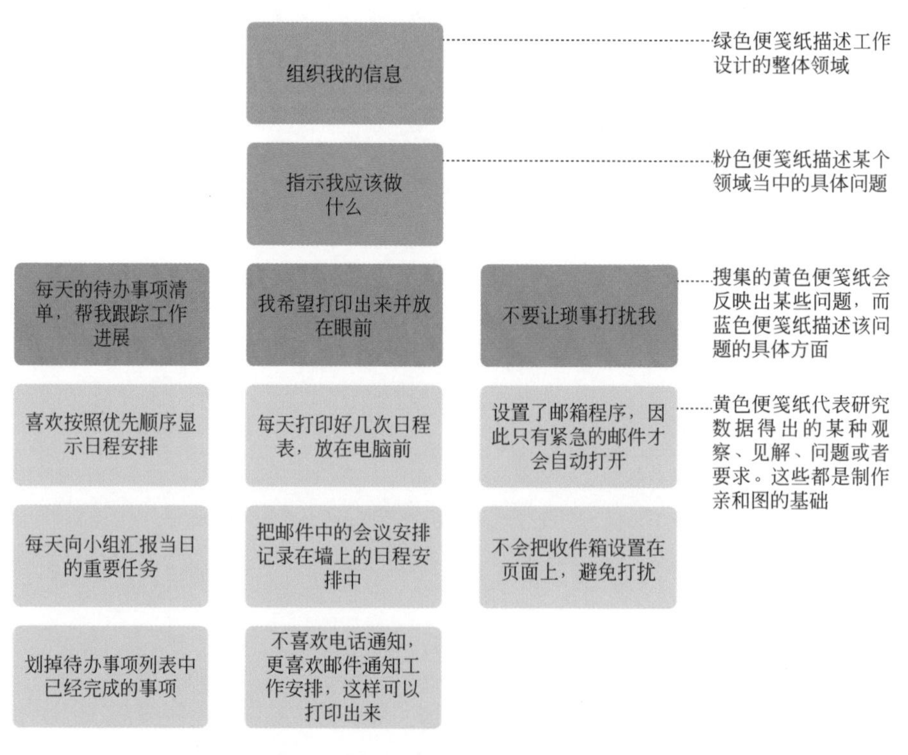

图6.5 “自上而下”的步骤建立亲和图

（2）可用性测试亲和图

在可用性测试环节开始前，研究小组先确定代表各个参与者的便笺纸的颜色。在可用性测试进行的过程当中，小组成员（包括利益相关者、开发人员、设计人员和其他研究人员）在观察室内观察评价。参与者讨论任务的时候，小组成员可以在便笺纸上记录具体的观察内容和谈话内容，然后把它们张贴在墙上或白板上。通过多次可用性测试，关于界面的常见问题和难题就会浮出水面。

可用性存在问题的类别会出现许多不同颜色的便笺纸，这说明好几个人都遇到了同样的问题。然后就能确定界面的哪些方面需要修复以及修复的优先顺序。无论涉及设计的哪个方面都应该首先修复并重新测试出现问题最多的地方。

这两种亲和图的测试方式都属于归纳性行为，即这项工作不是根据预定义的类别分组记录，而是从下往上，首先收集具体的微小细节，分成几组，再总结出普遍的、重要的主题。完成之后，亲和图不仅是一种工具，更是顾客和设计合作伙伴的参考意见（图6.6）。

图6.6　可用性测试亲和图

6.2.8 拼贴

拼贴可以为设计小组提供灵感并让参与者形象地描述传统方法很难表达的思想、情感、愿望和生活的其他方面。

运用问卷调查和访谈等传统研究方法解释和表达内心的感受、想法和愿望会比较困难或者令人感觉不自在，而拼贴可以减小研究难度，让参与者通过具体物件表达个人信息，作为谈话中形象的参考内容。

一套拼贴工具通常包括卡片或纸张、预先收集的图像、文字、形状和胶棒。近来，有些研究还尝试使用定制的软件，通过屏幕来制作拼贴。虽然是由每个成员完成一个拼贴，但通常是几个小组同时开始工作。其中一个重要的环节是让参与者向小组或研究人员展示他们的拼贴，清楚地解释选择图像的原因和图像代表的意义。演示过程中最好进行录像，以供日后分析或记录。

拼贴允许参与者按照自己的理解自由发挥。例如，参与者可以表达对某种现象（或技术、信息）的看法，在某些服务场所（如在医院、金融机构）的经历，或者对家庭、工作生活的感受。一般的拼贴框架应该包括时间维度，例如在过去、现在和理想未来的经历。可以让参与者在空白背景上拼贴，或者画好基本框架、线条。参与者按照指示把文字和图像安排在线的上下方、沿轴线、某个形状或具体物体的里外。

制作拼贴工具时，设计人员面临的困难是如何找到适量准确的图像和文字——模糊不会影响参与者的观点，然而也要足够明确符合拼贴的主题。还要为参与者提供空白的卡片、贴纸和笔，让他们在拼贴过程中可以增添自己需要的内容。

运用定性分析在几个拼贴内部和拼贴之间寻找模式和主题。设计过程中可以使用或不使用特定的图像、文字和形状，可以正面或负面地使用各类元素，确定元素在页面上的位置以及各元素之间的关系。为保证分析的客观准确性，可以对比现场参与者和未在现场者对拼贴结果的理解，并逐一阐释对拼贴结果的理解，然后在设计小组中内部讨论，也可以分别参考或不参考参与者的叙述来分析具体物件。

拼贴可以让参与者在具体物品上表达他们的思想、情感和愿望，为设计小组提供观点和灵感（图6.7）。

图6.7　拼贴

6.2.9 关键事件法

该方法用来了解用户在关键时刻对产品的使用体验，可以优化设计，并能更好地满足用户的需要。

你是否曾经有过这样的经历？希望采取措施纠正问题，结果却发现方法让问题变得更加糟糕；或者有时你只是做了一个简单的决定，而结果却让你欣喜若狂，忍不住与他人分享你的体验。

以上这两种情况都属于“关键事件”，因为这两个例子都是在事情发生后，人们才发现预期效果和实际结果存在一定差距。在这两种情况下，思考、感觉和反应的方式都是当初未曾预料的。关键事件法可以帮助你区分和研究这类事件，并做出推理。

这种方法需要用户回顾描述对产品印象很好或很差时的使用经历。研究小组通过引导性叙事、采访或日记研究事件就可以组成一个可行样本，但根据研究的问题性质不同，你也许希望收集更多的事件。关键事件法将帮助你确认：

① 用户行为：事件发生时，用户做何反应？
② 用户感悟：在事件过程中和过程后用户感觉如何？
③ 事件结果：在这次事件之后用户会改变他们的行为方式吗？如果不做任何改变，可能会出现哪些其他的结果？
④ 理想结果：如果改变行为方式，未来可能会出现哪些其他的结果？

如果关键事件有助于解决问题，那么它就是有效的；如果不能解决问题，甚至还产生了新问题或者需要进一步采取行动，那么就是无效的。数据分析阶段是为了执行分析结果做出的推论，从而解释正负事件，并且单独分析和汇报正负事件。

我们的目标是形成正负关键事件的代表性情境，对不同事件做出相应的解释并为改进未来方案提供建议。然后，设计小组即可安排参考建议的先后顺序，并结合其他研究结果，深入了解对用户未来行为产生深远影响的各种情况。

关键事件法主要关注人们解决问题的方式，希望可以优化并重新建立成功的结果，同时消除事与愿违的不利结果。如图6.8所示，使用汽车GPS系统时遇到的关键事件。

(a)正面的关键事件

(b)负面的关键事件

图6.8　关键事件

6.2.10 文化探测

实地调查是了解外在的环境、状况和过程的好方法，但这种客观的观察，无法深入探究到使用者的心理层面。而文化探测则是由受访者心里的感受出发，让设计师了解受访者所面对的一些困难或心理情况。最简单的文化探测，就是以日记或笔记的方式，让受访者把当时的情况和想法写下来。但文化探测并不限于文字叙述，也可以让受访者用照相、录音或录像的方式来记录。要尽量让受访者选择他们所喜欢的方式进行，因为参与度愈高，所能够收集到的资料就愈多。也一定要让受访者知道，这个过程无关对错，让他们放心地尽情抒发。

比如说，可以给每位受访者一本小本子，要他们在一周之内，每一次觉得Word软件不好用，就把当时的想法和状况写下来，借此了解Word在他们的工作过程中，最常出现的问题。也可以给受访者数码相机，让他们每次看到有趣的广告文宣，就把它拍下来，借此了解人们对于广告的态度。以这种自发方式所收集到的信息，它的真实性将会远远超过理论式的问卷回答。

要构思一个交互设计案，最基本的三个要求，就是要确认利害相关人设定的要求和目标；认识产品所要提供的服务和解决的问题；以及了解使用者的典型、环境和需求。以上这三个层面的认知缺一不可，而研究，就是取得相关信息的最佳途径。可惜的是，这种知识像是武侠小说中的内力一样，它并没有科学技术的先声夺人，也没有美术设计的炫目耀眼，因此往往被设计师所忽略和遗忘。

当然，每一个公司和设计案的经费和时间表都有个别差异，因此能够投资在研究方面的人力、物力也大不相同。但互动产品的成败，通常都不是取决于科学技术的优劣或是美术设计的亮眼，而是在交互设计创意上的敏感和细腻度。看似感性、抽象的创意，却扎根于理性的分析和研究，这个认知，可能就是中国交互创意产业走向下一个高峰的关键。

6.2.11 用户模型

用户模型（人物角色），是虚构出一个用户用来代表一个用户群。一个用户模型可以比任何一个真实的个体都更有代表性。一个代表典型用户的用户模型的资料有性别、年龄、收入、地域、情感、所有浏览过的网址（URL），以及这些URL包含的内容、关键词等。一个产品通常会设计3 ～ 6个用户模型代表所有的用户群体。

（1）用户模型不是用户细分

用户模型类似于用户市场细分。用户细分通常基于人口统计特征（如性别、年龄、职业、收入）和消费心理，分析消费者购买产品的行为。用户模型更加关注的是用户如何看待、使用产品，如何与产品互动，这是一个相对连续的过程，人口属性特征并不是影响用户行为的主要因素。用户模型是为了能够更好地解读用户需求，以及不同用户群体之间的差异。

简单的用户模型如图6.9所示。

图6.9　简单的用户模型

（2）用户模型不是平均用户

某个人物角色能代表多大比例的用户？首先，在每一个产品决策问题中，“多大比例”的前置条件是不一样的。是“好友数大于20的用户”？是“从不点击广告的用户”？不一样的问题，需要不一样的数据支持。人物角色并不是“平均用户”，也不是“用户平均”，设计师关注的是“典型用户”或是“用户典型”。创建人物角色的目的，并不是为了得到一组能精确代表多少比例用户的定性数据，而是通过关注、研究用户的目标与行为模式，帮助设计师识别、聚焦于目标用户群。

（3）用户模型不是真实用户

人物角色实际上并不存在。不可能精确描述每一个用户是怎样的、喜欢什么，因为喜好非常容易受各种因素影响，甚至对问题不同的描述就会导致不同的答案。如果问用户“你喜不喜欢更快的马？”用户当然回答喜欢，然而给他一辆车才是更好的解决办法。所以，设计师需要重点关注的，其实是一群用户他们需要什么、想做什么，通过描述他们的目标和行为特点，分析需求、设计产品。

用户模型能够被创建出来，被设计团队和客户接受，被投入使用，一个非常重要的前提是认同以用户为中心的设计理念。用户模型创建出来以后，能否真正发挥作用，也要看整个业务部门/设计团队/公司是否已经形成了以用户为中心的设计思路和流程，是否愿意、是否自觉不自觉地将用户模型引入产品设计的方方面面，否则，用户模型始终是一个摆设。

所以，在创建人物角色之前，设计师需要明确几个问题：谁会使用这些用户模型？他们的态度如何？将会如何使用？做什么类型的决策？可以投入的成本有多少？明确这些问题，对用户模型的创建和使用都很关键。

那为什么要创建用户模型呢？创建用户模型的目的是：尽可能减少主观臆测，理解用户到底真正需要什么，从而知道如何更好为不同类型用户服务。

（1）带来专注

用户模型的首要原则是“不可能建立一个适合所有人的网站”。成功的商业模式通常只针对特定的群体。一个团队再怎么强势，资源终究是有限的，要保证“好钢用在刀刃上”。

（2）引起共鸣

感同身受是产品设计的秘诀之一。

（3）促成意见

统一帮助团队内部确立适当的期望值和目标，一起去创造一个精确的共享版本。

（4）创造效率

让每个人都优先考虑有关目标用户和功能的问题。确保从开始就是正确的，因为没有什么比无需求的产品更浪费资源和打击士气了。

（5）带来更好的决策

与传统的市场细分不同，人物角色关注的是用户的目标、行为和观点。

以下场合可以用到人物角色：

① 在制订产品策略时；
② 在讨论产品需求时；
③ 在项目优先级排序时；
④ 在进行任务分析时；
⑤ 在琢磨交互流程时；

⑥ 在选择设计风格时；
⑦ 在用研项目招募用户时；
⑧ 在锁定推广目标时；
⑨ 在完善运营方案时。

创建用户模型可以按用研类型和分析方法来区分，例如，人物角色可以分为定性人物角色、经定量检验的定性人物角色、定量人物角色，区分三者的步骤、优缺点和适用性。

以下为艾伦·库珀的“七步人物角色法”和琳恩·尼尔森（Lene Nielsen）的“十步人物角色法”。

（1）Alen Cooper的“七步人物角色法”

① 界定用户行为变量，将访谈主题映射至行为变量；
② 界定重要的行为模式；
③ 综合特征和相关目标；
④ 检查完整性；
⑤ 展开叙述；
⑥ 制订任务角色模型。

（2）Lene Nielsen的“十步人物角色法”

① 发现用户

目标：谁是用户？有多少？他们对品牌和系统做了什么？
使用方法：数据资料分析。
输入物：报告。

② 建立假设

目标：用户之间的差异都有什么？
使用方法：查看一些材料，标记用户人群。
输出物：大致描绘出目标人群。

③ 调研

目标：关于用户模型调研（喜欢/不喜欢，内在需求，价值），关于场景的调研（工作地环境、工作条件），关于剧情的调研（工作策略和目标、信息策略和目标）。
使用方法：数据资料收集。

输出物：报告。

④ 发现共同模式

目标：是否抓住重要的标签？是否有更多的用户群？是否同等重要？
使用方法：分门别类。
输出物：分类描述。

⑤ 构造虚构角色

目标：基本信息（姓名、性别、照片），心理（外向、内向），背景（职业），对待技术的情绪与态度，其他需要了解的方面，个人特质等。
使用方法：分门别类。
输出物：类别描述。

⑥ 定义场景

目标：这种用户模型的需求适应哪种场景。
使用方法：寻找适合的场景。
输出物：需求和场景的分类。

⑦ 复核与买进（可忽略）

目标：你知道这样的人吗？
使用方法：了解角色阅读和评论角色描述的人。

⑧ 知识的散布（可忽略）

目标：我们如何与团队分享角色。
使用方法：进一步的会议、邮件、活动、事件。

⑨ 创建剧情

目标：在设定的场景中，既定的目标下，当用户模型使用品牌技术的时候会发生什么。
使用方法：叙述式剧情，使用用户模型描述和场景形成剧情。
输出物：剧情、用户案例、需求规格说明。

⑩ 持续地发展

目标：新的信息会使用户模型改变吗？
使用方法：可用性测试，新数据。

输出物：合适的用户角色。

用户模型清晰揭示用户目标，帮助设计师把握关键需求、关键任务、关键流程。人物角色不是精确的度量标准，它更重要的作用是作为一种决策、设计、沟通的可视化交流工具。

丰满而有真实感的人物角色比正确的人物角色更有用。所谓正确的百分百符合实际情况的角色是不存在的，应该尽可能丰富和形象化目标用户群，让它在设计决策过程中发挥作用。

如何保持人物角色的活力？这个问题不容忽视，尤其是当团队首次创建和使用用户模型的情况。用户模型不只是为某个项目、某次特殊需求而创建的。持续使用和更新，将核心用户的形象融入每个成员开发、设计思维中，才是人物角色的使命。设计师需要不断地完善、展示、解释、使用它建立用户模型文档，展示用户模型，与用户模型一起生活。

6.2.12 场景描述

场景描述法，也称为情境故事法或使用情景法。场景描述以故事的形式讲述目标用户在特定环境中的情形。根据不同的设计目的，故事的内容可以是现有产品与用户之间的交互方式，也可以是未来场景中不同的交互可能。

与故事板相似，场景描述法可以在设计流程的早期用于制订用户与产品（或服务）的交互方式的标准，也可以在之后的流程中用于催生新的创意。设计师也可运用场景描述的内容反思已开发的产品概念；向其他利益相关者展示并交流创意想法和设计概念；评估概念并验证其在特定情境中的可用性。另外，设计师还能使用该方法构思未来的使用场景，从而描绘出想象中未来的使用环境与新的交互方式。通过对未来使用情境的故事性描述，设计师可以将其设计和目标用户带入一个更生动具体的环境中。例如，你可以就一位母亲与你设计的运动健身产品或其他产品之间的各种交互可能性拟写一篇场景描述，内容包含这位母亲从起床到她离开家的整个过程。场景描述既可以描绘当下最真实的场景，也可以描绘未知的、想象中的情境。

使用此方法首先需要根据场景描述的不同目的寻找不同的描述对象。在开始之前，需要对目标用户及其在特定的（想象的或现实的）使用情境中的交互行为有基本的了解。场景描述的内容可以先从情境调研中获取，然后运用简单的语言描述会发生的交互行为。可以咨询其他利益相关者，检查该场景描述是否能准确反映真实的生活场景或他们所认可的想象中的未来生活场景。在设计过程中，使用场景描述可以确保所有参与项目的人员理解并支持所定义的设计规范，并明确该设计必须要实现的交互方式。

场景描述的主要流程如下所述：

① 确定场景描述的目的，明确场景描述的数量及篇幅（长度）。

② 选定特定人物角色或目标用户，以及他们需要达成的主要目标。每个人物在场景描述中都扮演一个特定的角色，如果选定了多个人物角色，则需要为每个人物角色都设定相关的场景描述。

③ 构思场景描述的写作风格。例如，对使用步骤是采取平铺直叙，还是动态的戏剧化的描述方式。

④ 为每篇场景描述拟定一个有启发性的标题。巧妙利用角色之间的对话，使场景描述内容更加栩栩如生。

⑤ 为场景描述设定一个起始点，触发该场景的起因或事件。

⑥ 开始写作。专注地创作一篇最具前景的场景描述。

使用此方法需要注意的是：

① 书籍、漫画、影视与广告都是讲故事的手段，其表达技巧是创作场景描述的极好的参考资源。

② 创作场景描述的过程如同设计一款产品。这是一个重复迭代的过程，因此，在此过程中需要不断修改，并时刻分析和整合相关信息，充分运用无限的创造力。

③ 在场景描述中添加一些场景的变化有时能起到锦上添花的作用，但切勿试图在故事中包含所有信息，否则，想表达的最重要的信息可能会含糊不清。

6.2.13 故事板

一般情境剧本的制订，是一系列故事性的文字叙述，而故事板，则是将情境剧本可视化的一种技巧。毕竟，在会议或者是简报的情况下，不可能有时间要求与会者像阅读故事书般地坐在那里读情境剧本，因此，故事板便成为一种有效传达整体概念的媒介。

故事板的技术，来自电影和广告片的分镜表，它的重点，在于故事流程的叙述，而不是特定功能或接口设计的详述。与文字性的情境剧本相同，绘制故事板时也要有“不为解决方式做批注的态度”，聚焦在高层次的互动过程，避免过早开始讨论接口设计或是技术的细节。此外，也要避免卡通式的夸张和戏谑，这种形态的呈现虽然讨喜，但却会影响故事的真实性，让团队不容易进入情境之中，和角色人物产生感同身受的同理心。

如果设计团队中没有善于绘制故事板的人才，也可以考虑用照片来取代，可以在拍完照片之后，用Photoshop（图像处理软件）将影像做一些处理，将不必要的细节删除，避免在讨论的过程误导话题。譬如，演员的表情错误，不适当的选角、选景或是道具上的谬误，都有可能让讨论失焦。

6.2.14 情绪板

情绪板，这项技术源自室内设计，基本上，它是一种影像、材质、文字的综合拼贴。它本身其实没有固定的形式或标准，主要功能在于为视觉设计走向确立一个风格和个性。它的性质像是控制航行方向的舵，是在进入视觉设计细节之前必须凝聚的一种共识（图6.10、图6.11）。

图6.10　照片拼贴是制作情绪板常用的模式

客户服务
有结构的
圆形的钟
质量
保护
沟通
决心
全球的
培养
伙伴关系
持续的
高效的
敏感的

图6.11　关键字拼贴也可以是情绪板的一部分

视觉设计过程里最容易出现的问题，就在于缺乏明确的视觉策略。也就是说，把每一个部分或元件拆开来看也许都没有问题，全部加在一起，却变得毫无章法、凌乱不堪，就像是一群散兵游勇，不但不能为彼此加分，甚至还会相互抵触和冲突。情绪板的订立，就是要为整体视觉建立一个系统，让所有的参与设计的人员，无论在造型、色彩、照片或是肌理的选择上，都可以朝相同的方向行进。一个交互设计案，可能会延续好几个月，情绪板的另外一个好处，就是在冗长的过程里，不断提醒视觉设计团队既定的设计方针。

除了建立视觉设计体系之外，情绪板的另外一个功能，就是从知性的角度标示出视觉设计所希望诱发的情绪反应，也可以说，是设计策略的一种整体规划。假如设计的是网络银行，所希望诱发的情绪可能是安全、稳健、可靠和便利，那么情绪板上就可以搜集一些相关的文字和影像。此外，有些时候情绪板也可以包含与角色模型和情境剧本相关的照片，提醒团队成员设计成品所需要服务的对象及运用的场域和使用状态。例如，情绪板的设立有助于引导设计团队在造型、色彩、机理上的选择，朝着相同的方向前进。

情绪板的制作并没有固定的形态和模式，无论是实物拼贴或者是在计算机上处理都可以。但一般而言，用大型的拼贴板来做处理比较常见，因为情绪板的制作通常是脑力激荡式的团队合作，因此将相关图片资料铺在桌面上比较适合群体参与。就如同本章节所介绍的其他八项法宝一样，运用情绪板的成功关键，在于了解这项技术的主要目的，并且灵活地将它运用在设计工作流程中适切的位置，真正让它成为一项辅助创造的过程，而不是一种僵化的形式主义。

6.2.15 期望值测试

在设计方向产生分歧的时候可以采用期望值测试。这个测试不是探究哪一种设计“最好”，而是考虑哪一种设计更能让用户满意。

第一印象很重要，用户通常在产品介绍的几秒钟之内就会对产品作出评价。人们大多数的瞬间印象都是根据对设计的感觉而定，而设计人员也知道非设计人员很难辨别或者解释是产品的哪些方面让他们有这样的反应。但是，有一种可以探索这种情绪空间的方法——期望值测试。期望值测试不仅能帮助设计小组确认“最好的”或“最受欢迎的”美学设计方向，还可以了解不同的设计会带给人们什么样的感觉。因此设计小组可以利用这些研究结果，使产品设计更加符合客户的期望值。

期望值测试能帮助人们准确表达对某个设计的看法。为了做到这一点，需要为参与者准备许多正面、中性和负面的形容词，帮助他们用简单的手持工具——在索引卡上写下形容词叙述自己的经历。首先，在每一张索引卡上写下一个形容词或描述性短语，并把所有的卡片随机摆放在桌子上。然后，向参与者演示一个设计模拟原型，要求他们选出3个、4个或5个最能表达自己感觉的形容词。接着，记录下他们的选择，并请参与者解释每张卡片对于设计的意义。

每组选择25名或更多参与者重复上述过程。然后设计小组开始对比选择最多的词语，把所选的正面、中性和负面词组进行分组。呈现视觉效果的方法有很多种，在没有获得足够的预期情绪反应之前，你可以继续完善和重新测试设计原型。

在重新设计开始之前，设计小组可以使用低保真原型或公共领域的现有产品作为一个基准，并可以运用该方法探索人们对竞争对手网站的情绪反应。如果不同领域的小组成员对设计发展方向存在许多明显分歧，那么可以采用这个方法帮助大家重新调整目标，确定他们希望产品带给用户什么样的感受。运用这种方法达成共识，可以使整个小组集中精力关注用户的实际反应，而不会因为个人的意见和喜好使整个设计过程陷入僵局。

如微软产品反应卡，从单个可用性研究中收集参与者的反馈，并在反复研究中作为改善设计的参考，是一种非常有效的设计工具。

再如，某大学可用性中心进行了3次基于网页（Web）的应用研究，用于实施并监督世界各地酒店的环保措施。

进行第一次测试时，参与者对产品的整体评价比较满意，让设计人员充满期待。但是，产品也存在许多严重的问题，浪费了参与者太多的时间，甚至无法达到目标。参与者很少选择相同的正面卡片，只有“全面的”“专业的”“可用的”，每个只出现了2次，但是参与者在选择主题时，很注重“质量”“外观”“易用性”和“动机”。这是从14名用户的测试中得出的结果。虽然最后取消了第一次研究的产品，但是卡片研究在揭示产品主题方面还是发挥了作用，因此开发人员希望在重新设计产品时仍然保留这些特点。

第二次研究的对象是重新设计好的应用原型，这次参与者的体验评价发生了变化。12名参与者选择了正面卡片，占到了82%（第1次研究中只有42%），而选择最多的词汇是“有用的”。这次的显著变化是一种积极的趋势，于是开发小组集中精力改善剩下的问题，并在产品发布之前邀请4名参与者测试试行版本。试行版本的结果显示所有参与者都选择了正面的词汇——正面形容词的选择达到惊人的100%。

在之前的测试中，因为速度较慢使“速度”这个主题成为负面的选择，但现在因为速度变快而成了正面的选择——期望值测试有助于确保这项应用快速、省时、高效（图6.12）。

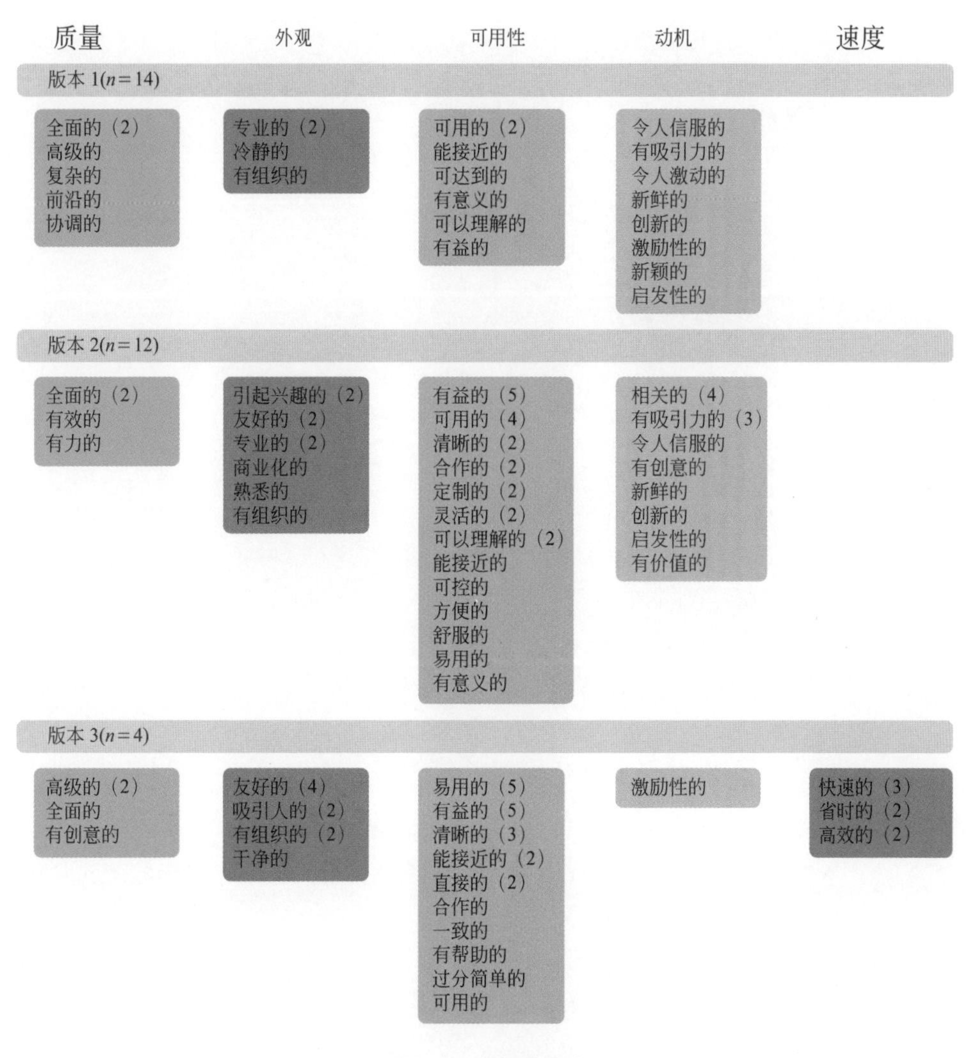

图6.12　期望值测试

6.2.16　卡片分类法

卡片分类法是协助设计师认识用户心智模式的一项利器，具有不需要复杂的绘制过程和人力、材料方面的成本的优点（图6.13）。

图6.13　卡片分类法

简单地说，卡片分类法就是把字句写在（或印在）明信片大小的卡片上，然后让受测试者在听完简短的说明之后，依照自己的直觉做出归类、区别、排列或是选择的动作。例如你想要把网站所卖的三十五种商品分成四大类，你可以将印有商品名称的卡片发给受测试者，要他们凭自己的直觉把卡片分成四类。在所有受测试者（8～15位能够代表目标用户的人）都完成分类之后，设计师很容易就可以从结果之中找到一些共通性。在受测试者完成分类之后，也可以透过讨论进一步了解参与者的观点和想法。经过这种方式整理出来的分类结果，比较不容易带有设计师的个人主观意见，也会比较贴近使用群众的心智模式。

卡片分类法在社会科学的领域之中，常常被用来作为研究者认识受测试对象思考模式的一种工具。随着网络的发达，数字信息架构的重要性也日趋受到重视，而卡片分类法，也被许多学者公认为是了解用户对于网站标签分类、排序、命名以及组织方式的有效途径。它最大的魅力，在于所使用的工具极为简单（卡片），却能够随着研究者的需求做各种灵活的改变。例如，你想要了解使用者对于一些用语的态度，你可以把这些名词印在卡片上，然后要求受测试者将它们分成喜欢和不喜欢两类。如此简单的测试，就可以得到珍贵的信息。

一般来说，卡片分类法的执行，分为开放式卡片分类（open card sorting）与封闭式卡片分类（closed card sorting）两种。封闭式卡片分类进行过程中，参与测试者完全依照测试者所规划的架构做分类或整理。开放式的卡片分类法，则允许参与测试者提出自己的意见。例如在初步规划网站导览的时候，可以让参与测试者自行选择归类的项目、数量和方式，然后依照自己的逻辑为各个类别命名。此外，卡片分类也可以用数位接口来执行，这种透过虚拟平台执行的优点，在于不受地域和时间的限制。

6.2.17 眼动追踪

参与者在使用产品界面或与产品互动时，运用眼动追踪方法收集详细的技术信息，并记录参与者观看（和没有观看）的位置，以及观看的时间。

虽然眼动追踪最早是为了研究人类视觉系统和认知心理学，但是如今这项技术很好地满足了研究人员在人机互动和产品设计方面的需求。科技的快速发展也促进了这种方法的广泛应用，不仅减少设备对参与者的干扰，并且降低了成本，优化了研究成果。

在用户读取文本和图像时，眼动追踪记录了注视和扫视的过程，并完整地判断出眼睛浏览和停留的位置。这种技术清晰地解释用户的眼睛看过哪些位置，没有看哪些位置。虽然通常都是利用阅读监视器记录这些过程，但是我们也可以运用眼动追踪方法记录用户在阅读纸质文本和可视化素材、使用产品、装配产品或者观察环境时的眼球运动。例如，在浏览网站、使用停车收费系统或自动售货机、调整或修理设备、使用标志和寻路提示时，均可利用眼动追踪调查人们的浏览和阅读模式。根据任务不同，选择的设备也有所不同。目前比较常用的是运用感应电极技术随时记录日常生活或周边环境。

眼动追踪技术通常在综合多位参与者的数据，分析浏览模式和注意力分布后制作热图。用不同的颜色在热图中做出标记——红色代表浏览和注视最集中的区域，黄色和绿色代表目光注视较少的区域。

通过眼动追踪的热图即可准确地判断产品或界面的哪些特点最受关注或被人忽视。此外还可以为汇总数据提供视觉参考。但这种方法的局限性是它无法帮助研究人员直接了解用户动机，进行信息处理或信息理解。因此，我们建议眼动追踪应该与其他验证或互补的研究方法结合使用。

易趣（eBay）运用眼动追踪的热图研究在网页的什么位置投放广告效果最佳，在什么位置会影响用户访问网站，并由此制订广告策略。如图6.14所示，眼动追踪的热图显示出eBay搜索结果页面上用户观看的位置以及搜索结果页面的浏览模式。红色代表用户眼光最集中的地区。

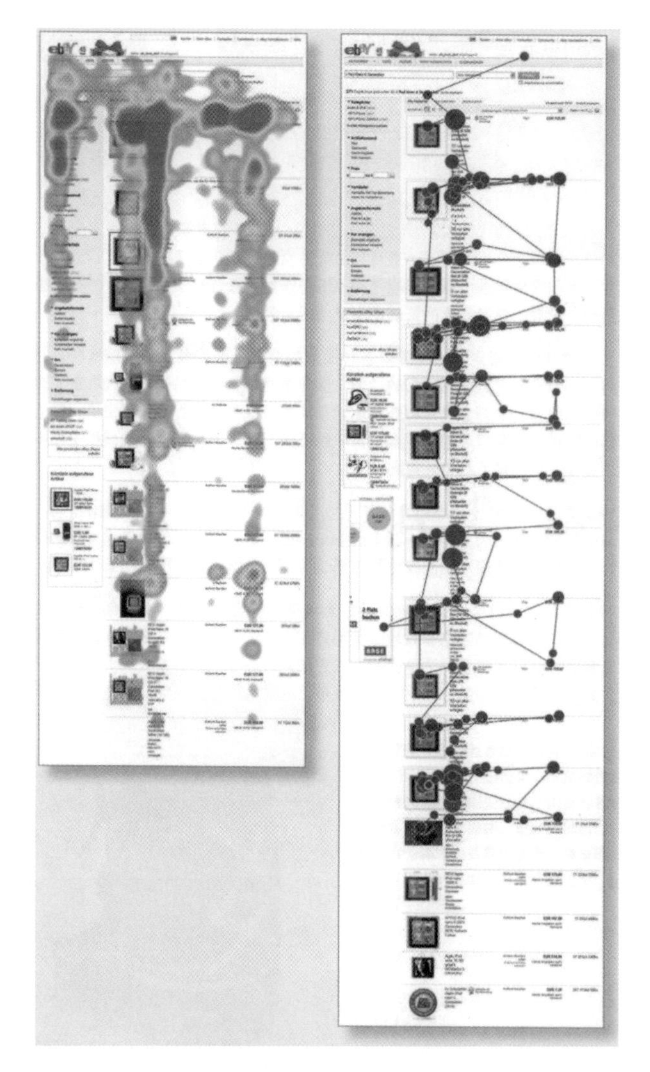

图6.14　eBay运用眼动追踪的热图研究网页设计

6.2.18　应用型用户故事地图

“应用型用户故事地图”不仅能产生一些集体智慧下的想法，而且它还是一个非常棒的用来调整用户或相关利益者的工具。

下面是该方法的具体操作。

（1）准备工具

三种不同颜色的便利贴、颜色编码标签、记号笔若干、一面平整的墙、一名会议主持人。

（2）所需时间

10 ～ 15人需要45 ～ 50分钟。每多加10个人，就增加10分钟和一名主持人。

例如：

10 ～ 15名与会者：1名主持人，50分钟；

15 ～ 25名与会者：2名主持人，60分钟。

（3）步骤

第一步：讲故事。

整个头脑风暴的主干就是讲故事。讲故事就是按时间顺序，列出针对假想用户所做的设计的步骤或行为。

例如，如果我们正在讨论为体育爱好者设计一款新闻阅读器，哪天有比赛，我们就会在哪天讲这个故事。或者如果我们正在为经常坐飞机的人设计一个新的高级服务，我们就会把故事从订票扩展到飞行本身的问题。

如何讲故事呢？

所有与会者每人准备一些黄色的便利贴和一支记号笔（图6.15）。

每个人7分钟，按时间顺序写出所有能想到的用户行业（每人10 ～ 25张便利贴即可）。

图6.15　准备便利贴和记号笔

时间一到，大家都要把自己的便利贴按时间顺序和步骤贴在墙上，而且要按同一水平时间线贴。可能很多人的步骤相似，可以把它们摞在一起贴（图6.16）。

图6.16　将便利贴按时间顺序和步骤贴上墙

第二步：将用户行为分组。

保持墙面整洁，现在开始在时间线上对行为进行分组。如果故事要跨好几天，这会很有帮助。分组后，就能很快明白要关注故事中的哪些行为。这步很简单，由主持人完成即可。

如何对用户行动分组呢?

主持人按时间线进行分组，如“早晨准备阶段”“上班路上”“工作”“午餐”“下班回家”“晚餐”等。

用橙色便利贴作为分组标签，并写上“早晨准备阶段”“上班路上”等，把它们贴在每个时间段的首部（图6.17）。

图6.17　用户行为分组

一般分四到五组即可，当然也可以根据自身的需要分组。

第三步：头脑风暴。

与会者要尽可能多地想出每个时间点上相关的想法。这个想法是对应时间线上的步骤的，如“起床”，并且产品是如何契合或影响用户此时此刻的行为。如图6.18所示，一个新闻阅读器App进行头脑风暴。

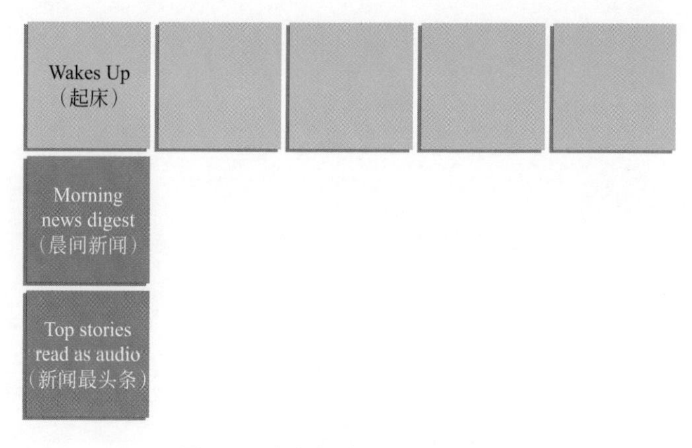

图6.18　新闻阅读器App头脑风暴

每人只有15分钟发言时间，但足够了。重要的是主持人要告知想法的数量重于质量，一定要鼓励大家多说。

如何进行头脑风暴呢？

所有与会者准备一些蓝色便利贴和一支记号笔。

拿着便利贴站在时间线旁边，准备写。

在15分钟内尽可能多地写下想法。

在每步下面竖着贴。

与时间线不相关的想法贴在时间线的左边。

在此过程中可以播放音乐，让大家的思维更活跃。15分钟一到，大家坐回座位，这时主持人念出每个蓝色便利贴，以便知道其他人的想法（图6.19）。

图6.19　头脑风暴中便利贴的分类

第四步：投票并整理。

现在大家都清楚了时间线上所有的想法，接下来要选出最适合的。这么做能快速发现哪些功能和想法要优先实施。

如何投票呢？

给每个人6个小圆贴纸，如图6.20所示。

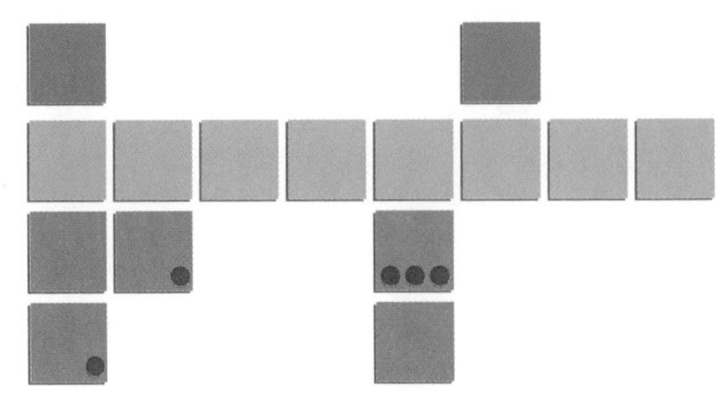

图6.20　投票

每人投票计时8分钟。设定一个投票标准，如，哪些想法能使假想用户的日子比现在好10倍？投票结束后，主持人把所有被投的便利贴收集到一起，按竖列粘贴（图6.21）。

图6.21　投票结束后的便利贴按竖列粘贴

现在大家肯定有一大堆投票选出的好点子、功能建议或解决方案。通常情况下，制作“应用型用户故事地图”应该在草拟出具体界面或服务理念之前，和在对用户略微了解和建立基本用户模型之后。

应用型用户故事地图是灵活多样的，可用在任何产品或服务构思过程中。该方法基本没有成本而且操作简单。向公司其他部门宣布方案之前，可以在小型产品团队中先行验证通过。

CHAPTER SEVEN

第 7 章

交互设计的视觉界面设计

Graphic

Interaction

Design

UI

Required

Courses for

UI Designers

人所获得的信息近80%来自视觉。随着时代的进步，视觉设计从传统行业走向互联网时代，环境的变迁使视觉设计的流行趋势经历了从商业美术、工艺美术、印刷美术设计、装潢设计、平面设计、界面设计等几大阶段，从关注视觉表现到关注视觉传达，“生死点”从展示手段到是否得到并留住用户（图7.1）。

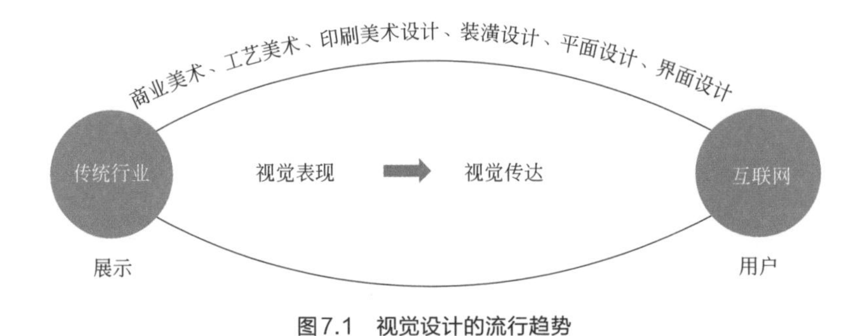

图7.1 视觉设计的流行趋势

消费者研究发现，用户在看到网站时，视觉呈现比其网站内容更加影响网站的可信度。此外，视觉设计是设计师建立品牌形象最重要的渠道。一个好的信息架构当然重要，但它却不能像精心考虑的视觉设计那样传达“星球大战”或者好奇（Huggies）要表达的东西。

再如图7.2所示，Galbally & O′Bryan（律师事务所）首页，作为一个坚持高质量且有一定声誉的法律机构，它的视觉设计是干净利落、优雅且高度专业的。

图7.2 Galbally & O′Bryan首页设计

7.1 视觉界面设计概述

交互设计师和视觉设计师的区别在于双方追求的本质不一样。交互设计师追求的是产品对用户的“可用、易用、好用”等功能，而视觉设计师追求的是“美”。任何界面都要给用户带来愉悦的视觉享受，界面的视觉体现要遵循信息设计以及交互设计的基本原则。在美学原则的基础上，设计除了要符合一般视觉设计的法则外，也有很多交互界面设计独有的视觉法则。

进行界面设计时，关注的是界面本身，界面的组件、布局、风格等，看它们是否能支撑有效的交互。交互行为是界面约束的源头，当产品的交互行为已经清楚地定义好，对界面的要求就非常清楚了。界面上的组件是为交互行为服务的，它可以更美、更抽象、更艺术化，但不可以为了任何理由破坏产品的交互行为。

界面设计需要定位使用者、使用环境、使用方式，并且为最终用户而设计，是纯粹的科学性的艺术设计。检验一个界面的标准是最终用户的感受，所以界面设计要和用户研究紧密结合，是一个不断为最终用户设计满意视觉效果的过程。

7.1.1 视觉设计的过程

视觉设计过程基本上由一系列决定构成，这些决定最后产生一个策略，然后再由此定义出一个视觉系统，视觉系统通过提升细节和清晰的程度来最大化地满足这个策略。依赖主观判断来做出这些设计决定是灾难性的，同时也会导致设计方案难以得到用户的认同。正确的设计流程，能使视觉设计师将主观性和猜测的影响降到最小。客观代替主观的第一步是从“研究”开始的。这通常由交互设计师主导一些研究，从用户行为方面来了解商业和用户的目标，视觉设计师适当地参与这些研究，以便确定一个可靠的、有效的视觉策略。

7.1.1.1 研究用户

通过用户访谈，视觉设计师可以了解更多关于用户和公司及其产品之间的情感上的联系。另外，访谈也提供了一个造访用户所处环境的机会，可以直接了解用户在与产品进行交互时有可能遇到的挑战。

交互设计师和视觉设计师在用户研究阶段所寻找的是不同的模式，理解这一点非常重要。交互设计师想找出的是工作流程、心智模型、任务的优先级别和频率、障碍点等。视觉设计师应该寻找以下模式。

（1）用户特征（如身体缺陷，尤其是视力）

如果你曾经看到一个老年用户在努力辨认网页上12个像素大小、Verdana字体的文字的话，那么他/她很容易就会忽略在书本上出现的7个像素大小的文字。而对于行动困难的人，他们的身体缺陷对设计的影响就更大了。

（2）环境因素（灯光、用户和界面之间的距离、显示器上的保护膜等）

通过一些人体测量学资料帮助，可以体验到独特的用户和环境因素，这有助于设计出一个适用于不同身材人的产品。

（3）品牌中有可能引起用户共鸣的因素

除了理解用户和环境因素之外，花一些时间去讨论品牌和个性也是很重要的。可以询问用户关于他们与你的公司或竞争对手的过往经历，这样就可以评估这些信息和团队中的假设是否一致。

（4）用户对体验的期望

与用户进行视觉设计和品牌的交谈可能具有一定的挑战性，但它能提高视觉方案的成功率，因为是基于与用户有关的故事来设计的，而不是依赖于项目中某些专家的意见。

7.1.1.2 形成视觉策略

一旦完成以上的这些研究工作后，就可以分析并确定模式了。

首先，将你从研究中得到的结论应用到人物角色上，以确定所有情感或行为上的模式。交互设计师会专注于特定的人物角色的目标、背景和观点；视觉设计师则应注重于情感化，以及用户和环境的因素等方面。

当人物角色创建好之后，列出从相关设计人员和用户访谈中得到的所有描述性的词汇，并将其分组。这些词汇组成正是形成一套“体验关键字”的基础，将用于确定和管理视觉策略。体验关键字描述的是这个人物角色在看到界面时最初5秒钟的情感反应。考虑这种最初反应有以下两个好处。

① 通过提供一种积极的第一印象和持续的情感体验，可以强化公司的品牌。

② 对于用户是否接受这个产品和忍受某些不足，它具有重大的意义。研究表明，具有美感的设计比没有美感的设计更有用（这被称为美感可用性效应）。

同时，当人们喜欢使用时，界面就会变成更可用。

一旦团队达成共识，体验关键字将为视觉设计指出一个明确的方向。

明确了人物角色、体验关键字、品牌需要等标准，也就意味着得到了一个用于决定视觉设计的坚实基础。基于此，视觉设计师可以提供一个更加深思熟虑的视觉设计方案，并能得到更切合实际的反馈。

7.1.2 符号学相关知识

7.1.2.1 符号学概述

随着人类社会的发展和文明的与日俱增，符号世界日渐丰富完善。早在过去的原始时期，符号交流就产生于结绳记事、图腾仪式、象形文字的人类文明中。从具体质朴的物理世界到抽象丰富的符号世界，人类精神文化中所有形式都是符号活动的产物。

“符号”——记号、标记、信息的载体，是一种感官系统所感知的对象，对象代表一定的事物，集体所认同的公共约定。利用简单的代号代表复杂事物或概念。同时它具有认知与交际的功能，通过符形来传达信息。

符号学自19世纪以来就以语言学为源头出现，随后源于结构主义语言学、逻辑学、文化哲学和美学这四种学术领域探索，现代符号学由此诞生。针对语言的符号性质，在我国先秦时期就对其投入关注，数千年前的《易经》堪称符号学史上一大奇迹，它建立了包含如今所说的语构学、语义学和语用学的完整符号系统。

符号学在图形用户界面中的表现属于应用层面，在符号学应用研究领域的探索，国外涉入较早。符号学的传播方式有三种，其中适用于互联网环境下的传播方式为：共同经验传播模式。这种模式基于编码者与解码者之间的共同经验范围所交集形成的共同认知，最后促成我们所说的具有约定俗成特性的符号。

7.1.2.2 符号分类

索绪尔与皮尔斯是符号学研究领域的先驱者，索绪尔的结构主义符号学为欧洲符号学研究奠定了基础概念，他将符号学分解为能指和所指，即指称物和被指称物两个部分，也就是形式与内容。

相对于索绪尔的研究方法是围绕能指和所指两个侧面展开的二元化，皮尔斯则是三元化的研究方法。他认为符号学含有符号、客观对象、解释这三项，弥补触及了索绪尔没有涉及的部分。皮尔斯是美国的实用主义哲学者，他的符号学理论建立在对意义、表征、符号概念的逻辑学研究基础之上，概括起来为三种范畴：设计感觉、人的经验和思维。即媒介物、对象指涉、解释这三要素构成的三角形关系。他的理论具有普适性，适用于任何领域，被称为“广义符号学”。大家比较熟悉的要数对象关联层下的三个下位符号：图像符号、标识符号和象征符号。

（1）图像符号

图像符号的表征方法为对象的写实或者模仿来表征的，建立在相似性基础上，有明显的可感知特性。比如计算机操作系统中的回收站用垃圾桶来表意；用折了角的纸代表文档；文件夹的含义直接采用文件夹图标来表征（图7.3）。图像符号的设计让用户在使用认知过程中带有愉悦感，一方面形态语义比较直观易懂；另一方面在身处非物质化时代下，对虚拟世界的认知能立刻联想到现实中的物理世界，这也是为什么如今的图形界面中越来越多呈现出“拟物化”设计。

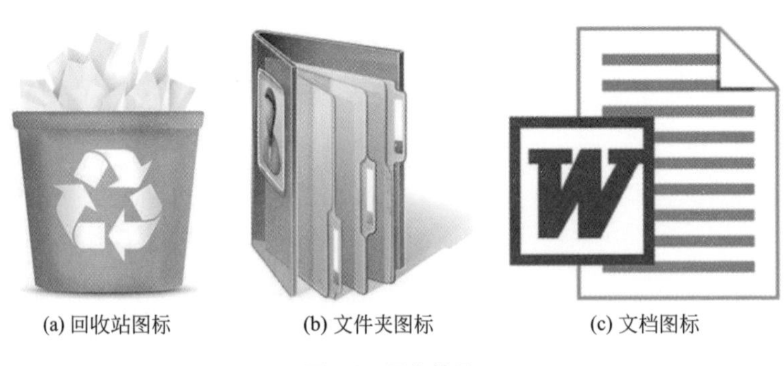

(a) 回收站图标　(b) 文件夹图标　(c) 文档图标

图7.3　图像符号

（2）标识符号

标识符号则不像图形符号是把对象事物的形态写实，它与表征对象存在着因果或者接近的逻辑性联系。人们在日常生活中最为常见为公共导向中的指示符号，鉴于导向系统中的建筑物出口处通常用“门”这个图形概念来表征，所以沿用到图形用户界面中网站的首页，通常采用小房子图形来表征用户的浏览步骤一直退后到当前网站的“家门口”，即首页。而图形用户界面中还大量地运用了上、下、左、右不同方向，直线形或曲线形的箭头，它们都来自传统的公共导向系统。包括界面中常用的“刷新”图标，源于国际环保组织统一认证标识中的“循环利用回收”标识简化而来的（图7.4）。

除此以外，导航、菜单、搜索等交互控件的链接节点也都是标识符号。

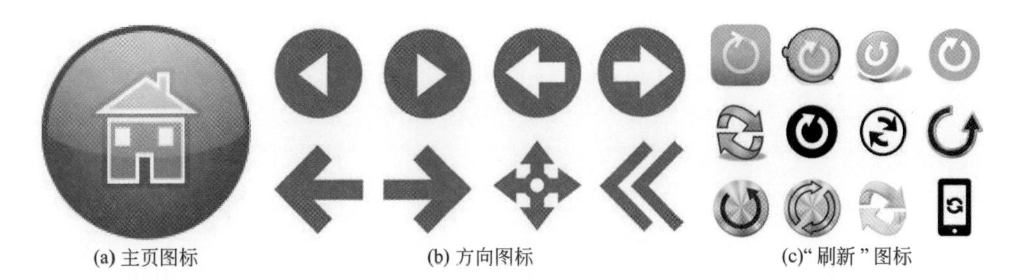

(a) 主页图标　　(b) 方向图标　　(c)“ 刷新 ” 图标

图7.4　标识符号

（3）象征符号

象征符号则与表征的对象没有相似性或直接的联系，它是庞大图形符号中最为抽象含蓄的表意符号。它所指涉的对象与本身没有造型上的相似或关联，而是在性质上有相似之处，它是群体在长期的劳动实践中形成的约定俗成的表征方式。例如公司标识、文字、数字、颜色、姿势、旗帜、宗教形象等，这些带有浓烈的社会文化背景的符号都属于象征符号。例如最早出现于微软XP操作系统中的共享图标为一个托手的形态来表征，至今沿用于其他界面媒介共享语义的图标中；又例如竖起大拇指在网页中表征“支持”的语义，这些属于手势象征符号范畴。代表产品或者公司企业形象的商标（LOGO），通常作为其网站的导航栏上的“首页”图标，这也是作为象征符号的用法（图7.5）。

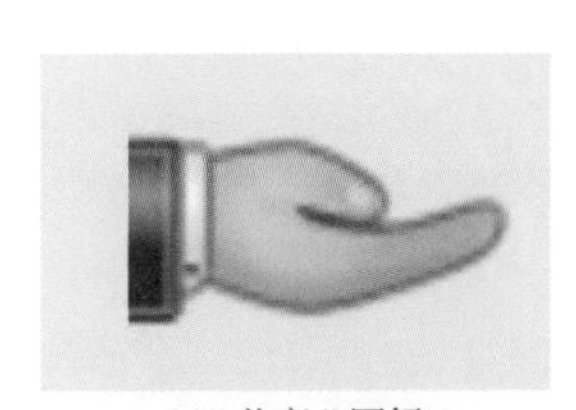

(a)“ 共享 ” 图标　　(b)“ 支持 ” 图标　　(c) 品牌 LOGO

图7.5　象征符号

在图形用户界面中采用象征符号的情况下，尤其需要谨慎地对待，因为由于各个民族具有自己群体的共识符号，不利于跨国界交流。我们提倡在本地化的语境中强调民族化的元素符号，而在全球化的语境中仍然是需遵循跨地域、跨文化的符号运用准则。甚至是同一地域中的文化在不同时期也会出现持有符号意义的变化。

7.1.3 视觉界面设计的7个组成要素

从根本上讲，界面设计的工作重点在于如何处理和组织好视觉元素，从而有效地传达出行为和信息。视觉组成中的每一个元素都有一些基本属性，比如形状和颜色，这些属性在一起可以创造出一定的意义。单个属性并不具备与生俱来的意义，各种视觉元素的属性组合让界面具备了意义。当两个对象具有一些相同的属性时，用户就认为它们是相关、类似的；当用户发现两个对象中的属性有所不同时，则会认为它们是无关的；如果两个对象中的属性存在着大量不同，这通常会吸引用户的注意。视觉界面设计正是利用人类的这种本领来创造出意义，这远比单纯采用文字更丰富、更有力量。

在设计用户界面时，设计师要考虑每个元素和每组颜色的视觉属性。只有小心运用每个属性才能创造出利用率高并让人喜欢的用户界面。下面我们对每种视觉属性逐个进行讨论。

7.1.3.1 形状

形状是人们辨识物体的最主要方式。人们习惯于通过外形轮廓来辨识物体。比如，把毛线织成菠萝的形状，人们仍然认为它代表的是菠萝。不过，辨识不同的形状比辨识不同的其他属性（比如颜色或者尺寸）需要更多的注意力。这意味着，如果你想吸引用户的注意力，形状并不是用来产生对比的最佳选择。形状作为辨识物体的一个因素，具有明显的弱点。例如，苹果电脑中Dock（即屏幕下方的停靠栏）上的虽然形状不同，但是大小、颜色和纹理相似的iTunes和iDVD、iWeb和iPhoto图标经常被搞混。

简单的形状多用于分割，将所要表达的部分和其他的部分相区隔，比如一个按钮的边框，它为了告诉用户，这是一个可以进行交互的控件，吸引用户点击。再如MD设计（机构设计）中常用的卡片式设计，用一个卡片的形状来包裹特定的内容，保证了卡片内容的整体性，也保证了整体页面的层级，让用户在操作时更容易理解内在的逻辑关系（图7.6）。

图7.6 MD设计中常用的卡片式设计

而复杂的形状本身就带有传达含义的作用，如形状像一个人的图标icon，为的是告知用户，这个图标可以跳转到个人用户页面。而很多应用的专属图标，都会有特定形状的标示物，比如Twitter的鸟、GitHub的猫、Tumblr的字母“t”以及YouTube的播放开关。

图7.7　特定形状的标示物

7.1.3.2　大小

大小这个属性是一个有序并且可以量化的参量。

在一系列相似的物体中，较大的物体更容易引起我们的注意。尺寸也是有顺序且可量化的变量——人们可以按照物体的大小自动地将它们排序，并在主观上为这些不同的物体赋予相应的值。比如对于文字，尺寸的不同会迅速引起人们的注意，人们也就默认尺寸越大越粗的文字越重要。所以，尺寸在传达信息层次结构时是一个很有必要的属性。此外，尺寸还具有游离性，当一个物体尺寸非常大或者非常小时，其他变量（如形状）也就很难被注意到。

如图7.8所示，iOS的游戏中心（Game Center），最重要的游戏由中间最大的圆表示，而与游戏相关的“挑战”处于第二大的圆中，其他则处于第三大的圆中。

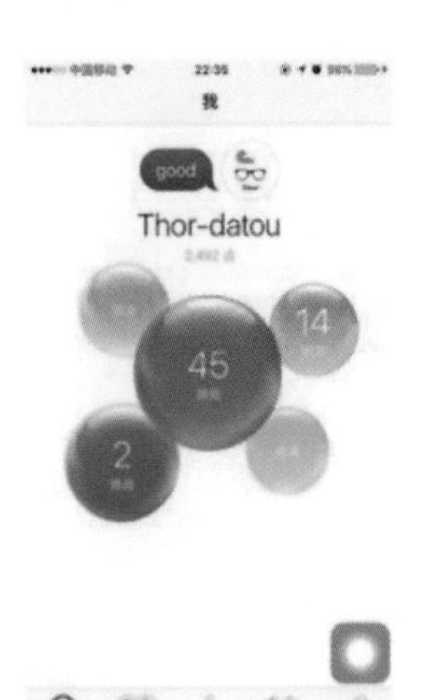

图7.8　iOS的Game Center

量化的例子，比如无线信号（Wi-Fi）、电池电量图标等，大小这一属性被量化，并和所要代表的含义紧密相连。但大小的错误运用，会降低其他属性的作用，比如元素太小的时候，该元素的形状属性在用户眼里就发挥不了太大的作用。

7.1.3.3　明度

明度是指色彩的亮度，是色彩三要素之一，用来衡量物体明暗程度。当然，谈论物体的明亮或者黑暗程度，通常是相对于背景而言的。在黑暗背景下，暗色类型的物体不会突显；而在明亮背景下，暗色类型的物体就会很突出。明度和尺寸都具有游离性。例如，一个照片太亮或者太暗，人们会很难看清楚照片拍摄的到底是什么。人们很容易快速地察觉到明度的对比反差，因此我们可以利用明度来突出那些需要引起人们注意的元素。

7.1.3.4 颜色

颜色的选择是一件十分重要的事情，因为由于它的高分辨性，它对于界面的影响比形状、大小等要高，处于人的视觉关注区的上层。就好比我们在一堆正方形的白房子中找一座正方形的红房子，比在一堆正方形的白房子中找圆形的白房子要容易得多。

利用颜色，要把用户的目标、环境、内容和品牌放在优先的位置，其次才是去考虑颜色本身。

再比如为什么快餐店如此钟爱红色和黄色，并不是因为红色和黄色好看，而是因为它代表火焰，火焰传达的是一种热烈而紧迫的感觉，使得消费者没办法静下心慢慢享受，而是更加快速地消费然后离开。在很多商务类的应用中，大多选择蓝色作为主色调，因为蓝色传达的是一种可信赖与沉稳的感觉。

图7.9 iOS中的日历

在界面设计中，单个元素的颜色选择不仅在于元素自身所要传达的信息，更在于它在整个层级中所处的地位。

如图7.9所示，iOS中的日历，除了日历本身以外的部分，都是操作控件，这些单个控件，被赋予了红色以后，在白底背景上显得格外突出，传达给用户的是“这都是可以点击的”，另外，红色的利用使这些控件所代表的控制层的层级得到提高，可以和内容层产生明显的区分。

颜色的使用要避免多而杂，将颜色按主色调、辅助色等做好区分。

7.1.3.5 文字

文字的属性包括字体、字号、字的颜色。对于字体，主要考虑的是可读性要强，所以对于大部分移动端应用而言，iOS常选择“华文黑体”或者“冬青黑体”，尤其是“冬青黑体”效果最好，安卓（Android）常选择“思源黑体”（Noto）或者“微软雅黑”作为中文字体。因为这几种字体在移动端的显示效果较好，改变字体的大小不会对文字的识别造成太大的影响。当然有一些风格比较特别的应用，比如澎湃新闻App使用的就是宋体，传达出一种严谨、庄严的感觉，因为这是一款专注政治新闻的APP。

如图7.10所示，2018年1月份，可口可乐推出一款全新的字体设计——TCCC Unity，这是继国际商业机器公司（IBM）、宝马（BMW）、优兔（YouTube）等品牌之后，可口可乐首次推出自己的官方字体设计。“TCCC Unity”中的TCCC是可口可乐公司（The Coca-Cola Company）的英文缩写。而Unity则有统一和团结的意思，可口可乐有意通过这种方式来统一品牌信息的传播。

图7.10 可口可乐发布的全新字体设计

随着新字体的发布，可口可乐还推出了一款同名为“TCCC Unity”的手机应用程序，来讲述字体设计的整个过程。比如小写字体“a”下面的空间被刻意表现出水滴的造型，很好地和其品牌产品进行融合。而大写的字母“E”“F”将中间的横线进行缩短处理，小写的“l”留下了向右转弯的小拐角，字母“t”的顶端进行倾斜处理，呼应了可口可乐商标中的连接符。

另外，TCCC Unity字体拥有多种不同的版本，包括常规体、粗体、倾斜体等，可支持英语、德语、西班牙语和瑞典语等文字的使用。其设计灵感来自拉丁文。由于考虑到其应用能够在传统和数字媒体中进行展示，字体在设计的过程中着重考虑了其高度和宽度的比例，让其能够在不同的环境中都能发挥良好的表现能力。

另外要注意，字号的选择也十分重要，它本身就带有有序的特征，不同大小的字号体现了不同的层级。

7.1.3.6 方位

方位就是上、下、左、右。在我们需要传达和方向相关的信息时（向上或向下，前进或后退），方位是个很有用的变量。但在某些形状下，或者尺寸较小时，方位比较难以察觉，因此最好将它作为次要的传达手段。例如，要表示股市下滑时，就可以使用一个向下指的箭头，同时标为绿色。

7.1.3.7 纹理

纹理的运用虽然在扁平化大行其道的今天显得尤为低调，但它所能传达的能供性还是非常强大的，能供性在《设计心理学》这本书中是这样被定义的——事物所感知到的及其实际的属性，主要是那些能决定事物可能如何使用的基本属性。也就是说，人们认为这个对象能做什么。比如一个表面带有橡胶纹理，人们都会觉得这是一个可以抓握的东西，再如一个按钮带有阴影而且显得凸出于本身的界面，似乎是在告诉用户“这是一个可以点击的控件”（图7.11）。

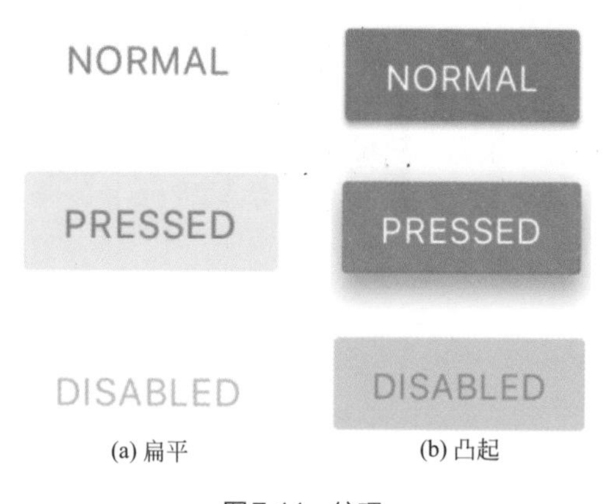

(a) 扁平　(b) 凸起

图7.11　纹理

曾经拟物化设计“红极一时”，但现在已经不太流行了，因为科技产品不断融入大家的生活，不需要再通过拟物的方式，用户就可以很好地理解这个科技产品是如何操作的，这时推广扁平化设计不仅提高了用户的操作效率，而且让信息和内容可以更加高效地传达。但随着AR、VR逐渐登上舞台，利用这更高维度的特性，拟物化设计也许可以通过一种新的方式重归人们视野。

7.1.4 视觉设计元素的整合

7.1.4.1 情景

情景是视觉界面设计元素之一，考虑的是用户正处于一个怎样的环境来操作你的产品，只有把这个维度也纳入思考，设计的产品才更加贴近用户，更加真实全面。例如，一篇关于优步（Uber）设计的反思，提到了一个关于上海的问题，因为上海的高架桥特别多，Uber匹配用户和司机是通过距离来匹配的，这就产生了一个问题，车在高架上，人在高架下，可能此时他们的距离很短，但实际上司机要把车开到用户身边还要有一段距离的。这就是没有考虑好实际的情景。

再举一个和界面设计相关的例子，比如iOS下的拨号及通话界面，每一个按钮的设计都非常的大，占据了整个界面大部分的位置，这主要是考虑到在打电话或者接听电话时，人们可能处于一个比较急切的情况，以及所处的环境也千差万别，为了保证用户可以快速地找到接听的按键或快速地拨打号码，按钮设计成大尺寸就可以理解了（图7.12）。

图7.12　iOS拨号及通话界面

7.1.4.2　位置

这里的位置指的是各个单体元素的相对位置，位置的思考往往和以下几个因素紧密相关。

① 操作习惯；
② 视觉习惯；
③ 单体元素关系；
④ 产品逻辑。

操作习惯指的是用户手指操作的区域，单手或双手以及左手和右手时的操作习惯都是不一样的，但也有共通的特点，就是操作屏幕下部的元素要比操作屏幕上部的元素要容易得多。

视觉习惯指的是对于大部分人而言的阅读浏览习惯，如图7.13所示是浏览网页时的浏览路径，呈现的是F形的轨迹，而移动端由于屏幕尺寸比较小，一般都是L形的浏览轨迹。

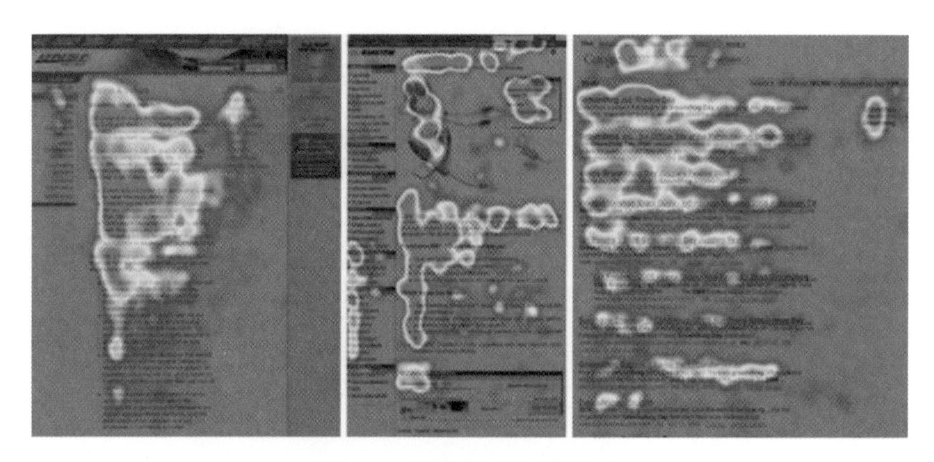

图7.13　桌面端网页的浏览轨迹

单体元素关系指的是各个元素内在的联系，比如常见的标签栏上的元素、内容区的元素、导航栏的元素就很自然地分成了3个不同的部分，各个部分中的元素因为代表的功能或者所传达的含义而有了相通的点。而像其他的单体元素的组合和联系也与之类似。

产品逻辑指的是因为产品需求的定义或产品逻辑的需要，将特定的元素安排在了特定的位置，比如为了达成商业目标，将顶部区域设置为吸引人注意的横幅广告（banner）区。

7.1.4.3　动效

动效是物体空间关系与功能有意识的流动之美，它让用户更了解交互。

现如今，数字化的服务和产品已经深入到我们生活的方方面面，可以说各种网站和App已经成为人们现代生活的基础设施了。如今数字产品设计依然是首先聚焦到可用性上，因为首先要通过产品帮助用户达成目标。但是在可用性达成之后，用户体验设计所需要做的事情还有很多。良好的设计是吸引人的，是令人愉悦的。

对于满足用户的愉悦层次的需求，动效的作用十分显著。动效的作用有很多，它比静态的页面拥有更丰富的内涵，可以传达信息，表达不同部件之间的关系，吸引注意，缓和不同模式之间的过渡以及确认命令效果等。比如动态的加载之中（loading）动画缓和了用户等待的焦急心理，并告知用户正在进行加载（图7.14）。

图7.14 动态的loading动画

而借用特定形象的设计，可以传达品牌文化，像有些应用就借着loading动效的设计融合了自己的品牌LOGO，达到了品牌LOGO露出的效果。还有像不同界面切换时的滑进滑出的动效，不仅在视觉上让用户更好理解这些页面是怎么来的，不会觉得突兀，而且在逻辑上解释了这些页面的层级关系。

7.2 版面编排

版面设计，主要指运用造型要素及形式原理，对版面内的文字字体、图像图形、线条、表格、色块等要素，按照一定的要求进行编排，以视觉方式艺术地表达出来，并通过对这些要素的编排，使观看者直接感受到某些要传递的意思。

7.2.1 版面编排的设计要点

7.2.1.1 明确设计目的

在做设计之前，首先要确定设计目的。想传达的是什么信息？以及要用什么方式来实现？

良好设计的排版与其设计目的应该是一致的，这是因为排版是设计风格和情感定位的关键。

例如，如果设计一张插图风格的贺卡，应选择符合插图风格的字体，与设计的其他部分协调一致（图7.15）。

如果设计一个登录页，应该选择不会影响图像并能够强调信息的简单的字体。如果图像是设计的焦点，应该选择简单的字体，使图像脱颖而出（图7.16）。

图7.15　选择符合插图风格的字体

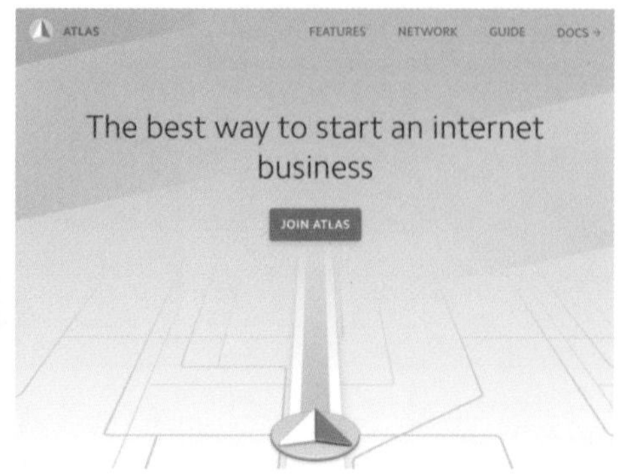

图7.16　图像是设计的焦点时要选择简单的字体

7.2.1.2　明确用户

接下来是要明确用户群体，这一步很重要，因为年龄、兴趣和文化认知会影响字体的选择。

例如，当儿童开始学习阅读时，他们需要的是字形大方并且高度清晰的字体。

适合中老年人的字体要使用方便阅读的尺寸大小，高对比的颜色，并避免复杂的装饰样式。

选择字体时，要考虑用户及其需求。简单地说，要有同理心。

7.2.1.3　寻找灵感

观看其他设计师的作品时，试着理解为什么他们选择这种字体。

（1）字体启发

可以查看Typ.io网站，该网站搜集来自网络的字体灵感。此外，它还提供了每个灵感样本底部的CSS（层叠样式表）字体定义（图7.17）。

另外，查看一些网站，并探索其使用什么字体。有一个很好用的工具——What The Font（在线识别字体）。这个工具是一个Chrome（网络浏览器）的扩展程序，可以通过将鼠标悬停在网页上识别网页字体。

图7.17　Typ.io从网络上整理字体灵感

（2）字体搭配

除了选择合适的字体之外，还要选择合适的字体进行搭配。字体搭配与字体本身一样重要。良好的字体搭配有助于建立视觉层次结构，提高设计的可读性（图7.18）。

图7.18　字体搭配与字体本身一样重要

对于字体的搭配，可以从Typewolf寻找灵感。Typewolf网站中的字体来自不同网站的字体组合。除此之外，还有字体推荐和排版指南。这是属于排版设计师的宝库。

FontPair（http：//fontpair.co/）是字体搭配网站，专门针对谷歌（Google）字体。用户可以根据类型风格排序，比如无衬线和衬线，或者衬线和衬线（图7.19）。

图7.19　FontPair字体搭配网站

7.2.1.4　选择字体

选择字体类型要本着可读性、易读性和目的性的原则，选择常规且易于阅读的字体。避免高度装饰的字体，有利于简单实用的字体。另外，注意字体的目的性。例如，一些字体更适合作为标题而不是正文。因此，在选择字体之前，研究其预期目的。

在字体搭配方面，保持简单，最多可以有三种不同的字体。这样做将有助于引导读者的视线，首先是标题，然后到内容文本。还可以使用不同的字体大小、颜色和重量创建视觉对比度（图7.20）。

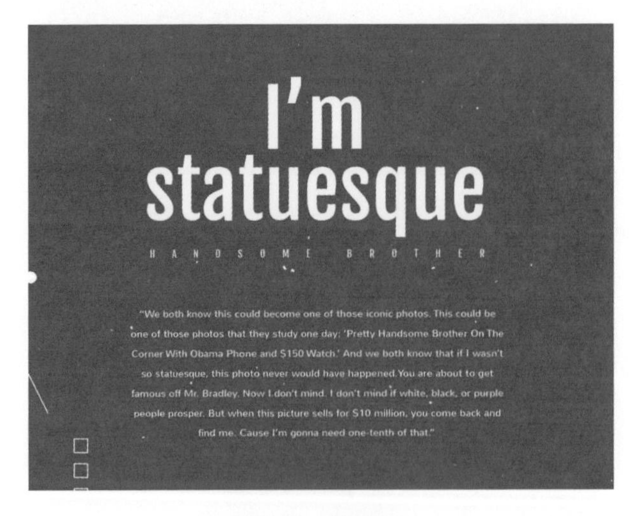

图7.20　字体搭配

对于网络字体，可以使用谷歌（Google）字体、Typekit和Font Squirrel。Google字体是免费的，Typekit和Font Squirrel都有免费和付费的字体。

7.2.1.5 确定字体大小

设置完字体的组合之后就该确定字体大小了。奥多比（Adobe）的排版负责人提姆·布朗（Tim Brown）提供了一个很好的工具——Modular Scale，它是一种通过历史上令人满意的比例来为文字大小创建尺度的系统（图7.21）。

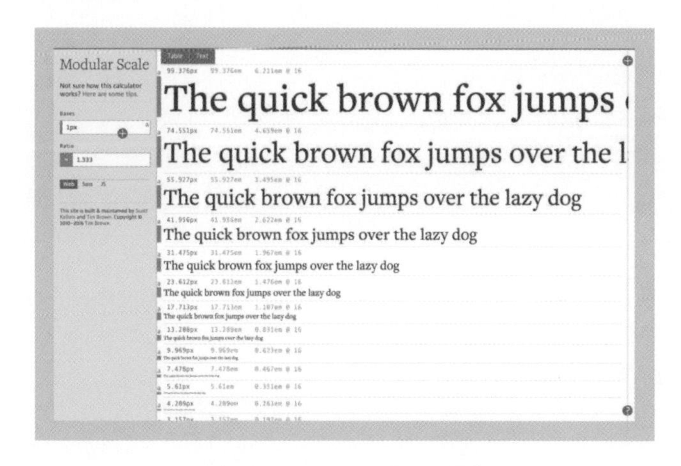

图7.21 Modular Scale系统

例如，使用基于黄金分割的比例。以下为计算出的前五个字体大小的选项：

黄金比例（1 ： 1.618）：

1.000 × 1.618=1.618；

1.618 × 1.618=2.618；

2.618 × 1.618=4.236；

4.236 × 1.618=6.854；

6.854 × 1.618=11.089。

当需要较大的比例时，基于黄金比例的计算继续下去会发生以下的变化。

黄金比例（1 ： 1.618）：

11.089 × 1.618=17.942；

17.942 × 1.618=29.03；

29.030 × 1.618=46.971；

46.971 × 1.618=75.999；

75.999 × 1.618=122.966。

可以看出，数字之间的间隔开始变大。但是对于大多数界面，需要的是较小的间隔。幸运的是，Modular Scale具有基于几何、自然和音乐的各种比例。

Minor Second（小二度）: 15 ∶ 16；

Major Second（大二度）: 8 ∶ 9；

Minor Third（小三度）: 5 ∶ 6；

Major Third（大三度）: 4 ∶ 5。

所以如果不使用黄金比例，也可以使用像“Perfect Fourth（纯四度）”那样产生较小间隔的比例。

Perfect Fourth（3 ∶ 4）

9.969 × 1.333=13.289；

13.288 × 1.333=17.714；

17.713 × 1.333=23.613；

23.612 × 1.333=31.475；

31.475 × 1.333=41.957；

41.956 × 1.333=55.927。

一旦定了一个尺度，就可以从列表中挑选字体大小，并将它们四舍五入到最接近的大小。

Font Sizes（字体大小）

Header1（页眉 1）: 55px；

Header2（页眉 2）: 42px；

Header3（页眉 3）: 31px；

Header4（页眉 4）: 24px；

Header5（页眉 5）: 14px；

Body（文章主体）: 17px；

Caption（标题）: 14px。

Modular Scale是使用精确的数学来生成字体大小的。但是，这只是一个参考。我们需要用这种方法作为参考，然后用自己的双眼来调整字体大小。

7.2.1.6 创建排版风格

版面编排的最后一步是为排版创建一个样式指南，来帮助标准化设计中的文字。

在像Sketch这样的程序中，可以创建共享的文本样式，以便快速插入应用的样式文本（图7.22）。

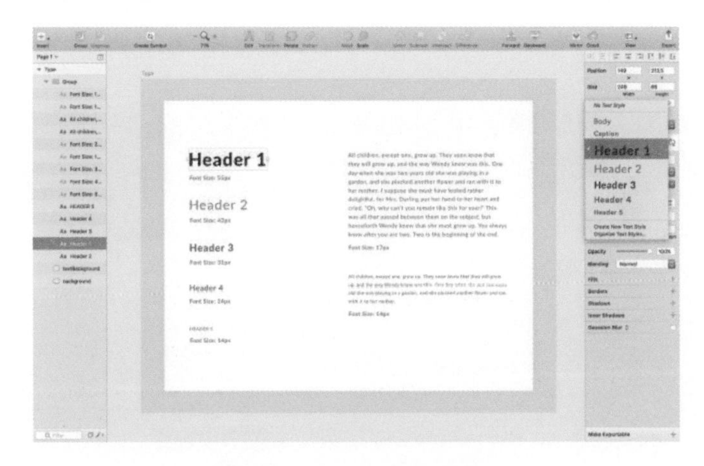

图7.22 Sketch中的共享样式

在这一步中，可以调整和完成文本属性，如颜色、宽度和大小。

选择字体颜色的时候，要考虑到整个色系。要选择和色系协调的颜色。

在风格指南中，要确保至少包含以下内容：字体的风格、字体的大小、字体的颜色和示例用法（图7.23）。

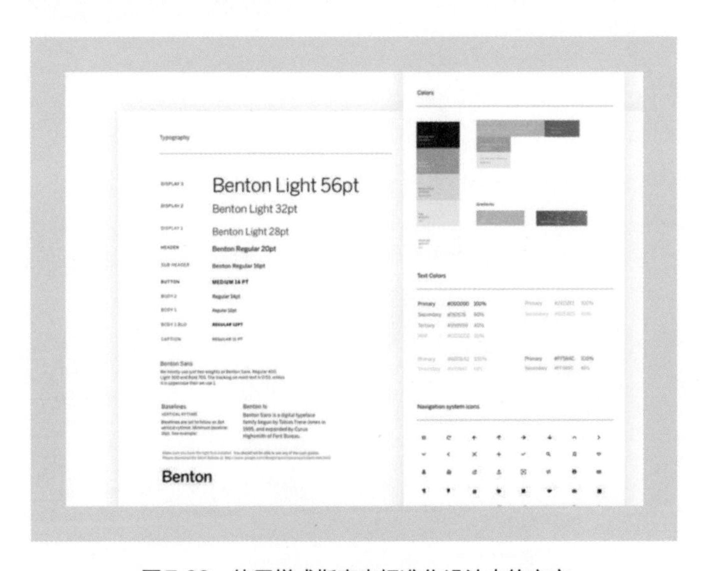

图7.23 使用样式指南来标准化设计中的文字

谷歌的材料设计语言（Material Design）是一个很好的例子，包含了风格指南。

7.2.2 视觉界面排版设计4大原则

7.2.2.1 视觉焦点

视觉焦点就是在界面中占据主导地位的视觉元素，第一时间被视线捕捉到元素，是整个设计中最重要的设计元素。

如图7.24所示，设计师通过色块来强调重要的日期选项记事，这样能吸引人们的注意力，关键和重要的元素高亮显示。

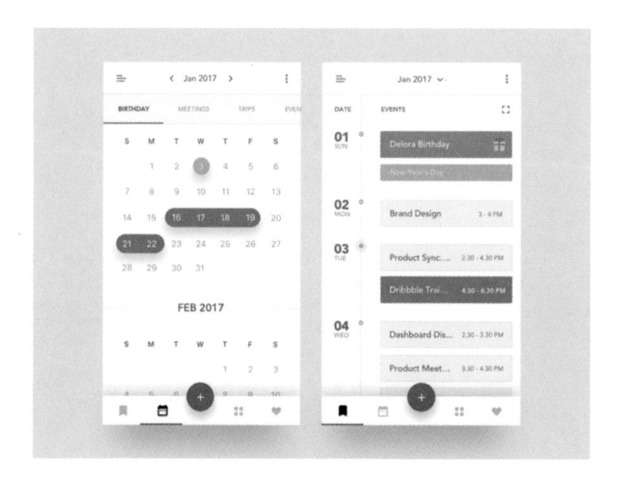

图7.24 通过色块来强调重要的日期选项

再如图7.25所示，这个选座购票中，座位元素都是同一个，但是选中后的效果突出，形成视觉焦点，右边的异常界面提示按钮形成焦点。

图7.25 座位选中后的突出效果

7.2.2.2 层次结构

在几秒钟内用户就能明确知道要点和页面元素之间的关系，并且顺利完成当前任务。建立视觉层次结构可以通过大小、对比、颜色、肌理、留白、空间、可感知的视觉重点，好的设计它的视觉层次结构分明且符合用户阅读习惯（图7.26）。

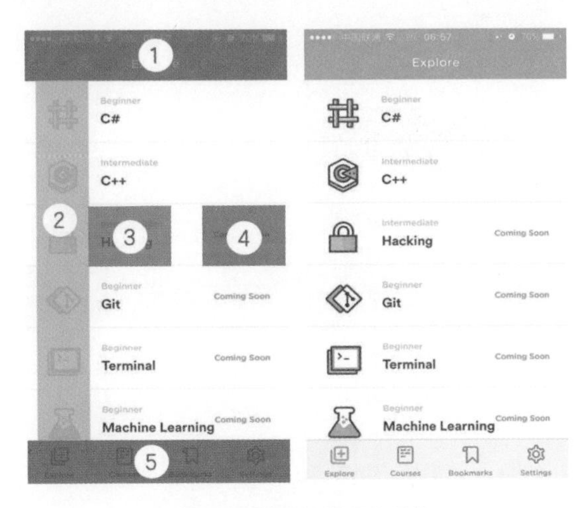

图7.26　建立视觉层次结构

7.2.2.3 视觉重量

如何去衡量视觉重量，影响视觉重量的因素有大小、对比、颜色、留白、形状、位置等，在一个界面中如何把握视觉重量的比例十分重要。

如图7.27所示，左图中人们会第一时间留意中间的LOGO，而不是大面积的蓝紫色，因为留白，周围没有任何元素。而右图中的按钮会被人们第一时间注意到，这就是通过颜色来吸引视觉焦点，需要关注的重点地方。

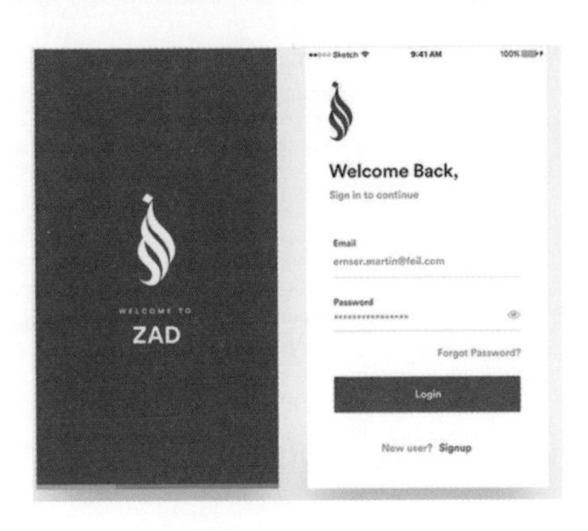

图7.27　视觉重量

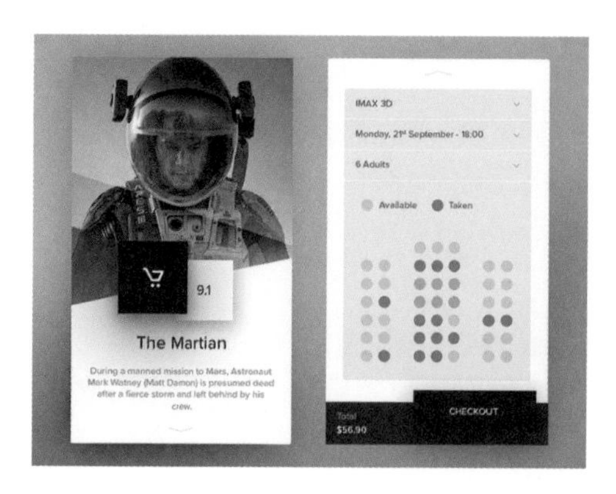

图7.28　选座购票的视觉重量和层级关系设计

再如图7.28所示，左图为购买按钮和评分，购买按钮首先进入人们视线，黑色在白底上视觉重量比较大。右图为选座购票区域，都是圆形的，通过颜色来区分它们之间的层级关系，重要的内容通过颜色强调，次要的通过明暗关系来表达。

7.2.2.4　视觉方向

视觉方向起到一个引导的作用，设计师要做的就是通过视觉引导，让用户能快速完成任务和达到预期目标。

如图7.29所示，在左图中，左边图标和右边列表形成一个竖向轴的概念，那么就会有线-线连接元素的方向。在右图中是Z字形模式。

再如图7.30所示，6个功能入口的图标水平排列，内部系统的建立形成一个平行轴的关系，所以视觉方向比较清晰。

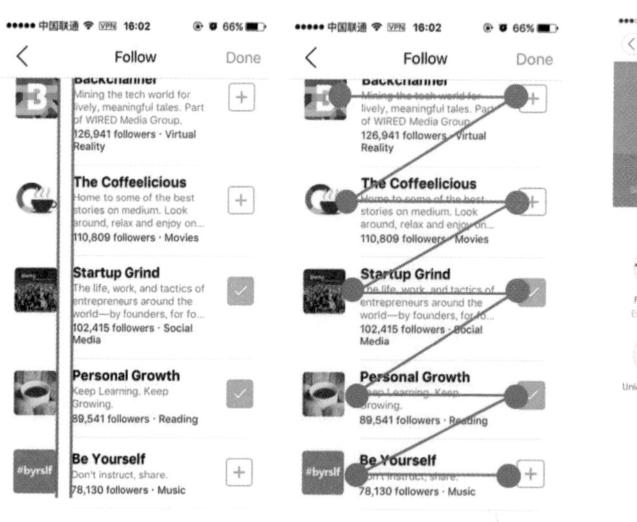

图7.29　视觉方向起到一个引导的作用

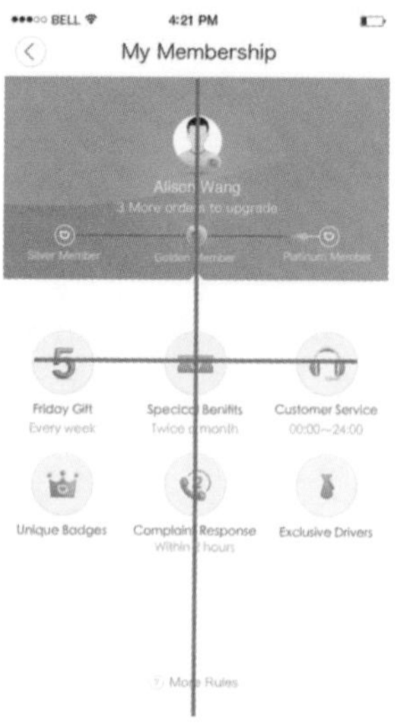

图7.30　清晰的视觉方向

7.2.3　案例Facebook改版前后的视觉界面设计对比

2017年8月，Facebook进行了一次全新的改版，新的视觉界面设计以内容为核心，减少不必要的交互元素，更易读，更方便交流，更容易导航。

7.2.3.1 整体视觉

整体设计给人的第一印象是更加轻量，焦点色更加年轻、有科技感并更安全，相较旧版较重的颜色印象，去除一些多余的UI元素，如分割线、灰色底，更加突出用户更关心的内容，更加注重用户之间的互动（图7.31）。

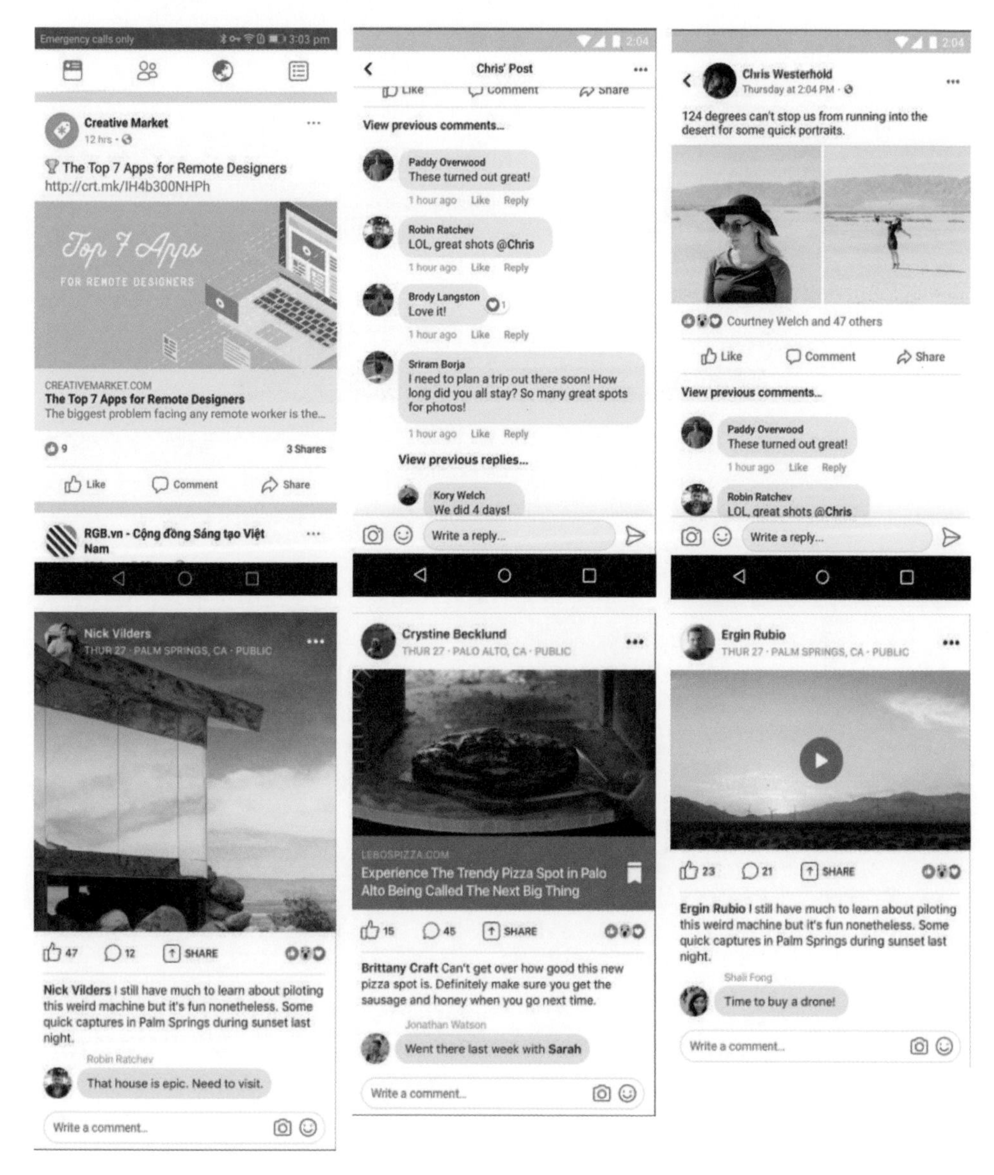

图7.31　新版的整体视觉

7.2.3.2 评论区

评论区的修改是此次改版的重点区域，目的是为了用户发表的动态能够获得良好反馈，促进用户之间的交流（图7.32）。

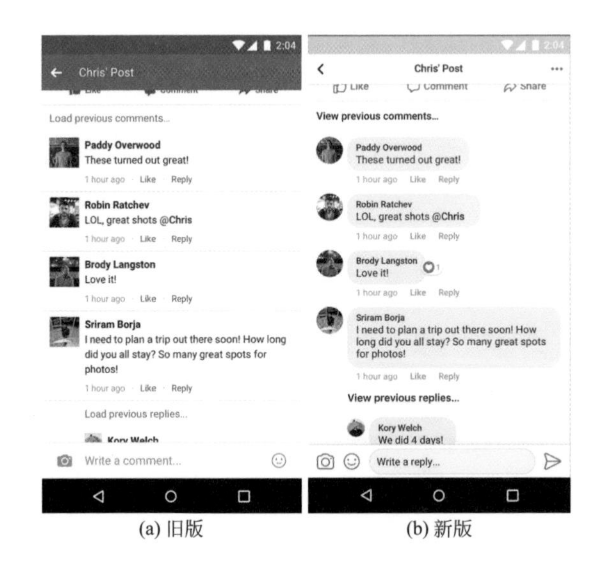

(a) 旧版　　(b) 新版

图7.32　评论区改版前后的对比

（1）视觉上

评论区域引用了苹果消息的气泡模式，相对来说文字内容信息更集中在气泡区域里面，功能图标在气泡外面。但是这里有个问题，如果一条信息很多文字，看起来似乎并不方便。头像由之前方形变为圆形，相对来说留白空间要多一些，整体上看起来比较轻松，有呼吸感。

（2）功能架构

导航上文字居中显示了，这明显和安卓规范不一致，不过可以看出现在趋平台化逐步形成，体量大的企业都想在一些微小的区域做一些体验上的提升，导航右边新增了一个“更多”图标。

评论区域最大的优化是导航的优化，图标整体呈线性，苹果推出的iOS 11的图标是扁平化，在这里Facebook的图标设计则是另外一种风格（图7.33）。

（1）视觉上

图标优化，视觉重量减轻，导航视觉重量减轻，并没有特别强调品牌，更多是以内容为主。

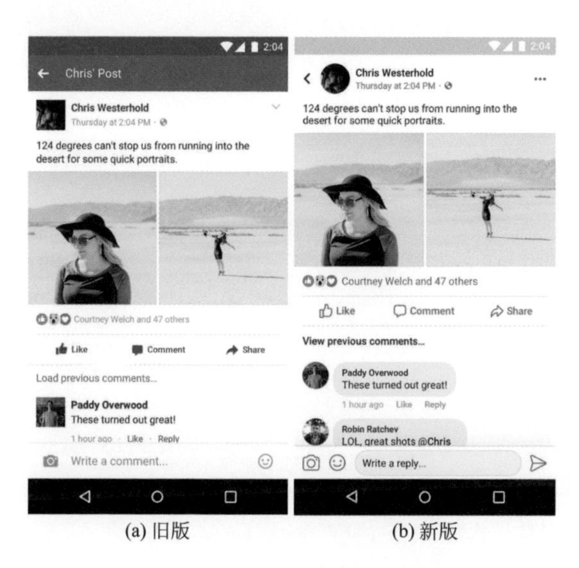

(a) 旧版　　(b) 新版

图7.33　评论区导航改版前后的对比

（2）功能架构

导航结构弱化，是通过头像加一个返回箭头组合形成，目的是想让用户更多地停留在这里和发布信息者产生更多互动。

7.2.3.3　旧版首页与新版首页

两个版本比较，首页视觉上变化最大的是图标上的优化和卡片（图7.34）。

(a) 旧版　　(b) 新版

图7.34　首页改版前后的对比

（1）视觉上

卡片拉通到两边，图标整体优化，更加轻量的线性图标，评论样式改为气泡。

（2）交互体验上

进入内容详情页动画更加顺畅，留言评论板块上的气泡“点赞”动效比较吸引人，表情动效不再是长按选择了，而是可以长按后抬起手再去选择合适的表情。

7.2.3.4 内容卡片样式

为不同的内容流单独设计了6种卡片模式，分别是纯文字、大文字、图片、链接、视频、滚动类型卡片，它们通过不同图形模式来区分不同曲风内容，这样便于用户去快速识别内容（图7.35）。

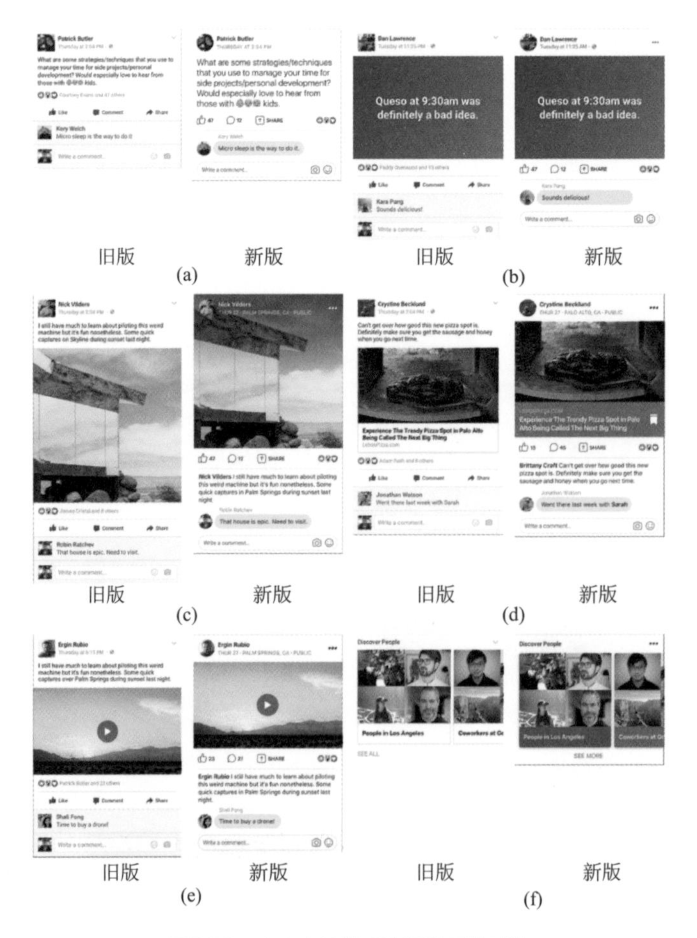

图7.35　内容卡片模式改版前后的对比

（1）视觉上

头像由方形变成圆形，评论区域为圆角输入框，风格更加统一，去掉了之前冗余的灰色底，去掉了干扰了的分割线，视觉上更加聚集内容，图标视觉重量减轻。

（2）功能架构

“点赞”“评论”和“分享”图标位置做了调整，放在了图片下面，这样图形化的元素集中在一起（指图片和图标），用户看完图片内容，觉得好，立马可以点赞或者评论。

7.3 文案

营销的时代，营销靠什么？靠好产品！但是产品怎么跨地域呈现给更多的目标用户，让他们看到和用到呢？最终还是要靠文案。

例如，史玉柱的脑白金，“今年过节不收礼，收礼只收脑白金！”雷军的小米手机，“为发烧而生！”

再如图7.36所示，2017年，比亚迪“唐100”有一条朋友圈广告：“看到这条推送的人，你不是被大数据选中，而是被历史选中”。这样一个文案加上莱昂纳多·迪卡普里奥的照片，显得档次高端。而当我们点开链接，就会播放一个视频，里面有句文案：

绿色是自然的馈赠，
更是我们善意的回应，
将蔚蓝还给天空，
将清新还给空气，
将美好的世界还给未来，
历史，是每个人都有背负的责任。

图7.36　比亚迪“唐100”电动车文案

这段文案就是比亚迪“唐100”电动车的真正含义：响应国家对新能源开发的号召将比亚迪与绿色环保、自然联系在一起，马上增强了比亚迪这个品牌的社会责任感以及用户的好感度。

这些都是比较经典的文案，能够击中用户的内心，进而转化为销售和品牌忠诚，这是靠一个文案写作者对产品的理解以及对用户内心的深究，才能成就一个又一个的品牌经典文案。

7.3.1 交互文案设计的3个原则

交互文案的写作有以下3个原则。

清晰：去掉专业术语，从用户使用角度出发。

简洁：快速直接，把关键信息放在最前面。

实用：符合操作场景，引导下一步操作。

7.3.1.1 清晰

软件页面上的文案之所以会有问题，往往是因为这些文案是从软件的角度出发而不是用户角度出发的。要改善问题，首先得关注并考虑用什么样的动词。

动词，是一句文案中最重要的组成部分，一般意指一个操作，而在软件界面中，特指用户的操作。

为了避免错误理解、保证文案的清晰性，我们需要去除专业用词，转而使用符合用户使用场景的词句。即使在写产品发布说明或App的更新日志的时候，动词也很重要。很多人在更新日志时，只是写了一些产品的新功能，却没有表达这些功能如何改善用户操作和体验（图7.37）。

操作失败
发生了一个鉴权错误

确认

(a) 原文案

登录失败
输入密码有误

确认

(b) 优化文案

图7.37　原则1——清晰

7.3.1.2 简洁

简洁不是说一定要保持句子很短，而是要使用最有效的文字。想要文案简洁，我们需要审视已有的文案，并保证其中每个词语都有价值。

如图7.38所示，这里真的需要“登录失败”这个标题吗？当一个弹框上留了一个标题的空位，就总觉得需要写点什么标题填上，这个心理应该避免，要以内容第一为原则，而不是样式第一。

以内容优先的理念来思考，让视觉样式跟着内容走，而不是相反。千万别再试图把弹框用文字填满了。

如图7.39所示，去掉了标题，因为研究表明大部分人不会阅读界面上的每个词句，而是使用浏览的方式。

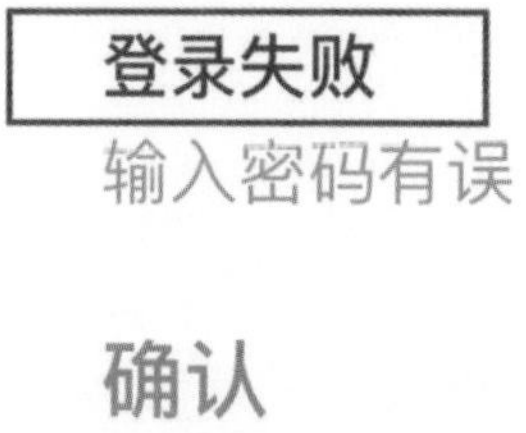

登录失败
输入密码有误

确认

图7.38　多余的“登录失败”

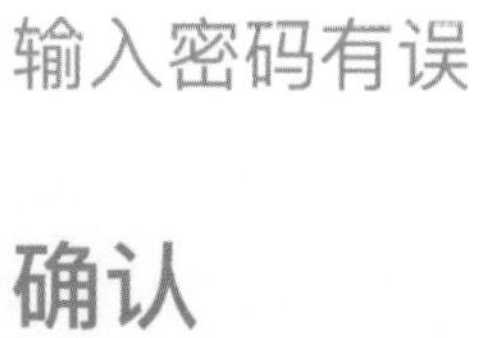

输入密码有误

确认

图7.39　原则2——简洁

通常情况下，人们会以F形的顺序浏览界面信息。一般会先阅读第一行、第二行，然后就开始大范围的扫视信息，可能只会阅读每行的头几个词组，这就是为什么要确保文字简洁的同时，还要把关键信息前置。

关键信息前置，是一种把最重要的信息放在句首的方式，这让用户可以毫不费力地在浏览过程中看到最重要的信息。

图7.39的文案中，其实最重要的信息在句末，因此还可以继续针对这句话进行优化。精简的原则适用于所有文案的撰写，不仅要凸显关键信息，还要敢于精简次要的信息，如图7.40所示。

操作失败
发生了一个鉴权错误

确认

(a) 原文案

密码有误

确认

(b) 优化文案

图7.40　继续优化的信息

7.3.1.3　实用

操作按钮是用来引导用户的下一步操作，因此按钮的文字是用户引导的关键。

操作按钮需要引起用户的共鸣，得让用户知道这个按钮确实是当下需要的操作。而在上文的例子中，按钮“确认”其实并非是个好的操作暗示。

可以把按钮文本改成“重试”，但其实还不够，还需要考虑用户“忘记密码”的场景。否则那些想不起密码的用户，看到“重试”一样会感到不知所措，如图7.41所示。

密码有误	密码有误
确认	重试　忘记密码
(a) 原文案	(b) 优化文案

图7.41　信息精简前后的对比

写文案的时候除了要考虑文案本身，还要考虑用户，以及这句文案的用意何在。清晰完整的操作引导文字，能让用户了解产品和其界面提供何种功能和操作。

7.3.2 微文案的设计要点

在网站和App当中，除了标题和横幅广告（banner）中我们可以轻松感知并且注意到的文案之外，许多小段的文字和标签也是影响整个用户体验的微文案。微文案包括按钮和图标下的标签文本、提示性的文字和报错信息，等等。通常，这些微文案并不是那么起眼，在几乎完成了整个产品的设计和开发之后，再添加上去。但是在用户和产品进行交互的过程当中，微文案几乎全程都参与了进来。

微文案是小而强大的文本内容，不要因为它短小而忽略了它本身的有效性。微文案需要设计师仔细揣摩词汇的使用，它的价值在于简短而准确地传递信息。微文案是网页和App同用户沟通的桥梁之一，它在整个设计中，是关键的组成部分。

设计良好的微文案能够提升转化率，提高任务的完成率，提升用户的愉悦感。

7.3.2.1 缓解用户的忧虑

微文案常常能够体现语境，帮助用户理解当前状况，甚至针对特定的问题来提供答案，缓解用户在使用过程中的忧虑。设计师应该对用户可能会产生的问题，有所了解，而用户测试是帮设计师找出这些问题的有效途径。

例如，当用户注册Tumblr的时候，系统会要求为自己的博客选择一个名称。这是一件重要的事情，因为这不仅关于博客名和你的用户名，而且会体现在博客的URL上。因为这一任务重要且关键，用户可能存在的忧虑是“如果名字没起好又不能修改岂不是麻烦了”，所以，Tumblr在这个时候通过微文案提醒用户这个名称“随时可以修改”，问题就解决了。

在订阅信息或者进行分享的时候，用户也是存在潜在忧虑的，这个时候微文案就是让用户安心的基础。许多人在提供电子邮件和关联Twitter账号的时候，都不希望被垃圾邮件骚扰，而Twitter在这个时候会使用微文案“我们和你一样讨厌垃圾邮件”。虽然许多网站和App在关联用户账号的时候都一再强调不会推送垃圾邮件，但是最终结果对于用户而言，很难确定。

如图7.42所示，Timely将用户所关注的问题都浓缩到“We promise not to auto-tweet, span your friends or auto-follow our Twitter account.（我们保证不会自动发微博或者垃圾邮件给你的朋友们或者自动跟踪我们的Twitter用户）”这句微文案当中。

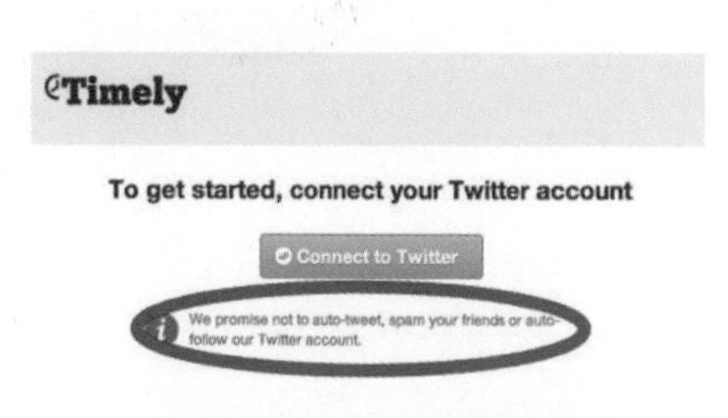

图7.42　Timely将用户所关注的问题都浓缩到一句微文案当中

我们都知道，在线发布内容的时候，因为网络或者其他问题而丢失输入的内容，是一件多么令人沮丧的事情。自动保存功能能够很大程度上帮助用户规避这一问题，而这个时候，合理地加入微文案，帮助用户了解他们的输入内容已经自动保存了，提升用户对产品的安全感，对于整个体验而言是一个不错的加成。谷歌云端硬盘（Google Drive）的微文案，如图7.43所示。

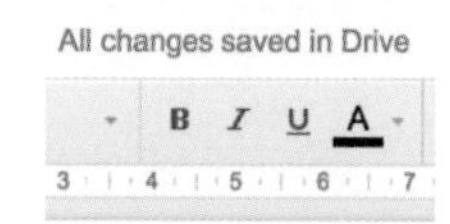

图7.43　Google Drive的微文案

绝大多数用户并不希望提供他们的个人信息，尤其是在他们觉得没有必要的时候。所以，有必要向用户解释为什么需要用户的信息，以及简单阐述如何保护用户数据。例如，Facebook就在注册页面当中，为用户解释了这些个人数据的使用（图7.44）。

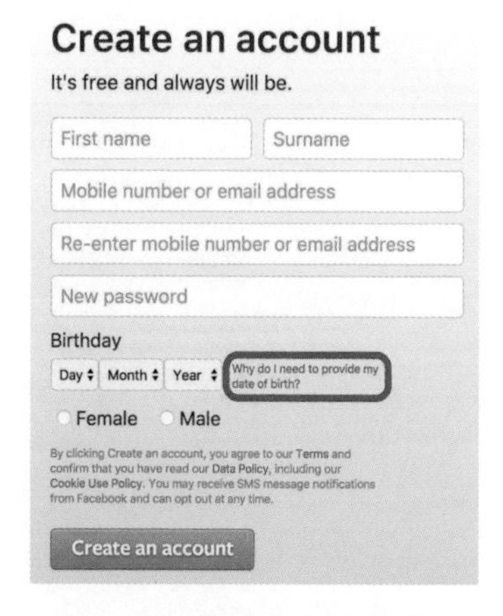

图7.44　Facebook就在注册页面当中为用户解释个人数据的使用

7.3.2.2 在失败和出错的时候，使用友好而有用的文案

在网站和App的使用过程中，用户难免会出错或者碰到问题，这个时候文案要如何设计，对于产品的影响是巨大的。如果产品文案对于出错状态表述不清，那么用户就更加搞不清楚如何解决这些问题了。用户经常会因为报错而感到沮丧，而这种状况常常会被设计者忽视。然而，如果设计得足够有趣和幽默，报错信息甚至可能会将这个状况变为快乐的时刻，如图7.45所示。

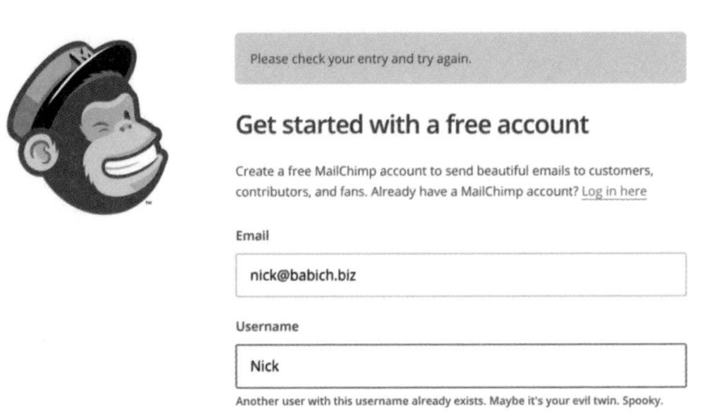

图7.45 MailChimp有趣和幽默的报错信息界面设计

在界面中加入令人愉悦的细节，是打破用户和界面之间障碍的好办法。用户总是乐于互动的。如果微文案设计得足够人性化，能让界面交互显得更加自然，更容易获得用户的信任。

如图7.46所示，Yelp在设计的时候就有意识地传递出UI界面背后有人参与的感觉，并且鼓励用户操作和探索。

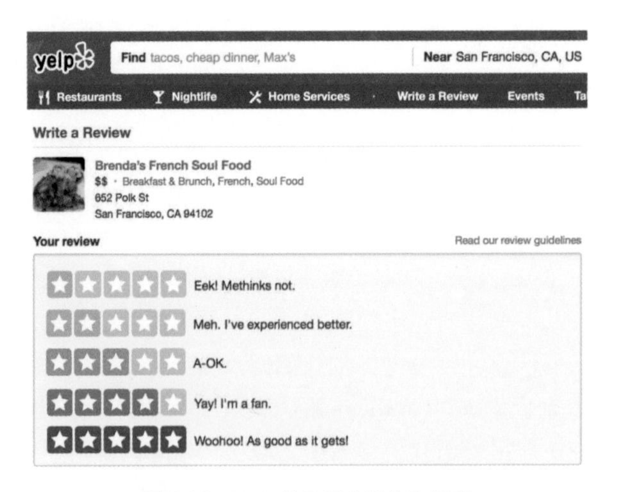

图7.46 Yelp鼓励用户操作和探索

微文案还是体现设计个性化的好机会，通过有趣的微文案，让日常的任务变得有趣而难忘。例如，当每次访问雅虎网络相册（Flickr）的时候，欢迎问候的文案都不一样，这会让这款应用显得有趣而自然。再如，OkCupid会在你创建新账户的时候，称赞你所在的城市："Ahh，Paris"，如图7.47所示。

图7.47　OkCupid称赞你所在的城市

7.3.2.3　微文案的写作注意事项

（1）少用技术专业词汇

每个领域、每个公司都有专业的词汇，设计师和开发者通常会在产品当中潜移默化地使用这些专业词汇。虽然这样做对于用户更加友好，但是设计师需要做的是将专业的技术信息简单易懂地表述出来。

（2）像用户一样表述

使用自然语言，像同人说话一样来使用微文案和用户沟通。不要想当然地使用微文案，而是要了解用户，做好用户研究，使用用户的语言来表述。

（3）保持简约和有效

对于长篇大论的说明，用户大多是不会仔细阅读的。尽量使用简单明确的词汇和短句，具有明确的指引性，它应该是短小精悍的。

（4）谨慎开玩笑

虽然幽默风趣的微文案可以让人更加轻松，但是也要分场合，玩笑和俏皮的语言应该在氛围合适的时候使用，并且并不是所有人都能感受到特定的笑点。有些笑话在文章当中或许合适，但是在UI界面当中就不一定那么有意思了。

例如，你所提交的数据无法保存，文案是"糟糕！您的数据好像无法保存呢”，这对于当前的状况毫无裨益。

（5）让微文案和图片结合起来

有时候，图片、插画和动画可以与微文案很好的搭配起来使用，它们能够创造出比单独的文本或图片更强的视觉愉悦感和体验。

如图7.48所示，MailChimp就很好地使用动画来强化微文案。

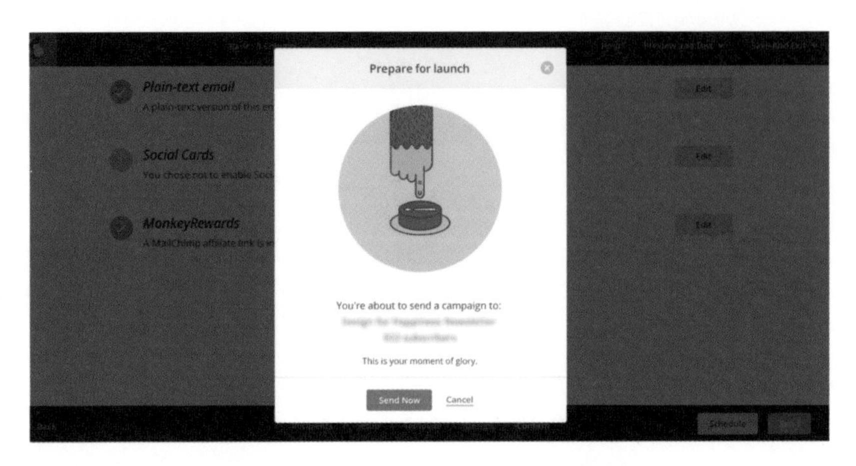

图7.48　MailChimp使用动画来强化微文案

7.4 字体

文字是界面设计中不可或缺的基本要素。它的概念不仅仅局限于传达信息，在文字与字体的处理上更是一种提高设计品位的艺术表现手段。根据信息内容的主次关系，通过有效的视觉流程组织编排，精心处理文字和文字之间的视觉元素，而不需要任何图形，同样可以设计出富有美感和形式感的成功作品。应该说文字的编排与设计是一个成功的设计作品的关键所在。

在界面设计中，经常会出现以下一些问题：

① 字体样式太多，导致页面杂乱；
② 使用的字体不易识别；
③ 字体样式或内容和规范不匹配。

那么怎样避免出现这样的问题呢?

① 通过设计经验可以帮助我们做出更好的版式；

② 了解不同平台的常用字体设计规范；

③ 在每个项目设计中只使用1～2个字体样式，而在品牌自己有明确的规范的情况下，只需要一种字体贯穿全文，通过对字体放大来强调重点文案，字体用得越多，越显得不够专业；

④ 不同样式的字体，形状或系列最好相同，以保证字体风格的一致性；

⑤ 字体与背景的层次要分明；

⑥ 确保字体样式与色调气氛相匹配。

7.4.1 常用的几种字体

在不同平台的界面设计中规范的字体会有不同，如移动界面的设计就会有固定的字体样式，网页设计中会有常用的几种字体。

7.4.1.1 移动端常用字体

（1）iOS

iOS常选择华文黑体或者冬青黑体，尤其是冬青黑体效果最好，常用英文字体是Helvetica系列，在欧美平面设计界，流传着这样一句话：无衬线字体的百年演变，其终极表现就是Helvetica。这句话虽然稍显夸张，但却恰如其分地表现出Helvetica的重要地位。作为瑞士的哈斯铸造厂（Haas Foundry）在20世纪50年代推出的代表性字体——Helvetica，不仅是世界上使用范围最广的拉丁字母字体，更在法律、政治、经济界发挥了微妙作用，成了超越平面设计本身的文化现象。

Helvetica字体如图7.49所示。

ABCDEFGHIJKLMN
OPQRSTUVWXYZÀ
ÅÉÎabcdefghijklmn
opqrstuvwxyzàåéî&
1234567890($£.,!?)

图7.49　Helvetica字体

（2）Android

Android英文字体为Roboto，中文字体为Noto，如图7.50、图7.51所示。

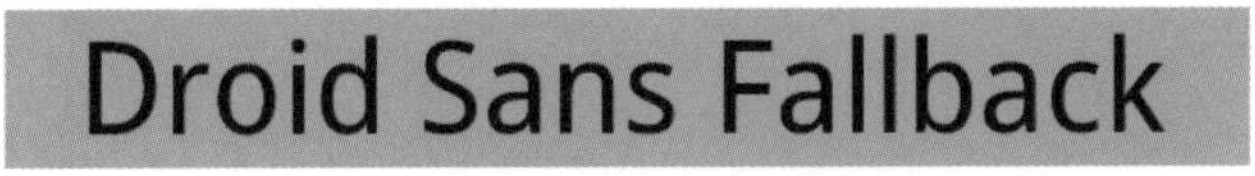

Droid Sans Fallback

图7.50　Roboto字体

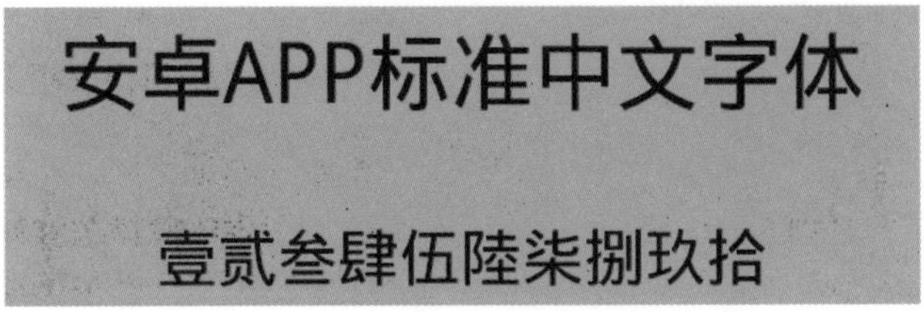

安卓APP标准中文字体

壹贰叁肆伍陆柒捌玖拾

图7.51　Noto字体

7.4.1.2　网页端常用字体

（1）微软雅黑/方正正中黑

微软雅黑系列在网页设计中使用得非常频繁，这款字体无论是放大还是缩小，形体都非常规整舒服，如图7.52所示。在设计过程中建议多使用微软雅黑，大标题用加粗字体，正文用常规字体。

微软雅黑体

微软雅黑体

AXCNHIOP

AXCNHIOP

图7.52　微软雅黑系列字体

方正正中黑系列如图7.53所示，中黑系列的字体笔画比较锐利而浑厚，一般应用在标题文字中。这种字体不适用于正文中，因为其边缘相对比较复杂，文字较多就会影响用户的阅读。

方正正粗黑简体
0123456789
FZZCHJW

图7.53　方正正中黑系列字体

（2）方正兰亭系列

整个方正兰亭系列的字体有大黑、准黑、纤黑、超细黑等，如图7.54所示。因笔画清晰简洁，这个系列的字体就足以满足排版设计的需要。通过对这个系列的不同字体进行组合，不仅能保证字体的统一感，还能很好地区分出文本的层次。

方正兰亭黑

abcdefghijklmopqr
stuvwxyz

ABCDEFGHIJKLMOPQR
STUVWXYZ

图7.54　方正兰亭系列字体

（3）汉仪菱心简、造字工房力黑、造字工房劲黑

这几个字体有着共同的特点：字体非常有力而厚实，基本都是以直线和斜线为主，比较适合广告和专题使用。在使用这类字体时我们可以使用字体倾斜的样式，让文字显得更有活力。如图7.55所示，在这三种字体中，汉仪菱心简和造字工房力黑在笔画、拐角的地方采用了圆和圆角，而且笔画也比较疏松，有些时尚而柔美的气氛；而造字工房劲黑这款字体相对更为厚重和方正，多用于大图中，效果比较突出。

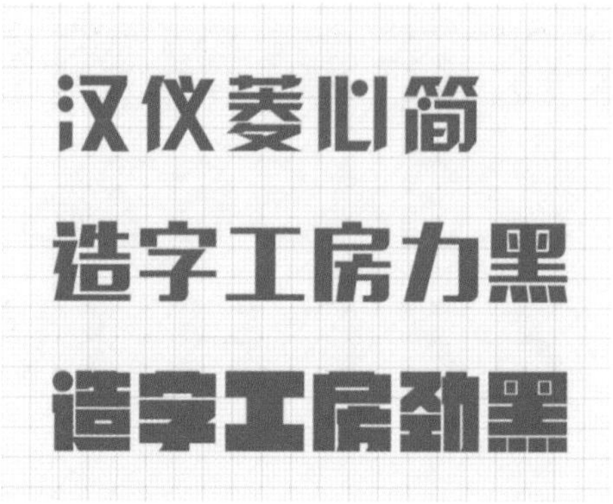

汉仪菱心简
造字工房力黑
造字工房劲黑

图7.55 汉仪菱心简字体、造字工房力黑字体、造字工房劲黑字体

7.4.2 具有戏剧效果的5种字体

7.4.2.1 简约的字体+动感的排版

简约的字体和动感的排版并不是互相排斥的存在。事实上，简单的字体同样可以轻松创造有着强力戏剧感的排版。可以选择一款足够简约的字体，然后按照下面的方法来处理。

① 使用超大的字体尺寸（大字体能够传达出足够有力的信息，尤其是和高清大图配合使用的时候）；

② 文字色彩和背景构成对比（文本色彩通常会使用黑色或者白色，而背景图片足够鲜艳就能构成对比）；

③ 采用大胆的样式。

字体大小是控制视觉影响力的重要手段。在下面的案例当中，设计师采用了更为极端的方式，使用超大的字体来承载主要的文案，借助留白将文本孤立出来，以达到有效传递信息的目的。这样的设计足够简约，但是也充满了强烈的戏剧感。同时，清晰直白的设计，也让人印象深刻（图7.56）。

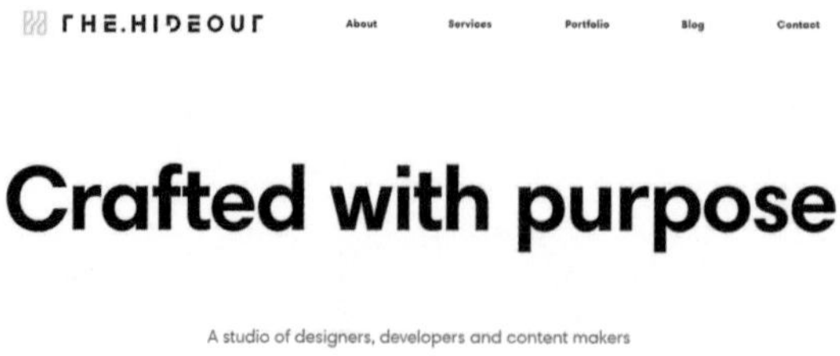

THE.HIDEOUT About Services Portfolio Blog Contact

Crafted with purpose

A studio of designers, developers and content makers

图7.56 清晰直白的设计让人印象深刻

7.4.2.2 对简约字体的创意性使用

即使是最基础、最简单的字体也可以创造出令人难忘的体验，前提是得采用实验性的、富有创造性的排版。

如果想要将信息清楚地传递出去，那就使用全部大写的文本，或者借用足够厚重的字体。而真正让人难忘的，是足够富有创意的设计，例如，可以将字体和动效或者视频结合起来使用（图7.57）。

图7.57　对简约字体的创意性使用

7.4.2.3 装饰性字体

各种稀奇古怪的装饰性字体，如果使用得当，能够让网站增色不少。这些字体可以体现网站的风格，营造氛围，能够强化品牌的气质。当设计师挑选了合适的字体，结合贴合品牌的文案和风格之后，整个体验会达到协调甚至出彩的效果。

如图7.58所示，奥斯陆（Maaemo）的首页所采用的这套字体带有明显的现代几何风，字体的细节带有早期西文字体的原始风貌，和网站的神秘气息相得益彰。

图7.58　Maaemo首页装饰性字体设计

再如图7.59所示，经过设计的字体错落而怪异，非常符合Squarespace's Sleeping Tapes（方块空间录音带）阴森而黑暗的网站风格。

图7.59　Squarespace's Sleeping Tapes错落而怪异的字体

再如图7.60所示，Head Offfice的网站所采用的这套字体同样俏皮而独特，在绝大多数场景下，这套字体都显得过于特立独行，但是在这个网站上，则正好烘托出网站充沛而富有激情的特征。

图7.60　Head Offfice的网站俏皮而独特的字体

从以上几个网站设计的案例中可以看出，装饰性字体始终和极简的风格相互搭配。装饰性字体能带来独特而有趣的风格，在极简风格的网站上，用户会更加轻松地注意到这些字体的存在，信息才能更加有效地传递出去。

7.4.2.4　手绘字体

在很长的一段时间内，手绘字体都是网页设计中的重要组成部分。有的设计师会倾向于逐个字母单独设计，创造出独一无二的手绘字体效果，不过更多的时候，设计师会选取一款成套的手绘风格字体作为基础来设计。手绘字体通常能够让整个设计显得更加优雅，如果挑选得当的话。独一无二的手绘字体还能强化页面的原创性，如图7.61所示，Grain&Mortar和Femme fatale两个网页，手绘字体成了品牌化设计强有力的工具，这些设计机构的首页本身所呈现出来的“艺术性”很大程度上源自页面中独特的手绘字体。

图7.61　手绘字体是品牌化设计强有力的工具

但需要注意的是，千万不要过度追求漂亮的效果而牺牲字体本身的可读性。为了防止潜在的视觉障碍，尽量不要将手绘字体置于复杂的图片背景之上，并且在辅助性的文本中，采用识别度更高的字体。

7.4.2.5　元素叠加使用

通过将字体和其他的元素叠加到一起使用，创造出引人瞩目的视觉效果，是时下所流行的另外一种营造视觉效果的策略。不过，在搭配其他元素的时候，一定要注意色彩、纹理和元素各方面的特征，确保字体本身的识别度。

例如，可以让文本和多种不同的元素组合起来，如图7.62所示。

图7.62　文本和多种不同元素的组合

也可以让文本横跨不同的区域，如图7.63所示。

图7.63 文本横跨不同的区域

可以打破排版规则，让文本和人物形象结合起来，让文本传递隐藏的意义，如图7.64所示。

图7.64 文本和人物形象的结合

需要注意的是，无论怎么搭配，都需要让文本本身和其他的元素之间具备明显的对比度，让它足够易读。只有达到这样的要求，才能让整个体验足够顺畅，不至于出现使用障碍。

7.4.3 常用的字号

字号是表示字体大小的术语。最常用的描述字体大小的单位有两个：em和px。通常认为em是相对大小单位，px是绝对大小单位。

① px：像素单位，10px表示10个像素大小，常用来表示电子设备中字体大小。

② em：相对大小，表示的字体大小不固定，根据基础字体大小进行相对大小的处理。

默认的字体大小为16px，如果对一段文字指定1em，那么表现出来的就是

16px大小，2em就是32px大小。由于其相对性，所以对跨平台设备的字体大小处理上有很大优势，同时对于响应式的布局设计也有很大的帮助；但缺点是，无法看到实际的字体大小，对于大小的不同，需要精确地计算。

7.4.3.1 移动端常用的字号

导航主标题字号：40 ～ 42px，如图7.65所示。偏小的40px，显得更精致些。

图7.65 导航主标题

在内文展示中，大的正文字号32px，副文26px，小字20px。在内文的使用中，根据不同类型的App会有所区别。如新闻类的App或文字阅读类的App更注重文本的阅读便捷性，正文字号36px，会选择性地加粗，如图7.66所示。

列表形式、工具化的App普遍是正文采用32px，不加粗，副文案26px，小字20px，如图7.67所示。

图7.66 新闻类的App

图7.67 列表形式的App

26px的字号还用于划分类别的提示文案，如图7.68所示，因为这样的文字希望用户阅读，但不能比列表信息更具引导性。

36px的字号还经常运用在页面的大按钮中。为了拉开按钮的层次，同时加强按钮引导性，选用了稍大号的字体，如图7.69所示。

图7.68　26px的字号用于划分类别的提示文案

图7.69　36px的字号运用在页面的大按钮中

7.4.3.2　网页端常用的字号

网页中文字字号一般都采用宋体12px或14px，大号字体用微软雅黑或黑体。大号字体是18px、20px、26px、30px。

需要注意的是，在选用字体大小时一定要选择偶数的字号，因为在开发界面时，字号大小换算是要除以二的，另外单数的字体在显示的时候会有毛边。常用字号的大小基本是固定的，根据版式设计有时也需要采用异样大小的字号来进行特殊处理（图7.70）。

图7.70　耐克运动鞋网页字体设计

7.4.4 常用的字体颜色

在界面中的文字分主文、副文、提示文案三个层级。在白色的背景下，字体的颜色层次为黑色、深灰色、灰色，其色值如图7.71所示。

在界面中还经常会用到背景色（#EEEEEE），分割线则采用#E5E5E5或#CCCCCC的颜色值，如图7.72所示。可以根据不同的软件风格采用不同深浅的颜色，由设计师自己把控。

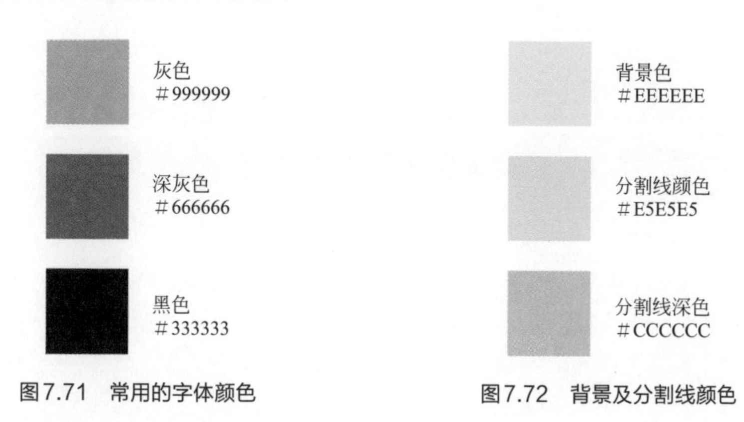

图7.71　常用的字体颜色

图7.72　背景及分割线颜色

7.4.5 字体细节设计策略

7.4.5.1 建立文字的视觉层级

设计师的一个主要职责就是将页面中的元素整合起来，以一种清晰可见的形式呈现给用户。当然一个页面中不同元素的重要性是不一样的，有优先级之分。文字也是一样，有些文字比较重要，更希望用户看到，有些文字比较鸡肋，不希望用户看到。为了达到这个目的，可以给界面的文字建立视觉层级，将文字大致分为三类：主标题、次标题和正文。

（1）主标题

主标题是对于整个页面内容的一个总结，合格的主标题用户大概一看就知道这个页面的大致内容。主标题是用户进入一个页面首先就应该看到的文字，应该字号要足够大，并加粗，这样才可以更好地吸引用户的注意力。此外，为了节约用户时间，主标题应该简练。根据雅各布·尼尔森（Jacob Nielsen）的一项研究表明，主标题5～6个单词（英文状态下）最合适，最长不要超过一句话（图7.73）。

图7.73　主标题是用户进入一个页面首先应该看到的文字

通过突出主标题来吸引用户注意力，但是不要过度突出。因为用户对于具象元素（插画、图标、图像或摄影图等）的感知能力远比文字要强得多。所以如果想宣传一款产品，那么最好的方案就是直接给用户展示产品图片。文字和图片搭配使用的时候，文字起到的只是辅助说明的作用。不要过度放大主标题的尺寸造成对图片的遮盖，这样是本末倒置的。

（2）次标题

将所有的信息都塞进主标题是不太现实的，这也是需要次标题的原因。次标题的要求和主标题类似，都要求文字简洁干练，概括性强。和主标题一样，次标题也要进行加粗处理，当然为了和主标题区分，字号要稍微小一些（图7.74）。

图7.74　次标题字体设计

（3）正文

正文是提供详细说明和解释的文字，从页面层级的角度来说重要性要低于主标题和次标题。正文文字长度没有定论，有人认为长的文案可以给用户提供更为详细的信息，而且看起来更加正规严谨。但是也有人认为用户不喜欢阅读过长的文字。

① 设备。短文案适用于移动端。移动端相对来说空间有限，文字太多会显得比较拥挤，影响页面美观程度的同时也会降低用户的阅读体验（图7.75）。

图7.75　短文案适用于移动端

长文字更适用于PC端，PC有足够的空间来展示特定内容的详细信息或者用户不太熟悉的内容（需要用户仔细阅读）。

图7.76是一个家禽百科全书网站，这里面虽然包含了大量的文字，但是设计师将文字在逻辑上分为了许多简短而集中的文字块。这些文字块配以突出的标题和引人入胜的插图就变得非常具有活力。这种设计模式打破了传统教育类网站沉闷的页面布局，更能吸引用户，特别是青少年的注意力。

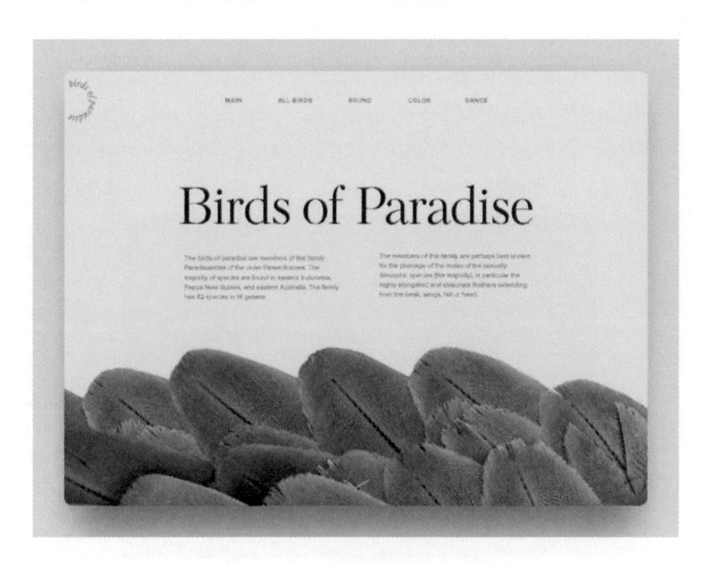

图7.76　长文字更适用于PC端

② 产品定位。产品的定位对于正文文案的选用是具有决定性意义的。例如，你要设计一个读书、旅行类型的偏文艺小众的界面，正文文案要足够短，页面中要有大量的留白，这样的页面会给用户一种透气、从容、开放、平静、自由的感觉，而这些感觉都是与产品的风格相契合的。相反，如果这类页面中元素都挤在一起，就会导致视觉压力，引发用户紧张。当然并不是所有拥挤的页面设计都会引发紧张情绪，如果文字和页面中其他元素之间的空间处理得合适，行间距留得足够大，那么也可以做到保证内容的可读性的同时保留了页面的“呼吸感”，如图7.77所示。

图7.77　保证内容可读性的同时保留了页面的“呼吸感”

7.4.5.2　使用行为召唤元素

想让设计出来的界面不那么死板，具有可交互性，就要会使用行为召唤元素。当然一些行为召唤元素不需要文字也可以完成，比如接电话按钮或者短信提示，都是使用图标来完成的。但是在一些特定情况下，内容过于抽象无法用图标来诠释的时候，我们应该使用文字，如图7.78所示。

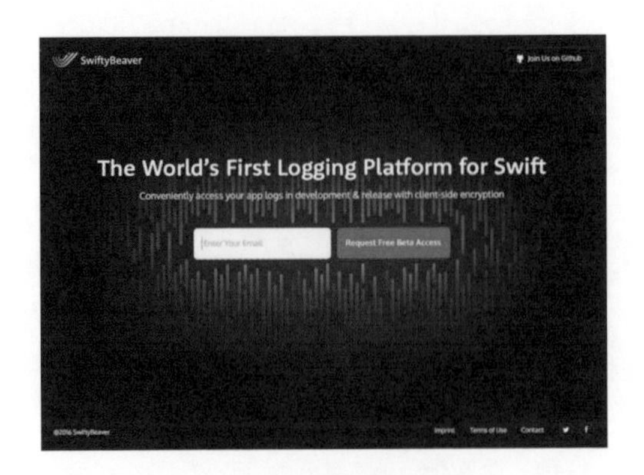

图7.78　使用行为召唤元素

行为召唤元素对于文字长度的要求极其严苛，最好是一个单词或者2～4个单词组成的短语（英文状态下）。

7.5 色彩

现代科学研究表明，一个正常人从外界接收的信息90%以上是由视觉器官输入大脑的，来自外界的一切视觉形象，如物体的形状、空间位置等，都是通过色彩区别和明暗关系得到反映的，对色彩的感受往往是视觉的第一印象。人们对色彩的审美往往成为设计、美化的前提，正如马克思所说："色彩的感觉是一般美感中最大众化的形式。"近年来，UI设计备受设计行业瞩目，无论是在PC端还是移动端，都大放异彩。而色彩在UI设计中有着较大的意义。

在UI界面设计中，掌握好色彩是设计的关键环节，也是塑造产品形象的一个重要方面，同时色彩搭配的效果好坏直接决定设计的成败。色彩在UI设计中有着相当特殊的用户体验诉求力，它以最直接、快捷的方式让人形成一种视觉感官反应。用户对于UI设计的印象在很大程度上是通过色彩获取的，所以强调色彩在UI设计中的作用，可以增强设计的表现力。

7.5.1 色彩在交互中的作用

对于交互设计师来说，通常交互原型都做成黑白稿。因为在前期交互设计中，交互设计师为了更专注于产品的流程、跳转，避免前期投入更多的精力在UI效果制作方面。

但是对于用户来说，看到的是真实线上的产品。设计师最终的目的是设计产品给用户使用，作为一个交互设计师，不能只考虑黑白交互稿，要关注后期视觉的设计。用户是如何理解产品的交互的，这是非常重要的问题。

7.5.1.1 区分层级

不管是UI设计还是其他平面设计，层级是设计中非常重要的一个环节。视觉层级手法主要有以下几种元素，实际设计中为了区分主次，可能会同时使用多种方法以达到更好的效果，如位置、大小、距离、内容形式、色彩。

如何用色彩来建立层级呢？

（1）确定主色

确定主色的因素有很多，如行业属性、企业色、个人偏好、色彩心理作用等。不管最后以何种方式来做，但必须要确定出主色，一款App、一个网页，必须要有一个主色调。

图7.79是谷歌官方推荐颜色部分展示，谷歌推出了一套配色体系，在没有任何灵感、方案时，可以使用谷歌的配色。

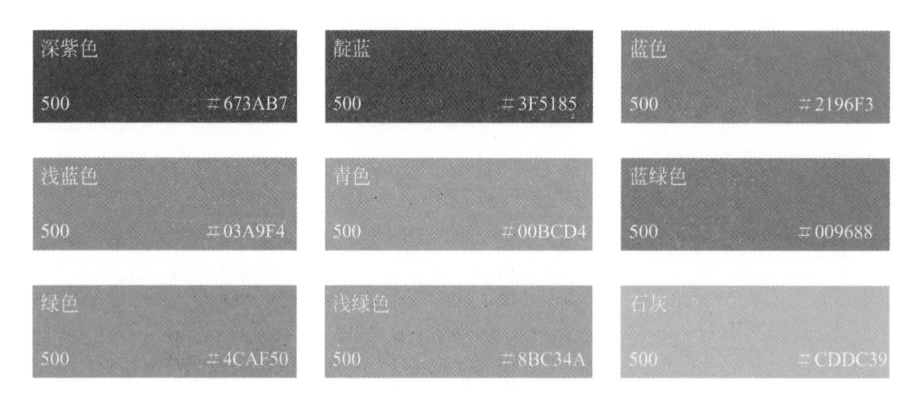

图7.79　谷歌官方推荐颜色部分展示

确定主色后，根据应用的不同场景，还需要设置主色体系的色彩，可以根据透明度的变化来设置。图7.80是一款谷歌配色方案网站。

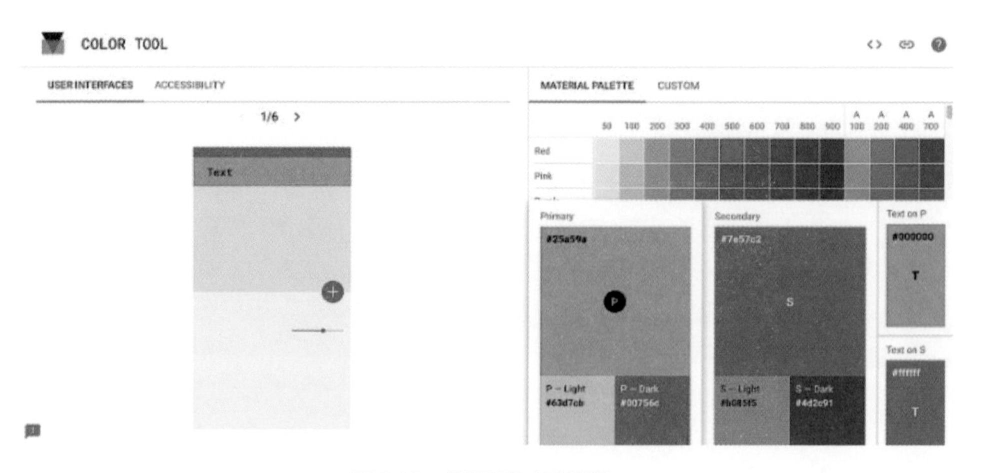

图7.80　谷歌配色方案网站

（2）确定辅助色

主色是指应用程序中最常出现的颜色。辅助色是指用来强调UI的关键部分的颜色。它可以是与主色互补的或类似于主色的颜色，但它不应该简单地是通过变化主色的深浅程度而得到的颜色。辅助色应该与周围的元素对比，并谨慎应用。

辅助色适用于：

① 按钮、浮动动作按钮和按钮文字；
② 文本字段、光标和文本选择；
③ 进度栏；
④ 选择控件、按钮和滑块；
⑤ 链接；
⑥ 标题。

是否使用辅助色是可选的。如果使用主色的变体来强调元素，则辅助色不是必需的。如图7.81所示，在使用主色（紫色）的区域下方，相关信息用浅紫色，浮动动作按钮使用辅助颜色青绿色来加以突出。

所以，色相不同的颜色，可以用来区分层级。色相相同的颜色，可以根据透明度、明度来区分层级。如图7.82所示，PESTO网站主色为绿色，应用于工具栏、状态栏和浮动动作按钮。

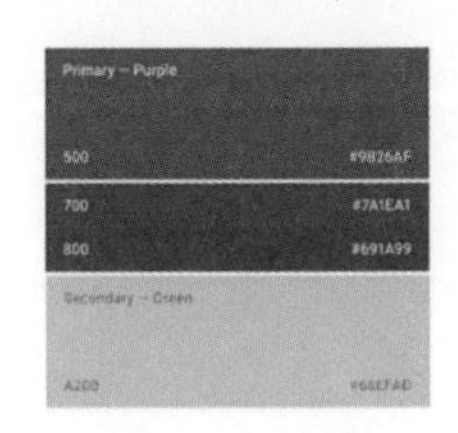

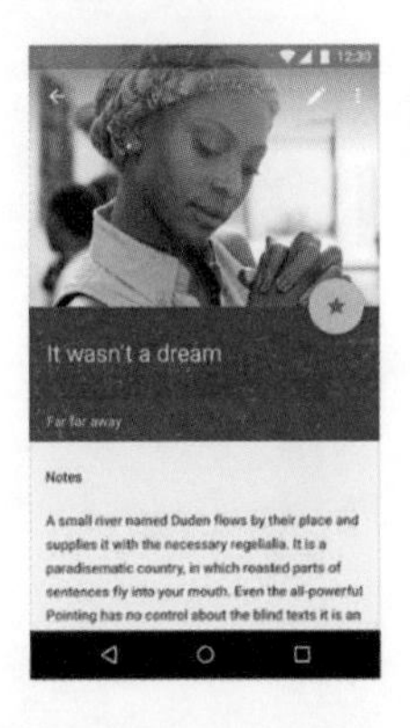

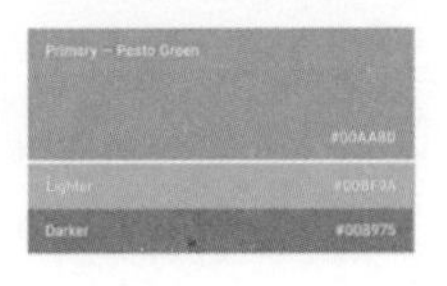

图7.81　紫色、浅紫色和青绿色的网页色彩搭配

图7.82　使用不同的色相区分层级

7.5.1.2　功能指示

功能指示，主要包括功能跳转、获取焦点、可操作和不可操作。

（1）功能跳转指示

功能跳转指示在UI交互设计中是一个很重要的指示，让用户在使用产品时，不会感到迷茫。除了用箭头、文字、按钮等来指示外，还可以用颜色来指示功能，当然很多情况下是与文字、按钮结合。通常用辅助色来指示文字可操作，如图7.83所示右图中的文字链接。我们经常会在微信朋友圈、QQ空间、微博中看到文字链接提示。

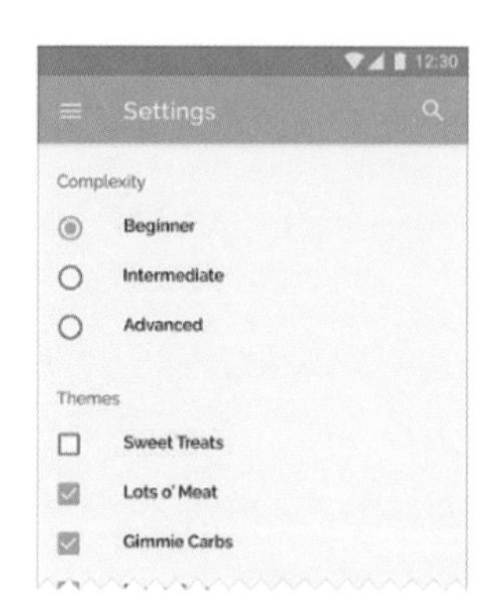

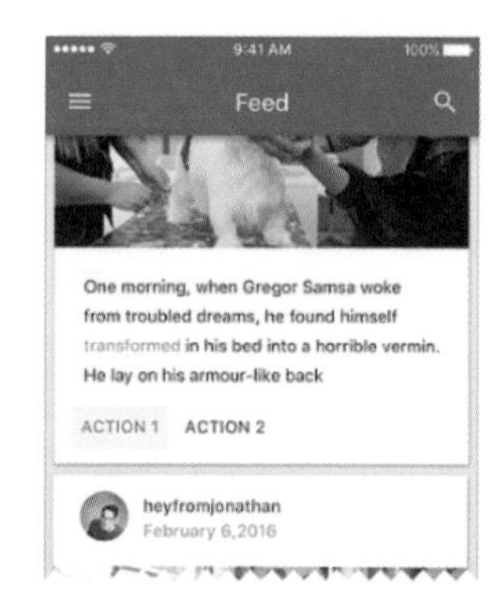

图7.83　利用颜色进行功能跳转指示

（2）获取焦点指示

通常是在输入文字的时候会出现，常用的是光标闪动，也会经常见到正在输入的输入框的颜色与其他部分不同。PC上该方式用得较多（图7.84）。

（3）可操作和不可操作指示

常见于按钮，通常不可操作由灰色显示（图7.85）。

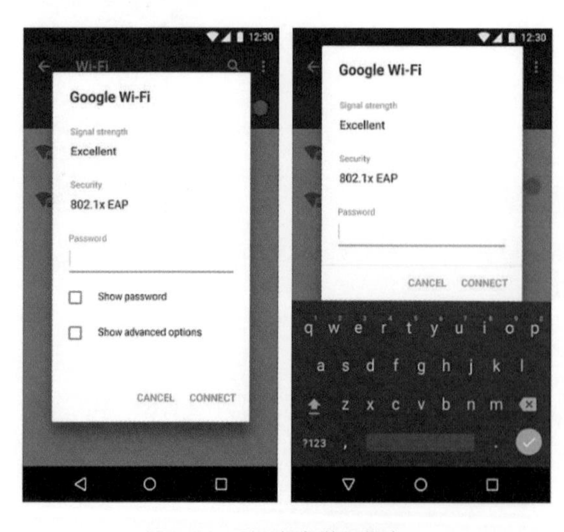

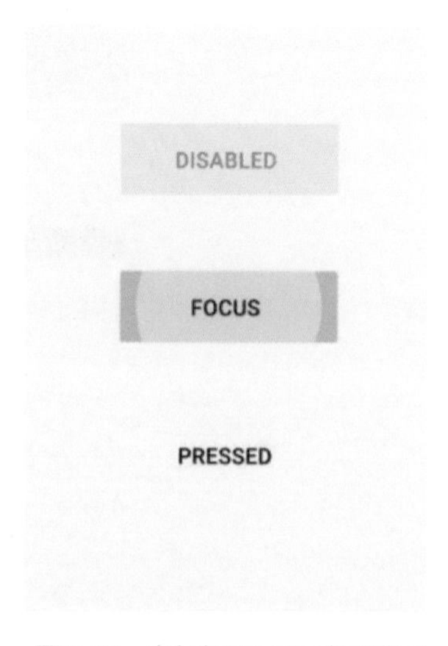

图7.84　利用颜色获取焦点

图7.85　由灰色显示不可操作指示

7.5.1.3 信息类别指示

色彩的信息传达能力是非常强的，如十字路口的红绿灯，人们已经形成了认知习惯，看到不同颜色的灯就知道其所表达的意思。在UI设计中也是同样的，通常会用固定的颜色和文字来区分不同的状态。通常“警告”就会用红色或者黄色来指示，“成功”用绿色来指示。不可用或者弱提示文字就会用和背景对比较小的颜色指示（图7.86）。

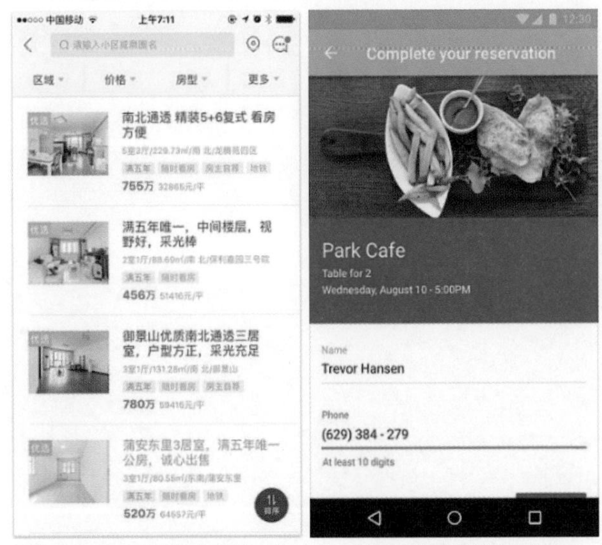

链家App中，房源特色标签，通过文字和颜色的结合来指示房源不同的特点

用红色指示电话输入错误

图7.86 用颜色进行信息类别指示

7.5.2 交互设计中的色彩印象

就情感的传递而言，色彩的表现力远远超过图像、文字等设计构成元素。色彩教育学家约翰内斯·伊顿曾说：“色彩向我们展示了世界的精神和活生生的灵魂。”UI设计中醒目而富有现代气息的色彩，更容易被人们识别、记忆，从而更好地增强用户的体验感。

7.5.2.1 红色——危险、重要、激情

红色是视觉效果最强烈的颜色之一，代表着喜庆、兴旺、性感、热烈。

红色还代表着精力充沛，容易使人冲动，还是速度与力量的象征。奈飞（Netflix）和优兔（YouTube）都采用红色作为主色调（图7.87）。

图7.87　奈飞（Netflix）和优兔（YouTube）都采用红色作为主色调

红色是引人注意的，它是非常富有感染力的色彩，如颁奖典礼现场的红地毯，它代表着走红毯的名人和明星的重要性。而红色运用在网页当中，则意味着这个元素是很重要的，值得重视和注意的，如图7.88所示。

图7.88　现代飞思（Veloster）官方网站设计

7.5.2.2　橙色——自信、能量、乐观

橙色同样是非常鲜艳的色彩，它和红色也有着许多共通的地方，但是相对而言，它没有红色那么强的视觉冲击力，但是它同样有着精力充沛的含义，可以营造出积极向上的情绪和氛围。

就像红色一样，橙色同样具备很高的识别度，能够强烈地吸引用户的注意力，有高亮特定元素的作用。另外，一些研究表明，橙色还能传递出“便宜”的含义，这也是为什么许多电商网站和App会倾向于将购物车和购买相关的链接设定为橙色。如图7.89所示，Hipmunk 中的橙色按钮非常醒目。

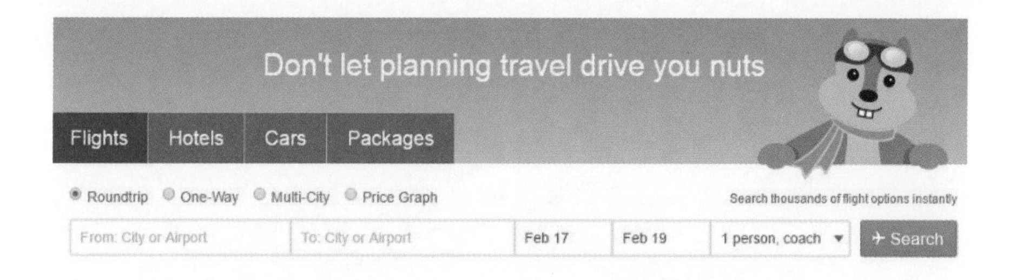

图7.89 Hipmunk中的橙色按钮非常醒目

7.5.2.3 黄色——阳光、幸福、注意

黄色是非常有意思的色彩，它同时具备了幸福和焦虑两种特性，不得不说它的特征非常哲学。在设计中，黄色非常容易引起人们的注意力，所以它也是日常生活中警示标识的常用色。尽管它在警示效果上不如红色强烈，但是依然能够给人传递出危险的感觉。当黄色与黑色搭配起来的时候，可以获得更多的关注，著名的钟表品牌百年灵（Breitling）就是采用这样的设计（图7.90）。

图7.90 著名的钟表品牌百年灵（Breitling）网页黄色与黑色的搭配

7.5.2.4 蓝色——舒适、放松、信任

蓝色是天空和海洋的颜色，它是UI设计中最重要也是最常用的颜色，在设计中所选取的蓝色的色调和色度，都会直接影响到设计对于用户的影响（图7.91）。

① 浅蓝色给人清爽、自由、平静的感觉。这种轻松友好的氛围能够使人产生信任，这也是为何如此多的银行类网页/App会使用浅蓝色的原因。

② 深蓝色能够给人强大而可靠的感觉。

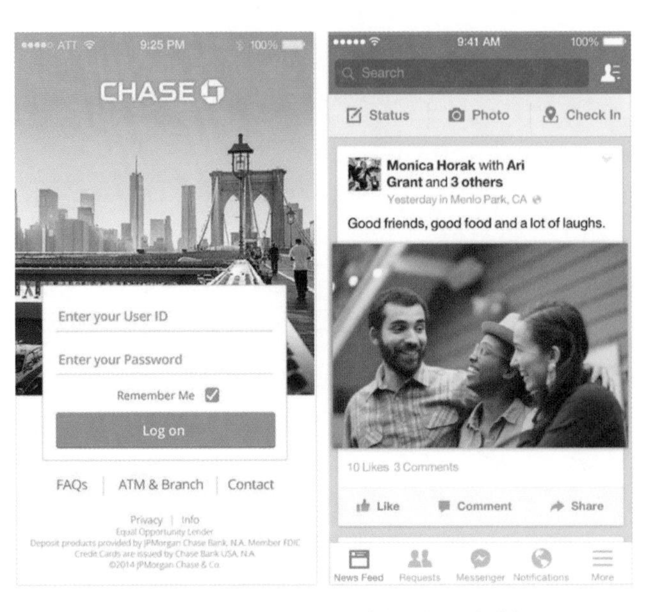

图7.91　蓝色给人舒适、放松、信任的感觉

7.5.2.5　绿色——自然、生长、成功

与绿色联系最紧密的毫无疑问是大自然。绝大多数的植物都是绿色的，绿色象征着生长和健康。

在设计中，绿色可以起到平衡和协调的作用，2017年的“年度色”就是草木绿，它甚至被称为新的中性色。不过在设计过程中，绿色的饱和度需要好好控制。高饱和度的绿色让人兴奋，引人注意，而低饱和度的绿色则有中性色的作用，可以平衡整个设计（图7.92）。

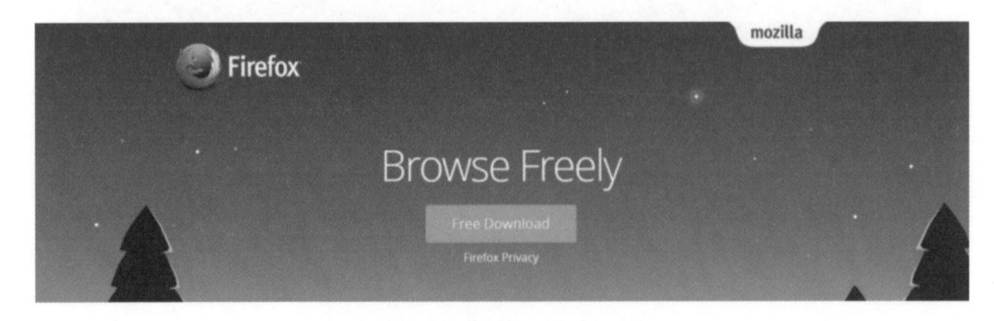

图7.92　绿色的平衡和协调作用

7.5.2.6　紫色——豪华、灵性、创造性

紫色的使用频率并不算高，它本身的这种稀缺性使得它在设计使用中有着

特殊的地位。欧洲历史上，曾经一度只有皇室才能使用，直到今天，它依然保持着奢侈感。将紫色运用到网页或者App中，常常会给用户一种高端的感觉。

一个有趣的调查表明，有接近75%的儿童喜欢紫色和与其相近的色彩（图7.93）。

图7.93 紫色的儿童网站设计

7.5.2.7 黑色——力量、优雅、精致

黑色是所有色彩中最有力量的，它能够很快地吸引用户的注意力，这也是为何它是文字的基准色，也常常作为许多设计的主色。

如图7.94所示，在Squarespace这个网站中，黑色的“Get started（开始）”按钮非常引人注意。

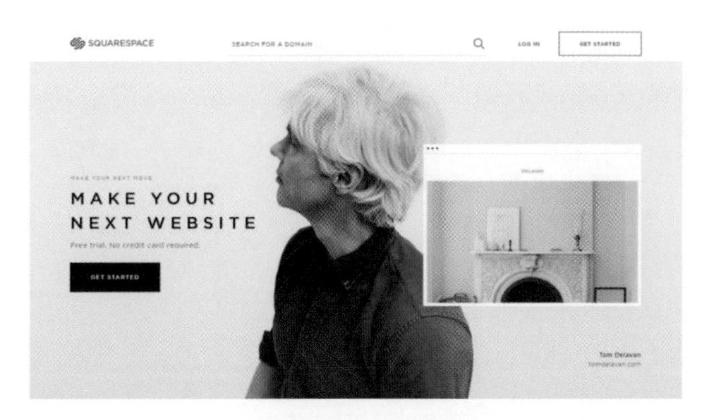

图7.94 Squarespace网站黑色的“Get started”按钮引人注意

当黑色作为UI控件和视觉元素的主色调的时候，它常常会带来相应的情感联系，它可以轻松传达出复杂的情绪，营造神秘的氛围。

7.5.2.8 白色——健康、纯洁、高尚

白色通常代表着纯洁，给人以干净、健康、高尚的感觉。由于白色常常同健康服务和创新关联，所以可以使用白色来强调安全性，推广医疗和高科技的产品。

在设计当中，白色常常用作留白，用以突出周围的色彩、控件。正确使用留白是一项非常重要的设计技能。以Google首页为例，白色让其他的色彩更加突出，更有力量（图7.95）。

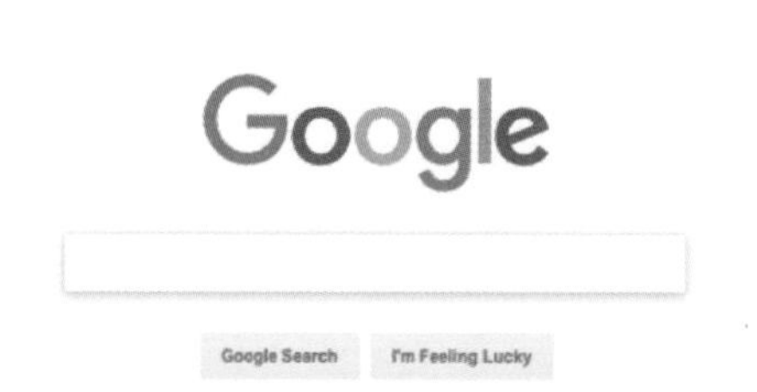

图7.95 Google首页的留白让其他的色彩更加突出

7.5.2.9 灰色——正直、中性、专业

灰色代表中性和中立。相比于其他的颜色，灰色更为安全，当灰色作为主色调而存在的时候，能让设计的形式感更为强烈。和白色相似，这种中性色能够让其他的色彩更为显眼。灰色通常同其他更为明亮的色彩搭配起来使用。如图7.96所示，Dropbox（一款最实用且免费的文件同步、备份、共享云存储软件）就常常使用灰色来突出CTA按钮。

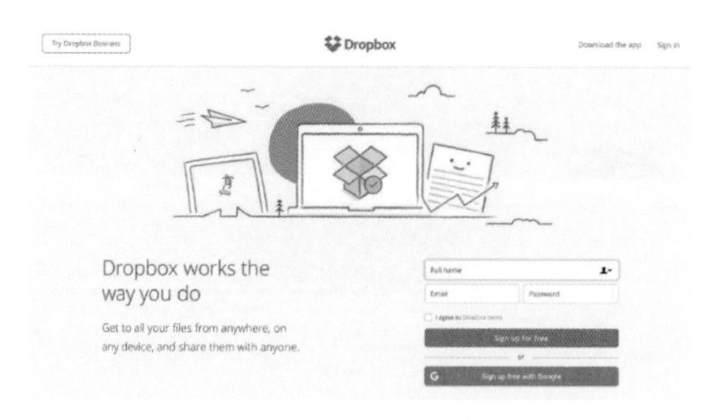

图7.96 Dropbox使用灰色来突出CTA按钮

7.5.3 用户界面交互设计的配色

颜色跟其他事物一样，使用时需要恰到好处。如果在配色方案中坚持使用最多三种基色，将获得更好的效果。将颜色应用于设计项目中，使用的颜色越多，越难保持平衡。

颜色不会增加设计品质，它只是加强了设计的品质感。——皮埃尔·波纳德（Pierre Bonnard）

配色主要有以下四种方式。

7.5.3.1 色相差形成的配色方式

这是由一种色相构成的统一性配色。即由某一种色相支配、统一画面的配色，如果不是同一种色相，色环上相邻的类似色也可以形成相近的配色效果。当然，也有一些色相差距较大的做法，比如撞色的对比，或者有无色彩的对比，这里以带主导色的配色为例阐述。

根据主色与辅色之间的色相差不同，可以分为同色系主导、邻近色主导、类似色主导、中差色主导、对比色主导等（图7.97）。

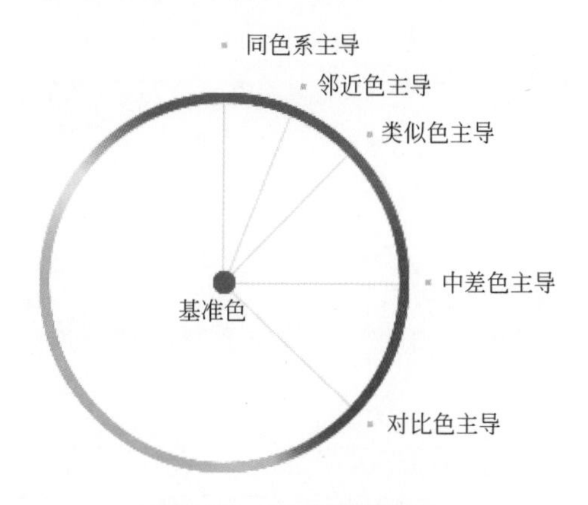

图7.97　有主导色调配色

（1）同色系主导

同色系配色是指主色和辅色都在统一色相上，这种配色方法往往会给人页面很一致化的感受。

如图7.98所示，整体蓝色设计带来统一印象，颜色的深浅分别承载不同类型的内容信息，比如信息内容模块，白色底代表用户内容，浅蓝色底代表回复内容，更深一点的蓝色底代表可回复操作，颜色主导着信息层次，也保持了Twitter的品牌形象。

图7.98　Twitter网站的同色系配色

（2）邻近色主导

邻近色配色方法比较常见，搭配比同色系稍微丰富，色相柔和，过渡看起来也很和谐。

纯度高的色彩，基本用于组控件和文本标题颜色，各控件采用邻近色使页面不那么单调，再把色彩饱和度降低，用于不同背景色和模块划分（图7.99）。

（3）类似色主导

类似色配色也是常用的配色方法，对比不强，给人色感平静、调和的感觉。

如图7.100所示，红、黄双色主导页面，色彩基本用于不同组控件表现，红色用于导航控件、按钮和图标，同时也作辅助元素的主色。利用偏橙色的黄色代替品牌色，用于内容标签和背景搭配。

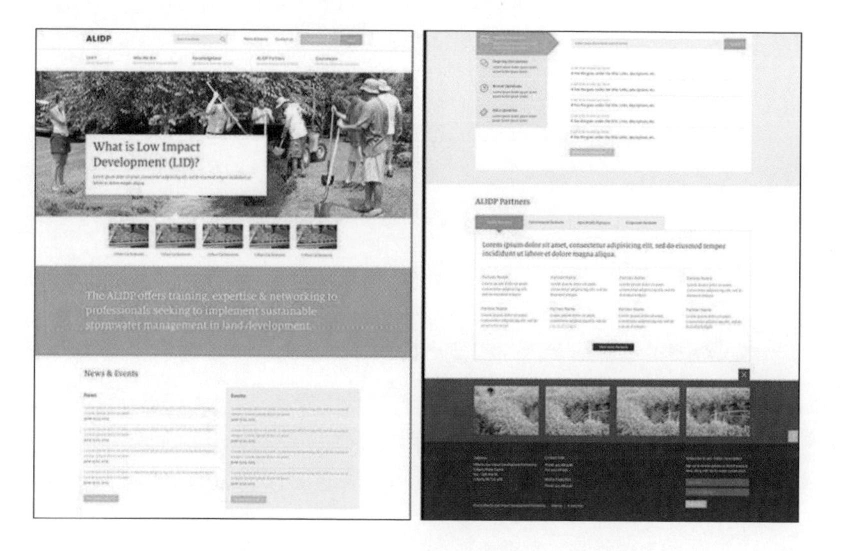

品牌色　主导色　辅色

图7.99　阿立德普（Alidp）网站的邻近色配色

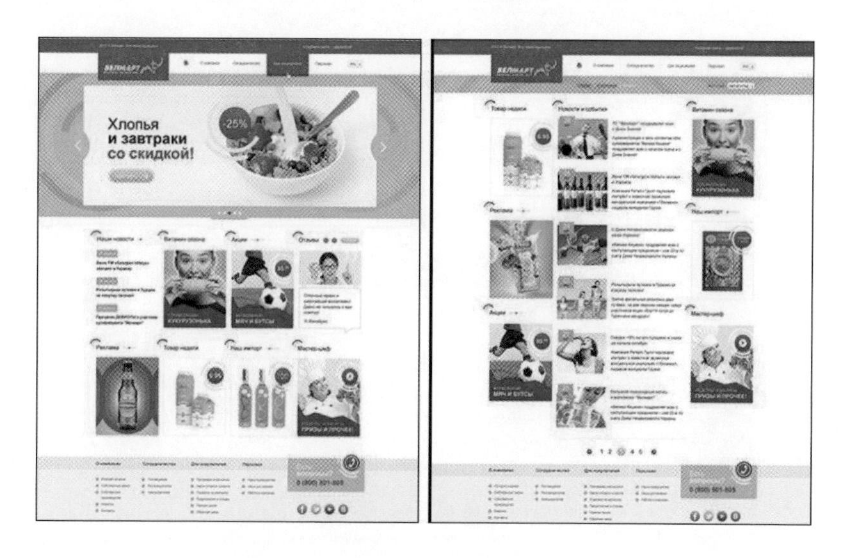

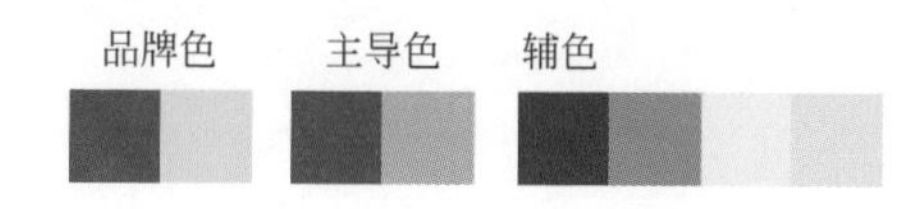

图7.100　本姆普（Benmapt）网站的类似色配色

（4）中差色主导

中差色对比相对突出，色彩对比明快，容易呈现饱和度高的色彩。

如图7.101所示，颜色深浅营造空间感，也辅助了内容模块层次之分，统一的深蓝色系运用，传播品牌形象。中间色绿色按钮起到丰富页面色彩的作用，同时也突出绿色按钮任务层级为最高。深蓝色顶部导航主导整个网站路径，并有引导用户向下阅读之意。

图7.101　Facebook网站的中差色配色

（5）对比色主导

主导的对比配色需要精准地控制色彩搭配和面积，其中主导色会带动页面气氛，产生激烈的心理感受。

如图7.102所示，红色的热闹体现内容的丰富多彩，品牌红色赋予组控件色彩和可操作任务，贯穿整个站点的可操作提示，又能体现品牌形象。红色多代表导航指引和类目分类，蓝色代表登录按钮、默认用户头像和标题，展示用户所产生的内容信息。

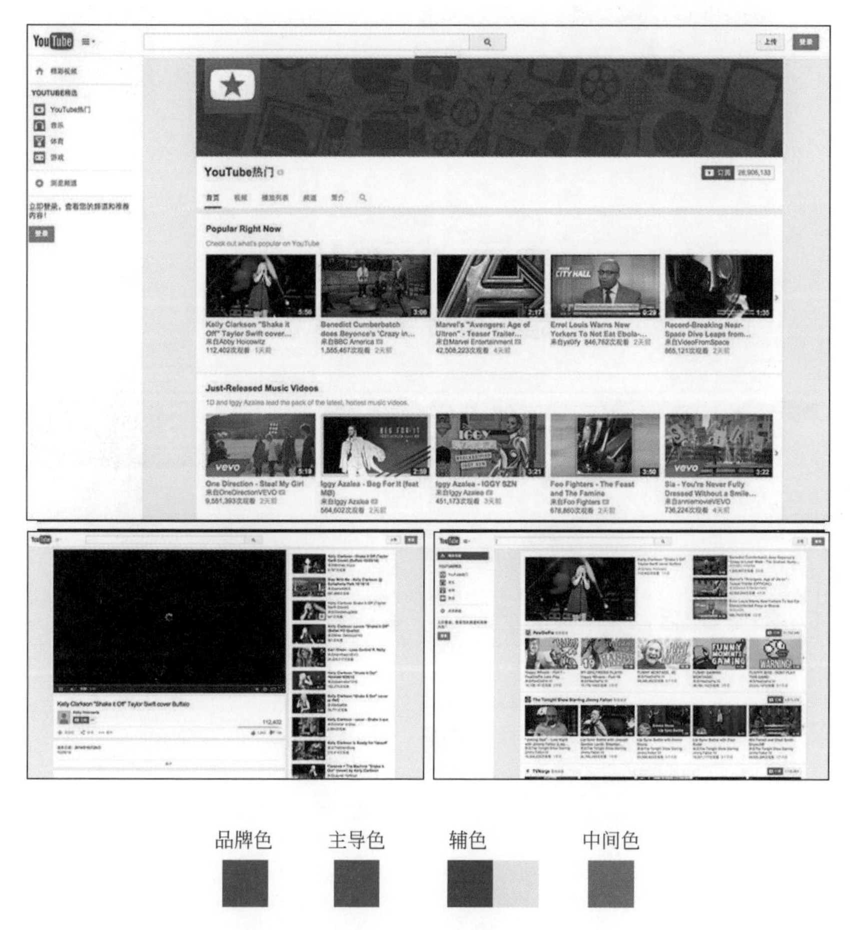

图7.102　YouTube网站的对比色配色

（6）中性色主导

用一些中性的色彩作为基调搭配，常应用在信息量大的网站，突出内容，不会受不必要的色彩干扰。这种配色比较通用，非常经典。

如图7.103所示，黑色突出网站导航和内容模块的区分，品牌蓝色主要用于可点击的操作控件，包括用户名称、内容标题。相较于大片使用品牌色的手法，更能突出内容和信息，适合以内容为主的通用化、平台类站点。

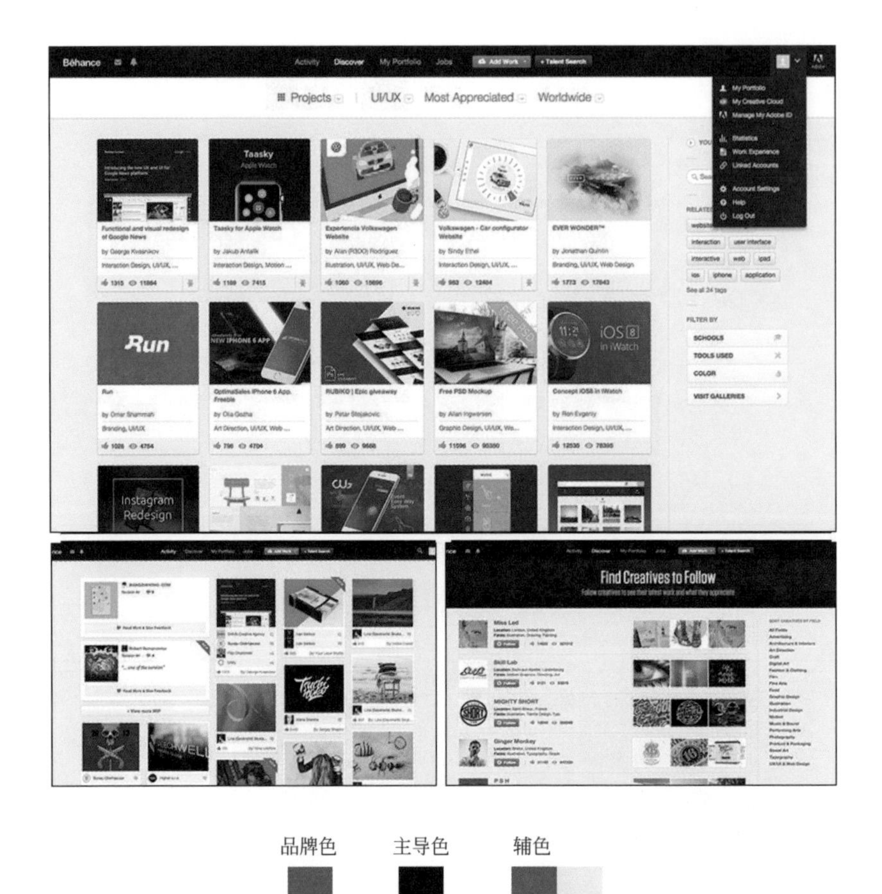

图7.103　Bechan网站的中性色配色

(7)多色搭配

主色和其他搭配色之间的关系会更丰富，可能有类似色、中差色、对比色等搭配方式，但其中某种色彩会占主导。

如图7.104所示，对于具有丰富产品线的谷歌来说，通过4种品牌色按照一定的纯度比，以及用无彩色黑、白、灰能搭配出千变万化的配色方案，让品牌极具统一感。在大部分页面，蓝色会充当主导色，其他3色作辅色并设定不同的任务属性，黑、白、灰多作为辅助色，对于平台类站点来说，多色主导有非常好的延展性。

图7.104　Google网站的多色搭配下的主导色配色

7.5.3.2　色调调和形成的配色方式

根据色彩的情感，不同的色调会给人不同的感受。主要有清澈的色调、阴暗的色调、明亮色调、深暗色调、高亮色调及主灰色调。画面即使出现多种色相，只要保持色调一致，也能呈现整体统一性。

（1）有主导色调配色

① 清澈的色调　如图7.105所示，清澈调子使页面非常和谐，即不同色相、相同色调的配色能让页面保持较高的协调度。蓝色另页面产生安静冰冷的气氛，茶色让人们想起大地泥土的厚实，给页面增加了稳定踏实的感觉，同时暖和了蓝色的冰冷。

图7.105　Shotfolio网页设计

② 阴暗的色调　如图7.106所示，阴暗的色调渲染场景氛围，通过不同色相的色彩变化丰富信息分类，降低色彩饱和度使各色块协调并融入场景，白色和明亮的青绿色作为信息载体呈现。

③ 明亮的色调　如图7.107所示，明亮的颜色活泼清晰，热闹的气氛和醒目的卡通形象叙述着一场庆典，但铺满高纯度的色彩，过于刺激，不适宜长时间浏览。

图7.106 Bartosz网页配色设计

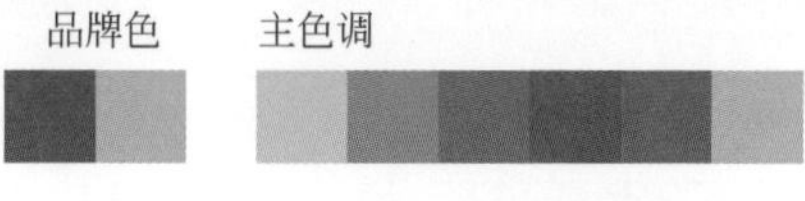

图7.107 Kids plus网页设计

④ 深暗色调　如图7.108所示，页面以深暗偏灰色调为主，不同的色彩搭配，像在叙述着不同的故事，白色文字的排版，整个页面显得厚重精致，小区域微渐变增加版面质感。

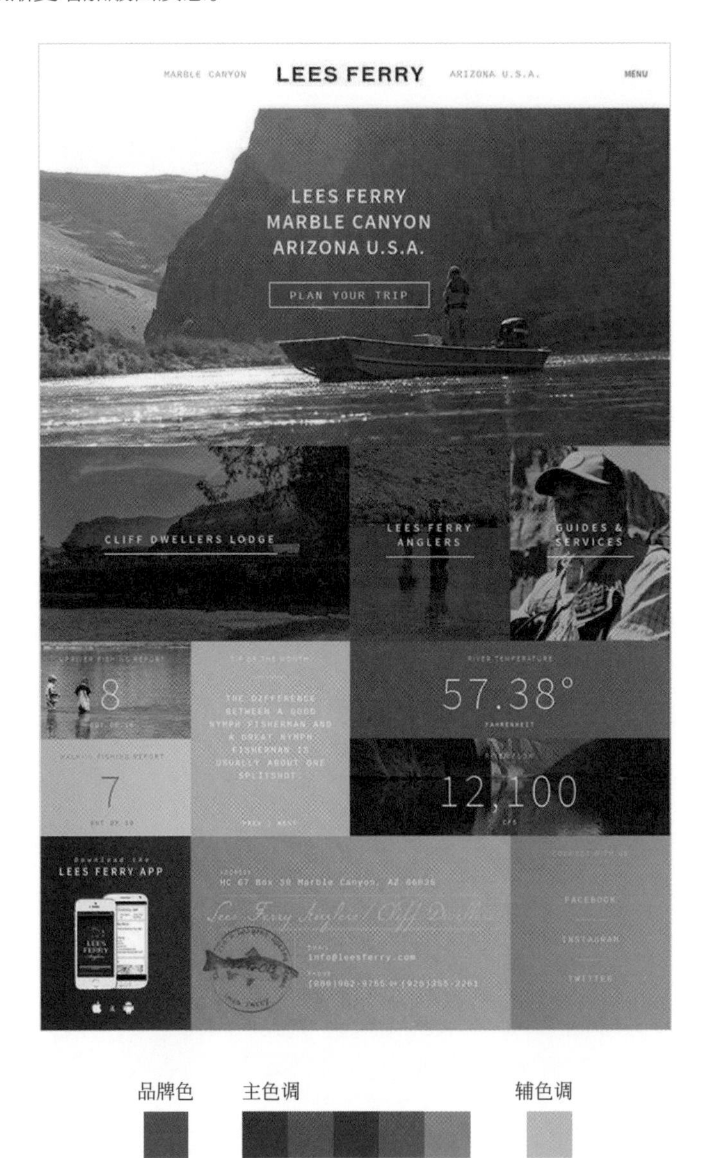

图7.108　Lees Ferry网页设计

⑤ 主灰色调　如图7.109所示，柔和的调子使页面显得明快、温暖，即使色彩很多也不会造成视觉负重。页面为同色调搭配，颜色作为不同模块的信息分类，不仅不抢主体的重点，还能衬托不同类型载体的内容信息。

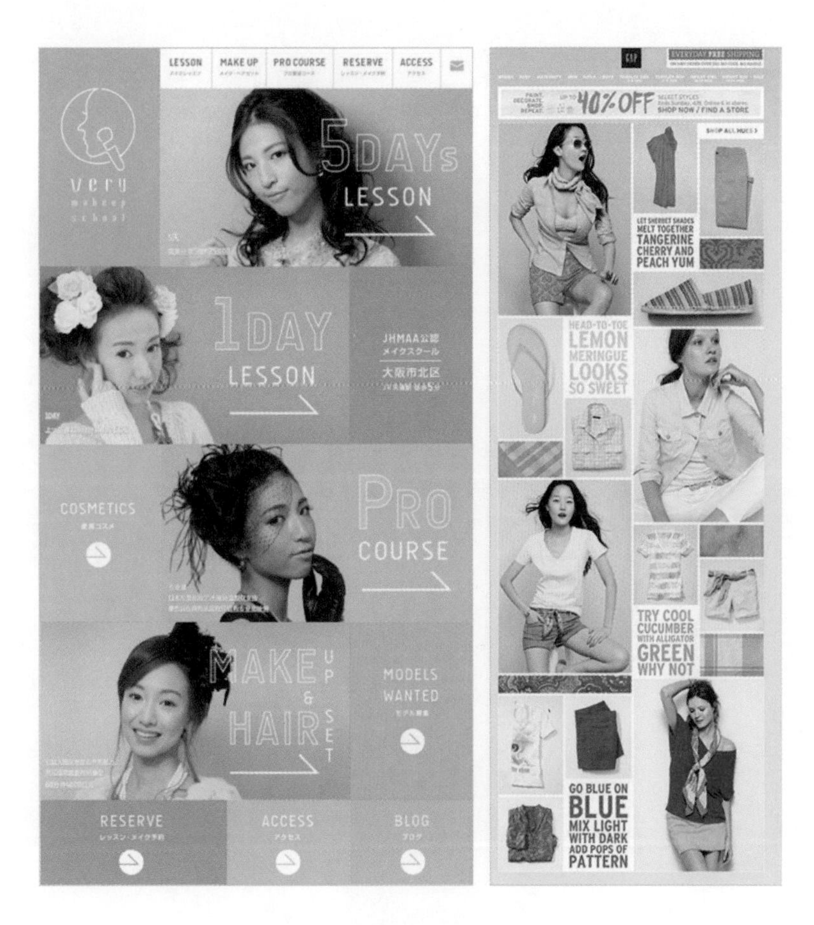

品牌色　主色调

图7.109　Very网页设计

（2）同色调配色

这是由同一或类似色调中的色相变化构成的配色类型，与主导色调配色属于同类技法。区别在于色调分布平均，没有过深或过浅的模块，色调范围更为严格。

在实际的设计运用中，常会用些综合的手法，例如整体有主导色调，小范围布局会采用同色调搭配。如图7.110所示，Tumblr的发布模块，虽然页面有自己的主色调，但小模块使用同色调，不同色彩的功能按钮，结合色相变化和图形表达不同的功能点，众多的按钮放在一起，由于同色调原因模块非常稳定统一。

图7.110　Tumblr网页设计

（3）同色深浅搭配

这是由同一色相的色调差构成的配色类型，属于单一色彩配色的一种。与上述的色像差形成的配色方式中的同色系主导配色属于同类技法。从理论上来讲，在同一色相下的色调不存在色相差异，而是通过不同的色调阶层搭配形成，可以理解为色调配色的一种。

如图7.111所示，以紫色界面为例，利用同一色相通过色调深浅对比，营造页面空间层次。虽然色彩深浅搭配合理，但有些难以区分主次，由于是同一色相搭配，颜色的特性决定着心理感受。

图7.111　Genrecolours网页设计

7.5.3.3　对比色形成的配色方式

由对比色相互对比构成的配色，可以分为互补色或相反色搭配构成的色相对比效果，由白色、黑色等明度差异构成的明度对比效果，以及由纯度差异构成的纯度对比效果。

（1）色相对比

① 双色对比　色彩间对比视觉冲击强烈，容易吸引用户注意，使用时经常大范围搭配。

如图7.112所示，维萨（Visa）是一个信用卡品牌，深蓝色传达和平、安全的品牌形象，黄色能让用户产生兴奋和幸福感。蓝色降低明度后再和黄色搭配，对比鲜明之余还能缓和视觉疲劳。

图7.112　Visa网页设计

② 三色对比　三色对比色相上更为丰富，通过加强色调重点突出某一种颜色，且在色彩面积上更为讲究。

如图7.113所示，大面积绿色作为网站主导航，形象鲜明突出。使用品牌色对应的两种中差色作二级导航，并降低其中一方蓝色系明度，再用同色调的西瓜红色作为当前位置状态，二级导航内部对比非常强烈却不影响主导航效果。

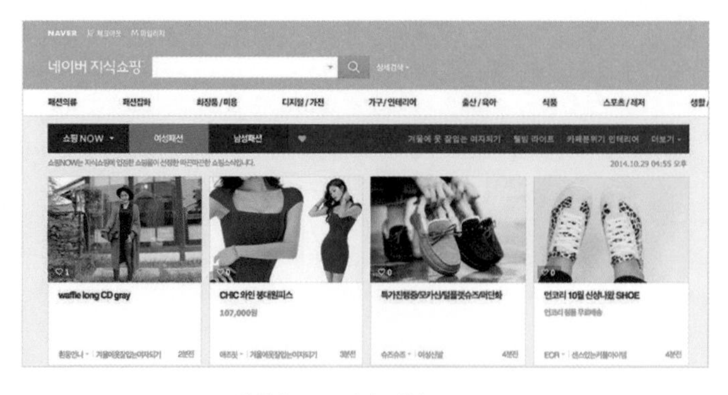

品牌色　　主色对比

图7.113　Naver（韩国最大搜索引擎）网页设计

③ 多色对比　多色对比给人丰富饱满的感觉，色彩搭配协调会使页面显得非常精致，模块感强烈。

如图7.114所示，美俏（Metro）风格采用大量色彩，分隔不同的信息模块。保持大模块区域面积相等，模块内部可以细分出不同内容层级，单色模块只承载一种信息内容，配上对应功能图标识别性高。

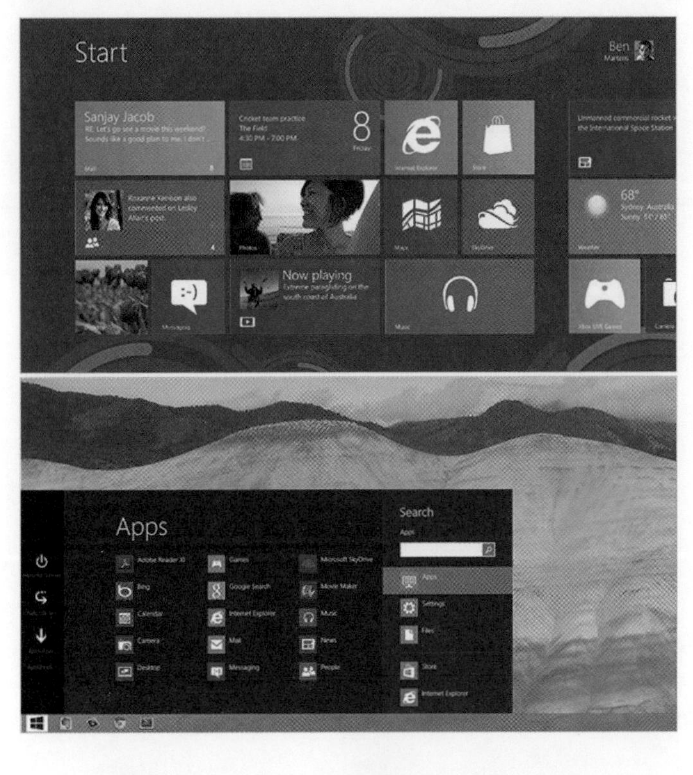

图7.114　Metro界面设计

（2）纯度对比

纯度对比的色彩选择非常多，设计应用范围广泛，可用于一些突出品牌、营销类的场景。

如图7.115所示，页面中心登录模块，通过降低纯度处理制造无色相背景，再利用红色按钮的对比，形成纯度差关系。与色相对比相比较，纯色对比视觉冲突感相对小一些，比较容易突出主体，形成一个比较温和的视觉交互感。

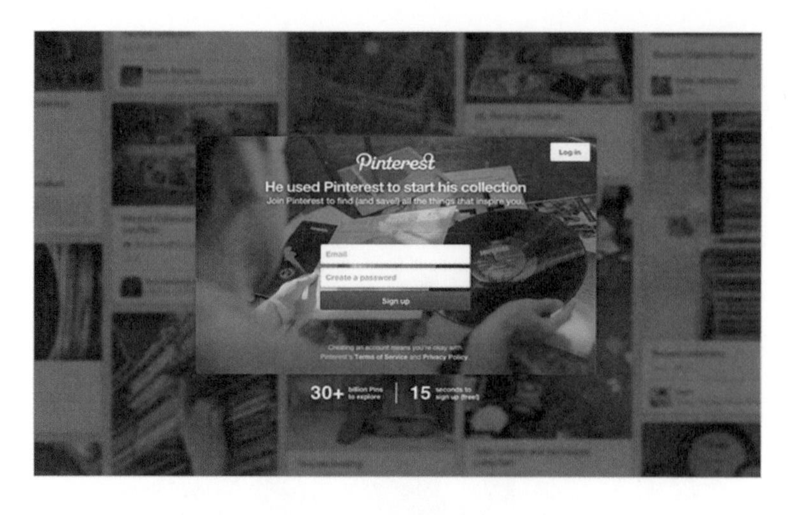

图7.115　Pinterest（图片社交平台）网页设计

（3）明度对比

明度对比通过环境远近、日照角度等明暗关系，设计接近实际生活。

如图7.116所示，明度对比构成画面的空间纵深层次，呈现远近的对比关系，高明度突出近景主体内容，低明度表现远景的距离。而明度差使人注意力集中在高亮区域，呈现出药瓶的真实写照。

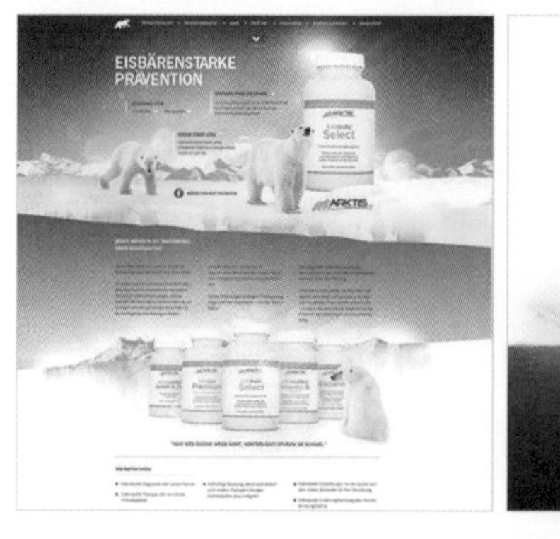

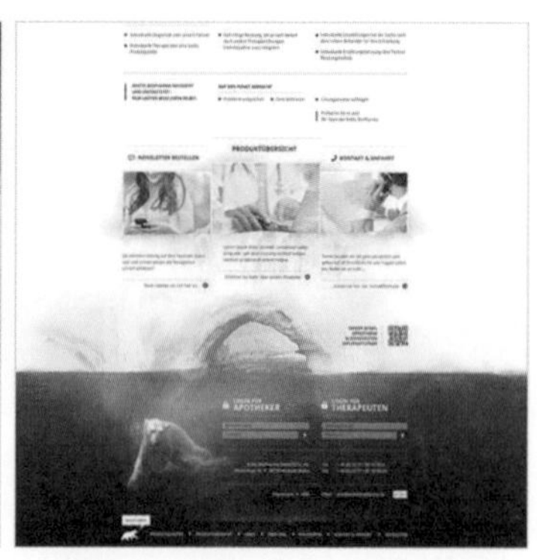

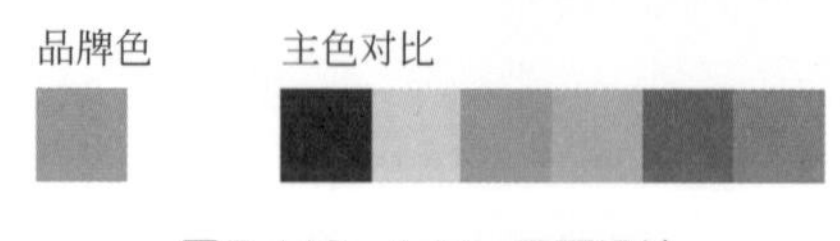

图7.116　Arktis网页设计

7.5.3.4 渐变色配色方式

“信息大爆炸”以来，用户在使用产品时，面对着越来越多的信息，往往容易眼花缭乱。为了突出内容，减少过度美观修饰对信息的干扰，扁平化风格应运而生并开始流行。抛弃多余的元素，以强烈简洁的功能界面区分，扁平化已经成为UI设计中的主流风格。

然而，扁平化风格还是存在着不足的，比如：简洁有余、张力不足。有些时候，扁平化设计会变得太“平”了以至于影响了可用性。如果用户界面太“平”了，可操作性的元素就会被淹没在一片“看起来都一样”的扁平化元素之海中。

作为一种设计方法，近扁平设计仅仅当扁平化风格能提升可用性时才采用它。近扁平设计允许利用细微的投影和渐变来营造空间感、距离感、视觉层次感、视觉线索和边缘效果。因此设计师为了弥补扁平化的这种缺陷，重新在色彩上寻求突破口。使用渐变色就是其中最有力的武器。

（1）单色相渐变

从2017年开始，UI界面上的色彩运用越来越大胆。如图7.117所示的淘宝，摒弃了之前单一的橙色，而采用了比较年轻态的渐变色，主色调、导航栏图标采用暖色单色相的渐变色。在App设计中，此类渐变多用于App内导航栏图标、入口图标等的设计。

图7.117 淘宝App

通过使用单色相渐变，淘宝App的整个页面感觉更通透了、充满了活力，再没有呆板与窒息感。

如图7.118所示，2017年下半年大火的一款游戏App——《纪念碑谷2》也是采用了单色相的渐变作为游戏背景，在让整个画面丰富的同时又不会太抢夺主体的色彩，使画面显得清新透气而不沉闷。

图7.118 《纪念碑谷2》游戏App

（2）多色相渐变

使用色系相近的不同颜色，带来强烈的视觉冲击，有种梦幻的感觉，最早尝试这种风格的是Instagram，Instagram拟物风时期的LOGO一直广受好评，在进入扁平风时代后，Instagram没有简单地将LOGO设计成“平”的，而是采用了强烈的多色渐变，让人耳目一新。它极简风格的UI界面，对用户十分友好，用户只需要欣赏美丽的照片，然后双击点赞就可以了。

2017年7月苹果推出的iOS11，也在扁平化的基础上做了一些改进，除了让标题更粗、更黑，也将可点击的组件加上了渐变色，其中不乏强烈的多色相渐变（图7.119）。

（3）不同明度渐变色组合

是指画面中的色彩具有两种或以上的渐变手法，多色相渐变在视觉上的表现力会更强一些，给用户更强的视觉冲击力，这类配色在网页设计（Web）、横幅广告（banner）设计、插画设计等运用居多。设计师把渐变“玩”出了更多的花样，其中最出色的便是强势改版的优酷视频App（图7.120）。

图7.119　苹果iOS11

图7.120　优酷视频App

但是，这种风格比较复杂，不适合做尺寸较小的图标（icon）。如图7.120所示，优酷将图标（icon）改回了单色相渐变（图7.121）。

（4）高饱和度高亮度颜色

不仅是图形用户界面（GUI）设计，对色彩的大胆使用也蔓延到平面设计。此类色彩的运用多用于电商H5（移动端的动画页面）活动页面，能够极大地调动活动所要营造的氛围，给用户最强的视觉冲击力，最终达成消费的目的（图7.122）。

图7.121　优酷图标

图7.122　淘宝H5活动页面设计

7.6 图片

7.6.1 图片的位置

在遵循形式美的法则和达到视觉传达最佳效果的前提下，图片在界面上放置的位置是不受任何限制的，但它的位置直接关系到版面的构图和布局。支配版面的四角和中轴是版面的重要位置，在这些点上恰到好处地安排图片，可以相对容易地达到平衡而又不失变化，在视觉的冲击力上起到良好的效果。

① 扩大图片的面积，能产生界面整体的震撼力，如图7.123所示。

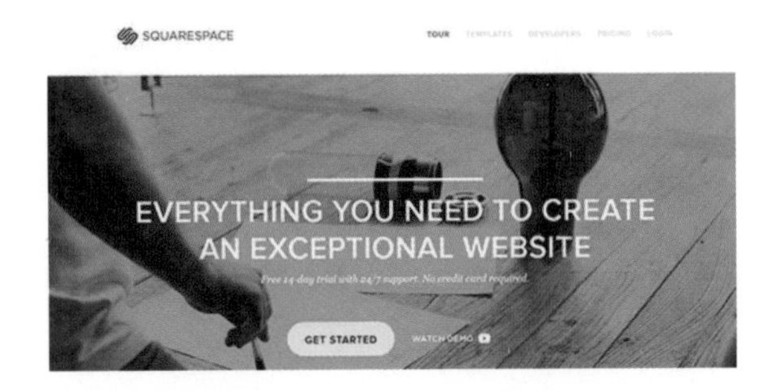

图7.123　Square Space网页设计

② 在对角线上安置图片要素，如图7.124所示，可以支配整个页面的空间，能起到相互呼应的作用，具有平衡性。

③ 把不同尺寸大小的图片按秩序编排，显得理性且有说服力，如图7.125所示。

7.6.2 图片的数量

图片的数量首先要根据内容的要求而定，图片的多少可影响用户的阅读兴趣，适量的图片可以使版面语言丰富，活跃文字单一的版面气氛，同时也出现对比的格局。在图片需要多的情况下，可以通过均衡或者错落有致地排列，形成层次并根据版面内容来精心地安排，有的现代设计采取将图片精简并且缩小的方式留下大量的空白，以取得简洁、明快的视觉效果。

① 多张图片等量地安排在一个版面上，使用户一目了然地浏览众多的内容。如图7.126所示。

图7.124　捷克设计师迈克（Mike）2017年网页设计

图7.125　Blvb运动女装首页设计

图7.126　互联网电影资料库（IMDB）网页设计

② 将同样大小的多张图片，采用叠加的方式进行组合，图片的前后关系可为设计带来层次感。

③ 精美、独特、单一的图片编排形式，能使版面有视线集中感并且给读者带来高雅简洁的视觉感受，如图7.127所示，SoundCloud（一款可以创建、记录和分享音乐到社交网络的谷歌浏览器插件）。

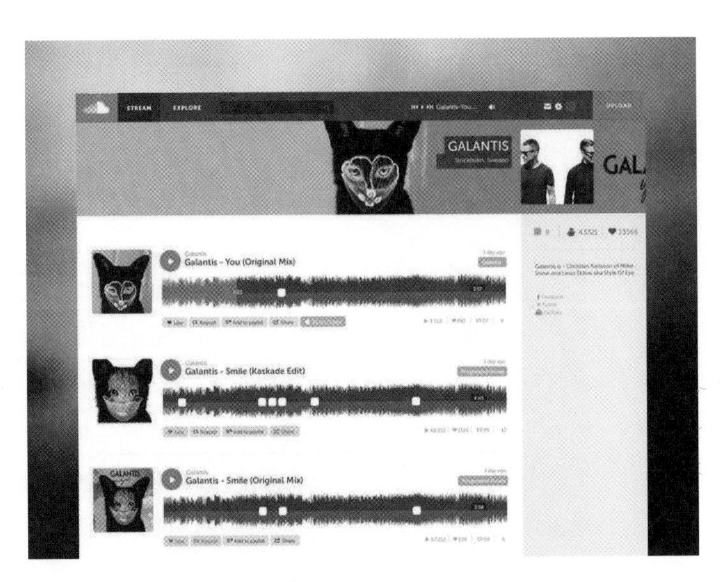

图7.127　SoundCloud网页设计

7.6.3 图片的面积

图片面积的大小设置，直接影响着版面的视觉效果和情感的传达，大图片一般用来反映具有个性特征的物品，以及物体局部的细节，使它能吸引读者的注意力，而将从属的图片缩小形成主次分明的格局。大图片感染力强，小图片显得简洁精致，大小与主次得当的穿插组合，能使版面具有层次感，这是版面构成的基本原则。

① 小的图片给人以精致的感觉，图片的大小编排变化，丰富了版面的层次，如图7.128所示。

② 将主要诉求对象的图片扩大，如图7.129所示，能在瞬间传达其内涵，渲染一种平和并直接的诉求方式。

③ 扩大图片的面积，如图7.130所示，并将文字缩小，因此产生强烈的对比，能加强对视觉的震撼力。

图7.128　英国广播公司（BBC）网页设计

图7.129　DayDreaming童装购物网站设计

图7.130　阿斯顿马丁网站界面设计

7.6.4 图片的组合

图片的组合有块状组合和散点组合两种基本形式。将多幅图片通过水平、垂直线分割整齐有序地排列成块状，使其具有严肃感、理性感、整体感和秩序感的美感；或者根据内容的需要分类叠置，并具有活泼、轻快同时也不失整体感的块状，我们称它为块状组合。

散点组合则是将图片分散排列在版面的各个部位，使版面充满着自由轻快的感觉。这种排列的方法应注意图片的大小、位置、外形的相互关系，在疏密、均衡、视觉方向程序等方面要做充分的考虑，否则会产生杂乱无序的感觉。

① 将不同大小的图片构成一种块状，如图7.131所示，使之成为一个整体。

图7.131　国外某赛车网站设计

② 图片自由地安排，具有轻松活泼的特点，在编排中隐含着视觉流程线，使编排构成散而不乱，如图7.132所示。

图7.132　国外某餐厅网站设计

③ 几张相同大小的照片均衡地安排，其中一张打破秩序，产生一种特异的效果，活跃了整个版面，如图7.133所示。

图7.133　Red Collar（红领）设计团队网页设计

7.6.5　图片与文字的组合

文字与图形的叠加，文字围绕画面中图形的外轮廓进行编排，以加强视觉的冲击力，烘托画面的气氛，使文字排序生动有趣，给人以亲切、生动、平和的感觉。

① 如图7.134所示的界面中，图片在设计中成为主体，而文字则在图片边缘适当的位置加以精心地编排。

图7.134　国外某餐厅网页设计（一）

② 图片和修饰的有趣并置，如图7.135所示，图片上的文字小心翼翼地摆放，为的是避免破坏图片的整体形象。

图7.135　Lordz dance academy网页设计

③ 将主题文字的一部分叠加在图片上，但又不影响文字的可读性，其他文字采用居中对齐的编排方式，使设计既具有秩序又富有变化，如图7.136所示。

图7.136　国外某餐厅网页设计（二）

7.7 信息图形设计

7.7.1 信息图形设计概述

随着经济技术的发展，信息化、科技化发展速度越来越快，信息量的不断增加，使人们对于信息的整理与识别要求也越来越高。繁忙的工作生活下，如何使信息更为直观地提供给用户，信息图形设计在这种环境下应运而生。

信息图形设计就是针对内容复杂、难以描述的信息进行充分的理解、提炼、整理、分类，并通过设计将其视觉化，通过图形简单清晰地向用户以更为直观的形式展示，这种图就叫作信息图形。

信息图形由信息和图形两个词语组成，英文为infographics或information graphics。信息图形最初是用在报纸、杂志、新闻等媒体刊登的一般图解。“图解”这个词在国内外使用了多年，是指为了充分利用信息，而将这些信息进行功能性的整理。有时候，信息图形也会运用符合各种文化习惯的比喻等手法，以不同的形式来表达。这种信息图形能使用户有惊喜感，也更容易理解，印象深刻。信息图形设计不仅从功能上满足人们对于信息的直观了解，而且从感官上带给人们更多的视觉享受。

7.7.2 信息图形设计的原因

7.7.2.1 简化复杂的概念

面对复杂的事物，如何快速了解它到底是什么，有什么用？利用图形能使你快速理解信息，专注于信息结论，获得更轻松、更聚焦的阅读体验（图7.137）。

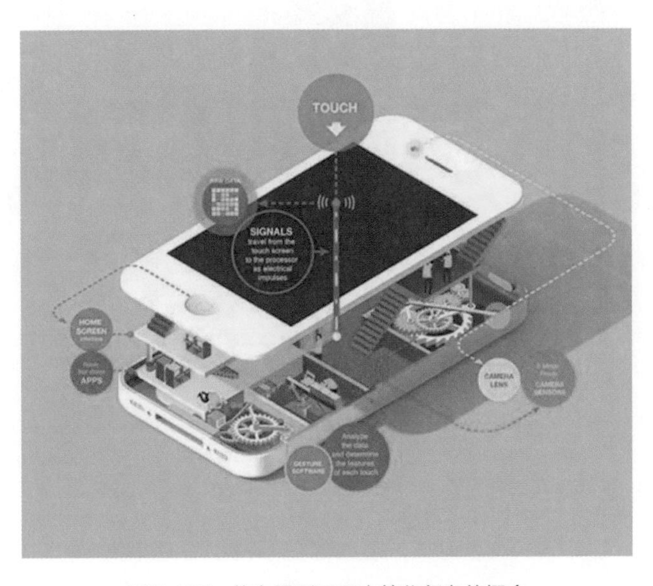

图7.137　信息图形可用来简化复杂的概念

7.7.2.2 让用户记得更多、更牢

相比于文字，人们能够在同等时间内记住更多信息图的内容。如图7.138所示，禁止游泳的图形和两行文字，很明显，图形获取信息的速度快于文字。而且，图形的颜色很直观地传达了危险的信号。

图7.138　图形比文字能让用户记得更多、更牢、更快

7.7.2.3 易传播

一张信息图相当于一张创意海报，收藏、转发都是很容易的事情，在手机、电脑、易拉宝等地方都能清晰展示（图7.139）。

图7.139　图形具有易传播的特性

7.7.2.4 对比更清晰

两个事物有多大区别？一条条的文字说明看起来太麻烦，用图形表示吧，简单明了得多（图7.140）。

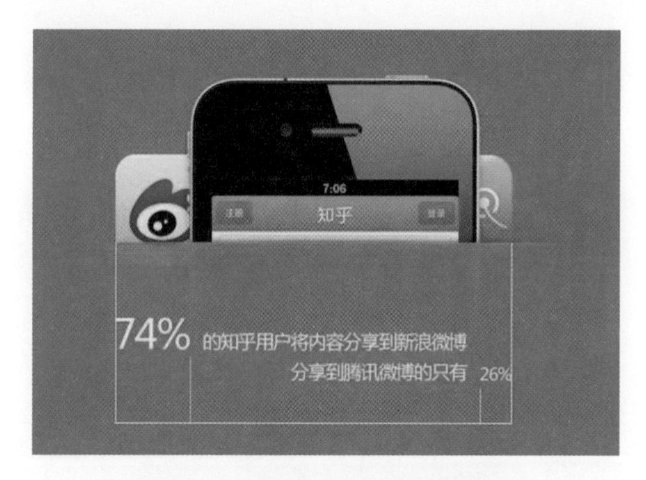

图7.140 图形比文字说明表达更清晰

7.7.3 信息图形的分类

根据木村博之的定义，从视觉表现形式的角度，将“信息图形”的呈现方式分为六大类：图解（diagram）、图表（chart）、表格（table）、统计图（graph）、地图（map）、图形符号（pictogram），如图7.141所示。

图7.141 信息图形的基本分类

7.7.3.1 图解

主要运用插图对事物进行说明。

有些东西仅靠语言是无法有效传递的，但是通过图解就能很好地传达人们所想要表达的信息。图7.142是一张健身动作图解，48种健身动作，图解是每个健身动作。少去繁杂的文字解释，直接用图解表示，直观明了。

图7.142　健身动作图解

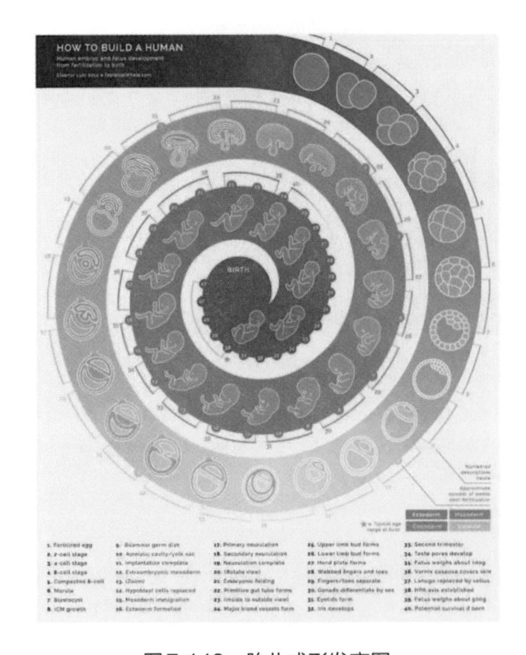

图7.143　胎儿成形发育图

7.7.3.2　图表

运用图形、线条及插图等，阐述事物的相互关系。

图表是将复杂的信息进行整理，使之一目了然的表现形式。它运用线条连接或区分事物，利用箭头指示方向，将事物之间的关系表达得足够清楚明晰。流程图就是典型的图表。

图7.143是一张胎儿成形的发育图，巧妙地运用了图形变化和线条的顺时针转动向人们展示了整个过程。

7.7.3.3　表格

根据特定信息标准进行区分，设

置行和列。

表格是指按照一定的标准、规则设置行与列，将数据进行罗列的表现形式（图7.144）。

图7.144　表格的表现形式

7.7.3.4　统计图

通过数值来表现变化趋势或者进行比较。

常用的统计图有三种，根据主要功能，可以将其分为两大类。第一类是为了体现变化或比较关系的柱状图及折线图；第二类是用于体现某种要素在整体中所占比例的饼图。

如图7.145所示，是某活动页面的信息图形展示，通过这些柱状图和折线图，人们能很清晰地看到通过这个活动页，用户从参与、领取优惠券、下单到成功支付的比例是怎样的，以及订单的金额和新用户的参与情况。

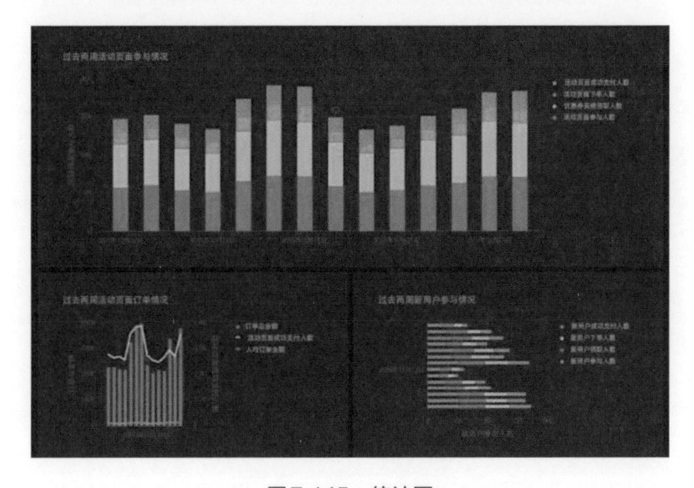

图7.145　统计图

7.7.3.5 地图

描述在特定区域和空间里的位置关系。

将真实的世界转换为平面，在此过程中必然要将一些东西略去。实际上，要说“省略”是地图上最关键的词也不为过。无论是哪种信息地图，最重要的是让用户找到想要看到的信息。信息地图也可分为两大类：第一类，将整个区域的布局或结构完整呈现的地图；第二类，将特定对象突出显示的地图。

7.7.3.6 图形符号

不使用文字，直接运用图画传达信息。

所谓图形符号，基本就是利用图形，通过易于理解、与人直觉相符的形式传达信息的一种形式。我们在街上、商场里、机场、医院，经常会看到图形符号，有些是指示方向的标记，有些是安全出口之类的标记。图形符号的设计原则是尽可能不使用文字，避免语言不通造成困扰，图形要易懂（图 7.146）。

图7.146　洗手间的图形符号

信息图形的设计，基本是运用以上这些元素设计的，有的可能用了其中一个元素，有的可能用了几个元素，有的信息图形可能涵盖了这六大元素。一个好的信息图，不是为了做一个好看的图表，而是讲好了一个故事。归根究底，形式跟随内容。

7.7.4 好的信息图形设计的特点

2009 年 2 月，由国际新闻媒体视觉设计协会（SND）主办的新闻视觉设计大赛在美国纽约州雪城（Syracuse）举行，评审结束后，图文设计组的专家们总结了他们认为在制作理想的信息图时应该考虑的五大要素。

7.7.4.1 吸引眼球，令人心动

庞大的信息量充斥我们的生活，一张信息图的设计如果没有特色很快就会被淹没。因此，不论是从结构出发，还是趣味性，抑或是色彩冲击力，一定要有足够吸引人的地方，首先让用户产生兴趣。不管是展示什么样的信息内容，都要加入一些让人耳目一新的元素。

但需要注意的是，刻意地追求不同也是不可取的。

7.7.4.2 准确传达，清晰明了

想要传达给用户的内容，还没有在大脑里面好好思考就急于去设计，其结果就像一个人说话文不对题一样。用户遇到这种设计的时候，很难从设计中提取到有效信息。设计重心不明确，设计就会显得摇摆不定，注定做不出好的图形。所以在信息图形设计中，要学会取舍，要给用户传达一个最想要传达的主题，然后将这个主题巧妙地表现出来。

艾熹信息技术有限公司（Kantar Media CIC）在上海发布了“60秒看中国社会化媒体表现”信息图（图7.147）。该信息图提供直观全面的中国社会化媒体表现，帮助客户更好地了解中国社会化媒体平台每天产生的数以亿万计的数据。

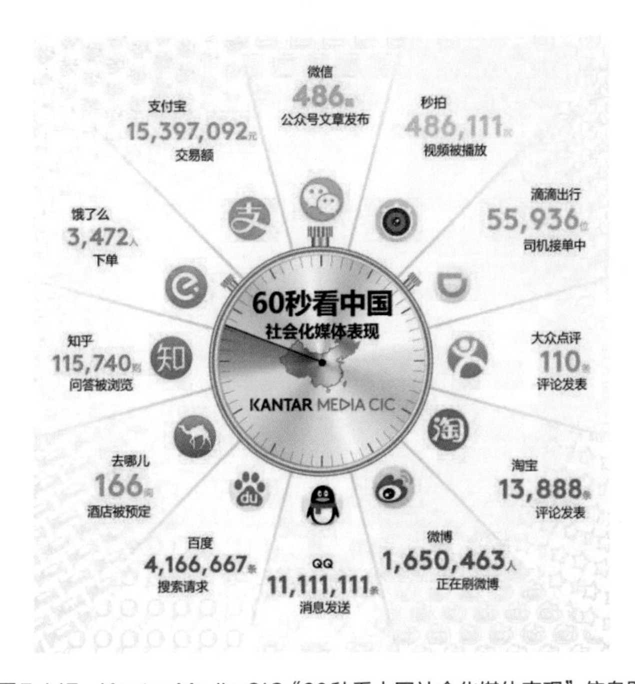

图7.147 Kantar Media CIC“60秒看中国社会化媒体表现”信息图

7.7.4.3 去粗取精，简单易懂

根据概念去推敲创意时，其要点在于要从庞大的信息量中将真正必要的信息甄选出来。所谓“真正必要的信息”指的是那些能使用最少的信息使效果最大化的内容。好的设计，读者只需扫一眼就能知道其主旨是什么。因此，我们要有快速从信息中抓取最有价值的元素。

简化也不单单只是对信息内容进行简化，表现手法也可简化。如图7.148，关于咖啡种类的说明，通过一杯咖啡的图形样式，不但直观地表现出不同种类咖啡的成分组成，而且各成分之间的比例关系也一目了然。

图7.148　通过一杯咖啡的图形样式说明咖啡种类

7.7.4.4 依据视线，眼动规律

这一点要求我们注意视线的移动规律。比如横向排版的信息，人们一般会首先注意左上角。因此，标题一般出现在这个位置。看过左上角之后，用户的视线会往右下方移动。在排版布局的时候，应该遵循视线的移动规律，人眼在观察物体的时候，目光不会只聚焦在一点上，而是会覆盖焦点周边的一片区域。把时间的流逝感和视线的移动相结合，就能产生更好的效果。

7.7.4.5 少用文字，用图释义

一幅信息图很少或没有文字信息，其内涵也能被用户充分理解，这才不失为最理想的信息图，这张图在全世界范围内使用，也不会有什么问题。因此，

在信息图形的设计过程中，不采用大篇幅的文字，而是尽量使用图形。在信息设计中，确保在语言不通的情况下也能让读者无误地理解信息内容，这是信息图形设计所要追求的目标。

在信息图的制作过程中，设计只是其中的一个环节而已，清晰明了地传达主题才是设计的核心内容，掌握这些技巧是为了实现这个最终目的。信息图形的设计也并不是随意而为，它是一个循序渐进的过程，主导设计全程的并非只是美感和创意，而恰恰应该是理性思维。因为对设计而言，是要为信息服务，确保信息更为明确、有效地为人们所接收，在这个基础上，再去追求美感和创意。

7.8 动效设计

7.8.1 动效的概述

如图7.149所示，从人对于产品元素的感知顺序来看，不难看出人们对动态的信息感知是最强的。

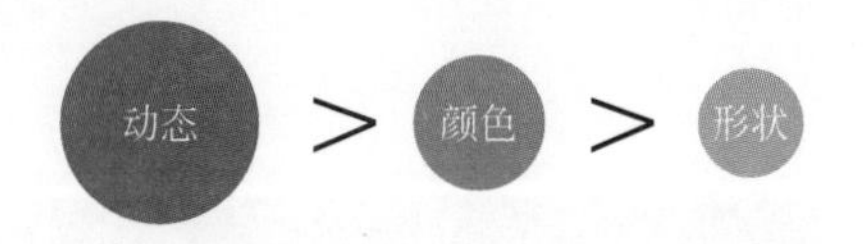

图7.149　人们对动态的信息感知是最强的

在iOS 7官方指导方针（guideline）中，给动效赋予了一个新的定义：精细而恰当的动画效果可以传达状态，增强用户对于直接操纵的感知，通过视觉化的方式向用户呈现操作结果。

史蒂芬·安德森（Stephen Anderson）曾经说过，“在体验设计的过程中，为用户提供满足感已经是一种常态，而愉悦感则是我们所追求的目标”。当我们在探讨产品设计细节的时候，会频繁地提及“愉悦”这个词。必须承认，愉悦的体验，是优秀产品中所潜藏的魔法。在设计时，如何构建出愉悦的体验，也是需要努力实现的核心要点。目前，在网站和App这两类产品当中，设计师主要是通过动效和微交互来强化体验的，其中动效所起到的作用至关重要。

7.8.2 动效的功能

动效能给产品设计带来的好处基本上有如下几个。

（1）让体验更连贯

帮助用户理解界面之间的关系，缩短用户和界面之间的鸿沟。消除屏幕上的跳变。告诉用户元素从哪来到哪去。

（2）消化引导流程，降低学习成本

在最恰当的时机给用户有意义的引导。减轻认知负担，让体验更愉快。

（3）空间扩展

让当下用户不需要的信息隐藏，适当的时机出现。

（4）赋予设计趣味和活力

让错误不那么沮丧，让等待不那么无聊，让产品看起来更具活力。

7.8.2.1 加强体验舒适度

就是让用户更加舒服地用产品。具体表现在如下几方面。

（1）表现层级关系

为了展现层与层的关系，是抽屉，是打开，还是平级切换等，让用户知道这个界面和上一个、下一个的关系。这是非常常见的运用（图 7.150）。

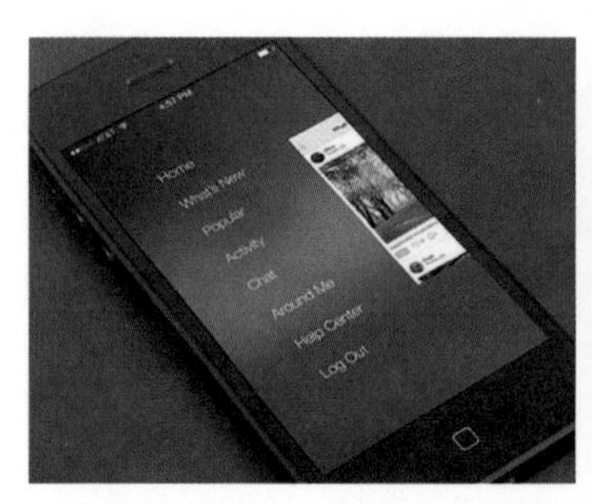

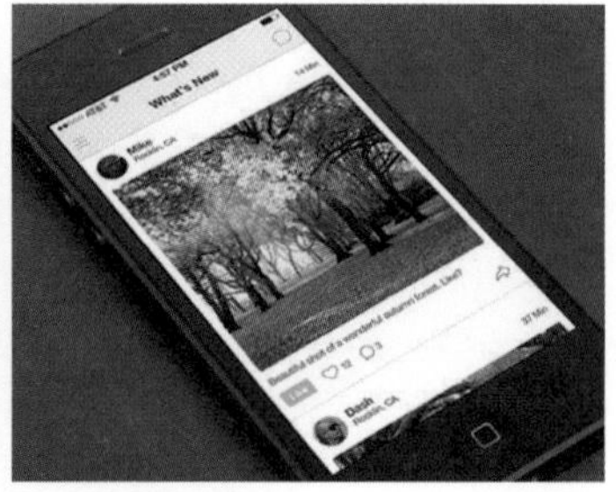

图7.150　用动效表现层级关系

（2）用户手势结合，更自然的动画表现

当用户手势操作的时候，让界面的动态走向更符合手指的运动，从而让用户感觉到是自己控制了界面的动向，而不是机械化的跳转（图 7.151）。

（3）愉快的提示功能

在某些需要提醒的时候能吸引用户的注意，但是又不会生硬，符合预期的出现（图 7.152、图 7.153）。

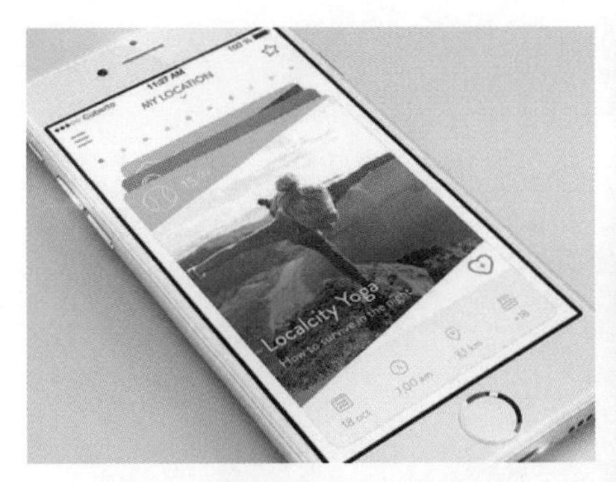

图7.151　City guides（城市指南）App——用手势可以向左向右扔卡片

图7.152　Action button feedback（动作按钮反馈）——出错提示

图7.153　City guides——启动时提示用户可以左右滑动卡片

（4）额外增加界面的活力

在用户预期之外增加的惊喜，可以是帅气的，可以是可爱的，也可以有些物理属性，总之让用户感知到产品的生命力（图7.154、图7.155）。

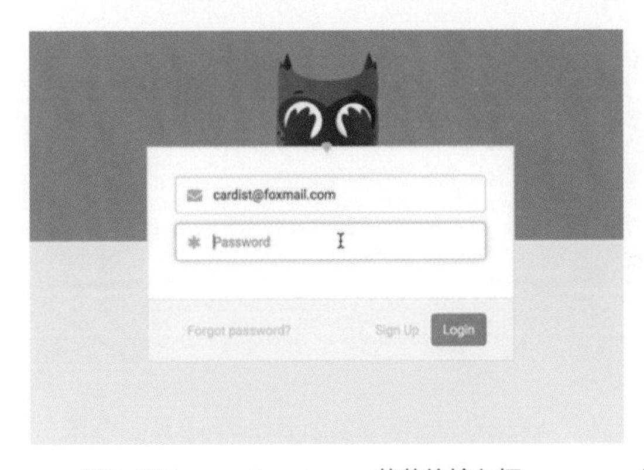

图7.154　readme.io——萌萌的输入框

图7.155　Tumblr——不喜欢我，心都碎了呢

（5）吸引用户持久的注意力

也是属于增加用户的惊喜感，在某些数据量较大的界面中添加一些动效，让用户保持注意力（图7.156）。

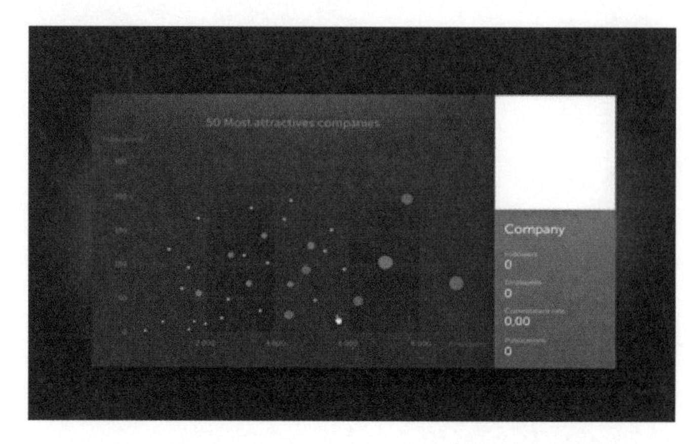

图7.156 Bubbles（气泡）——以动态的形式展现数据点

7.8.2.2 减弱不可避免的不适感

虽然产品、交互、设计和工程师都在努力把产品打造得更加优秀，更加完美，但是总有一些无法避免的问题或者有可能会出现的缺陷、外界条件的不确定等因素，造成产品体验下降。这些时候适当地增加一些动效可以弥补在出现这些情况时用户的不适体验。

（1）让等待变得更愉快

动效常出现在加载、刷新、发送等界面中，让等待变得可视化，甚至不再那么无聊（图7.157、图7.158）。

图7.157 Download（下载）——让下载不再枯燥

图7.158 App loader（应用加载程序）——有趣的加载动画

（2）让失败的界面不再令人沮丧

比如刷新失败、页面错误、未联网提示（图7.159）。

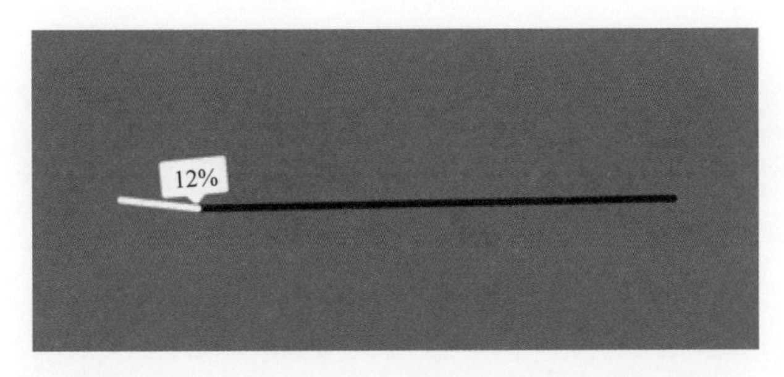

图7.159　Download——就算失败了还是感觉很有趣

（3）增加界面与界面衔接的延续感

界面的跳转不可以避免，但是如果让本来分别独立的2个界面或者事件拥有了某种特定的联系，可以显得更加好玩，不再是生硬的跳转（图7.160、图7.161）。

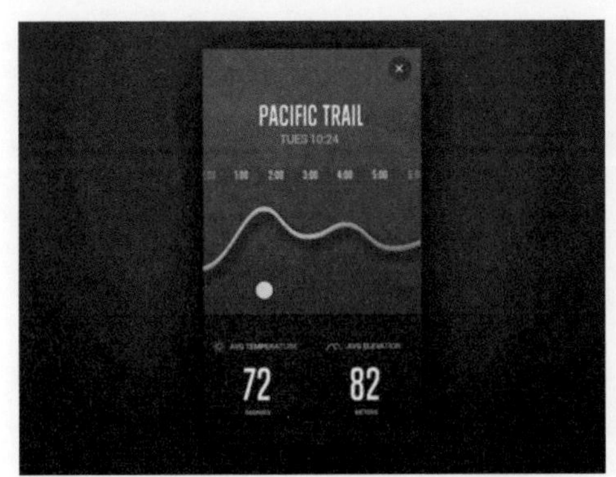

图7.160　iOS Animation Download（动画下载）——界面跳转时保留部分元素到下一个界面

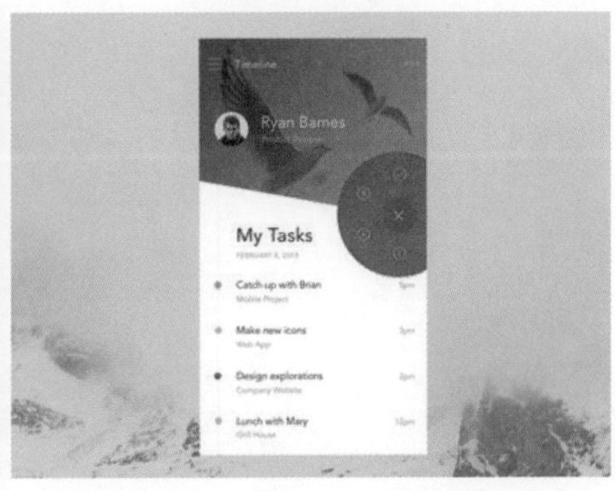

图7.161　Filter Menu（过滤菜单）——保留需要的条目

7.8.2.3　“润物细无声”

由于不容易被发现，普通用户通常会忽略它们的存在，但很多时候这些小细节让交互变得更加有趣。

（1）默默增加反馈感

为用户的操作提供有趣的正反馈（图7.162）。

（2）去除用户不再需要的元素

随着用户的操作，有的内容已经是用户不再关注的。这时候可以将它们隐藏起来（图7.163）。

图7.162　Twitter收藏的点击反馈

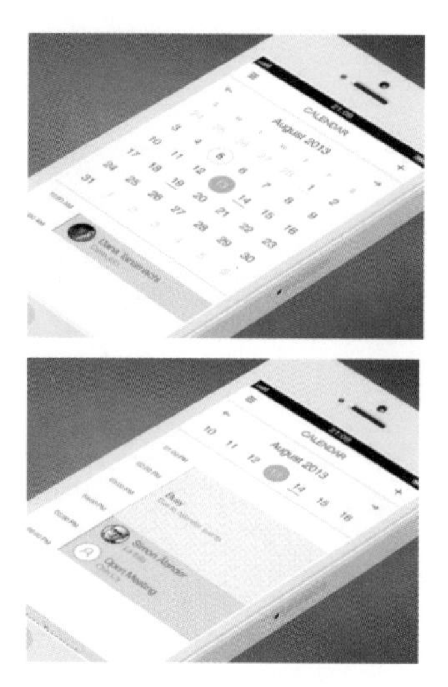

图7.163　城市日历动画互动
（CityHour Calendar Animated Interaction）

7.8.3 动效体验的12条原则

① 时间相关的原则：缓动（easing）、偏移（offset）与延迟（delay）；

② 关联性相关的原则：父子关系（parenting）；

③ 连续性相关的原则：过渡（transformation）、值变（value change）、遮罩（masking）、覆盖（overlay）、复制（cloning）；

④ 时间层级相关的原则：视差（paralax）；

⑤ 空间连续性相关的原则：景深（obscuration）、折叠（dimensionality）和滑动变焦（dolly & zoom）。

7.8.3.1 缓动

缓动是指时效事件发生时，元素的行为应与用户预期相符（图7.164）。

所有展示时效行为的界面元素（无论即时还是非即时），都需要缓动。缓动可以加强体验中的自然感，并创造出符合用户预期的连续性。迪士尼的动画原则将其称之为缓入缓出。

图7.164 缓动动效

缓动可能对可用性产生负面影响吗？答案是肯定的，方式有很多。第一种是时间掌控不对，太慢或太快，都会打破用户的预期，并分散注意力。如果缓动与产品整体的体验不一致，也会产生相似的影响。可以想象一种完全不符合用户预期的缓动方式，让可用性大大下降。合适的缓动，用户体验到的动效是无缝的，并且很大部分是不可见的——这其实是一件好事，以免让用户分心。

7.8.3.2 偏移与延迟

偏移与延迟是指加入新的界面元素或场景时，可用于表达元素之间的关系。本原则与迪士尼动画原则中的跟随动作与重叠动作（follow and overlapping action）相似。然而，虽然执行手段相同，但是目的与效果不同。迪士尼想要的是“更有吸引力的动画”，而界面动画原则想要的是可用性更好的体验。

这个原则的实用性在于它通过用自然的方式描述界面元素来让用户预先感知到下一步结果。如图7.165所示的范例告诉用户，上面两条与下面一条是分开的。可能上面两条是不可以点击的图文信息，下面一条是一个按钮。

图7.165 偏移与延迟动效的截图

这种动效能够让用户在看清楚之前，就感受到它们之间是如何区分的。这种功能非常有帮助。

如图7.166所示，浮动按钮变成了由三个按钮组成的头部导航。因为按钮是依次出现的，所以它们之间的分离感能够提升用户体验上的可用性。换一种讲法，在用户看清楚这些头部导航之前，设计师已经用时间差说明了元素之间的分离关系。这便有了一种与视觉设计不同的方式，来向用户介绍界面元素。

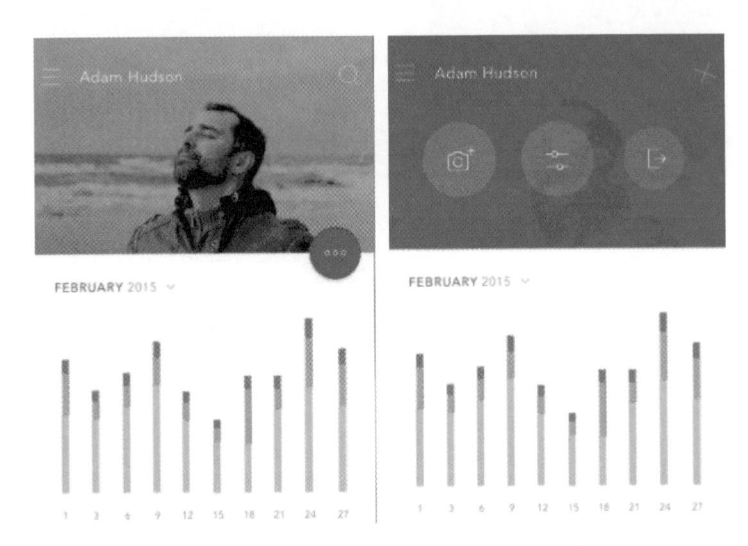

图7.166 InVision（原型＆设计协作工具）

7.8.3.3 父子关系

父子关系是指当界面元素较多时，可以利用时空差异创造出可以感知到的“父子继承关系”。

父子关系是将界面元素关联起来的重要原则。图7.167中，顶部子元素的尺寸和位置都与底部父元素相对应。父子关系将不同元素的属性关联起来，创造出关联和继承关系，以增强可用性。这需要设计师更好地协调事件的发生时间，以此向用户传达元素之间的关系。

图7.167 父子关系动效

很多元素属性都可以创造用户体验的协同感，暗示元素之间的继承关系，例如尺寸、透明度、位置、旋转角度、形状、颜色等。

如图7.168所示，气泡表情的纵轴坐标继承自圆形指针的横轴坐标，它们也有父子关系。当父元素圆形指针横向移动时，子元素气泡表情同时进行横向和纵向移动（同时被遮罩——另一条原则）。

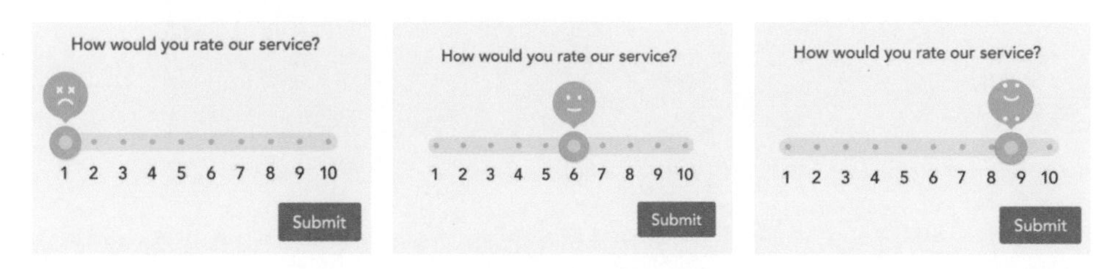

图7.168　Andrew J Lee

父子关系原则最好是当作即时交互才能发挥出最好的作用，因为这样用户才能感受到对界面元素的直接掌控，设计师可以即时通过动效告诉用户元素之间的关联和关系。

7.8.3.4　过渡

过渡是指用连贯的状态描绘表达元素功能的改变（图7.169）。

图7.169　过渡动效

动效体验的过渡原则，在某些方面，是最明显透彻的动画理论了。过渡是最容易被识别的，主要因为它太明显了。如图7.170所示，确认按钮形变成圆圈进度条，最后又变成确认按钮，这个例子很引人注目。过渡能够抓住人们的注意力，描绘一个完整的故事。

图7.170　确认按钮形—圆圈进度条—确认按钮

过渡带领用户无缝地转换体验状态，这个状态可能是一个用户期望的结果。用户通过形变过程中的一个个节点，到达最终目的地。

过渡能够将体验中可感知的分离节点，转化成一系列无缝衔接的事件，这样就可以更好地被用户感知、记忆和跟踪。

7.8.3.5 值变

值变是指当元素的值发生变化时，用动态连续的方式描述关联关系。

数字或文本类的界面元素本身的值是可以改变的，这一点概念相对而言没有那么显而易见（图7.171）。

图7.171 值变动效

数字和文本的值变因为实在是太普遍了，以至于人们遇到的时候常常意识不到，也很少郑重地评估它们对可用性的帮助。

值变时的体验是怎样的？如果说十二条动效体验原则的核心是体验提升的机会点，那么此处有3个机会点：向用户表达数字背后的现实含义、沟通介质以及值的动态变化。

如果描述值的界面元素（如图7.172所示的数字）在加载的时候，其值不发生变化，那么用户就会觉得这些数字是静态的元素，功效类似“限速55km/h”的路标。

图7.172 让人感觉数字是静态的动效

很多界面数字是反映现实数据情况的，例如收入、游戏得分、商业指标、健身记录等。如果使用动态的方式来表示它们（图7.173），我们就能感到它们反映的是动态变化的数据的。

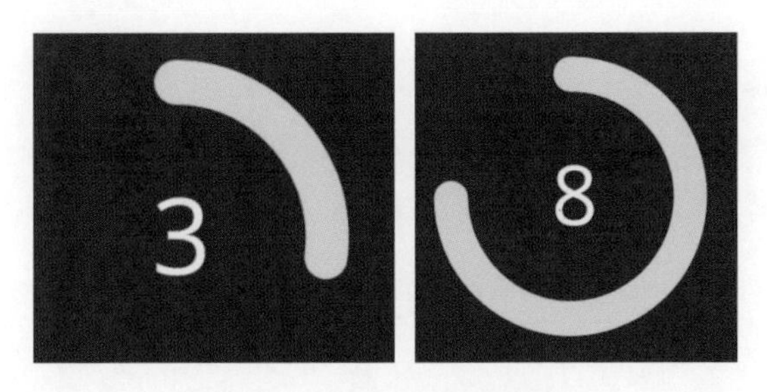

图7.173　动态变化的数据动效

而如果使用静态的展示方式，不单单是这种关联感，更深层次的体验机会点也会丢失掉。

用户动态的方式展现变化的值，会给人一种“神经反射”。用户感受到数据的动态特征后，能够感受到其意义，并联想到与之相关的对象。这时的数值就成了沟通用户与关联对象（数据背后含义）的桥梁（图7.174、图7.175）。

图7.174　Barthelemy Chalvet

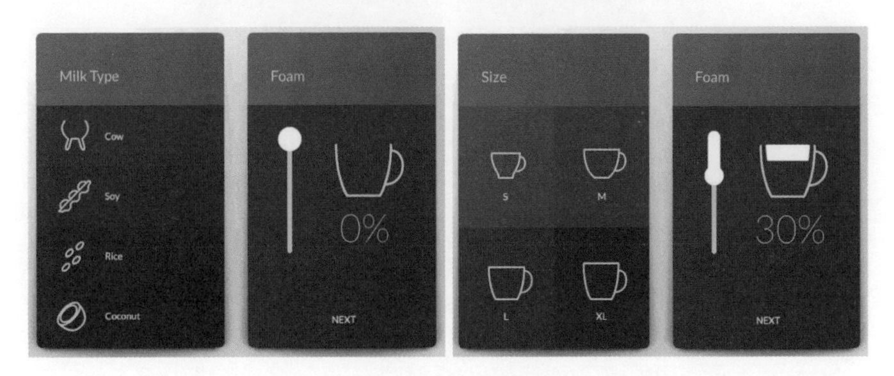

图7.175　Gal Shir

7.8.3.6 遮罩

如果一个界面元素的不同的展示方式对应不同的功能，那么遮罩让展示方式的变化过程具有连续性（图 7.176）。

图7.176 遮罩动效

遮罩行为的问题可以理解成元素形状与功能之间的关系。

虽然设计师们在做静态设计时就对遮罩有所了解，但需要区分的是动效体验原则中的遮罩是随着时间而发生的行为，而不是禁止的状态。

这种连续无缝地遮住或露出元素区域的方式，也能创造连续的描述性。

如图 7.177 所示，右图通过形状和位置的改变成了唱片。在不改变元素内容的情况下，通过遮罩来改变元素本身，相当不错的技巧。

图7.177 Anish Chandran

7.8.3.7 覆盖

覆盖是指用堆叠元素的相对位置来描述它们的扁平空间关系（图 7.178）。

覆盖通过堆叠排序来弥补扁平空间缺乏层次的问题，以此提高体验可用性。就是在一个非三维的平面空间里，通过排列元素之间的上下关系来传递它们的相对位置的动效。

图7.178　覆盖动效

如图7.179所示，前景元素滑到右边露出背景元素。

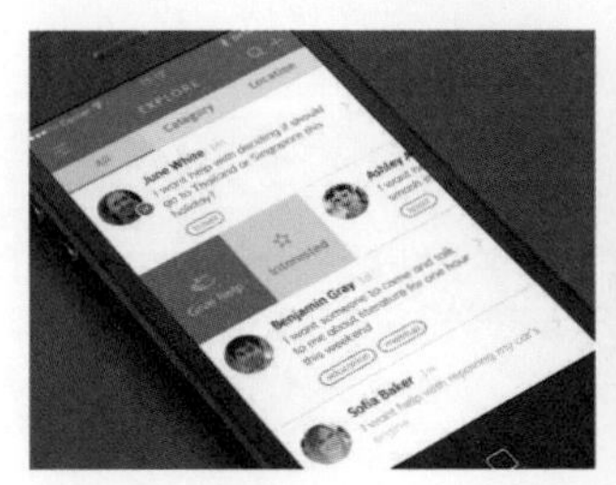

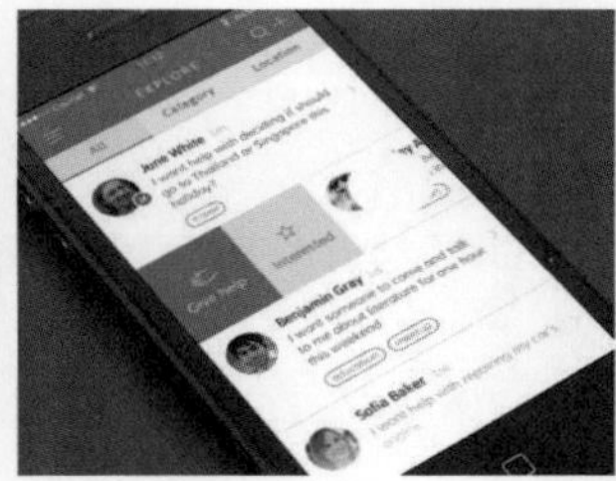

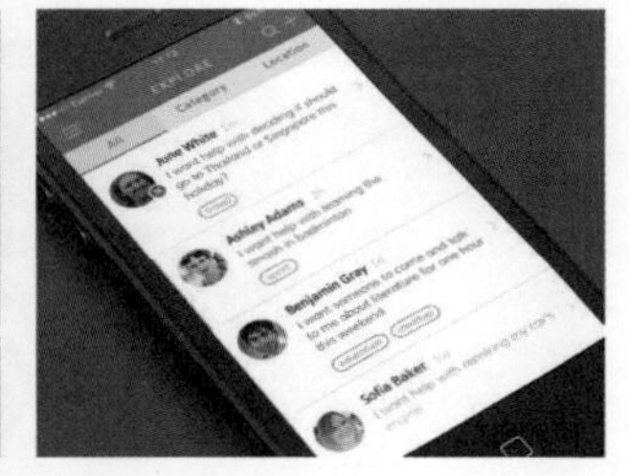

图7.179　前景元素滑到右边露出背景元素

再如图7.180所示，整个界面向下滑动露出列表和选项（同时使用移动和延迟原则来描述照片之间的独立性）。

图7.180　整个界面向下滑动露出列表和选项

对设计师来说，在一定程度上，“层”的概念是非常明确的，设计本身就是有层级的。但是必须要明确分清的是，“绘制”与“利用”并不相同。因为设计师通过长时间地“绘制”层级，对所设计的一切元素（包括被隐藏的信息）都十分了解。然而对于用户来说，被隐藏的元素必须被定义出来，或者经过尝试，才能够看到并了解。

总的来说，覆盖原则让设计师能够通过层级之间的Z轴位置关系，向用户传达空间方位。

7.8.3.8 复制

复制是指当新的元素从已有元素复制出来时，用连贯的方式描述其关联关系（图7.181）。

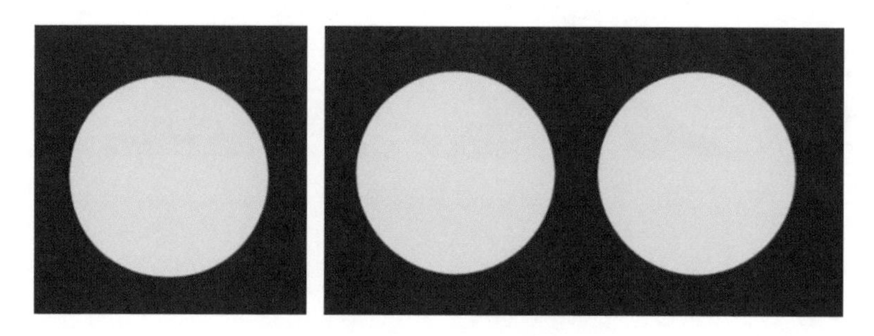

图7.181 复制动效

当新的元素在当前场景（从存在的元素）被创造出来时，描述其形态十分重要。在这里强调的是描述元素的产生和分离至关重要。要做到这一点，单纯的透明度渐强渐弱是不够的。像遮罩、复制和翻转这些动效原则都需要根基于强烈的形式感。

如图7.182所示，当用户集中注意力在主体元素上时，新的元素从主体元素上被创造出来。这双重动作（先引导注意力，然后通过复制将实现导向新元素）能够明确地将事件传达出来：由“X”动作引发创造新元素的“Y”动作。

图7.182 Jakub Antalík

7.8.3.9 景深

景深是指允许用户看到非主要元素或场景（图7.183）。

图7.183 景深动效

与之前的遮罩原则类似，景深原则既可以是静止的，也可以具有时效性。

如果有些设计师对于时效性难以理解，那么可以把它想象成两种状态之间的过渡。很多人是按照一屏接着一屏或一个任务接着一个任务的方式做设计的。设计师需要做的是把景深想象成一个变化的过程，而不是静止的状态。静态设计只能表现出元素变朦胧的状态，加上时效后就变成了元素变朦胧的现象。

如图7.184所示，我们可以看到景深原则（看起来像是被透明元素覆盖）也可以用作多个元素的即时交互。

这个原则的很多实现手段都涉及模糊效果和透明覆盖，这让用户了解到不属于操作主体的大环境——主要元素之后的层次结构。

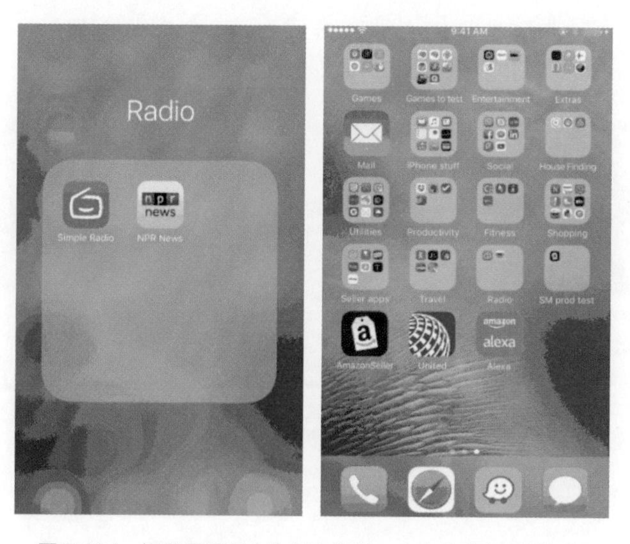

图7.184 运用景深理念为用户提供一个全局或客观的视图

7.8.3.10 视差

视差是指当用户滚动界面时，在平面创造出空间层次（图7.185）。

图7.185 视差动效

“视差”在动效体验原则中描述的是界面元素以不同的速度运动。

视差在保持原本设计的完整性的前提下，让用户聚焦于主要操作和内容。视差事件中，用户对背景元素的感知会被弱化。设计师可以通过这一原则将即时性的内容从环境或支撑内容中分离出来。

这种动效让用户在交互操作期间，明确区分出各种元素之间的关系。前景元素，或者说移动得“更快”的元素对用户来说，感觉更近一些。同样，背景元素，后者说移动得“更慢”的元素对用户来说，感觉更远一些。

设计师们能够仅利用时间，就创造出元素之间的关联关系，以此告诉用户界面中的什么东西更加重要。这就是为什么有必要让一些背景类的，或是没有交互属性的元素给人感觉更远一些。

这样做不但能够让用户领略到超越平面设计的层次感，还可以让他们在注意到设计和内容之前，感受到自然的体验（图7.186）。

图7.186 “视差”给人带来自然的体验

7.8.3.11 折叠

折叠是指通过具有空间架构的描述方式来表现新元素的产生与离场（图7.187）。

图7.187　折叠动效

用户体验的关键在于连续性与方位感。折叠原则能够大大改变扁平、缺乏逻辑性用户体验。人类都很擅长通过空间框架来引导虚拟和现实世界的体验。具有空间感的产生和离场动作可以帮助增强用户在体验中的方位感。

除此之外，叠折原则能够改善扁平界面存在的通病，即元素不是没有深度地相互叠加，而是有上下层次的相互覆盖。

因为折叠过程将多个元素挤压到消失，所以被隐藏的元素依旧可以说是“存在的”，尽管空间上不可见。这就有效地将用户体验渲染成连续的空间事件，期间不论是交互操作，还是交互元素的即时动作，都能够引导用户感受得到。

如图7.188所示，折叠通过3D卡片表现出来。这样的架构为视觉设计加强了表现力，其中通过滑动卡片来查看其余内容或者实现互动操作。折叠能够为新元素的出现提供流畅的过渡。

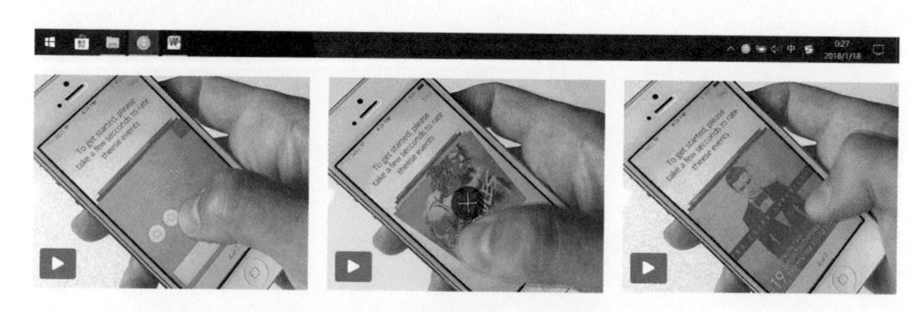

图7.188　折叠通过3D卡片表现

7.8.3.12　滑动变焦

滑动变焦是指用连续的空间描述来引导界面元素和空间（图7.189）。

图7.189　滑动变焦动效

滑动变焦是关于镜头下元素移动的电影概念，即影像中图片由远及近（或者由近及远）。变焦指的是在角度或元素不进行空间移动的情况下，元素本身的放大或缩小（或者说因为视角的缩小，导致图片看起来更大）。这让观看者感觉眼前的界面元素处于更多元素或更大的场景之内的。

如图7.190所示，这种方式可以通过无缝的过渡（无论即时或非即时）来提升可用性。用无缝的方式表现滑动变焦原则，能够创造出很棒的空间感。

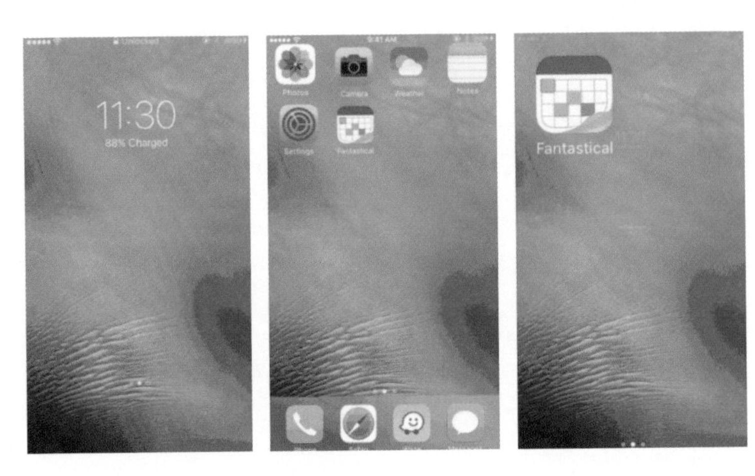

图7.190　Apple界面

7.8.4　动效设计的四种趋势

如下4个动效设计是经过验证的、可行性较高的动效形态。

7.8.4.1　变化的LOGO

花上几秒钟看着LOGO逐渐变化，似乎是一件颇为浪费时间和资源的事情，但是在很多时候，它是非常有效的设计。作为品牌标识的一部分，LOGO承载着品牌信息（特征、风格、元素、色彩等），也关乎审美。虽然LOGO在网页中占据的位置并不大，但是它非常吸引眼球，在用户心目中也会被视作为重要的组件，并不会那么轻易被忽略。

在LOGO上施加动效有几种不同的趋势。

（1）让LOGO变得有趣

如图7.191所示，HTML Burger这个网站的LOGO，增加了动画效果不仅颇为有趣，而且达成了两个目标：

① 支撑品牌形象，展示品牌气质和特征；

② 作为一种有意思的动态效果，它为项目增加额外的乐趣，营造欢脱的氛围。

图7.191　HTML Burger

（2）让LOGO显得严肃和保守

如图7.192所示，Muriel Guillaumon同样运用了动效，和前一个网站不同的地方在于，它们是为了营造网站严肃的氛围。这里的动画并不复杂，只是颜色和大小有微小的变化，但是它很好地匹配了网站的整体主题和审美趋势。

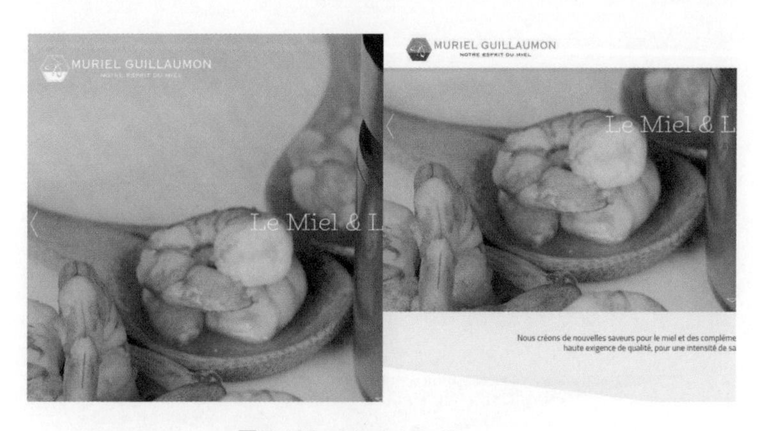

图7.192　Muriel Guillaumon

（3）让LOGO显得极简而优雅

如图7.193所示，Funktional这个网站就很好地利用了简约的设计。当用户在着陆页打开网页的时候，LOGO和文本内容结合起来，显得完整而正式，随着浏览的深入，进入子界面之后，文本会隐去，仅有品牌LOGO优雅地展示出来。

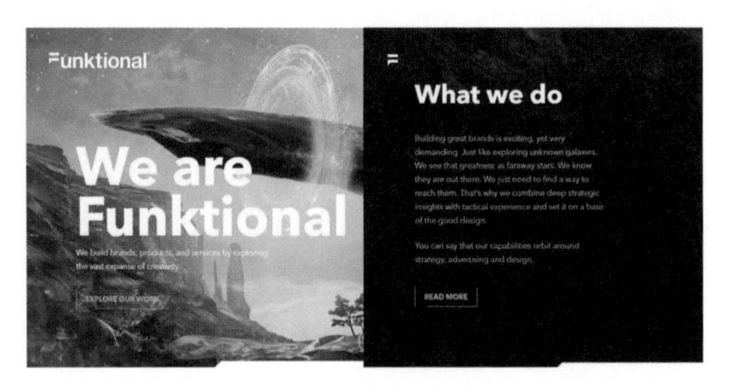

图7.193　Funktional

7.8.4.2　弹性动效

有趣而优雅的弹性动效人们经常能看到。通常，弹性动效是短暂而优雅的，它常常能够吸引用户的注意力。成功的动效通常不仅依赖于设计师的设计，还需要代码实现，以及贴合物理规律的微积分函数作为支撑。在很多时候，这种看起来涉及物理学的动效，很难创新。不过事实上，关键还是要看设计师如何实现，以及在哪里实现这些动效。如果你对于Velocity.js和Web GL这些工具一无所知，也能用CSS（层叠样式表）实现它。最受欢迎的弹跳动效包括：

类似弹簧一样，快速拉伸变大，然后迅速压缩成所需的形状，在打开某个组件的时候强化视觉，通常，这个过程都很短暂。

平滑的充满流体动感的动效，伸展，浮动，然后收缩为初始状态。一般而言，它会持续地弹跳，营造氛围。

在具体的实施过程中，设计师通常会合理地选择两种动效作为支撑。比如LatinMedIOS和Oprette都使用弹性动效来增强控件的打开体验。前者采用了圆润流畅的弹性动效，而后者则采用了弹簧式的动效，更加抢眼（图7.194、图7.195）。

图7.194　LatinMedIOS

图7.195　Oprette

如图7.196所示，Taika Strom这个网站中则采用了更加先进的技术，背景使用Web GL来驱动弹性动效，让用户在浏览的时候全程都能感受到动效，丰富了整体的体验。

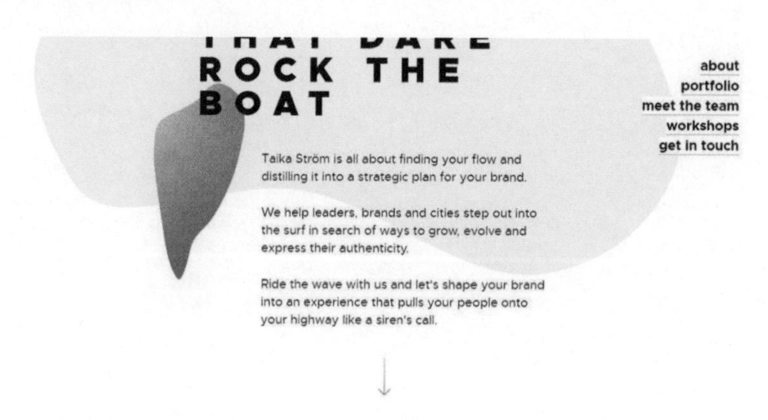

图7.196　Taika Strom

7.8.4.3　有意义的加载动效

现如今的加载动画已经是重要设计元素了。从最初简单的设计，到如今加载动效成了承载着重要作用的小动画，它不仅告知用户这个等待过程进度，而且通过愉悦用户，增强了整个用户体验。它的功能并不单一，包括：

① 作为品牌形象的支撑；
② 提供额外的信息；
③ 说明当前情况；
④ 提醒用户注意；
⑤ 创造愉悦感；

⑥ 给用户留下好印象；

⑦ 强化第一印象；

⑧ 创造用户预期。

可以用来制作加载动效的方法和工具有很多。设计师可以选用CSS来实现，也能用JavaScript和Three.js等工具来完成。

如图7.197所示，Open Continents和Do you speak human两个网站加载动效设计虽然具体的设计不尽相同，但是它们都有一个共同点，就是它们会照顾访客的情绪和心理。

Open Continents这个网站的加载动效让人觉得兴奋，设计师通过Web GL技术创造出贴合用户预期的感觉，用户能够用光标同加载动效进行交互。

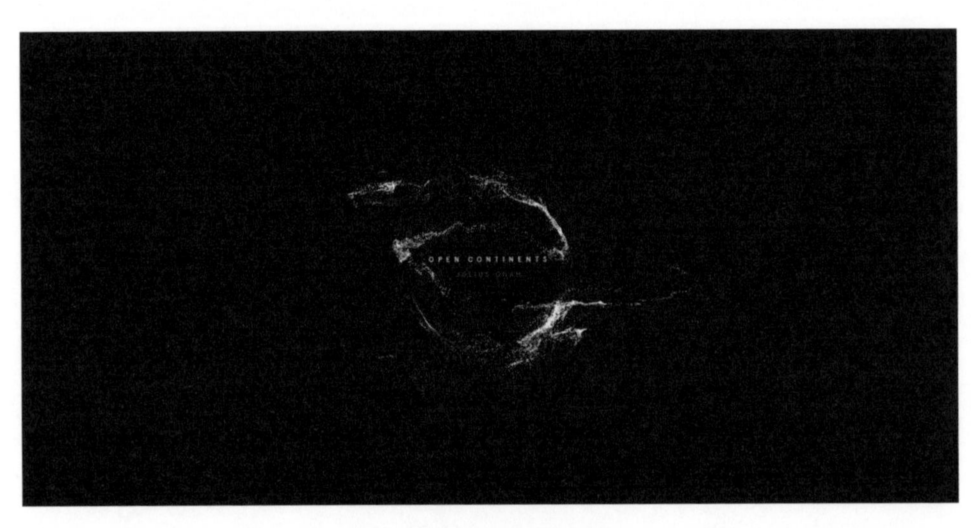

图7.197　Open Continents

图7.198　Do you speak human

如图7.198所示，Do you speak human网站，它的加载动效更加简单有趣，一个会舞蹈的机器人，是不是很有意思？

一般而言，创意团队为网站搭建了有趣的细节和功能，并且希望在能够等待加载之时能享受到这些设计。而加载动效就是招徕访客的重要环节，它们吸引用户留下来，通过和网站本身统一一致的设计，给予用户预期，让他们期待后面会展现的内容。

7.8.4.4 动画化的汉堡图标

尽管这个由三条横杠组成的小图标（图7.199）在很久之前就已经失去其魅力了，但是它如今依然无处不在。所以，不少设计师还是尽量想为这个图标注入更多的魅力。设计师不用进行复杂的重设计，只需要为汉堡图标添加一个有趣的动效就能产生。让它与周遭的设计融合起来。

如图7.200、图7.201所示，Aristophane和Brussels Airport In Numbers这两个网站。前者采用了微妙的悬停动效，当光标悬停在上方的时候会触发，点击之后，动画驱动汉堡图标变化成为一个关闭按钮。

图7.199　汉堡图标

图7.200　Aristophane

图7.201　Brussels Airport in Numbers

Brussels Airport in Numbers情况不一样，设计师专注于结合背景图片来构造不同色彩主题的设计方案，而汉堡图标的背景小方块则成了这些主题的视觉线索。

7.9 隐喻

7.9.1 隐喻的概述

乔治·拉科夫（George Lakoff）是隐喻方面的专家，他曾经写过好几本关于隐喻的书。他在他和马克·约翰逊（Mark Johnson）写的书《我们生活中的隐喻》（Metaphors We Live By）中介绍了我们生活中常见的隐喻。无论我们是否意识到这个问题，隐喻塑造了我们的世界观，帮助我们理解周围的世界。

隐喻如打比喻。比喻就是用一个问题来说明另一个问题，例如：时间就是金钱。

很多人认为比喻是一种很华丽的写作技巧，它可以让内容更有趣，也可以让内容更具诗意。

如果你认为比喻只能在诗或写作时才能用到，那你可能需要改变一下想法了，因为比喻不仅仅只为诗人而服务。其实，我们生活中到处都存在比喻，它是为我们每个人而服务的。比喻是语言的重要组成部分，没有它，人们很难相互沟通。

图7.202　设置图标

在设计的世界里，人们也在使用隐喻（比喻），比如图标、文案，它在设计中是随处可见的。

如图7.202所示，这个图标经常出现在生活中，它就是设置的隐喻。而“加入购物车”是文案的隐喻。

直观的设计和令人迷惑的设计之间的区别往往在于是否使用了准确的隐喻。下面继续深入探讨这个话题，以便了解隐喻在设计语言如何发挥重要作用。

7.9.2 文案中的隐喻

在产品设计中，很多产品文案就是一种隐喻。

Medium（发布平台）使用了新的按钮，而最有意思的事情不是这个按钮的变化，而是文案的变化。

当Medium发布这个改动时，它基本上发明了一种新的隐喻：Medium上的任何一篇文章都是一次表演。

为了支持这个想法，Medium在产品文案中引入了新的术语，包括鼓掌（applause）、掌声（claps）、粉丝（fans）和观众（audience）。而这些都是表演相关的术语，但却使用这些术语来谈论Medium上的文章，如图7.203所示。

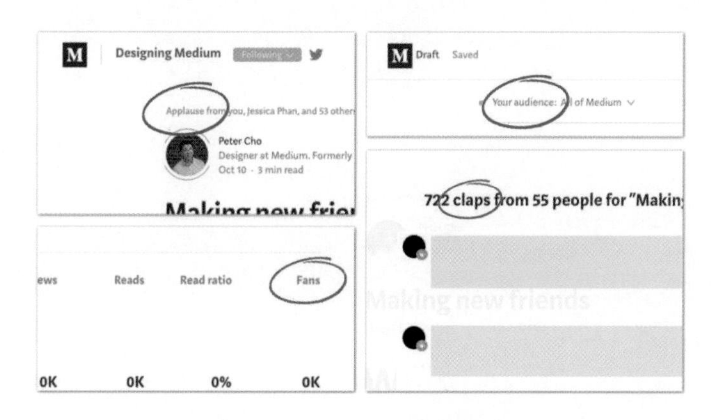

图7.203　Medium隐喻的应用

7.9.3　设计中的隐喻

当人们说话或写作时，常常在无意识中使用隐喻。设计产品时也是如此。

比如，每天看到的很多图标都是隐喻，如图7.204所示。

这些图标代表了一件事的另一种表述。当点击“✏”按钮编辑时，并没有使用真实的铅笔。当点击“🔍”按钮查找东西时，也没有使用放大镜。

但是，当人们一遍又一遍地看到这些图标时，会学习并理解这些隐喻。现在，这些图标已经是人们日常词汇的一部分了。即使这些图标周围没有文案标注，相信人们根据上下文也能明白它的含义。

- 设置 = ⚙
- 编辑 = ✏
- 附件 = 📎
- 删除 = 🗑
- 账号 = 👤
- 通知 = 🔔
- 搜索 = 🔍
- 评论 = 💬
- 喜欢 = ♥
- 更多 = ···

图7.204　隐喻的图标设计

7.9.4　隐喻如何应用

隐喻影响设计的直观性。如果设计基于真实和可靠的东西来做，那么人们会很容易理解设计。如果设计基于非常抽象的东西，人们很有可能无法理解这个设计。

如图7.205所示，一款婴儿监视器的开关图标。开关的左边是一条竖线，右边是一个圆形。看起来是不是很简单？

图7.205　婴儿监视器开关图标设计

实际上，并不是。人们会搞不清楚它是开着还是关着的，因为人们完全理解不了这种隐喻。这两个符号想要说明什么呢？一个竖线和一个圆？数字1和数字0？字母I和字母O？还是人的身体和头部呢？

实际上，它的真实含义是：竖线是开的意思，而圆是关着的意思。但是这种隐喻并不直观，因为它并不是基于真实生活的隐喻。

隐喻可以使很多事情变得更清楚明白，但不是每一种场景都适合。有时候，最好不要使用隐喻。比如，在你手机主屏幕的某个地方放着一个相机按钮，你点击它，就能拍照了。这一点并不奇怪。那如果用另一种图标替换相机的隐喻，比如眼睛呢（图7.206）？

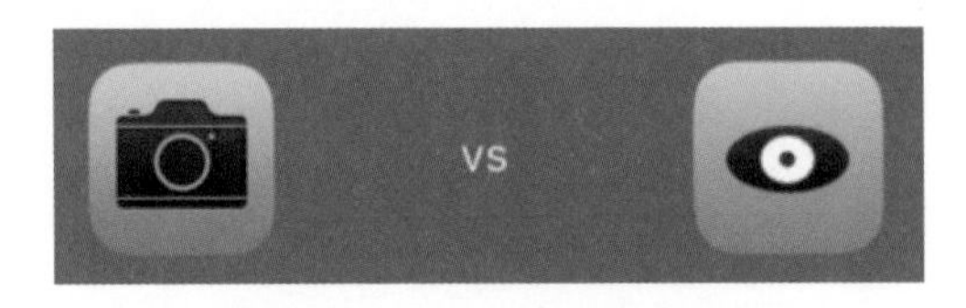

图7.206　不适合隐喻的设计

其实，在这里使用隐喻并不是什么好主意。当文案可以表达意思时，无需使用隐喻来表达。

一般而言，隐喻可以很好地帮助人们理解一个概念。但是如果隐喻过于抽象，就会让事情变得更加复杂。

再来看看“加载”图标设计。如图7.207所示，是iOS加载时含有视觉隐喻的例子。左图中的“向上”的图标有很多含义。当你点击这个图标之后，就会打开右图，你可以分享到AirDrop、加入收藏、保存到iBook中、复制，甚至是在其他App中打开。

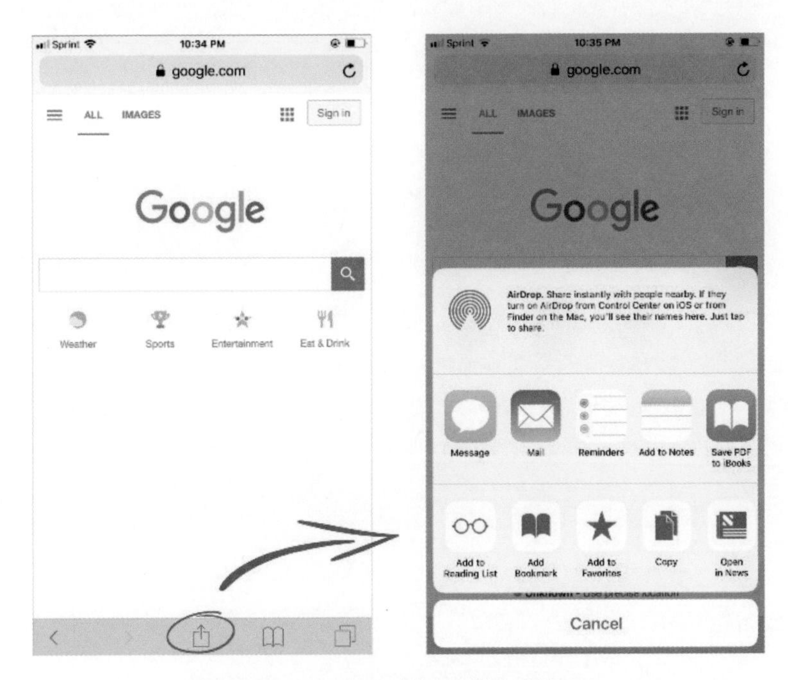

图7.207　iOS加载时含有视觉隐喻的设计

但是，如何命名这个图标呢？分享？添加？复制？打开？这个图标有太多的意义，以至于人们很难对它进行命名。

加载的隐喻经常使事物变得难以理解，因为它们往往是非常抽象的。

如果你发现你正在使用一个加载的隐喻，那么这可能意味着你陷在一个包含了太多含义的概念里。为了更直观地体验，你需要思考是否可以把这些东西分离出来或者对这些东西按照一定的方式进行分类。

7.9.5 隐喻的学习

在隐喻的帮助下，可以通过映射到真实世界的事物来表达它的含义。一个设计师、插画家或作家，有时很难找到准确的隐喻来表达某种概念，尤其是复杂的概念。下面的这些工具，可以帮助设计师进行隐喻的发散思维。

（1）Noun Project

Noun Project是一个巨型图标库，它几乎包含所有东西。比如，输入一个单词“start”，之后会看到所有和这个单词相关的图标，start的主页图标、start的启动版图标等。无论是设计师、插画家或作家，这都可以作为灵感的源泉。

（2）Google Images

如果在Noun Project上找不到想要的东西，那么试试Google Images吧。搜索结果可能会有点杂乱，但是可能会发现好东西哦。如搜索“创意”，会发现有各种创意的隐喻，比如，创意是颜色，创意是灯泡，创意是艺术等。

（3）Thesaurus

梅格・罗比豪德（Meg Robichaud）是Shopify最厉害的插画师之一。她解释了为什么Thesaurus是插画师最常使用的工具之一。那到底是为什么呢？因为它可以帮助设计师从不同的角度看一个事物。如搜索“提高”，会有升起、抛光、大步走等想法，这些都是非常与众不同的隐喻。

（4）成语字典

成语字典是撰稿人的秘密武器。它不是所有东西的灵丹妙药，但是当寻找聪明或创造性的隐喻时，会发现它十分有用。很多成语都是以物理世界为基础，当想要为人们绘制心理图时，成语尤其有用。

（5）Wordnik

Wordnik是世界上最大的在线英语字典。它最厉害的是关于“关系”的部分。除了同义词，它还会提供在类似的语境中寻找单词和其他相关单词的功能。结果看起来是随机的，但是如果想快速获得很多灵感时，Wordnik就能成为得力助手。

7.10 应用在视觉界面设计中的10个用户心理学原理

7.10.1 80/20规则

80/20规则。也被称为帕雷托原理、朱兰原理、关键的少数和次要的多数理论或因素稀疏理论。

80/20规则最初是由意大利经济学家维弗雷多・帕雷托总结出来的，但是帕雷托原理的命名是由约瑟夫・M.朱蓝提出的。

以下是对80/20规则的两种定义：

①《设计通用原则》一书中阐述的，80/20规则认为在任何一个大型的系统中，大约80%的效用就由系统中20%的变量产生的。

② 维基百科对80/20规则的定义是：大多情况下，大约80%的影响是产生于20%的原因。

作为设计人员，会发现80/20规则不是能够直接人为控制的，它是自然而然产生的。对80/20规则的了解可以使设计师获得有价值的信息，并在提高设计易用性和效用方面帮助设计师做出决策。

80/20规则表明80%的结果是由20%的功能和特性决定的，这一规则适用于所有网站、网络应用程序和软件。

有些情况下，确定至关重要的20%的构成是容易的。通过网页数据统计、表单提交和session cookies（类似饼干大小的会话框）可以追踪到用户的使用行为，帮助设计师了解用户与哪些UI区域有最多的交互。然而，这些方法对于分析一些细小的行为是比较困难的。此时，易用性研究就可以派上用场。

无论是有意而为，还是无心所至，大量的案例可以说明80/20规则在UI和用户体验设计师心中的地位。以UI中最常见的下拉菜单为例，选择注册表中的国家项。多数网站开发人员和内容设计者会发现，某些国家被选中的概率为80%。如图7.208所示，虽然不按字母排列顺序似乎是不合适的，但按照80/20规则，将被选择次数最多的选项安置到顶端是一个惯例。当在亚马逊选择一个新的地址时，默认选项一定是选择率最高的——美国。

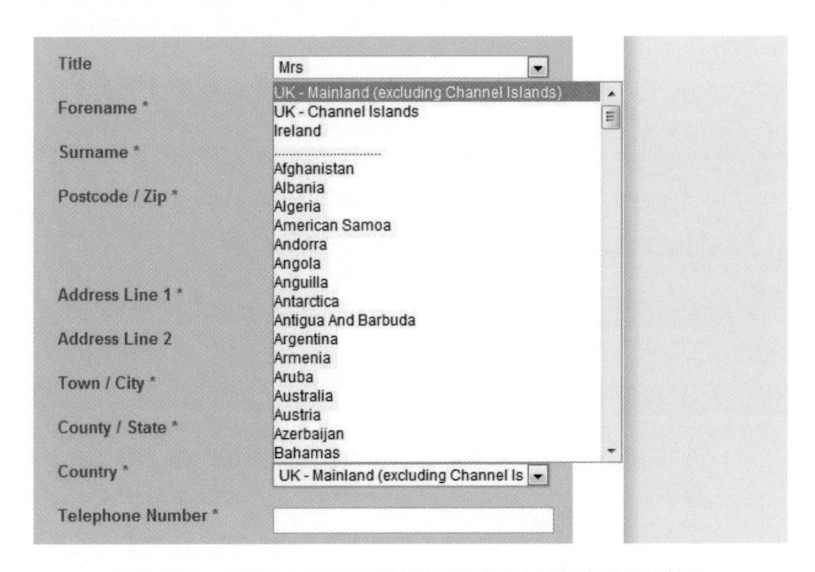

图7.208　亚马逊上选择新地址时默认选项为选择率最高的美国

如图7.209所示，英国商务网站是将英国作为默认选项。

Title * Mr.
First name *
Last name *
Address *
Address (line 2)
City *
County Armagh
Country * United Kingdom (Great Britain)
Postal code *
ent address

图7.209　将英国作为默认选项

以上的例子说明对最常使用的功能和选项进行优化的重要性。

用户一般往哪看？网络用户的“F形”阅读和浏览习惯现在已经确定。虽然“F形”不一定适合所有的环境，但了解这一点，在用户与设计进行交互时，便大概知晓用户的关注点。

图7.13为用户关注的热图分布，假设那张图很好地说明用户的视觉关注点，这也正支持了80/20规则理论。图上最受关注的区域占到了页面的20%，用户80%的时间用于关注此20%的区域。

作为设计人员，掌握了这个知识以后，便会注重增强和优化用户习惯性关注的区域。

当然，决定用户关注点的往往是设计本身，“F形”仅仅是一个基本的向导，不可以教条地使用“F形”来决定20%的位置。

伴随着当前移动设备的大行其道，许多设计师和开发人员尝试首先设计移动设备页面。也就是说，在策划和开发一个网站之前，应该先做出移动版本的页面，以期获得收益。

在传统的网站和网络应用中，使用频率和交互频率最高的区域被归入20%部分。当设计移动界面时，只关注那20%的部分。相比于传统网站中所提供的丰富功能，即使此网站的移动版包含20%最常用的功能，那么就可以说这个移动版本具有了大多数重要的功能。

因此，紧凑的移动网页应用是一个非常好的范例。设计师将大部分的精力投入到项目最重要的方面。也就是说，将精力投入到大部分时间里（80%）用户经常使用的功能和内容（20%）。

综上所述，设计人员在应用此法则时，可以遵循以下方法进行交互设计。

① 仔细分析网站统计和可用性数据，以确定用户最经常使用的20%的功能。

② 排定优先级。关注网站和网络应用中最重要的几个方面，并不断强化。

③ 统计出归入20%的最常使用的功能，在此基础上简化设计和布局。

④ 去掉不重要的不经常被使用的功能和内容。

⑤ 不要在那些不太经常使用的功能上投入太多时间和资金，因为回报可能是非常小的。

⑥ 对于不经常使用的但重要的元素，尝试改进它的设计和功能，因为一旦使用频率提高，这些元素会对交互产生很大的影响。

7.10.2 3秒原则

现代人的生活节奏都很快，网页间的切换速度也越来越快。所谓“3秒原则”，就是要在极短的时间内展示重要信息，给用户留下深刻的第一印象。当然，这里的3秒只是一个象征意义上的快速浏览表述，在实际浏览网页的时候，并非真的严格遵守3秒。

据《眼球轨迹的研究》得出，在一般的新闻网站，用户关注的是最中间靠上的内容，可以用一个字母F表示，这种基于F图案的浏览行为有3个特征：首先，用户会在内容区的上部进行横向浏览。其次，用户视线下移一段距离后在小范围再次横向浏览。最后，用户在内容区的左侧做快速纵向浏览。

遵循F形字母，网站设计者应该把最重要的信息放在这个区域，才能给访问者在3秒的极短时间内留下更加鲜明的第一印象。因此，在设计互联网产品的页面时，用户等待时间越少，用户体验越好。合理的运用这种阅读行为，对于产品设计会有很好的启发意义。

7.10.3 防错原则

防错原则认为大部分的意外都是设计的疏忽，而不是人为操作的疏忽；通过改变设计可以把过失降到最低。该原则最初用于工业管理，但上面几个定律一样在交互设计中也十分适用，如硬件设计上的USB插槽、母版上的扩展插槽、手机中的SD卡；而在界面交互设计中也经常看到，如当使用条件没有满足时，常常通过使功能失效来表示（一般按钮会变为灰色无法点击），以避免误按，如图7.210所示，“位置”“自动换行”“上移一层”“下移一层”“组合”“旋转”功能当前是不可用的。

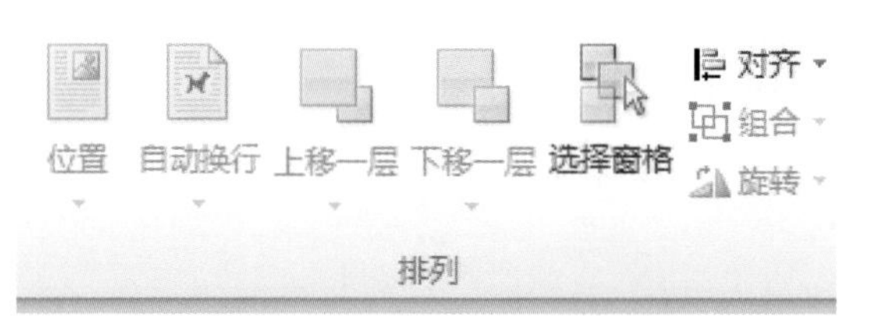

图7.210 Microsoft Word软件工具栏

防错原则提醒设计师，在交互设计中，一定要为用户提供必要的提示，以避免用户错误的操作。如在网站注册网页中，对于用户的必填项要有明确的要求提示，如用户填写的内容不符合要求，后面的提示信息会变成红色，并且不能单击“确定”按钮，现在大多数的网站注册页都有这样的功能。如前程无忧的注册页，若输入的电子邮件（E-mail）被注册过、没有填写用户名、没有勾选“我已阅读服务声明”，都会给出相对应的提示，以防用户下一步出错，如图7.211所示。

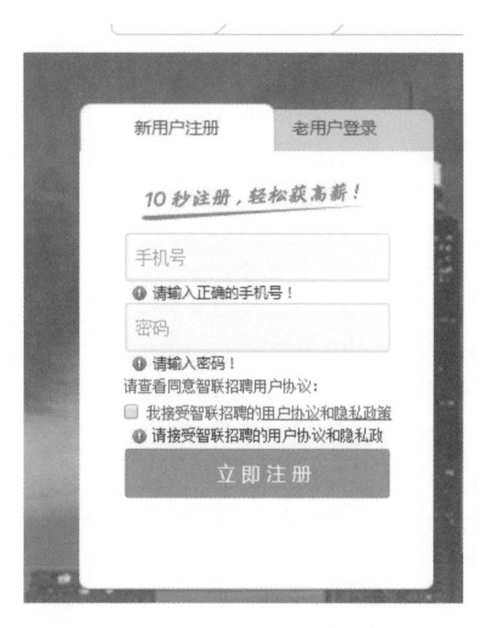

图7.211 前程无忧官网注册防错提示

7.10.4 费兹定律

你知道为什么Microsoft Windows的选单列放置在视窗上，而Apple Mac OS X的选单列放在屏幕的最上方吗？其实这是费兹定律（Fitts' Law）在界面设计上的妙用所在。

当用户的注意力和鼠标指针正停留在某个网站的LOGO上，而被告知要去点击页面中的某个按钮，于是需要将注意力焦点及鼠标指针都移动到那个按钮上。这个移动过程当中的效率问题就是费兹定律所关注的（图7.212）。

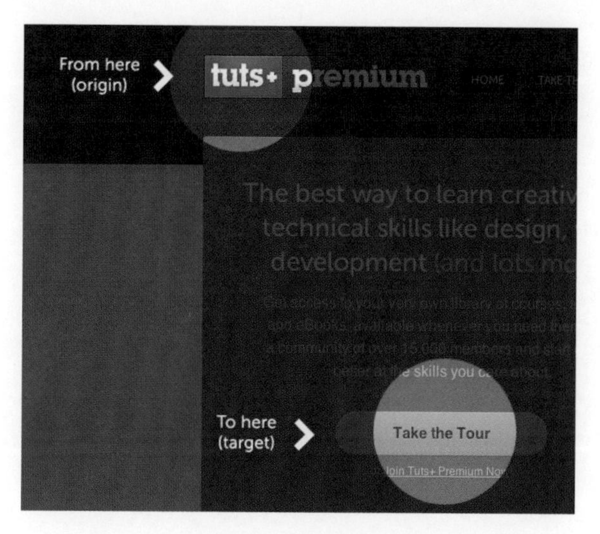

图7.212　注意力焦点及鼠标指针移动效率问题

费兹定律（Fitts' Law）是心理学家保罗·菲茨（Paul Fitts）所提出的人机界面设计法则，是一种主要用于人机交互中的人类运动的预测模型。它主要定义了游标移动到目标之间的距离、目标物的大小和所花费的时间之间的关系。

定律的表达式为：

$$T = a + b\log_2\left(1+\frac{D}{W}\right)$$

T代表平均完成这次操作所花费的时间；a和b是一个取决于输入设备选择的常数，a代表系统一定会花费的时间（理想耗时），b是系统速率（不同设备的a和b大抵也是正态离散分布在一条函数上，大家只需要了解a和b是一个常数就行了）；log里面的D是指从光标（指示位置）与目标中心的距离，W指的是点击目标宽度，同时W也是容许用户犯错的最后边界。

如图7.213所示，解释一下，就是如果光标现在在任意地点想要去点击目标，最短路径一定是D，最短路径上容错的最长路径是$D+W$，只要水平上移动超过了$D+W$就点不到了，而这个点击动作所耗的时间是一个常数加上一个以D为正比，W为反比的函数的和。

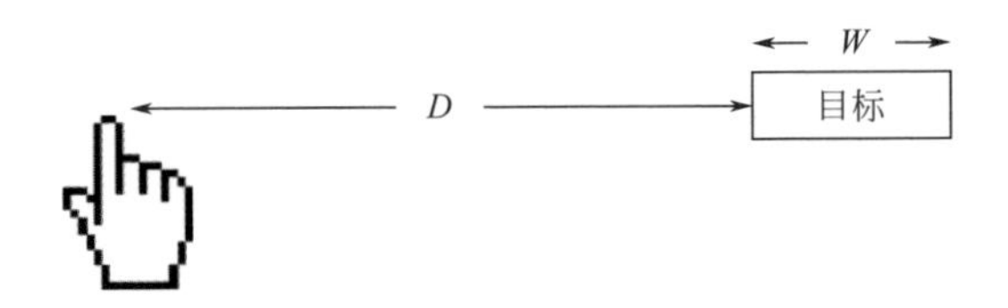

图7.213　费兹定律的释义图

费兹定律给我们的启示是：目标越大，完成点击越快，时间越短。同样，目标越近，指向越快，完成点击时间越短。也就是说，定位点击一个目标的时间，取决于目标与当前位置的距离，以及目标的大小（在特定场景下，当然还会有其他因素）。

费兹定律的公式描述的是PC端鼠标点击事件的操作花费时间，虽然如此，但其实它对App中手势交互和意符设计有深远的影响，同时也对于未来科技的交互方式的推测起着指引作用。

如图7.214所示，对比Windows与Mac（OS X Lion之前的版本）中的滚动条。在Windows中，纵向滚动条上下两端各有一个按钮，里面的图标分别是向上和向下的箭头；横向滚动条也类似。这种模式确实更符合用户的心智模式，因为触发左右移动的交互对象分别处于左右两端，当到左边寻找向左移动的方法时会看到左箭头按钮，向右侧也是一样；而Mac系统则将左右按钮并列在同一侧，使左右导航的点击操作所需跨越的距离大大地缩短，提高了操作效率。

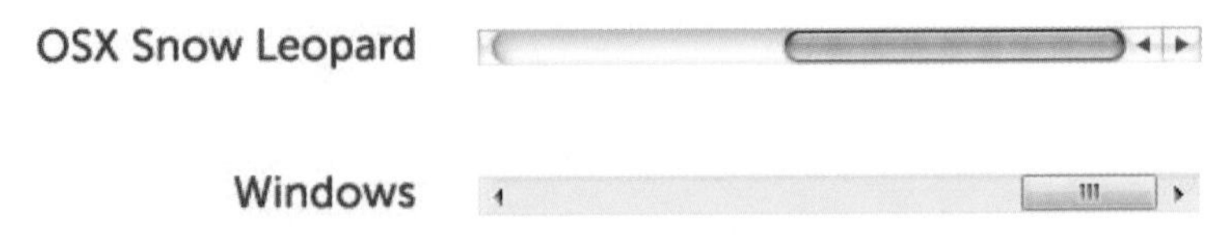

图7.214　Windows与Mac中滚动条设计的比较

在交互设计的世界中，目标用户群的特征是设计师需要时刻牢记在心的，对于费兹定律的运用也是同样的道理。对于目标用户中包含了儿童、老人甚至是残障人士的产品来说，界面交互元素的尺寸需要更大，以便这类相对特殊的用户可以很容易地点击操作。

以下为费兹定律在界面设计中的运用。

7.10.4.1 尺寸和距离

在设计任何一个可交互的UI元素时，设计师都需要考虑它的尺寸以及与其他元素之间的相对距离关系。市面上有各种各样的设计规范，其中多数都会提到按钮最小尺寸以及与其他交互元素之间排布距离方面的问题。尽量将多个常用的功能元素放置在距离较近的位置；另外，对于那些会产生高风险的交互元素，在很多时候设计师不希望用户能够很轻松地点击到它们，这种情况下要尽量将这些元素与那些较为常用的界面元素放置在相对距离较远的位置上。如图7.215所示，这里的危险操作（删除按钮）与常用的下载按钮之间的距离就过近了。

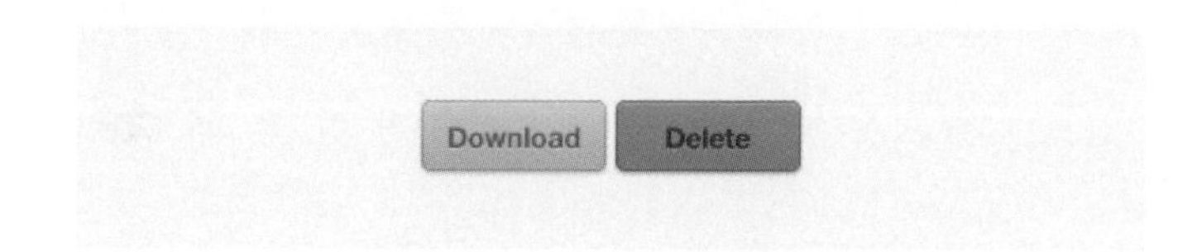

图7.215　删除按钮与常用的下载按钮之间的距离过近

7.10.4.2 边缘

（1）角落

对应着费兹公式中的“*W*”，处于界面角落上的元素可以被看作是具有无限大尺寸的，因为当鼠标指针处于屏幕边缘时，它就会停下移动，无论怎样继续向“外”挪动鼠标，指针的位置都不会改变。用户可以很轻松地点击到处于角落的交互元素，只要将鼠标向角落的方向猛划过去就可以，屏幕边缘会自动将指针限定在角落的位置上。这也正是Windows的开始按钮以及Mac的系统菜单被放置在左下角或左上角的原因之一（图7.216）。

图7.216　用户可以很轻松地点击处于角落的交互元素

（2）顶部和底部

与“角落”类似，由于屏幕边缘的限制，界面顶部和底部也是容易定位和点击的位置，不过确实没有角落更容易，因为这两个位置只在纵向上受到了约束，在横向上依然需要用户手动定位，但也比边缘以内的元素更容易点击。出于这个原因，苹果将菜单放置在了整个屏幕的顶部，也就是最顶端的位置，而不是像Windows那样只将菜单放在了当前活跃窗口自身的顶部（图7.217）。

图7.217 苹果将菜单放置在了整个屏幕的顶部

7.10.4.3 弹出菜单

让弹出菜单呈现在鼠标指针旁边，可以减少下一步操作所需要的移动距离，进而降低操作时间的消耗（图7.218）。

图7.218 弹出菜单呈现在鼠标指针旁边

费兹定律可以在不同的平台中以不同的形式发生作用，要打造上乘的产品体验，设计师就需要了解这些作用形式。特别是在移动设备上，设计师会面临很多在传统桌面设备中不曾遇到的挑战与变数。当然，费兹定律绝不是唯一需要考虑的设计原理，但绝对是非常常用的，几乎会在界面设计过程中时时处处体现出来的一个。

7.10.5 操纵定律

如果单纯从费兹定律的角度来看，按鼠标右键就可弹跳出来的快捷选单（contextual menu），似乎此固定的选项便利许多。因为不管游标到哪儿，只要按下右键，快捷选单就可以出现在哪儿，这似乎缩短了游标与目标物件之间的距离。但在讨论快捷选单的使用时，还必须注意到另外一个被称为操纵定律（Steering Law）的概念。操纵定律所研究的，是使用者以鼠标或其他装置来操控游标，在经过一个狭窄通道时所需要的时间。操纵定律的结论显示，通道的宽度对于所需时间有决定性的影响，通道愈窄，使用的困难度就愈高，时间也就会相对延长。

操纵定律的公式为

$$T=a+b\ A/W$$

式中　T——时间；

a——预设之设备的起始时间常数；

b——预设之设备移动速度常数；

A——在通道内移动的距离；

W——通道的宽度。

在通道宽度很宽的情况下，操纵定律几乎对所需时间没有任何影响，以快捷选单为例，通常选单的宽度都非常足够，因此如果只需要在其中做上下的移动，并不会有任何可用性的问题。可是一旦使用者须横向移动进入到下一个副选单，这个时候的通道，就只剩下该选项的高度而已，因此在操作上就会相对变得困难，这个问题，在多层次的级联选单（hierarchical cascading menu）中经常出现，因为使用者必须连续通过好几个狭窄的通道才能点选需要的选项，因此就算移动的距离不长，使用上仍不一定便利（图7.219～图7.221）。

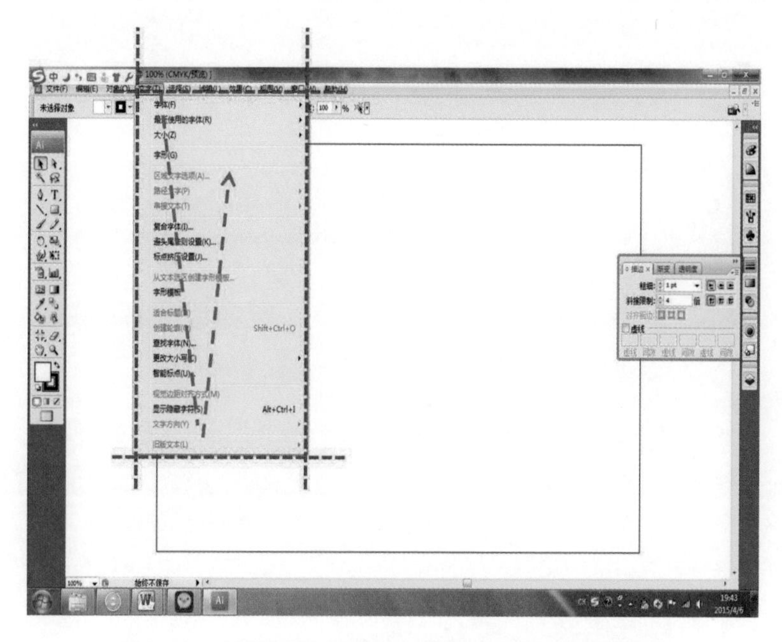

图7.219　操纵定律在通道宽度很宽的情况下对时间无影响

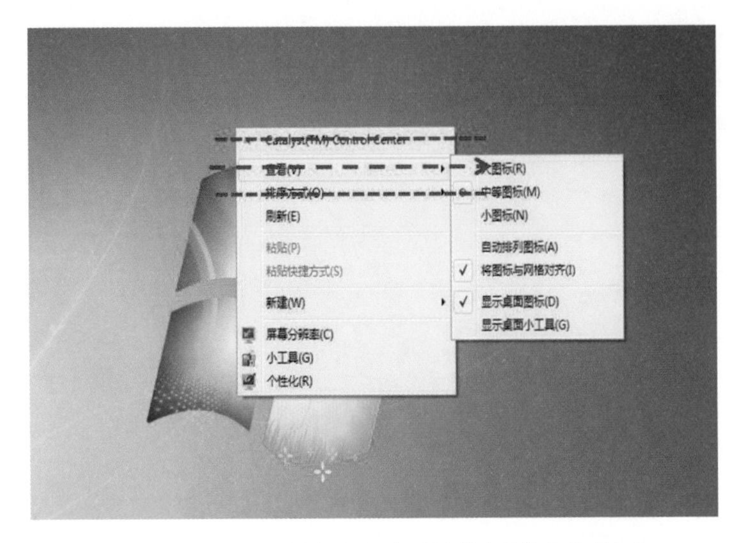

图7.220　变窄的通道会减缓在级联选单中的横向移动速度

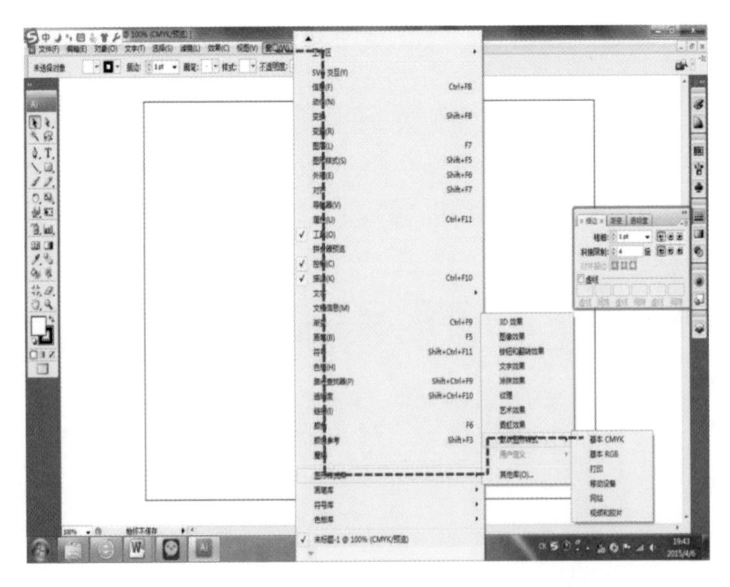

图7.221　多层次的级联选单影响光标的移动速度

为了克服级联选单的弊病，Windows XP操作系统，特别设计了一个短暂的延迟机制，让使用者就算不小心滑出了预设的通道，副选单也不至于立刻消失。这个机制可以说是有效，但这种延迟却也让操作系统感觉上反应有些迟缓，在此值得特别提出来讨论的，是Mac OS操作系统在级联选单设计上的巧思。

苹果公司在使用性方面的创意举世闻名，与费兹定律相关的实例，就是早期iPod的同心圆的控制键排列方式，它颠覆了传统直线式的排列，让所有选项都与拇指位置接近以方便操作，面对操纵定律的挑战，苹果则与Microsoft采取了不同的策略。苹果的操作系统，并不会一视同仁地进行延迟，而是预设了两个让副选单维持开放的条件：其一是使用者的游标，必须朝着副选单的方向行进；其二是游标的移动速度，必须维持在特定的最低限速之上。如此一来，使用者只要不是朝副选单方向移动，副选单就会迅速地关闭；但如果光标正在朝正确方向移动，用户就算“抄近路”跨出默认通道，也一样可以抵达想点选的选项位置（图7.222）。

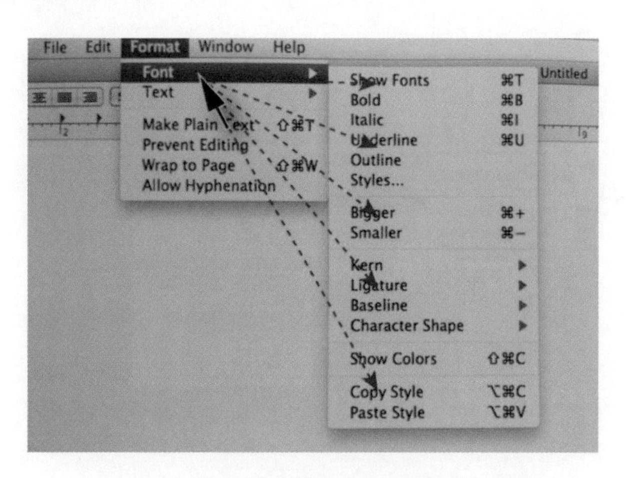

图7.222　苹果的快捷键只允许使用者“抄近路”

这个设定成功的关键，在于速限的设定。设计者必须能成功地估算，一般使用者要朝复选单移动的时候，大约会采取什么样的速度。而苹果公司成功的关键，其实就是这种使用经验细节上的贴心和巧思。

7.10.6　泰思勒定律

泰思勒定律，又被称为是“复杂不灭定律”（The Law of Conservation of Complexity）。赖瑞·泰思勒（Larry Testler）是著名的人机交互设计师，曾任职于施乐帕克研究中心（Xerox PARC）、苹果（Apple）、亚马逊（Amazon）和雅虎（Yahoo）等著名的科技公司。他所提出的这个定律没有任何方程式，也与数学无关，它是对于互动设计精神的一种阐述。

泰思勒定律全文为：“每一个程序都必然有其与生俱来、无法缩简的复杂度。唯一的问题，就是谁来处理它。”意即是，与物质不灭相同，“复杂度”这个东西也不会凭空消失，如果设计者在设计时不花心思去处理它，使用者在使用的过程中便需要花时间去处理。以先前所提的操纵定律为例，如果苹果公司

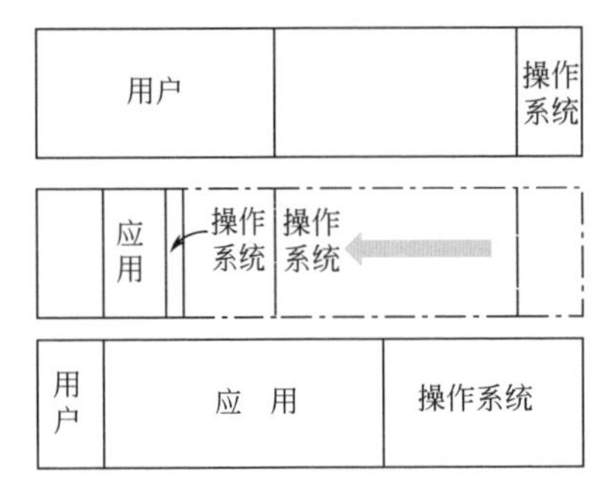

图7.223 泰思勒定律释义图

的设计师不花时间让级联选单变得简便，那么苹果计算机的使用者，就必须在操作时多花时间和精神去面对这个问题。

该定律认为每一个过程都有其固有的复杂性，存在一个临界点，超过了这个点过程就不能再简化了，设计师只能将固有的复杂性从一个地方移动到另外一个地方。如对于邮箱的设计，收件人地址是不能再简化的，而对于发件人却可以通过客户端的集成来转移它的复杂性（图7.223）。

针对这个观念，泰思勒在访谈中曾经进一步阐释："如果工程师少花了一个星期的时间去处理软件复杂的部分，可能会有一百万名使用者，每个人每天都因此而浪费一分钟的时间。等于是为了简化工程师的工作而去惩罚使用者。到底谁的时间对企业比较重要呢？对于大众市场的应用软件而言，除非已经有了决定性的市场独占位置，否则的话，客户的时间绝对比较珍贵。"这一番话，就是泰思勒当年在苹果公司，刚刚开始推动图像化使用界面设计时所提出的一个理念。图像化界面的设计和程序撰写，增加了工程师的工作负担，却也因此提升了使用者的便利，成功地促成了数码科技的普及化。

事实上泰思勒所提的"决定性市场独占位置"，一样不能完全保障产品或企业的成功，以排版软件QuarkXPress为例，在1998年，QuarkXPress已经叱咤风云将近十年，并且以80%的市占率雄霸纸本出版界，但该公司却因此沉溺在成就之中，忽略了使用者的需求。在Adobe公司于1999年推出InDesign之后，QuarkXPress市场逐渐流失，在2005年前后，InDesign的销售量已经远远超越QuarkXPress。

一般而言，使用者对于复杂的容忍度，与专业需求成正比。非专业的互动产品没有复杂的本钱，因为使用者总是会去选择最为便利的产品。为了专业上的需要，人们愿意花时间去学习使用专业性的互动软硬件产品。就像设计师可以花时间去学习使用QuarkXPress，甚至于多年来忍受它的诸多不便。但使用者对于复杂的容忍度，却和等质的竞争产品成反比。因此InDesign软件的出现，让平面设计师有了一个新的选择，许多人便毅然决然放弃了熟悉的QuarlXPress。所以其实可以将这个结论，归纳成为一个定律：复杂的容受度=专业需求/等质竞争产品数量。这是值得从事互动设计工作时，谨记于心的一个教训。

7.10.7 奥卡姆剃刀原理

图7.224　奥卡姆剃刀

如图7.224所示为奥卡姆剃刀。奥卡姆原理也被称为“简单有效原理”，由14世纪哲学家、圣方济各会修士奥卡姆的威廉（William of Occam，1285年至1349年）提出。这个原理是告诫人们“不要浪费较多东西去做用较少的东西同样可以做好的事情。”后来以一种更为广泛的形式为人们所知——即“如无必要，勿增实体”。也就是说，如果有两个功能相等的设计，那么我们选择最简单的那个。

一个简洁的网页能让用户快速地找到他们所要找的东西，当在销售商品时这点尤为重要。如果网页充斥着各种没用的文章、小工具和无关的商品时，浏览者会觉得烦躁、愤怒，并迅速地关闭浏览器。简单页面的优势有很多：

（1）简洁的页面能更好地传达出你所想要表达的内容

简单的页面让用户一眼就能找到他们自己感兴趣的内容，让他们看起来更舒服，更能专心于要表达的内容。而复杂的页面会让访客一时找不到信息的重点，也分散了访客的注意力。如果用一个页面来展示产品，采用三竖栏的结构就会显得很复杂；若采用两竖栏来展示，宽的竖栏作为图片展示和性能介绍，窄的作为次要的介绍或图片导航，这样能带给访客更好的阅读效果，顾客更有耐心阅读，所要通过网站表达的内容也就能更好地传递到用户眼前（图7.225、图7.226）。

图7.225　美国大型服装销售网站6pm.com

图7.226　Ashford是美国最早的网上手表商城之一

（2）简单页面更容易吸引广告投放者

精明的广告商们有充足的经验去选择广告的投放，他们看中的是广告的点击率、转化率，而不仅仅是网站的流量。虽然在复杂的网站会有很多被展示的机会，但是因为网站复杂而且内容多，顾客点击网站广告的概率就会比较小，广告效果可能还不如展示次数较少的简单页面。所以简单的网站可能会更加吸引广告商们，一个屏幕只有那么大，网站的东西越简单那么放置广告的地方就越明显，越容易吸引他人注意和点击（图7.227）。

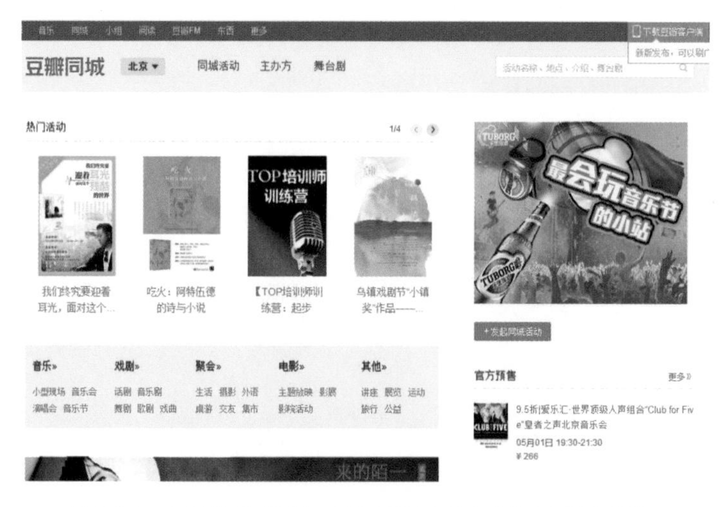

图7.227　最右边的“最会玩音乐节的小站”广告相对更加醒目

（3）简单的页面能给访客带来更好的用户体验

相信很多朋友在寻找网页的时候采取的观点是实用第一，美观第二吧，何况简约型的网站不一定就不美观。简洁的网站页面能给访客带来更好的用户体验（图7.228）。

图7.228　百度搜索界面

（4）简单的页面效率更高

与复杂网站页面相比，简单的页面能够更为快速地打开。现如今，什么都讲求效率、速度，若网站没有及时打开，用户就会失去打开网站的兴趣而选择其他网站了。搜索引擎的结果如此之多，用户首先看到的是最先打开的页面。如果将网站页面设计得过于复杂，可能就会失去潜在的访客了。

现在想必大家已经了解到简单页面的重要性了，那么该如何科学地设计一个简单的页面呢？

① 只放置必要的东西　简洁网页最重要的一个方面是只展示有用的东西。但这并不意味着不提供给用户很多的信息，可以用“更多信息”的链接来实现这些。

② 减少点击次数　让用户通过很少的点击就能找到他们想要的东西，不要让他们找一个内容找的感觉很累。

③“老人”规则　如果你的年龄大的长辈也能轻松地使用该页面，你就成功了。

④ 减少段落的个数　每当网页增加一段，页面中主要的内容就会被挤到一个更小的空间。那些增加的段落并没有起到什么好的作用，而会让顾客们看到他们不想了解的东西。

⑤ 给予更少的选项　做过多的决定也是一种压力，总体来说，用户希望在浏览网页的时候思考得少一点。我们在展示内容的时候要努力减少用户的思维负担，这样就会使浏览者使用更顺畅，心态更平和。

在这些方面，苹果的官方网站都做得很好。苹果公司用一种很有效和非常有礼貌的方式提供了足够多的信息，所有的文字、链接和图片都很集中，并没有一些使你分心的广告和其他商品的不需要的信息（图7.229）。

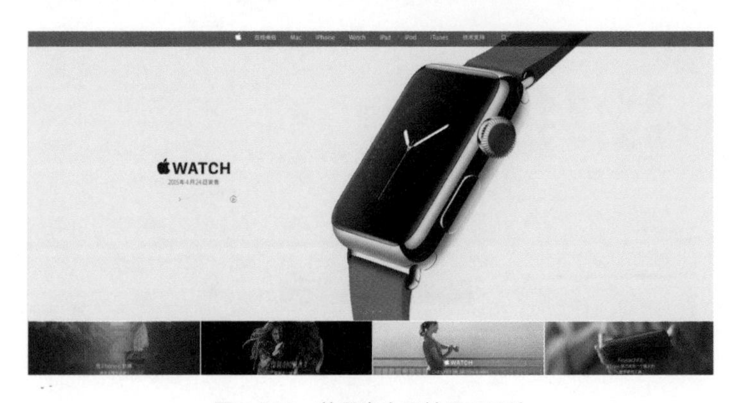

图7.229　苹果官方网站界面设计

正如爱因斯坦所说：万事万物应该最简单（Make everything as simple as possible，but not simpler.）。理解了奥卡姆剃刀原理，不仅设计会变得更简单实用，而且还能从中悟出简单生活的哲学。

7.10.8 冯 · 雷斯托夫效应

冯 • 雷斯托夫效应（也称为隔离效应）预测当存在多个相似对象时，不同于其他对象的是最容易被记住的（图7.230）。这就是为什么CTA按钮看起来与网站或App上其余操作按钮不同的主要原因。

图7.230　冯 · 雷斯托夫效应示例

7.10.9 系列位置效应

系列位置效应是指在一系列事物中，接近开头和末尾的更容易被用户记住的心理倾向。

这就是为什么现在大多数App选择摒弃汉堡包菜单，使用底部或顶部导航菜单，并将最重要的用户操作放置在右侧或左侧。如图7.231所示，是一些流行的iOS应用程序示例。考虑到系列位置效应，每个App都将“首页”和“用户中心”项目分别放在了菜单栏的左侧或右侧。

(a)Twitter　(b)Medium　(c)ProductHunt

图7.231　iOS应用程序示例

7.10.10 认知负荷原理

认知负荷是指一个人的工作记忆中使用的脑力劳动总量。简单来说，就是为了完成某项任务，工作者需要进行大量的思考。

认知负荷理论可以分为外部认知负荷、内部认知负荷、相关认知负荷三种类型，其中内部认知负荷和相关认知负荷这两种类型是最适用于用户体验设计的。

（1）内部认知负荷

内部认知负荷是与特定工作或学习主题相关的。这是微缩复制（Micro-copy）和复制（copy）在良好的用户体验中发挥了巨大作用的主要原因。

例如，在App的“空白状态”下，大多数情况会提示用户如何去操作。在这里，提示文本需短小、简单，并使用适当的单词，以便用户能够轻松地遵循说明进行操作（图7.232）。

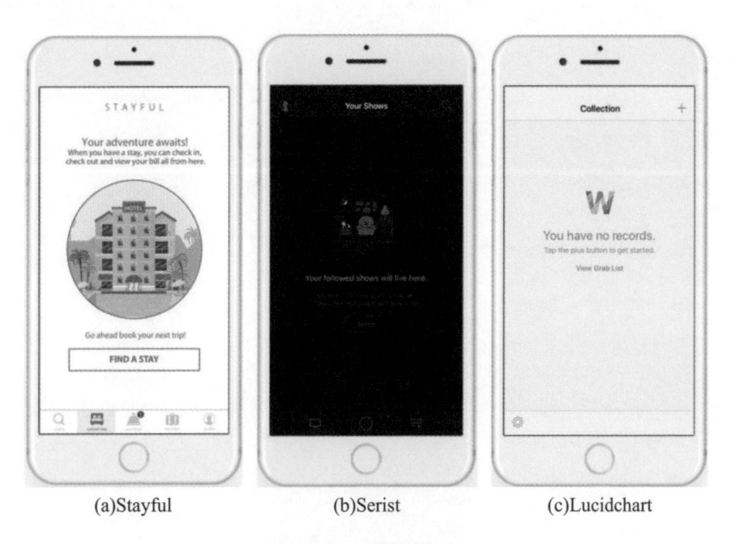

(a)Stayful　(b)Serist　(c)Lucidchart

图7.232　提示文本

（2）相关认知负荷

相关认知负荷是用于处理信息和构建模式的认知负荷。该模式描述了一种组织信息以及它们之间所有关系的思维模式。

设计师使用设计模式的原因之一是它们是默认编程的——所以如果用户将其转变为一种自己所理解的模式，那么他们就可以更容易地接受和学习新的东西。

7.11 视错觉在交互设计中的应用

7.11.1 视错觉的概念

生活中，人们常说，耳听为虚，眼见为实。然而，心理学研究却表明：眼睛也常常会欺骗我们，亲眼所见的并非都是事物的本质或真相。这种奇特的现象，心理学称之为视错觉。

视错觉就是当人观察物体时，基于经验主义或不当的参照形成的错误的判断和感知，是指观察者在客观因素干扰下或者自身的心理因素支配下，对图形产生的与客观事实不相符的错误的感觉。

视觉的产生是一个复杂的生理过程：通过光、视觉对象、眼睛共同配合，形成于大脑的视觉感觉。视觉对于人来说更具有深层的含义，视觉的组成包含两个部分，即："视觉生理"和"视觉心理"——视觉生理是产生视觉心理的基础，视觉心理是在视觉生理基础上的进一步的信息加工，视觉生理可以说是与生俱来的反应，不受年龄、地域、文化等后天因素的影响；而视觉心理是一种经验视觉，它受到年龄、地域、文化等众多因素的影响。不过人们在通过视觉去认识和感知事物时，视觉生理和视觉心理是同时发生的。

人类对于事物的基本认识是基于视觉产生的五种生理现象去实现的。

① 明度视觉：视觉的明暗对比、明暗适应；
② 立体视觉：视觉的正倒关系、透视关系；
③ 颜色视觉：视觉的色彩适应、色彩生理；
④ 运动视觉：视觉的假象运动、相对移动；
⑤ 深度视觉：视觉的深度错觉、介入参照。

通过这五种由视觉产生的生理现象使人们才能认识和感知基本的事物。

7.11.2 经典视错觉与交互设计

视错觉现象是双眼跟大家开的一个玩笑，而人们往往还心甘情愿地接受看到的假象。

下面所要阐述的是与交互设计比较相关的几个经典视错觉发现。

7.11.2.1 蓬佐错觉——长短错觉

蓬佐错觉又称“铁轨错觉”“月亮错觉”，是有关长短的视错觉。自从意大利心理学家马里奥·蓬佐（Mario Ponzo，1882—1960）发表了相关论文后，这一视错觉便被称为蓬佐错觉，但在这之前，它就早已被人们所熟知。

马里奥·蓬佐认为人类的大脑根据物体的所处环境来判断它的大小，他通过画出两条完全相同的直线穿过一对向某点汇集的类似铁轨的直线向人们展示这种错觉。上面那条直线显得长一些，是因为根据直线透视原理，人们误认为那两条汇集的线是两条平行线逐渐向远方延伸。在这种情况下，人们就会误认为上面那条线远一些，因此也就会长一点。由于如果远近不同的两个物体在视网膜上呈现出相同大小的像时，距离远的物体在实际上将比距离近的物体大，如图7.233所示。

图7.233 蓬佐错觉

这一视错觉在交互设计运用上，如输入（input）、单元格（cell）或段落间的分割线。各App的长短不同，大多数App都按照iOS或Android Guideline，在各控件左右留一定的距离。

如图7.234～图7.236所示，截取iOS与Android系统上一些App，设计师使用非常规距离线。

图7.234 iOS系统

图7.235 回家吃饭（iOS系统）

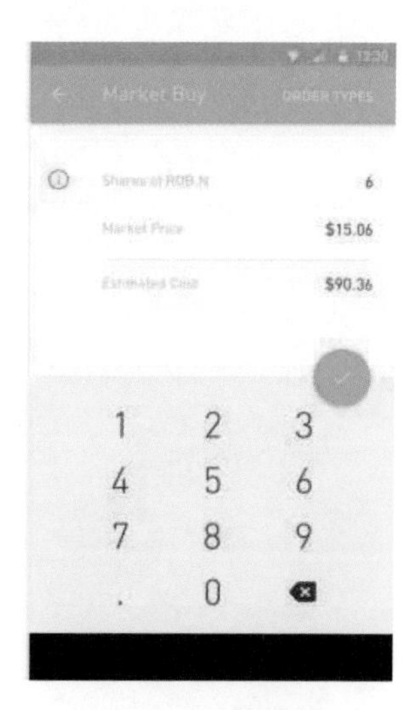

图7.236 记账软件（Android系统）

再如图7.237、图7.238所示，截取了各平台APP左右不留间距的线。各平台APP使用有各种长短线，并没有统一标准，最主要是设计师想要表达什么。

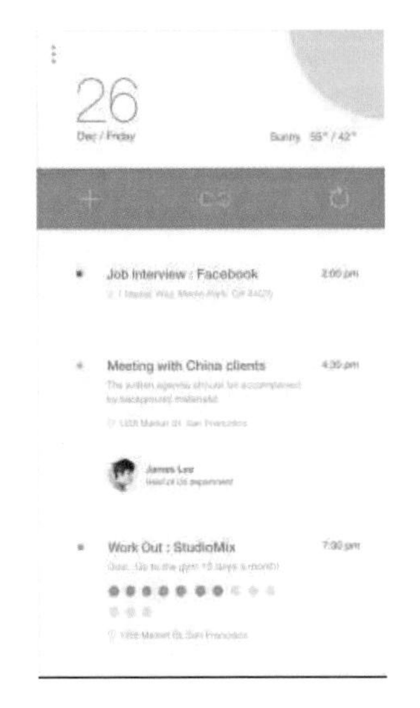

图7.237　日志软件（Android系统）

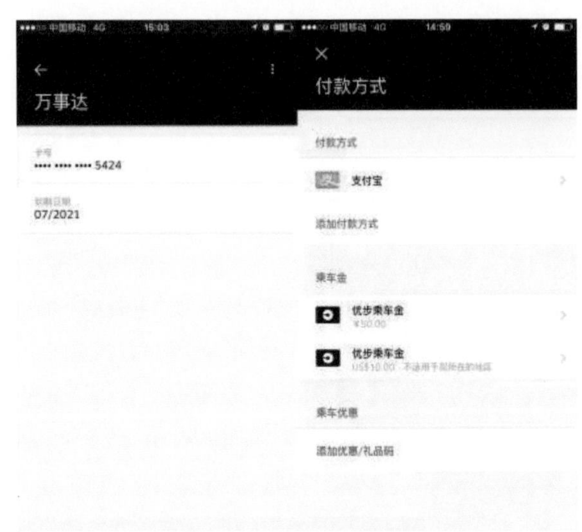

图7.238　Uber（iOS系统）

手机屏幕的边界就如蓬佐错觉中外侧斜线，分割线与边界的距离就能让人对间隔中的左右信息产生或长或短的感受，易读性也成为考量的一点。在APP设计中，全局规范考虑是非常重要的，满足了单个页面的视觉需要是远远不够的，前端开发害怕的是没有逻辑规则的不同，只要定义好功能规范，即使在不同界面使用不同长短线也不是大问题。

简言之，在定义线长短时，可以更多思考为什么要留边距，留多少合适，为什么确定这样的长短，是否有逻辑可循，是否考虑全局性，是否与品牌相合，是否能传达出视觉故事等。

7.11.2.2　艾宾浩斯错觉——面积错觉

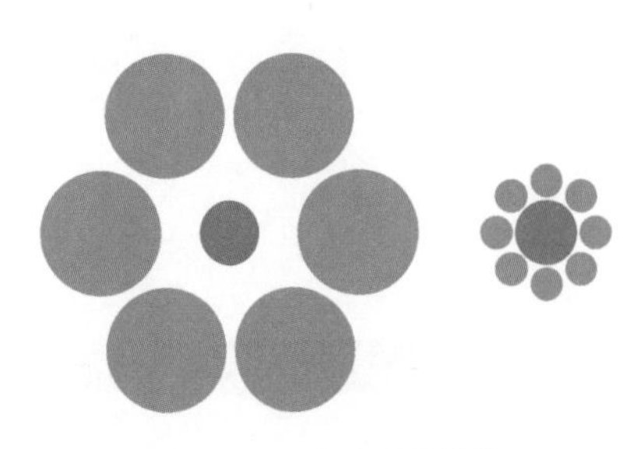

图7.239　艾宾浩斯错觉

赫尔曼·艾宾浩斯（Hermann Ebbinghaus）是著名的研究人类记忆的心理学家，出生于德国，是波兰布雷斯劳大学教授。他主要研究人类如何进行持续性记忆的。图7.239是他发现的视错觉图。位于中间的两个橘黄色的圆大小相同，但是看起来右侧的明显偏大。右侧橘黄色圆的四周是小圆，所以看起来比实际的大，而左侧的橘黄色圆周围是大圆，因此它看起来比实际的要略小。

艾宾浩斯错觉在实际应用中非常广泛，利用人们身边的东西，进行排列组合，就可以确认发现视错觉。艾宾浩斯错觉加上德勃夫错觉（Joseph Delboeuf illusion）和万辛克（Dr.Brian Wansink）、薛尔特·梵·依特森博士（Dr.Koert van Ittersum）的研究证实，人们的进食量会被盘子的大小与颜色所影响，也就是说，人们会被这些视错觉而影响真实行为（图7.240）。

图7.240　盘子的大小与颜色影响人们的进食量

而这种食物与餐具的关系也同样可以运用在界面交互设计中。如图7.241所示是根据Google color tool（谷歌颜色工具）搭配出的两组配色，左右图中空间格局完全相同，但运用不同深浅的色相会给人有左边空间更狭窄，而右边更宽阔的感受。

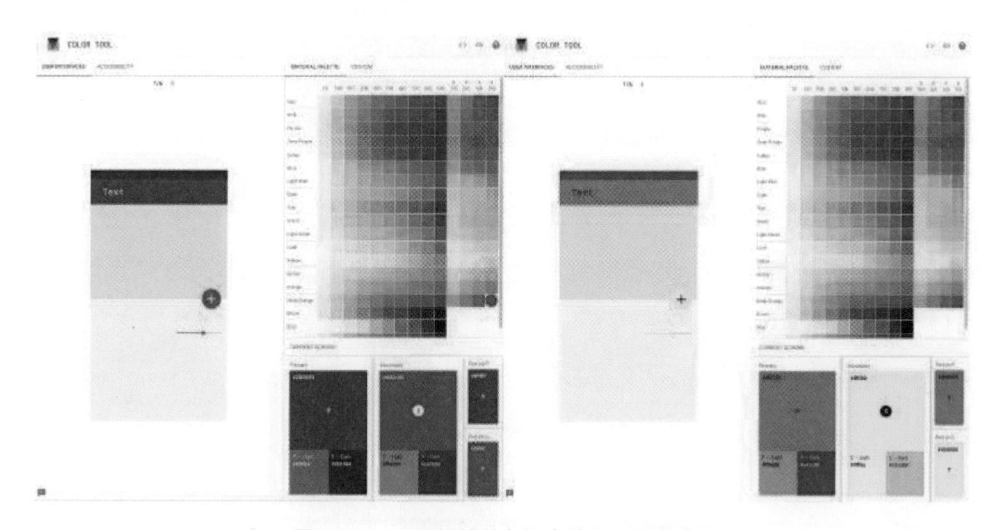

图7.241　不同深浅的色相会给人不同的感受

如图7.242所示，左右图中的圆点大小其实是完全一致，但在左图中感觉较小，而右图较大。艾宾浩斯错觉在界面空间上起到明显作用，可以遵循这个理论工具为人们的交互设计服务，更好地表达功能重点，在空间中体现结构关系。

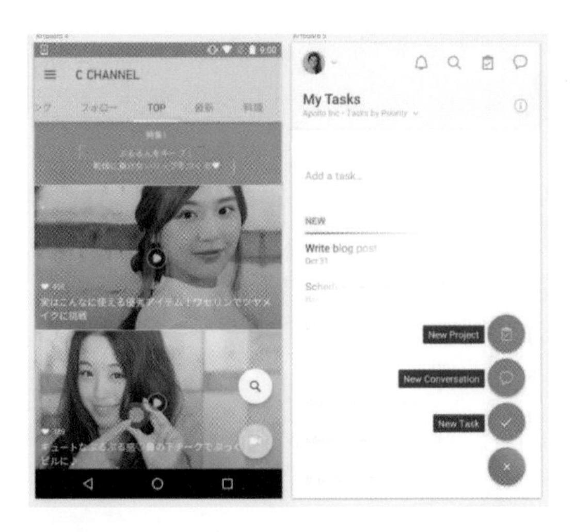

图7.242　艾宾浩斯错觉在界面设计上的应用

7.11.2.3　卡尼莎三角——图像和纹理错觉

盖塔诺·卡尼莎（Gaetano Kanizsa，1913—1993年）是意大利心理学家。她在意大利的里雅斯特建立了“心理学研究所”，为意大利心理学研究做出了巨大贡献。在卡尼莎发现的视错觉中，最有名的是发表于1955年大家所熟知的图7.249的“卡尼莎三角”。这个视错觉表明人们的大脑把实际上不存在的三角形轮廓线画了出来。我们把根本不存在的轮廓线称为“主观轮廓”。如图7.243所示，在图形的中心有一个实际上并不存在的白色三角形。这是因为人的大脑在观察的时候自发将线段连接起来形成了完整的图形，而且这个视错觉在各种类似图形上都成立。

卡尼莎不仅作为心理学家取得了巨大的成就，她也是一位活跃的画家。在她的绘画中也不乏利用视觉错创作的作品（图7.244）。

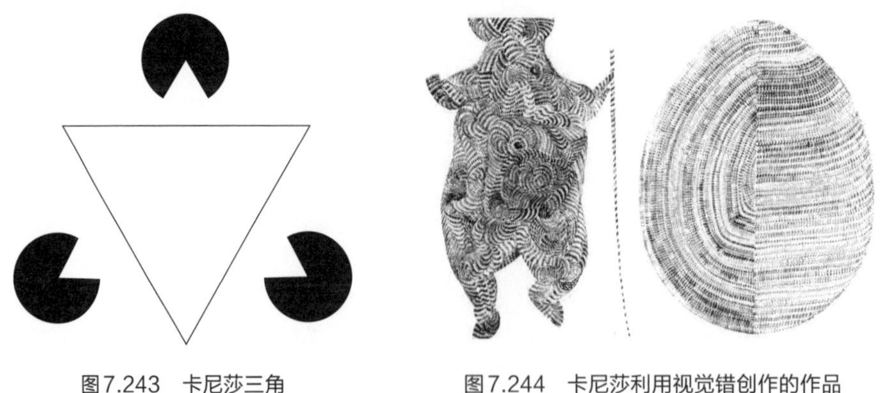

图7.243　卡尼莎三角　　图7.244　卡尼莎利用视觉错创作的作品

7.11.2.4 冯·贝措尔德效应——色彩错觉

色彩是什么？如果说色彩是大脑的感觉，你会不会感到怀疑？

（1）牛顿的发现

17世纪出生于英国的牛顿由于发现了万有引力定律而闻名于世，他对光与色也非常感兴趣，并进行了各种各样的实验。

其中之一就是让太阳光透过窗户照射到棱镜（三角形玻璃柱）上，结果由此穿过的光线被分解成红色、紫色等如彩虹一般的颜色（图7.245）。

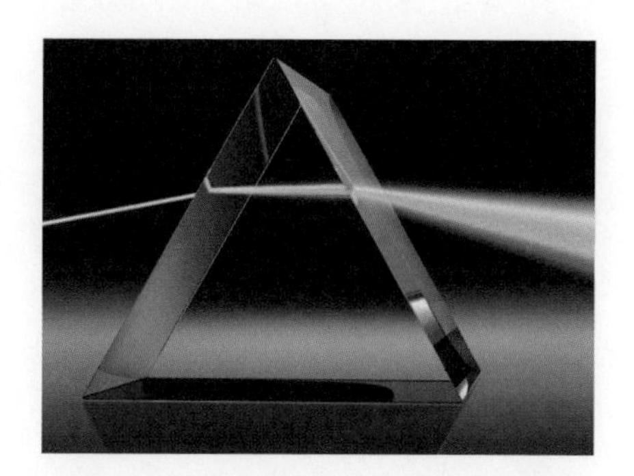

图7.245　白光经过三棱镜后的分光现象

通过这样的实验，他提出了如下观点：

① 太阳光是由七种颜色的色光组成的；

② 不同颜色的光，折射角不同。

他把对光的研究成果进行总结，于1704年发表了著作《光学》。在这本书中，他说即便是红色的光，也并不是光带有红色，而是红色的光让人有“光是红色的”感觉而已。

现在研究表明，正如牛顿所认为的那样，红色、黄色等颜色只不过是人类大脑的感觉而已。现代科学表明，由于不同对象反射光的波长不一样，人类才能感受到各种各样的色彩。而且，映入眼帘的光被视网膜细胞转换成信号，通过神经传达给大脑，才会有“苹果是红色”的感觉。但是，有时候对相同波长的光也会有不同的色彩感觉，那就是视错觉。也就是说，在日常生活中，如衣服上看到的色彩，并非色彩本身，而是吸收波长后再反射的色彩，染料本身的颜色未必是最终人们看到的颜色。

（2）马赫带效应

再来了解下马赫带效应（Machbandeffect），是物理学家兼哲学家马赫（E.Mach）于1865年首先说明的。如图7.246所示，①有一条明显的竖着的亮线，②有一条明显的竖着的暗线。但是将线与其他部分相比较，并非更亮或更暗一点。

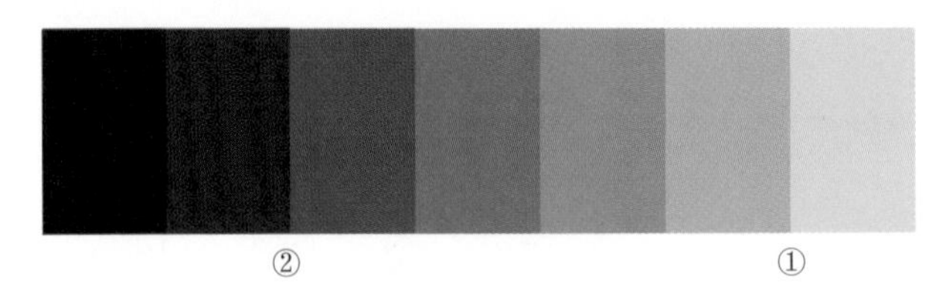

图7.246　马赫带效应示意图

这个效应它为主观的明度感觉视亮度与被视物体表面光亮度之间并不成简单的比例关系提供了一个基本的证明。它是指视觉的主观感受在亮度有变化的地方出现虚幻的明亮或黑暗的条纹，马赫带效应的出现与人类的视觉系统有关。

（3）冯 · 贝措尔德效应

冯 • 贝措尔德效应是一种色彩同化视错觉。如图7.247所示，左右两边颜色完全一致，但中间颜色被周遭颜色影响。当一种颜色被另一种颜色包围，或者另一种颜色作为背景的时候，那么这种颜色就会看起来很接近周围的颜色或者背景颜色，我们把这一现象称之为色彩同化。

图7.247　冯 · 贝措尔德效应

（4）MD配色

在定义APP色彩调性时，通常有无色彩、单一主色、主次色彩搭配这三种常用类型。色彩视错觉的色彩搭配可以联想到MD（Material Design，设计材料）的色彩参考。MD是由Google推出的设计语言，它的色彩灵感来自当代建筑等，并由此引发出了大胆的颜色，与单调乏味的周边环境形成鲜明的对比。

MD所展示的颜色较鲜艳，所以在设备上展示出来也是很有识别性的。它更适用于视觉界面交互设计的配色，能起到使设计更统一、更舒服的作用。目前很多优秀的作品，都是参照它的规范来设计的（图7.248）。

Red		Pink		Purple	
500	#e51c23	500	#e91e63	500	#9c27b0
50	#fde0dc	50	#fce4ec	50	#f3e5f5
100	#f9bdbb	100	#f8bbd0	100	#e1bee7
200	#f69988	200	#f48fb1	200	#ce93d8
300	#f36c60	300	#f06292	300	#ba68c8
400	#e84e40	400	#ec407a	400	#ab47bc
500	#e51c23	500	#e91e63	500	#9c27b0
600	#dd191d	600	#d81b60	600	#8e24aa
700	#d01716	700	#c2185b	700	#7b1fa2
800	#c41411	800	#ad1457	800	#6a1b9a
900	#b0120a	900	#880e4f	900	#4a148c
A100	#ff7997	A100	#ff80ab	A100	#ea80fc
A200	#ff5177	A200	#ff4081	A200	#e040fb
A400	#ff2d6f	A400	#f50057	A400	#d500f9
A700	#e00032	A700	#c51162	A700	#aa00ff

Deep Purple		Indigo		Blue	
500	#673ab7	500	#3f51b5	500	#5677fc
50	#ede7f6	50	#e8eaf6	50	#e7e9fd
100	#d1c4e9	100	#c5cae9	100	#d0d9ff
200	#b39ddb	200	#9fa8da	200	#afbfff
300	#9575cd	300	#7986cb	300	#91a7ff
400	#7e57c2	400	#5c6bc0	400	#738ffe
500	#673ab7	500	#3f51b5	500	#5677fc
600	#5e35b1	600	#3949ab	600	#4e6cef
700	#512da8	700	#303f9f	700	#455ede
800	#4527a0	800	#283593	800	#3b50ce
900	#311b92	900	#1a237e	900	#2a36b1
A100	#b388ff	A100	#8c9eff	A100	#a6baff
A200	#7c4dff	A200	#536dfe	A200	#6889ff
A400	#651fff	A400	#3d5afe	A400	#4d73ff
A700	#6200ea	A700	#304ffe	A700	#4d69ff

图7.248　MD部分调色板

在MD的配色系统中，一个应用中不建议超过三种颜色，一般保持两种即可，一个主色调和一个辅助色。主色调是指应用中最常出现的颜色，辅助色是指用于强调用户界面关键部分的颜色。这里说的两种颜色并不是说就只能用两个具体的颜色如红色和黑色，还可以用深红色、淡红色等，也就是使用颜色的不同饱和度来区分。

例如，在应用程序中使用颜色时，大型UI区域和元素应该用主要颜色着色。次要颜色可以用于相对不重要的区域。如果没有辅助颜色，则可以在这些区域中使用无色系——黑、白、灰色（图7.249）。

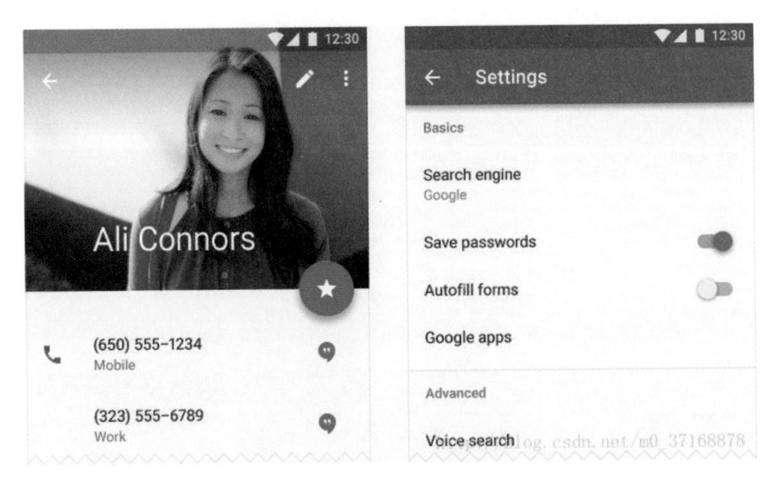

图7.249　主色和辅色的使用

对某些文本需要使用辅助颜色，如链接文本。如果辅助颜色饱和度很高，请不要给整体文字内容使用（图7.250）。

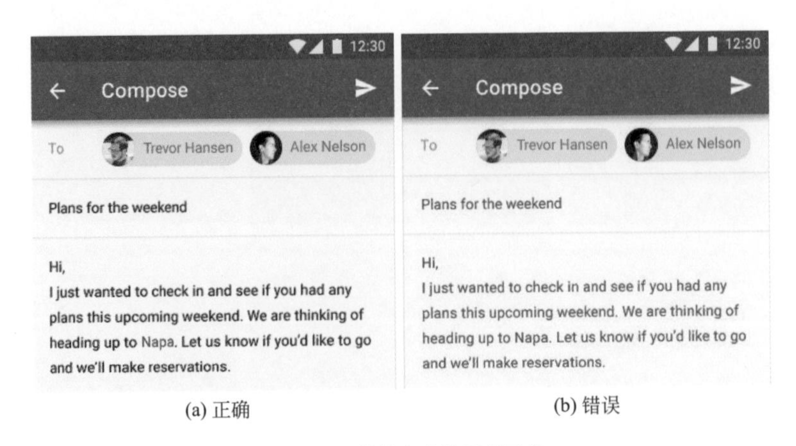

(a) 正确　　(b) 错误

图7.250　链接文本使用辅助色

7.11.2.5 “光源来自上方”的假说与按钮

在人类的生存环境中始终有一个巨大的光源——太阳。因为其似乎始终在人类上方，所以在人类进化的过程中形成了“光源来自上方”的假说。在这个假说中，凸起的物体会使下部产生阴影，凹陷的物体会在上部产生阴影。如图7.251（a）所示，可以看到5个凸的按钮，1个凹的按钮；将图7.251（a）翻转180°，如图7.251（b）所示，立即就变成了1个凸的按钮，5个凹的按钮。

为什么同一张图片，仅仅是翻转180°，我们就对其做出了完全不同的解释呢？视觉图像要到达大脑，首先要在视网膜上成像（视网膜上密密麻麻地排布着感光细胞），刺激感光细胞形成神经电冲动，然后经过一系列复杂的神经通路到达视觉皮层。后续繁杂的步骤其实都是对视网膜上成像的处理。对人们而言，可以将视网膜看作一张感光胶片，重点在于视网膜上的像是一张二维图片，大脑提取出来的任何信息都以这张二维图片为原始素材。

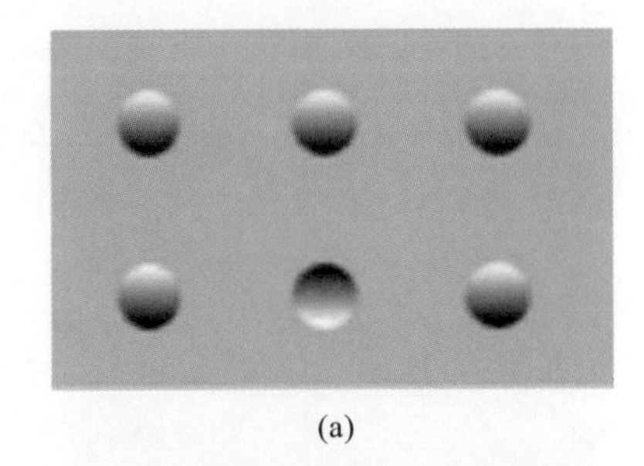

(a)

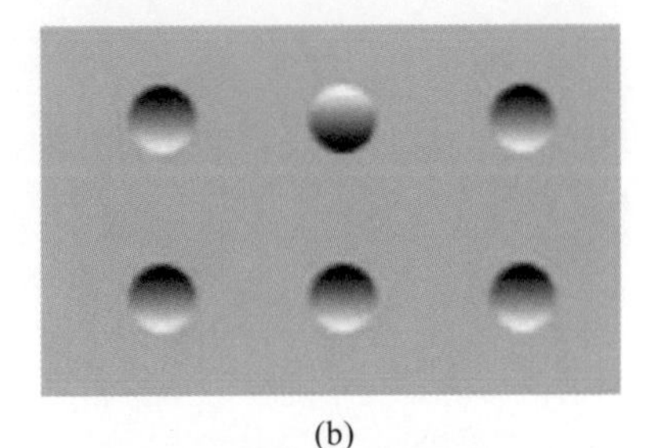

(b)

图7.251 凹凸视错觉

那么，大脑究竟是怎么从二维图片中看出（推导出）三维的？其中一个重要的工作就是判定深度。比如，前面的两张图片完全是二维图片，在人们的视网膜上也是二维的。然而大脑却能够理解为三维，大脑能够判断出一个按钮是“凹”的还是“凸”的。这是怎么办到的？

很简单，假设环境中有光源，并且光源来自上方，那么凸的物体会使其下部出现阴影，凹陷的物体则会在上部出现阴影。

如图7.252所示，图中的图标，光源来自左上方，另在右上方有一强烈的反光。这些光源代替了“光源来自上方”的太阳光。为了虚拟图标中方体受到光的影响，设计者为这些方体加上高光和阴影，画面产生深度，使其更加逼真。

图7.252 手机App图标设计

7.11.2.6 透视法与3D视觉

现实中人们通过物体大小的变化来判断远近，这也正是透视法能够在二维平面上创造出三维视觉效果的原理。透视逐渐被设计师运用到界面设计中去。

在2017年秋季微软发布的第二个Win10重大更新中，包含全新的Fluent界面设计，总体而言更加美观，并升级支持VR/AR系统。

该次更新将支持一种“时间轴”功能，它能够自动记录用户的各种操作，方便进行回溯；更新还将添加更多系统API（应用程序编程接口），可以方便调用微软服务；对于不需要这些高级功能的用户，也会发现界面本身发生众多变化，它不仅拥有更强的艺术感，同时将界面从2D屏幕拓展到头显的三维虚拟世界。

微软Fluent界面设计将从互动性更强的光照、景深、动画、材质和尺寸五个方面大做文章。这一设计哲学将帮助微软把UI设计从老式的平面风格转向未来更具交互特性的UI。微软发言人在展会上表示他们将从平面矩形方框升级到三维空间，并不仅仅是视觉风格，整个交互也在过渡。

下面对与三维效果相关的光照，景深，动画和尺寸四个方面进行讲解。

（1）光照

如果向电影制作人询问对于电影场景最重要的元素有哪些，他们肯定会提到光照渲染的重要性。对于交互设计来说，情况也是这样的：一个界面的明暗风格可以改变用户对它的印象。微软的乔北峰（Joe Belfiore）认为它可以控制交互氛围，赋予应用设计位置感。对于交互菜单和应用界面来说，它还是吸引用户注意力的重要工具。设计良好的按钮可以向用户暗示它的使用方法，或者提醒用户避开可能会发生的问题（图7.253）。

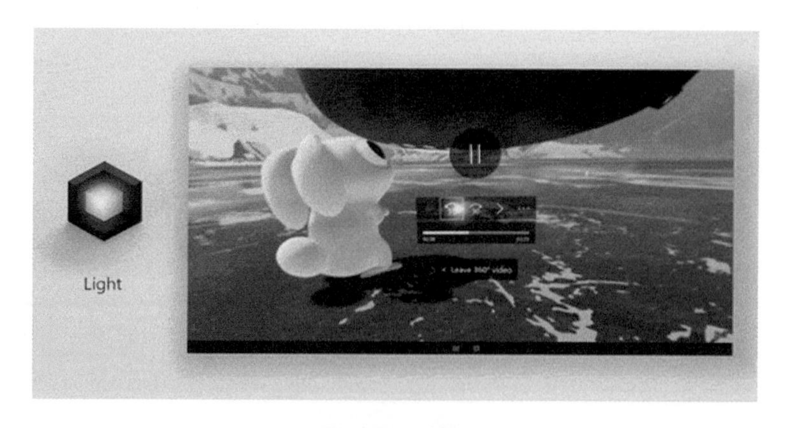

图7.253　光照

（2）景深

在单调而充满各种色块的扁平化“Metro”设计语言中，Windows被严格限制了交互形式，只能依赖单调的各式方块呈现信息。而在Fluent设计中，微软将挑战这一范例，将信息和虚拟物品从2D方块中解放出来，让设计者能够更自由地运用所有元素。

以日历这一应用为例，微软不再使用简单的方块日程表，而使用缩放动画展现一个动态的日程，在画面上呈现一种空间感，视觉效果更加开放而宏观。这样一个交互过程变得更动态而持久（图7.254）。

图7.254　景深

（3）动画

具有优秀动画特效的界面一般都更容易交互，而微软Fluent的这一原则就是通过合适的动画吸引用户注意力，使交互变得更加流畅自然。乔北峰认为Fluent的动画效果在交互过程中起到一个引导作用，就像旅游团中的导游一样。

微软使用Xbox（微软开发的电子游戏平台）菜单、音乐可视化界面作为例子进行讲解，并且将普通的图形转换为更动态、色彩更靓丽的造型。这些视觉效果能够吸引用户注意力，使他们更享受控制音乐，调整游戏选项等过程（图7.255）。

图7.255　动画

（4）尺寸

前面提到的原则主要还是在原有的2D交互环境下做优化，人们通过外设控制玻璃屏幕下的虚拟物体。而尺寸则专门为三维交互场景而设计，它是面向未来的。这个原则主要应用于虚拟现实和增强现实。

VR开发者在这几年的应用开发过程中逐渐意识到一个问题：本来在电脑屏幕上看起来比较正常的虚拟物品转化到三维场景之后，其相对尺寸可能会显得过大或过小。对于第一人称的交互界面来说，控制这些虚拟物品的视觉尺寸相当重要，设计者必须考虑各种元素的尺寸问题，微软要求开发者设计时考虑他们的产品在HoloLens（微软公司开发的一种混合现实头戴式显示器）这样的设备上将会呈现的效果（图7.256）。

图7.256　尺寸

7.11.2.7　旋转彩柱错觉与进度条设计

理发店门前会放一个360°在横向转动的转筒，但人们看到的却是在纵向移动。同理，如图7.257（a）所示矩形框中的黑白条块其在动时显示的是黑白条块的下移，垂直的边框使得垂直运动主导了视觉方向。而在图7.257（b）中，透过圆形看到的黑白条块则是往右下方移动，因为圆形在纵向和横向上没有区别，所以眼睛反馈的信息是向右下方，而不是水平或是垂直方向。

(a)

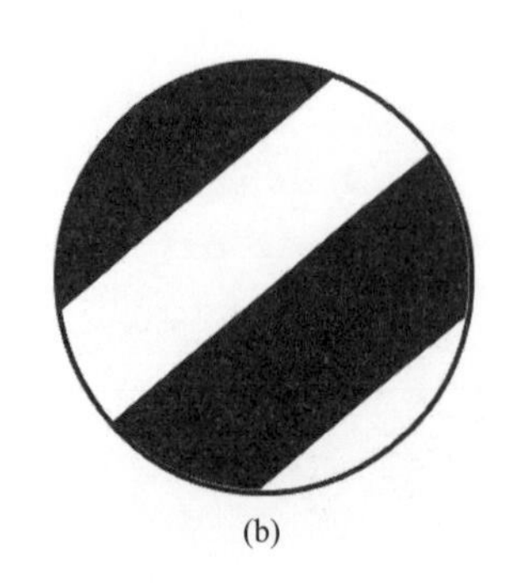
(b)

图7.257　旋转彩柱错觉示意图

在界面设计中的进度条就是采用了这一原理，如图7.258所示。进度条中矩形水平方向上的长度要远远大于其在垂直方向上的长度，水平运动主导了人们的视觉，所以感受到的是进度向右滚动，而不是向上。

如图7.259所示，Charging Animation（充电动画）采用圆形进度指示器和进度指示条相结合的方式，看起来既整洁又引人注意，具有可爱的写实风格。绿色的动效用来表明程序的进度，吸引了用户的注意力，分散了等待的焦虑。

图7.258　进度条

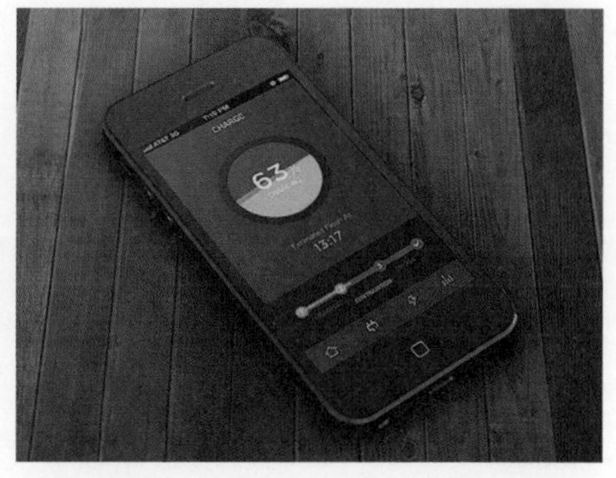

图7.259　Charging Animation进度条

如图7.260所示，Vimeo（一个高清视频播客网站）的视频上传进度条的动画巧妙地将代表自身品牌识别度的UI设计融入其中。

图7.260　Vimeo视频上传进度条

500px（一个致力于摄影分享、发现、售卖的专业平台）的照片上传进度会根据完成度的百分数显示不同色彩，初始阶段为黄色，进度过半为绿色（图7.261）。

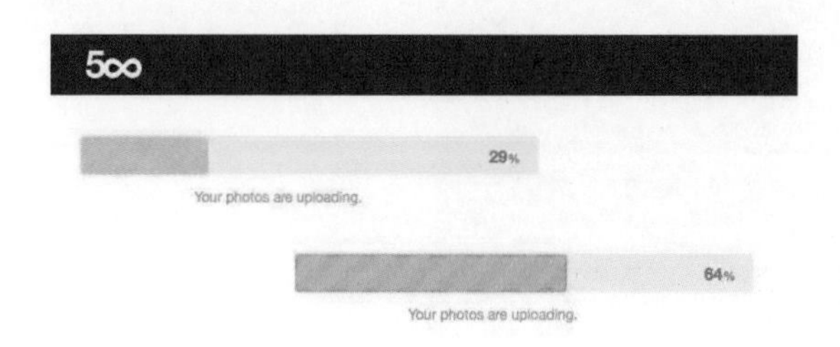

图7.261　500px的照片上传进度条

7.11.3 视错觉在版面设计中的应用

在观看事物时，往往会产生一些不同的视觉心理，例如两个等宽的正方形和圆形放在一起，人们一定会觉得正方形更宽。在版式设计中同样大量运用这些科学视觉方法对用户进行视觉上的引导，也能让设计师快速找到一些排版布局的方法。

（1）灵活运用黄金分割比

首先最常见方法是灵活运用黄金分割比，文本与线段的间隔、图片的长宽比等地方都可以通过黄金分割比快速地设定，比如通栏高度的设定等。

在界面排布中，往往圆角和圆形比直角更容易让人接受，更加亲切。直角通常用在需要更全面展示的地方，如用户的照片、唱片封面、艺术作品、商品展示等地方。在个人类的门户网站（feed）或者头像，版块的样式等使用圆角会有更好的效果（图7.262～图7.264）。

（2）排版要增加节奏感

在全局页面的排版中也要避免单调，增加节奏感。排版要有轻重缓急之分，这样让用户在观看的过程中不会感到冗长、无趣（图7.265）。

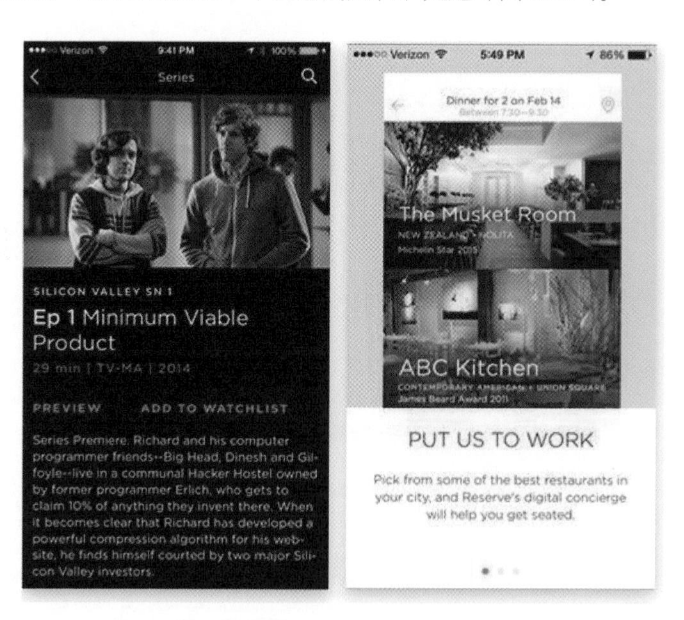

图7.262　通栏、间距等往往选择黄金比例

图7.263　圆角和圆形比直角更容易让人接受，更加亲切

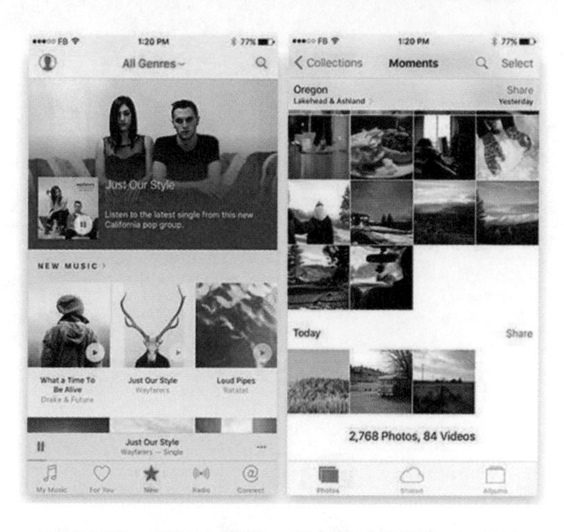

图7.264　照片、唱片一般采用方形展示更完整

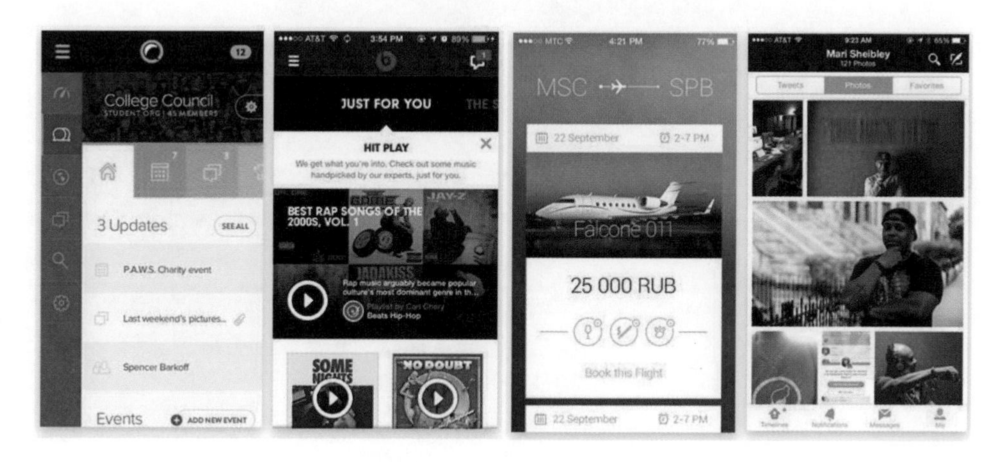

图7.265　增加版式的节奏感

（3）通过蒙版的方法控制色调

图片也是有不同色调的，通过蒙版的方法可以控制这种色调。如果选择比较明亮的色调可以减轻这种对用户的压迫感，选择比较暗的色调可以让整个画面更沉稳，内容显示更为清晰（图7.266）。

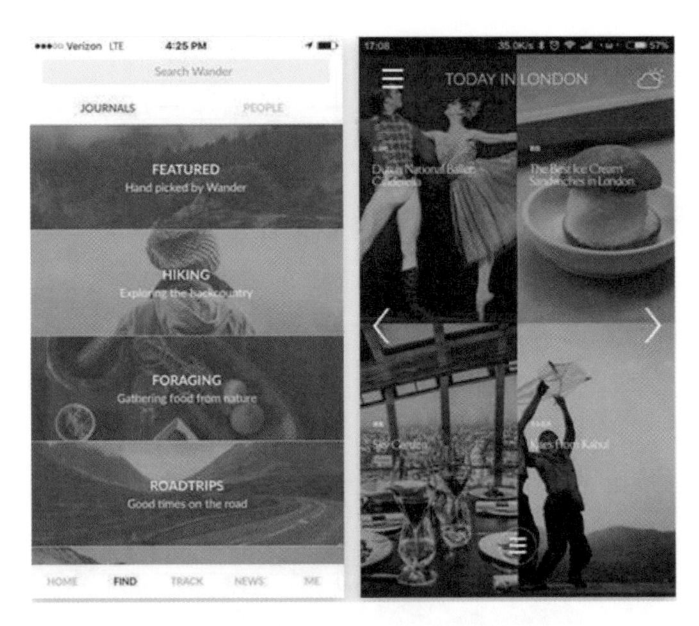

图7.266　通过蒙版的方法控制图片的色调

7.11.4　格式塔理论

格式塔学派（Gestalt Theorie），是20世纪初期源起于德国的一个重要心理学流派。Gestalt在德文中意指"模式、形状或是形式"，如果是用在心理学上，Gestalt则代表"整体"（the whole）的概念。格式塔学派的心理学家认为，人类在进行认知行为的时候，会自动将形状中缺失的部分填满，进而认识此形状完整的一个整体，因此格式塔学派也被称为"完形心理学"。从心理学的角度来讨论，格式塔心理学家认为，知觉的个体会自然而然地去组织或分断信息，而这个整体所给予人的印象，会超越部分的总和。以图7.267为例，观者会很自然地将左边的弧形延续，而去假设所看到的是两个重叠的圆形，而不是一个正圆加上一个不完整的圆弧形。这种直接将断裂的部分延续而完成的倾

图7.267　两个重叠的圆形

向，被称之为是闭合性（closure）。从某个角度来看，这和中国书法和水墨画中所提的“笔断意连”，有异曲同工之妙。

完形心理学的诸多理论，对于当代视觉设计影响深远，以下将讨论其中七个重要概念以及它们在视觉设计上的运用。

7.11.4.1 接近定律

接近法则是格式塔理论中最为人们所熟知的，也是最常用到的一项法则。说的是物体之间的相对距离会影响人们感知它们是否以及如何在一起。相对于其他物体来说，彼此之间靠近的物体看起来属于一组。越接近，组合在一起的可能性就越大，强调的是位置。

如图7.268所示，同样都是16个圆形，左图人们会把16个圆形当成一个整体；但是右图中上面8个圆形或下面8个圆形靠得更近，所以人们会把上面8个圆形当成一个整体，下面8个当成另外一个整体。

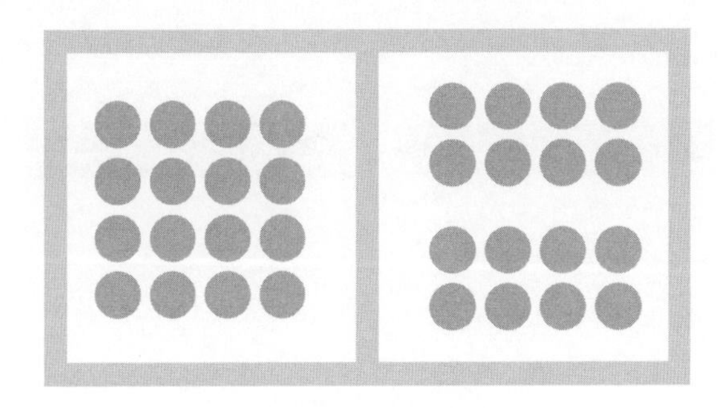

图7.268　接近定律

接近性作为第一条原则，它的“权重”非常大，甚至可以抵消其他原则，比如为上面的圆形添加颜色，甚至改变其形状，人们也会把相近的事物当成一个整体（图7.269）。

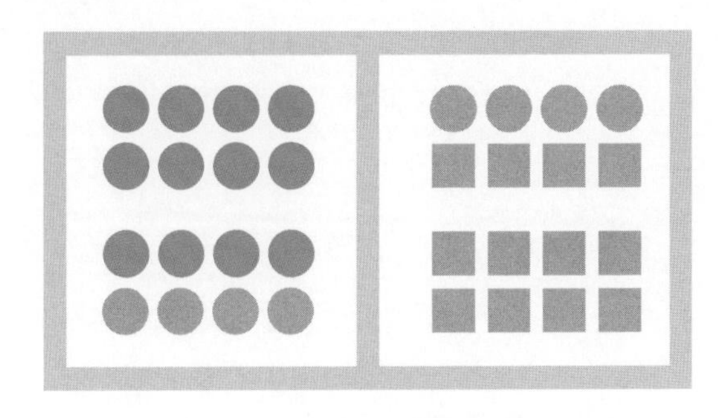

图7.269　人们会把相近的事物当成一个整体

接近原则被广泛应用于页面内容的组织，以及分组设计中。对于引导用户的视觉流及方便用户对界面的解读起到非常重要的作用，通过接近原则对同类内容进行分组，同时留下间距，会给用户的视觉以秩序和合理地休憩。设计者们经常使用分组框或分割线将屏幕上的控件和数据显示分隔开，如图7.270所示。

图7.270　Word界面中对接近原则的利用

最常见的地方还表现在一些功能列表页面，比如设置，或者像微信的“发现”页面那样的功能列表页面。大家会把“扫一扫”和“摇一摇”，“购物”和“游戏”当成一个整体，这样可以让界面显得更加清晰，同时还能突出重点，这个列表的上下两头实际上是最突出的，像“朋友圈”和“小程序”。如果没有使用格式塔的相近原则，界面就会显得非常杂乱了（图7.271）。

图7.271　微信“发现”的功能列表页面设计

7.11.4.2　图底定律

完形心理学所讨论的其中一个重点，在于人类会自动选择视觉主体的习惯，而且，这个主体与背景之间的相互关系，还是可以前后反转的。图7.272就是这个观念最著名的范例，人们如果把焦点放在黑色的部分，将会看到一个高脚杯，但如果把焦点放在白色的部分，所看到的就是两个人的侧面剪影。

对于观者而言，这种视觉上的游戏是有趣的，因此许多公司的商标设计，都会用到这个概念，图7.273是美国USA电视台的标志，S这个字母，完全由U和a之间的留白所构成，是善用主体及背景相互关系的一个范例。

图7.272　主体与背景反转的案例

图7.273　美国USA电视台的标志

如果将主体及背景的观念往前推进，在构图和界面设计上也有一些值得注意的地方。如图7.274所示，尽管两组设计都有五个选项，但右边的设计看起来十分散乱。左边的设计有明确的主体及背景关系，因此一个浅蓝背景加上黑色的主体字，可成为一个按钮；而右边设计中的黑色线框与黑字之间，并没有明确的主从关系，因此成为相互竞争的视觉元素。

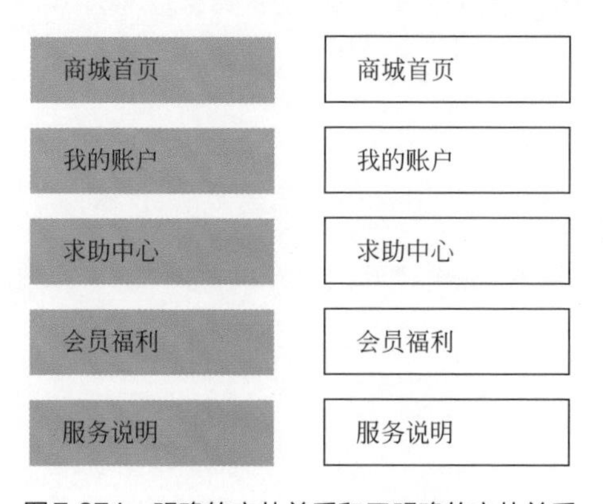

图7.274　明确的主从关系和无明确的主从关系

另外一种主体及背景观念的手法，就是透明度以及阴影的运用。在人类的视觉习惯上，阴影和半透明的物体的重叠，都能够用来暗示视觉元素的主从关系。以图7.275的SquareSpace网站为例，设计师就巧妙地运用了透明度来建立了空间感，让页面左半部成为毫无疑问的视觉主角。

图7.275 SquareSpace网站界面设计

而图7.276的Lucas Hirata网站，则是巧妙地运用明暗变化，让用户鼠标点击到的那部分名称跳到前景。

图7.276 Lucas Hirata网站界面设计

7.11.4.3 邻近定律

邻近度的基本概念，就是人类会将距离接近的对象，自然而然地视为是同一个组群。以图7.277为例，九个圆圈依照距离排列的不同，就可以在视觉组织上形成一个组群［图7.277（a）］、两个组群［图7.277（b）］或是三个组群［图7.277（c）］。

以图7.278为例，尽管颜色和形状不同，但左边的三个图案，在视觉上会自然被归类成为一个组群。

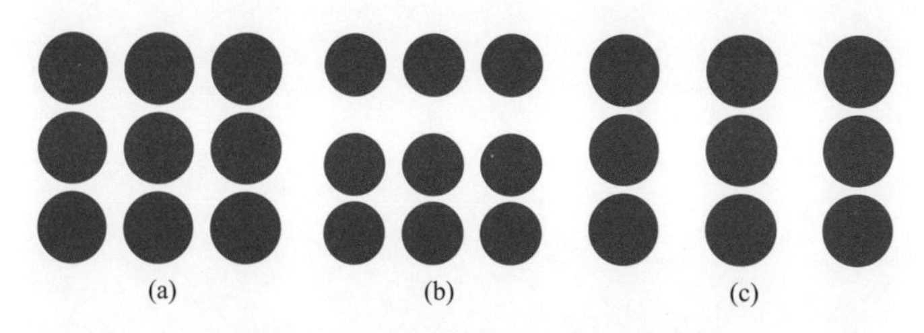

图7.277　用邻近度来进行不同的组织归纳

图7.278　邻近度的组织能力超越形状和色彩

由此可见，邻近度是视觉心理学中相当强而有力的一项工具，它的组织功能，能够超越色彩和形状的相似度。

邻近度这个概念最重要的功能，在界面的信息架构规划中，正确的运用，会在用户阅读和辨识时非常轻松愉悦。

如图7.279所示，Excite网站就成功地运用邻近度来组织首页，将极简设计风格推向极致。

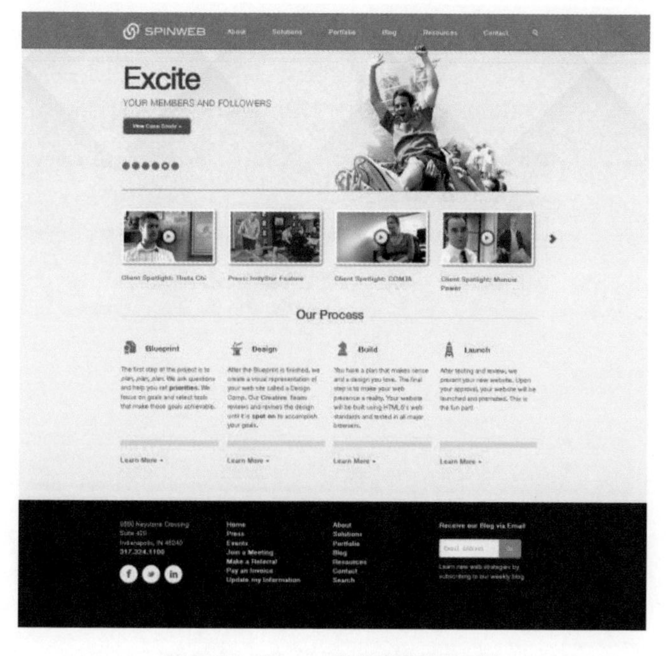

图7.279　Excite网站首页界面设计

再如图7.280所示，Facebook体现了闭合状态与密集状态的作用。

整个正文部分——标题、照片、说明、评论等都是在同一个方框里，与灰色的背景形成对比，这一点既体现了闭合状态，也体现了图形与背景关系。在正文部分中，“赞”“评论”“分享”等功能选项离得很近，文字大小、颜色等细节的近似度也很高。

这么做还为了点击方便，因为这种方式可以把用户与供用户点击的目标之间的距离拉得更近。

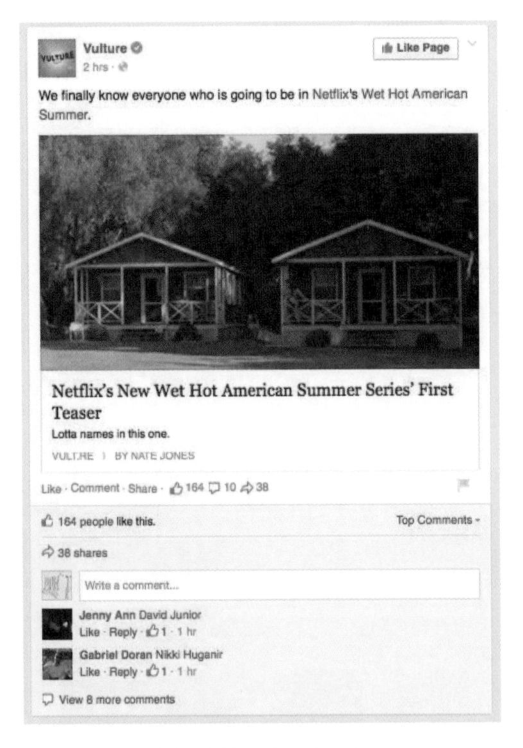

图7.280　Facebook

7.11.4.4　相似定律

与邻近度相同，相似度也是资讯架构规划的一大“利器”。相似度的基本概念，就是人类会将特质相似的物品，视为是同一个组群，而“特质相似”在视觉上，主要有颜色、造型、大小和肌理等四个不同的元素可供运用。在这四个元素之中，颜色是最具有凝聚力量的一种元素，如图7.281所示，尽管大小和造型不同，只要颜色相同，就很容易成为一个组群。不过在运用色彩这个元素时，要注意到色盲人口的比例。根据统计显示，红绿色盲人口约占全球男性人口的8%，其中女性人口色盲则大约有0.5%。其中约6%人口为三色视觉（色弱），2%人口为二色视觉（色盲），极少数为单色视觉（全色盲）。因此在做设计时，除了色相（hue）的差异之外，一定要注意到明度（luminance）的差异，才能照顾到色盲或色弱的族群。

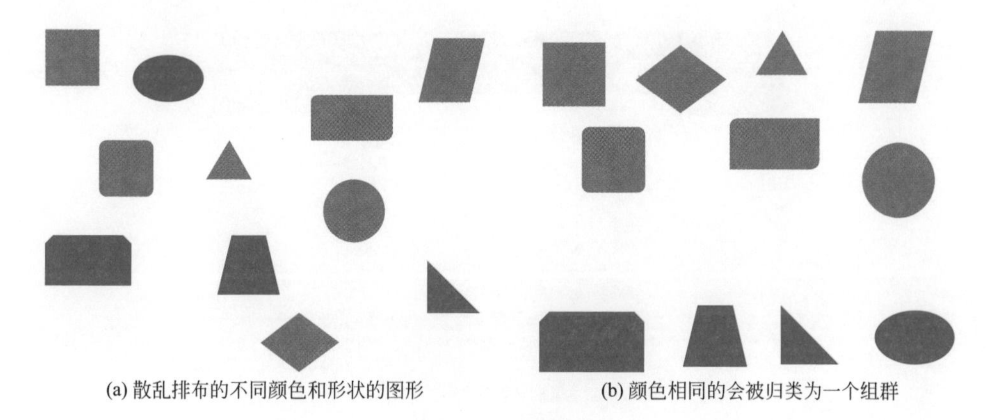

(a) 散乱排布的不同颜色和形状的图形　　(b) 颜色相同的会被归类为一个组群

图7.281　图形归类

造型也是另一个强而有力的相似度分类法，在一群不同的造型之中，人类能够很快就找到相类似的造型特征，并且将之归类成不同的组群（图7.282）。

与颜色和造型相比，肌理和大小的相似度就比较不容易辨认。肌理是一种增加视觉质感的好方法，但从辨识的角度来看比较不容易找到细微的差异。大小也是一种比较含糊的元素，尤其是在造型不相同时，尺寸大小的比较非常不容易辨认。如图7.283所示，一般人应该可以看出来这些圆点的大小有些差异，但要指出到底有几种不同的尺寸并不容易，因为与形状或颜色相较，大小的相似度比较不容易辨认。

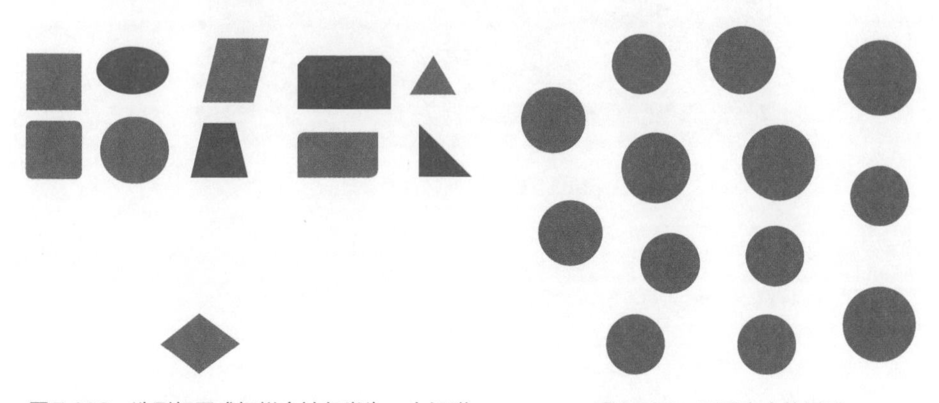

图7.282　造型相同或相似会被归类为一个组群　　图7.283　不同大小的图形

相似定律在设计方面的运用，可以分为两个截然不同的方向。其一是利用相似度来作整合，相对的做法，则是用差异性来凸显。图7.284为国外某网站界面设计，把不同的信息归类放入不同大小的方框中，以相似度来作视觉上的整合。

图7.284　国外某网站页面设计

这种化零为整的做法，对于内容复杂的网站特别有效，必须展示各种不同字形的Typographica网站（图7.285），也用了类似的设计技巧。

图7.286为食品公司汉堡王（Burger King）界面设计，同时示范了相似度整合和差异性凸显两个原则。该设计以相同的框线将所有一般性的文章归类，如此一来，很容易就凸显出了几个重点项目，是典型的一石二鸟之计。

图7.285　Typographica网站

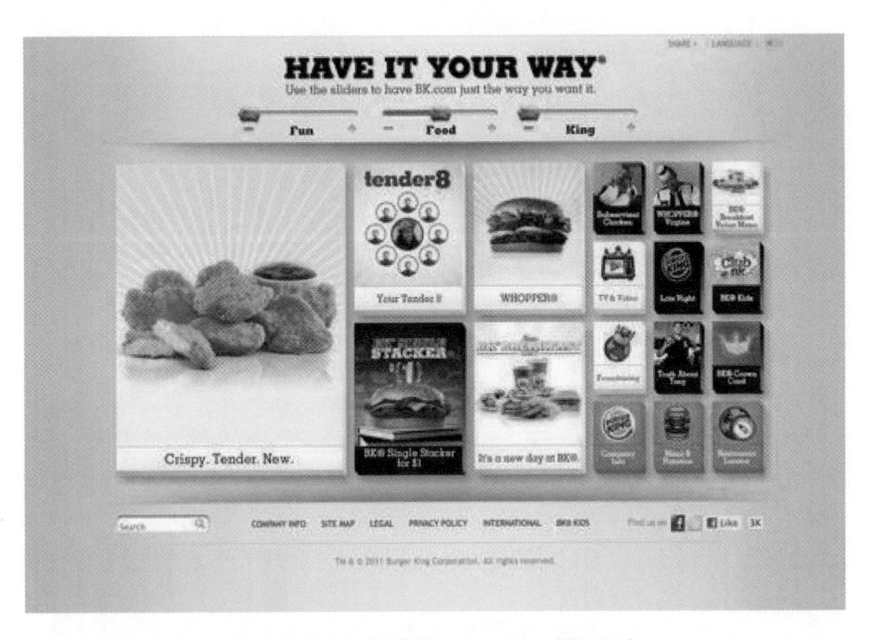

图7.286　食品公司Burger King界面设计

7.11.4.5　延续定律

完形心理学对于延续性的讨论重点，在于人类视觉上会去寻找各种延续性的线条，因此如果在构图中有重复性的元素，观者很快就会把它们串联起来（图7.287）。

图7.287　人类视觉会寻找各种延续性的线条

以图7.288钟表面上的数字排列为例，如果设计师不把数字安排在同一个圆弧线上，看起来就会像是各自为政的一堆数字，而不是属于同一组的数字。

图7.288　两个钟表的数字排列比较

同理可证，整齐排列的直线也有延续性，Google的商标运用就是一个很有趣的例子，用重复的字母“O”去延续商标的整体性（图7.289）。

Goooooooooogle

图7.289　Google的商标

延续性在设计上可以是正面或负面的因素，最常见的运用，就是利用延续性来架设视觉上的骨架，如图7.290所示，Plastique杂志版面，利用延续性设计了一个强烈的V形构图。

图7.290　Plastique杂志版面

图7.291为杂志版面设计，字体靠左对齐形成的齐头直线成为整体设计清楚的骨架。

图7.291　国外某杂志版面设计

延续性也可以用来做视觉引导，从图7.292的范例可以清楚看到，这种视觉引导甚至可以隐射动态，造成方向感和速度感。而意外所造成的延续性，则是设计师所要避免的，因为它可能会破坏构图的完整性。

在西方字形学（typography）里，有一个叫作河流（river）的概念。所谓river是指在排字形时注意空间的安排，避免在字块中间出现像河流般的延续性线条，破坏字块的整体性。这种情况在中文里面比较少出现，但还是一个值得注意的细节（图7.293）。

图7.292　具有动态效果的视觉引导

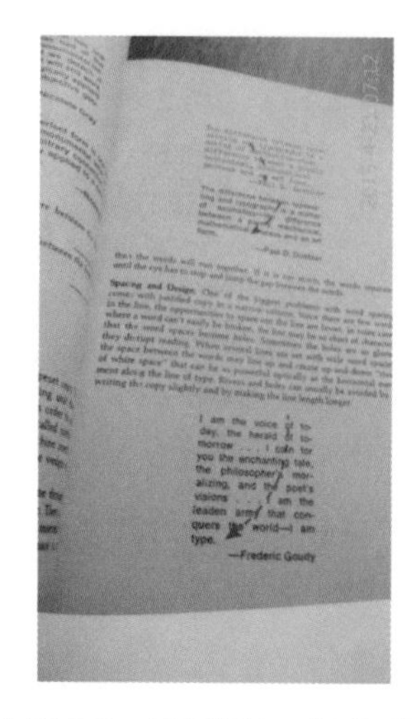

图7.293　恩尼斯特·莫利亚提（Emst Moriary）所著的《字形学的ABC》

延续定律在导航按钮的设计中体现得非常明显，用户一般会把同一个水平线上的图标默认为是同一个级别的操作。

如图7.294所示，CreativeBloq网站，用户可以很直观地理解最上面的一排导航与网页内容的类型有关。而第二行的导航与内容的条目有关。网站不用专门指出它们的不同，因为根据延续法则，用户可以自己辨认得出它们的差异。

图7.294　CreativeBloq网站导航设计

7.11.4.6　对称定律

所谓的对称性，指的是把两个对称的形状归类为一组，而且这种归类，可以跨越距离的限制。这个特质甚至不需要从设计中找范例，括号就是一个惯用的实例，人类会很自然地把两个对称的弧线归类为一组（图7.295），甚至把夹在中间的字，也归类在其中视为是同一个组群。

(　　)　　[　　]

“　　”　　<　　>

《　　》　　『　　』

{　　}　　【　　】

图7.295　对称的符号

与对称定律有直接关联的一项研究，就是人类对于对称图形的偏好。英国美学家瓦伦汀（Charles Wilfrid Valentine）在《实验审美心理学》一书中指出，最受喜爱的几何图形是对称的，而最不受喜爱的，则是不规则形。傅铭传和林品章在《设计学报》所发表的研究报告也指出，中国台湾地区的小学、中学和大学的受测者，也都普遍偏好对称的图形，尤其是小学生，对于完全对称图形的偏好，又高于中学生和大学生。

以上所介绍的这些研究结果，都是一些非常值得设计师参考的构图科学。但要如何去灵活运用所有的定律和建议，则需要经验和不断地磨炼。没有完美的构图，也没有绝对的成功方程式，这也就是视觉设计工作最迷人的地方。

7.11.4.7 闭合定律

当设计师设计一个缺失或者断开部分的复杂页面时，会寻找一个连续、平滑的样式。换句话说，设计师有意识地去填补空白。如图7.296所示，世界自然基金会的LOGO，就是一个典型的用到封闭定律的设计。熊猫的头部和背部并没有明显的封闭界线，但是人们依然会把它当成一只完整的熊猫。

如图7.297所示的葡萄酒瓶贴设计，人们会感觉到容器中的液体就要滴下来一样，酒滴滴下来处将心形图形分割开来，但是由于人的完整和闭合心理倾向起作用，使人们能够将它们完整地连接起来。

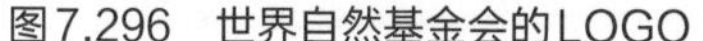
图7.296　世界自然基金会的LOGO

图7.297　某品牌葡萄酒包装设计

如图7.298所示，我们时常看到未连接完成的图标（icon）设计，但这些未连接完全的icon并不会造成人们认知上困难，这是因为大脑帮助人们自动补全。

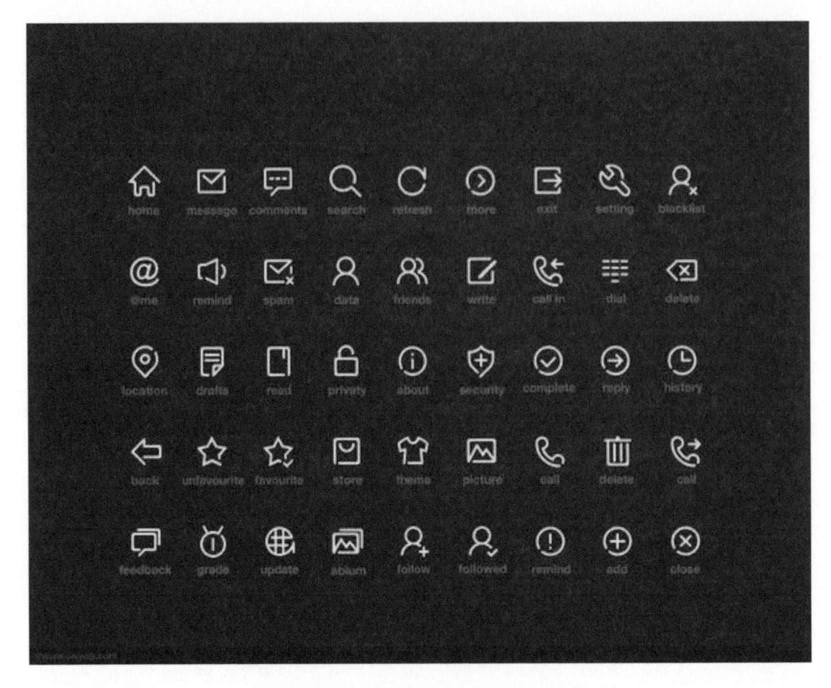

图7.298　未连接完成的icon设计

这一定律还可以用作截断式设计。一般为了让用户感知到还有内容时，设计师会使用截断式设计。如图7.299所示，微信的钱包页面，底部因为屏幕大小的关系被截掉了部分内容，但是用户可以通过残留的部分，大脑补充出下方仍然有个完整的整体。

图7.299　截断式设计

设计师可以利用这条法则去创作貌似残缺不全的图形。在这条法则的指导下，设计师还可以尽情创作出典雅的极简主义作品。

如图7.300所示，Abduzeedo网站的截屏。虽然构成页面的三部分内容之间并没有明确的界线，但图片的排列方式让观看者在大脑中自动形成了某种“网格”。因此，观看者会把页面内容看成是独立的三列，而不是一个混乱的整体。

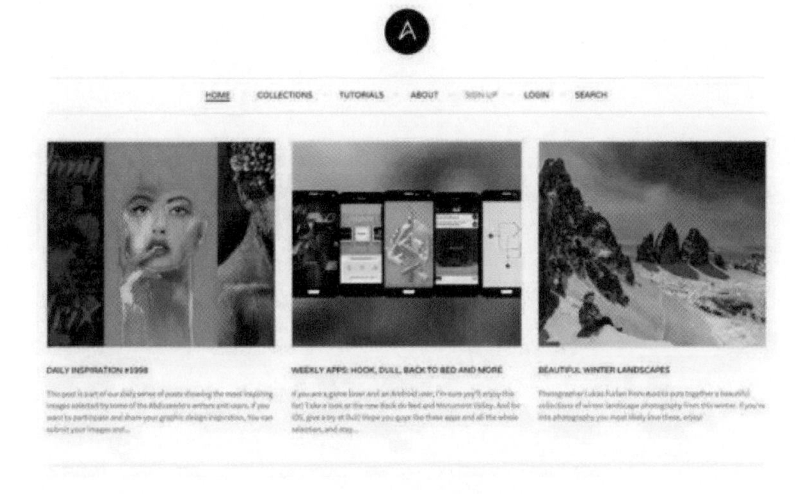

图7.300　Abduzeedo网站设计

闭合法则也适用于交互设计中。如图7.301所示，在Urban Outfitters网站页面中，通过利用闭合法则，帮助用户省略了一些不必要的步骤，使“添加到购物袋”这一操作变得更为顺利。在实际的网站使用过程中，用户点击“添加到购物袋”之后会出现如下操作步骤：

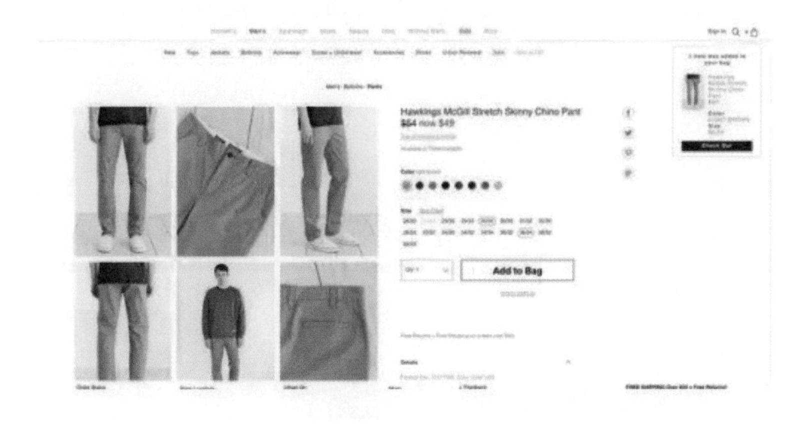

图7.301　Urban Outfitters网站设计

① 原来“添加到购物袋”按钮中的文字会变成“已添加”。

②“购物袋”旁边的物品数量会随之更新。

③ 同时，购物袋选项下会出现一个小小的方形窗口，以视觉形式再次确认用户已购买的物品。

这样，用户不用再去打开购物车确认已添加的物品。通过省略操作步骤，整个互动过程变得更为顺畅愉快。

CHAPTER EIGHT

第 8 章

网站 UI 交互设计

Graphic

Interaction

Design

UI

Required

Courses for

UI Designers

8.1 网页基本概念

作为上网的主要依托，由于人们频繁地使用网络，网页变得越来越重要，网页界面设计也得到了发展。网页讲究的是排版布局和视觉效果，其目的是给每一个浏览者提供一种布局合理、视觉效果突出、功能强大、使用更方便的界面，使他们能够愉快、轻松、快捷地了解网页所提供的信息。

网页界面设计以互联网为载体，以互联网技术和数字交互技术为基础，依照客户的需求与消费者的需要，设计有关以商业宣传为目的的网页，同时遵循艺术设计规律，实现商业目的与功能的统一，是一种商业功能和视觉艺术相结合的设计。

8.2 网站UI设计原则

网页作为传播信息的一种载体，也要遵循一些设计的基本原则。但是，由于表现形式、运行方式和社会功能的不同，网页UI设计又有其自身的特殊规律。网页UI设计，是技术与艺术的结合，内容与形式的统一。

8.2.1 以用户为中心

以用户为中心的原则实际上就是要求设计者要时刻站在浏览者的角度来考虑，主要体现在以下几个方面。

（1）使用者有限观念

无论在什么时候，不管是在着手准备设计网页界面之前，正在设计之中，还是已经设计完毕，都应该有一个最高行动准则，那就是使用者优先。使用者想要什么，设计者就要去做什么。如果没有浏览者去光顾，再好看的网页界面都是没有意义的。

（2）考虑用户浏览器

如果想要让所有的用户都可以毫无障碍地浏览页面，那么最好使用所有浏览器都可以阅读的格式，不要使用只有部分浏览器可以支持的HTML格式或程序。另外，也可以考虑在主页中设置几种不同的浏览模式选项（例如纯文字模式、Frame模式和Java模式等），供浏览者自行选择。

（3）考虑用户的网络连接

浏览者可能使用ADSL（Asymmetrical Digital Subscriber Line，非对数字用户线路）、高速专线或小区光纤。所以在进行网页界面设计时就必须考虑这种状况，不要放置一些文件量很大、下载时间很长的内容。网页界面设计制作完成之后，最好能够亲自测试一下。

8.2.2 视觉美观

网页界面设计首先需要能够吸引浏览者的注意力，由于网页内容的多样化，传统的普通网页不再是主打的环境，Flash动画、交互设计、三维空间等多媒体形式开始大量在网页界面设计中出现，给浏览者带来不一样的视觉体验，给网页界面的视觉效果增色不少，如图8.1所示。

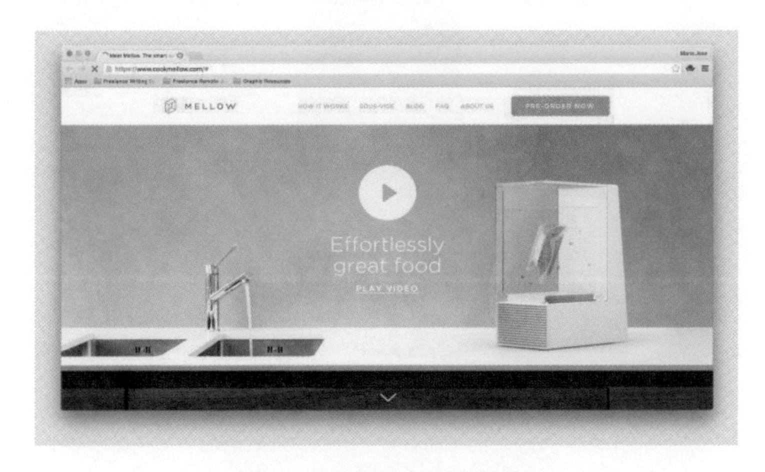

图8.1　视频在网页设计中的应用

对网页界面进行设计时，首先需要对页面进行整体的规划，根据网页信息内容的关联性，把页面分割成不同的视觉区域；然后再根据每一部分的重要程度，采用不同的视觉表现手段，分析清楚网页中哪一部分信息是最重要的，什么信息次之，在设计中才能给每个信息一个相对正确的定位，使整个网页结构条理清晰；最后综合应用各种视觉效果表现方法，为用户提供一个视觉美观、操作方便的网页界面。

8.2.3 主题明确

网页界面设计表达的是一定的意图和要求，有明确的主题，并按照视觉心理规律和形式将主题主动地传达给观赏者，以使主题在适当的环境里被人们及时地理解和接受，从而满足其需求。这就要求网页界面设计不但要单纯、简练、清晰和明确，而且在强调艺术性的同时，更应该注重通过独特的风格和强烈的视觉冲击力来鲜明地突出设计主题，如图8.2所示，海尔姆特·朗（Helmut Lang）是一位奥地利时装设计师，他在维也纳创办了自己的设计工作室。在构建他的在线购物网站之时，Helmut Lang将他简单到无与伦比的设计风格也引入到网页设计中来，他将他认为最重要也是最关键的元素保留下来，而其核心，就是他的收藏。

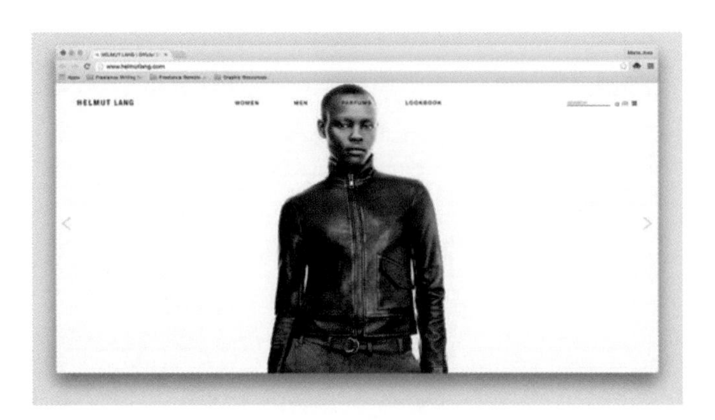

图8.2　Helmut Lang网页设计

根据认知心理学的理论，大多数人在短期记忆中只能同时把握4 ～ 7条分类信息，而对多于7条的分类信息或者不分类的信息则容易产生记忆上的模糊或遗忘，概括起来就是较小且分类的信息要比较长且不分类的信息更为有效和容易浏览。这个规律蕴含在人们寻找信息和使用信息的实践活动中，要求设计师的设计活动必须自觉地掌握和遵循它，如图8.3所示。

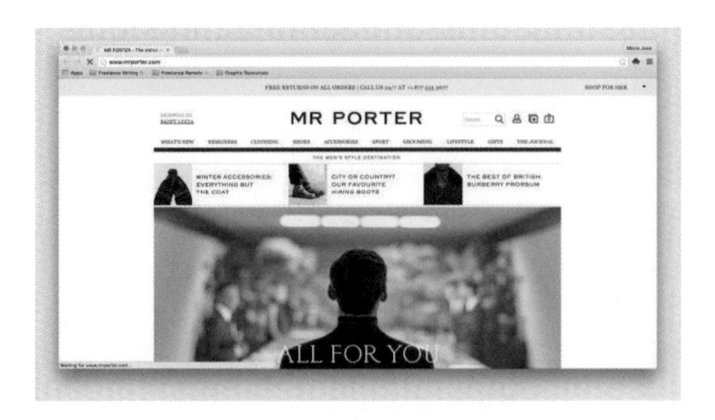

图8.3　电商平台Mr Porter网页设计

网页界面设计属于艺术设计范畴的一种，其最终目的是达到最佳的主题诉求效果。这种效果的取得，一方面要通过对网站主题思想运用逻辑规律进行条理性处理，使之符合浏览者获取信息的心理需求和逻辑方式，让浏览者快速地理解和吸收；另一方面还要通过对网页构成元素运用艺术的形式美法则进行条理性处理，以更好地营造符合设计目的的视觉环境，突出主题，增强浏览者对网页的注意力，增进对网页内容的理解。只有这两个方面有机地统一，才能实现最佳的主题诉求效果，如图8.4所示，作为耐克的重要产品线之一，Nike Jordan系列以其网站上独特的动态产品图设计而著称。这些动态图片能更好地展示客户的故事，配合阳刚无比、动态十足的风格，令人印象深刻。

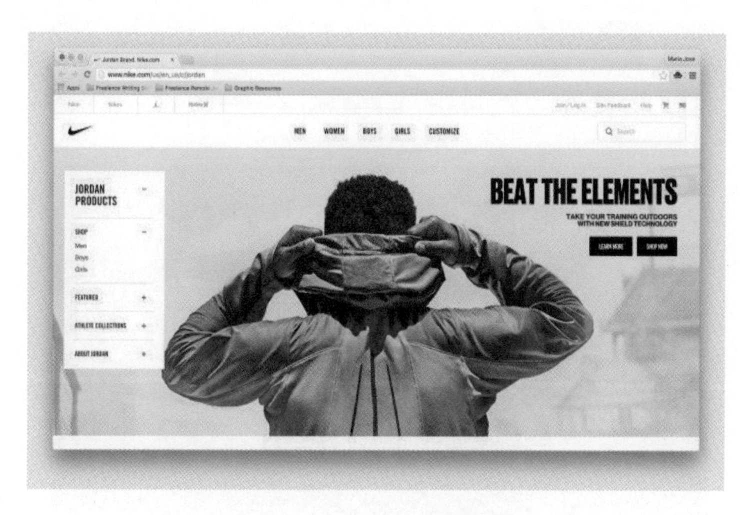

图8.4　Nike Jordan网页设计

优秀的网页界面设计必然服务于网站的主题。例如，设计类的个人网站与商业网站的性质不同，目的也不同，所以评论的标准也不同。网页界面设计与网站主题的关系应该是这样的：首先设计是为网站主题服务的；其次设计是艺术和技术相结合的产物，也就是说，既要"美"，又要实现"功能"；最后"美"和"功能"都是为了更好地表达主题。当然，在某些情况下，"功能"就是主题，或者"美"就是主题。

例如，百度作为一个搜索引擎，首先要实现"搜索"的"功能"，它的主题就是它的"功能"，如图8.5所示。

而一个个人网站，可以只体现作者的设计思想，或者仅仅以设计出"美"的网页为目的，它的主题只有美，如图8.6所示。

图8.5 百度搜索页面

图8.6 游戏网页设计

只注重主题思想的条理性，而忽视网页构成元素空间关系的形式美组合，或者只重视网页形式上的条理，而淡化主题思想的逻辑，都将削弱网页主题的最佳诉求效果，难以吸引浏览者的注意力，也就不可避免地出现平庸的网页界面设计或使网页界面设计以失败告终。

一般来说，设计师可以通过对网页的空间层次、主从关系、视觉秩序及彼此间的逻辑性的把握运用，来达到使网页界面从形式上获得良好的诱导力，并鲜明地突出诉求主题的目的。

8.2.4 内容与形式统一

任何设计都有一定的内容和形式。设计的内容是指它的主题、形象、题材等要素的总和，形式就是它的结构、风格、设计语言等表现方式。一个优秀的设计必定是形式对内容的完美表现。

一方面，网页界面设计所追求的形式美必须适合主题的需要，这是网页界面设计的前提。只追求花哨的表现形式，以及过于强调“独特的设计风格”而脱离内容，或者只追求内容而缺乏艺术的表现，网页界面设计都会变得空洞无力。设计师只有将这两者有机地统一起来，深入领会主题的精髓，再融合自己的思想感情，找到一个完美的表现形式，才能体现出网页界面设计独具的分量和特有的价值。另一方面，要确保网页上的每一个元素都有存在的必要，不要为了炫耀而使用冗余的技术，那样得到的效果可能会适得其反。只有通过认真设计和充分地考虑来实现全面的功能并体现美感，才能实现形式与内容的统一，如图8.7所示。

图8.7　世爵（Spykercars）NV的官方网站

8.2.5 有机的整体

网页界面的整体性包括内容上和形式上的整体性，这里主要讨论设计形式上的整体性。

网站是传播信息的载体，它要表达的是一定的内容、主题和观念，在适当的时间和空间环境里为人们所理解和接受，它以满足人们的实用和需求为目标。设计时强调其整体性，可以使浏览者更快捷、更准确、更全面地认识它、掌握它，并给人一种内部联系紧密、外部和谐完整的美感。整体性也是体现一个网页界面独特风格的重要手段之一。

网页界面的结构形式是由各种视听要素组成的。在设计网页界面时，强调页面各组成部分的共性因素或者使各个部分共同含有某种形式的特征，是形成整体的常用方法。这主要从版式、色彩、风格等方面入手。例如，在版式上，对界面中各视觉要素做全盘考虑，以周密的组织和精确的定位来获得页面的秩序感，即使运用“散”的结构，也要经过深思熟虑之后再决定。一个网站通常只使用两三种标准色，并注意色彩搭配的和谐；对于分屏的长页面，不能设计完第一屏，再去考虑下一屏。同样，整个网站内部的页面，都应该统一规划、统一风格，让浏览者体会到设计者完整的设计思想，如图8.8所示。

图8.8 韩国IBK银行网页设计

8.3 网站UI版式设计的形式美

版式设计即排版设计，亦称版面编排设计。所谓编排，即在特定的版面空间里，将版面构成要素——文字字体、图片图形、线条线框和颜色色块诸因素，根据特定内容的需要进行组合排列，并运用形式原理，把构思与计划以视觉形式表达出来。

随着互联网和移动互联网的普及应用，网页界面及移动终端界面设计逐步成为设计界主流，不少UI设计师都由平面设计师转型，一些平面设计法则也在逐步广泛应用于UI设计中。

我们身处数字式信息传播的时代，版式设计也面临着革新。尽管如此，网页界面和手机界面是一种全新的载体，其基本功能为传达功能、宣传功能、娱乐功能等，与平面设计的宗旨不谋而合。其中，版式设计在传统平面设计中的多条应用规律在UI设计中同样适用。只是由于新媒体的应用，版式设计的交互性体现得更充分些。版式设计是图片和文字的编排，通常是指按照一定的规律，通过对视觉元素和构成元素的组合编排，使信息传达有序而又美观的一种设计方法。版式设计的原则首先是要突出主题，UI界面设计无论是企业官方网站，还是手机App软件，都应有一个统一、明确、完整的主题，从而宣传品牌，传播信息，让受众感受文化，融入其中，使交互实现高效性；其次版式设计还应强化整体布局，结构上可以考虑水平结构、垂直结构、曲线结构等编排形式，统一的布局可以起到加强视觉效果的作用，界面呈现可读性和美观性。

形式美的规律是多样统一性。造型中的美是在变化和统一的矛盾中寻求“既不单调又不混乱的某种紧张而调和的世界”，简单地说就是——“变化”中求“统一”。

8.3.1 主次关系

但凡设计都有主题，而且只有一个主题，只有一个主要表现的地方。但并不是说其他部分不重要，而是在创作中主次要分明，表现出主要、其次、再次的关系，要有能抓住人们眼球的要素。如图8.9所示，界面中心很引人注目，整个界面的主次关系很明确。

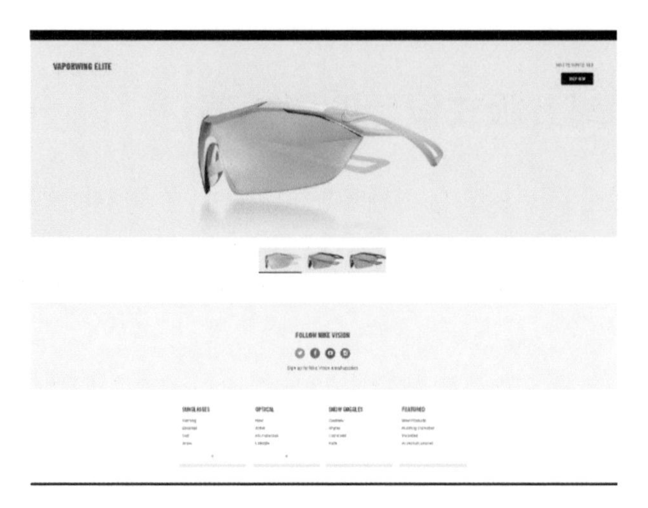

图8.9　耐克太阳镜网页设计

8.3.2 虚实对比

这里说的虚实是相对的。在建筑中，虚与实的概念是用物质实体和空间来表达的，如墙、地面是“实”的，门、窗、廊是“虚”的，同样在界面设计中也要虚实得体。

现在有很多网页或应用的启动页面的背景设计都会采用半透明或模糊的图片、场景等，将其想要表达的主题放在半透明的背景上会更清晰，更有层次感，如图8.10所示。

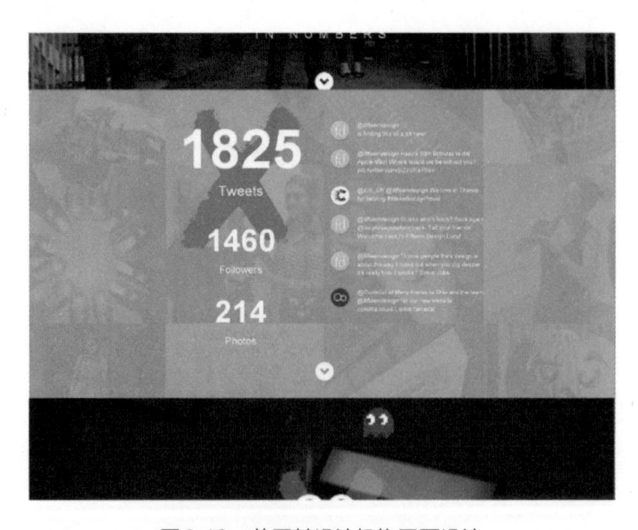

图8.10　英国某设计机构网页设计

8.3.3 比例尺度

比例是形体之间谋求统一、均衡的数量秩序。比较常用的有黄金分割比1 ∶ 1.618，此外还有1 ∶ 1.3的矩形常用于书籍、报纸，1 ∶ 1.6常用于信封和钱币，1 ∶ 1.7常用于建筑的门、窗与桌面，1 ∶ 2、1 ∶ 3的比例也常用。在设计过程中，不一定非得遵守某条定则或比例，也需要根据现代社会大众的审美进行综合考虑。

尺度则是指整体与局部之间的关系，以及和环境特点的适应性。同样体积的物体，水平分割多会显高，其视觉高度要大于实际物体高度；反之，则显低，给人的感觉比实际尺度小。因此尺度处理要恰当，否则会使人感到不舒服，也难于形成视觉美感。

如图8.11所示的界面中整车和附件的比例尺度处理得很得当，比例适中，没有过大或过小，看上去很舒服。

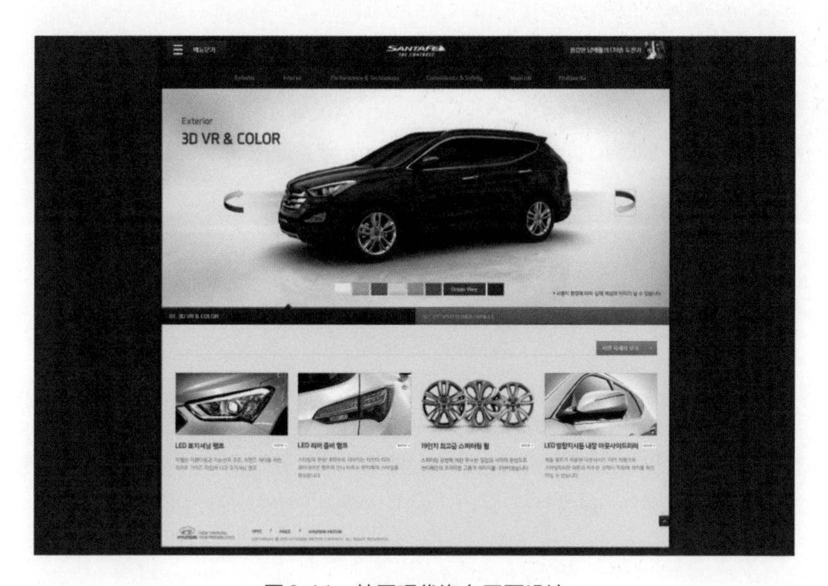

图8.11　韩国现代汽车网页设计

8.3.4 对称与均衡

在美学中，对称与均衡是运用最广泛的，也是最古老和普通的规律之一，同样，在界面设计中也不可忽视对称与均衡的美学规律。对称是指中轴线两侧形式完全相同。均衡则是指视觉上的稳定平衡感，过于对称显出了庄严、单调、呆板的性格，均衡则不同，它追求一种变化的秩序，对称与均衡的法则在各种情况下有不同的适用性，关键还是在于设计师的适当选择和应用，将此法则灵活运用。

如图8.12所示的界面设计采用完全对称的手法，稳定平衡感很强。

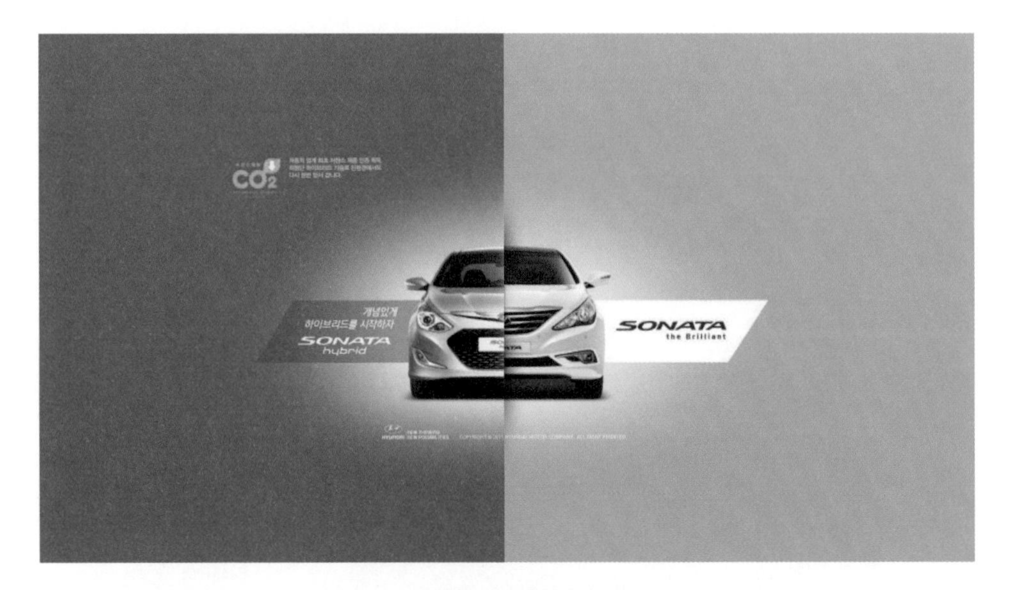

图8.12　韩国现代索纳塔汽车网页设计

8.3.5 对比与调和

对比是两者的比较，如美丑、善恶、大小等都显示了对比的法则。在设计中，对比的目的在于打破单调，造成重点和高潮。对比的类别有明暗对比、色彩对比、造型对比及质感肌理的对比等。对比法则含有类似矛盾的现象，然而此种矛盾能够表达美感要素，对比是从矛盾的因素中求得的良好效果。

调和是指两种或两种以上的物质或物体混合在一起，彼此不发生冲突。调和是通过明确各部分之间的主与次、支配与从属或等级秩序来达到的，在视觉上有形式调和、色彩调和和肌理调和等，这是人类潜在的美感知觉。调和是庄严、优雅而统一的，然而有时也会产生沉闷、单调以及无生动感的效应。

在主体设计中，为了形成一定的视觉显著点（亮点），多采用少调和（没有调和）、多对比的形式，或巧妙利用某种不调和的方法，来产生美感效果。如图8.13所示，黑色系的界面中用橙色、蓝色和暗红色进行调和，打破了呆板感，十分切合运动主题。

图8.13　韩国Head气垫运动跑鞋产品网站

8.3.6 节奏和韵律

节奏与韵律是指由于有规律的重复出现或有秩序的变化，激发起人们的美感联想。人们创造一种具有条理性、重复性和连续性为特征的美称为韵律美。节奏和韵律在连续的形式中常会体现在由小变大、由长变短的一种秩序性的规律。在设计中常用的处理方法是在一个面积上做渐增或渐减的变化，并使其变化有一定的秩序和比例，所以节奏韵律与比例就产生了一定的关联。其形式有：

（1）重复

以一种或几种要素连续重复地排列而形成各要素间保持恒定的距离和关系，如图8.14所示。

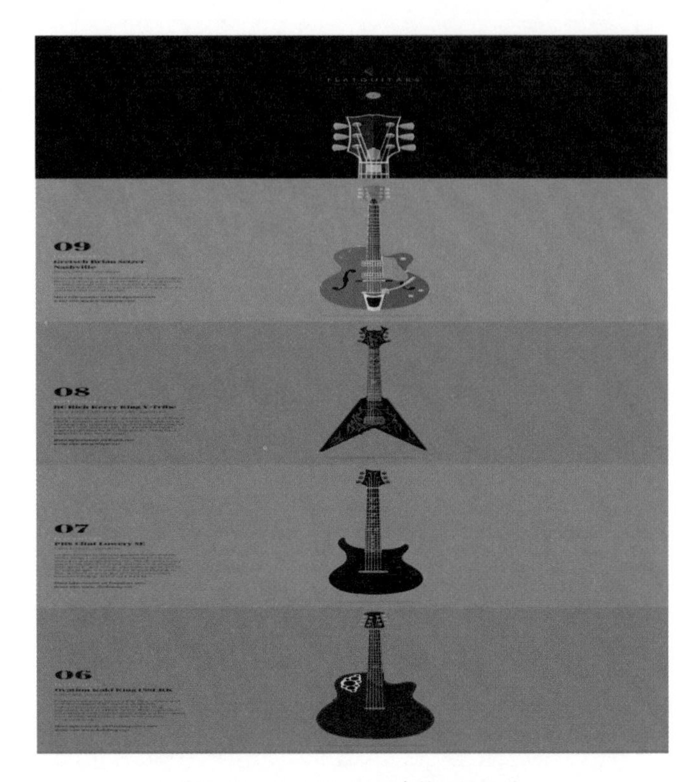

图8.14　Flat Guitars吉他网页设计

（2）渐变

连续的要素在某方面按某种秩序变化，比如渐长或渐短、间距渐宽或渐窄等，显现出这种变化形式的节奏或韵律为渐变，如图8.15所示。

图8.15　英国曼彻斯特Ahoy网页设计

（3）交替

连续的要素按照一定的规律时而增加，时而减小，或按一定的规律交织穿插而形成，节奏和韵律可以加强整体的统一性，又可以获得丰富多彩的变化，如图8.16所示。

图8.16　日本美容师化妆品网页设计

8.3.7　量感

量感有两个方面，即物理量和心理量。物理量是指真实大小、多少、轻重等。心理量是心理判断的结果，指形态、内心变化的形体表现给人造成的冲击力，是形态抽象物化的关键。创造良好的量感，可以给主题带来鲜活的生命力。

如图8.17所示为采用物理量的界面。

图8.17　日本Border网页

如图8.18所示界面中，体现的是心理量，视觉冲击力较强，中心形成一种漩涡的视错觉感。

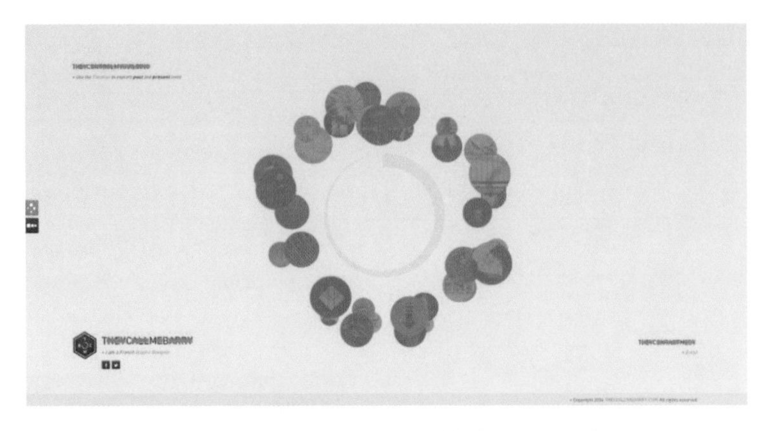

图8.18　法国Barry平面设计师个人网页设计

8.3.8 空间感

空间感包括两个方面，即物理空间和心理空间。物理空间是实体所包围的、可测量的空间。心理空间来自对周围的扩张，即使没有明确的边界也可以感受到的空间。创造丰富的空间感可以加强主题的表现力。

如图8.19所示界面中的空间就是可测量的空间，人们可以通过目测得知距离的远近。

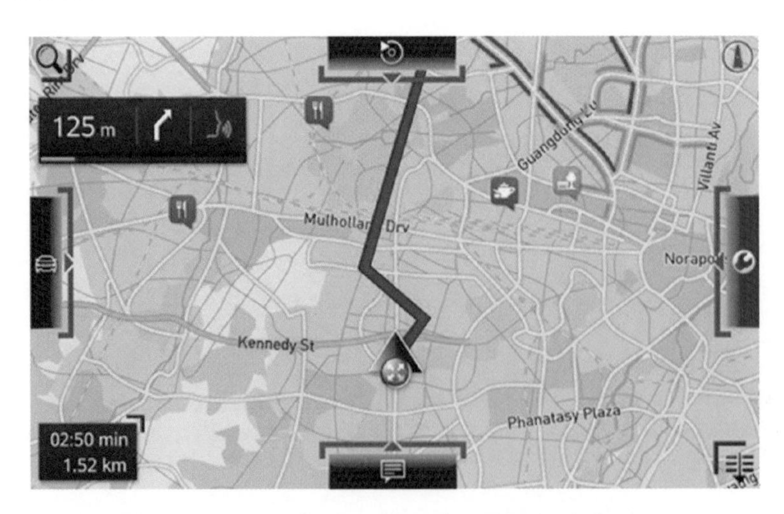

图8.19　观致逸云（QorosQloud）车载智能系统界面设计

如图8.20所示界面中的酒瓶、酒桶元素已经超出了整个界面的边界，给人足够的想象力，丰富了整个界面的空间感。

图8.20　法国普罗旺斯米努蒂（Château Minuty）酒庄网页设计

8.3.9 尺度感

“尺度”不同于“尺寸”，尺寸是造型的实际大小，而尺度则是造型局部大小同整体及周围环境特点的适应程度，通过不同的尺度处理，可获得夸张或亲切等不同效果。

如图8.21所示，将产品或产品的局部放大，会获得不一样的视觉冲击力。

图8.21　加拿大IÖGO新的乳制品和美味酸奶系列产品网页设计

8.4 网站UI交互细节设计

8.4.1 登录页

广义来说，登录页是用户进入网站的起始或入口页面，形象地来说，就是用户在这个页面“登录”。

现在登录页已经变成了一个更为具体的概念，这个页面主要目的是营销或推广，是一个很有商业气息的页面，很多人将它们作为宣传某个特定产品、服务、卖点或特征的媒介，以便用户能更快地留意到，并且更专注地浏览这些信息。一个优秀的登录页设计可以给企业、商店或是产品带来丰厚的收入以及有良好推广作用。

正是因为这样，很多分析者认为登录页比普通的网站首页更有效率，也更能实现一些针对性的营销目标。和登录页的效率相比，网站首页则常常囊括了过多的信息，让用户无法专心，也更容易失去浏览的兴趣。

登录页常常会用各式各样的创意去展现其内容，以吸引不同的目标群体。可以说登录页根本不可能有统一的主题或结构，不过，登录页需要提供的内容还是能够找出一些规律的。页面的大小、包含多少模块、用了哪些视觉元素，这些都不是登录页最重要的考虑因素，最重要的是如何让登录页提供“有价值”的信息。

一般来说一个登录页需要包含以下内容。

（1）讲清楚所展示的是什么

讲清楚所展示的是什么（产品、服务、活动等），并提供刺激用户操作的元素。

从用户的角度来说，他们要知道网页能给他们提供哪些好处，即使没有非常具体的细节，至少用户能清楚地知道这些好处是什么并且这些好处确实有用。页面可以提供明显并且方便进一步查看或操作的按钮、表格填写、订阅服务等页面元素，吸引用户去点击。

（2）口碑及信任感

人们总是倾向于相信一些被其他用户推荐的东西，也认为那些信息更有关注的价值。因此在登录页上提供一些用户评价、社交网络的粉丝规模、获奖情况和资质证书等信息，可以让访问者产生更好的印象，从而更有可能进入下一步。

（3）展现产品或服务的最主要的特征或“卖点”

这部分信息具有补充说明的作用，来丰富产品的展示和呈现。它能让用户得知更多细节，比如产品或服务所能达到的效用和应用的技术、能从哪些方面改善用户生活等。

要注意的是，这些信息会让登录页变得更烦琐，所以在提供这些细节信息时要考虑整个网站的信息规划，而不是仅仅把信息全都堆到登录页上去。

图8.22　Sergy Valiukh网页设计

如图8.22所示，Sergy Valiukh的登录页设计，它提供了上文提到的所有内容元素。首先页面是一个有机食物商店的推广网页，包含了一些基本信息，例如商店名称、产品、服务的卖点、引导用户操作的各类按钮以及顾客评价的展示。设计者让整个页面信息很丰富，同时也不会过于复杂和冗长，有吸引力但也不会过于激进。

在滚动页面浏览时设计者还加入了动画效果，让整个浏览过程的体验更为丰富，各个视觉元素之间组成了页面的整体视觉主题，让重要信息更为突出。

案例1　Dropbox

如图8.23所示，Dropbox登录页的设计特点是：

① 干净、简单的设计，变幻多端的布局；
② 吸引人的搞笑手绘，有效推销产品的语言；
③ 一个强有力的标语，充分描述了产品功能：“随时随地，与人分享”。

图8.23　Dropbox网页设计

案例2　Meet The Greek

如图8.24所示，Meet The Greek登录页的设计特点如下：

① 餐厅在主页设置了这样的一个主人公角色，成功取悦了用户，与用户建立起紧密的情感联系，让他们有进一步探索的欲望。

② 柔和的颜色和简单的字体让访客产生一种好像在与主人公交谈的感觉。

③ 友好的设计和简单的导航与背景视频融为一体。

④ 点击菜单栏时，屏幕会分割成两部分。访客在浏览相关信息时，视频也在屏幕另一边同步播放，这样可以达到吸引访客的注意力，创造有趣的体验的目的。

⑤ 主页设计让人充满积极的能量，并自然而然地产生一种“内部”视角。

图8.24　Meet The Greek网页设计

8.4.2 “关于我们”

毫无疑问，任何人都没有第二次机会来给人以“第一印象”。每个网站从首页到子页面都是介绍产品、提供服务、探讨功能，唯有“关于我们”这个页面是关乎产品和服务的创建者，也是为什么它如此的重要。

一个成功的“关于我们”不仅仅是将品牌、公司和团队信息填满一个页面那么简单，需要将团队和品牌视作一个整体，呈现出独有的风格、不同的个性，让用户记住。

案例1 Made by band

Made by band的“关于我们”页面的设计比较不同，结合品牌的特征，当然也是为了表现个性，页面运用了许多手绘的字体和排版，配合手工制作品的图片，传达品牌的个性。整个页面设计简洁，大量的留白也平衡了页面的结构（图8.25）。

所以，无论是自定义的字体还是自定义的图片，都是呈现品牌性格表现团队差异化的可靠手段。

案例2 6tematik

6tematik的“关于我们”页面设计非常有意思。黑白配色永远不会过时，但是在某些情况下黑白并不足以满足页面全部的需求，这个页面就使用了高饱和度的玫红色和蓝色来作为提亮色，大胆而有效。要注意的地方在于，提亮的信息越多，提亮的效果就越差，因为提亮的地方越多，用户越难于发现真正重要的地方。所以，设计师要做的是标记出真正重要的地方（图8.26）。

图8.25　Made by band网页设计

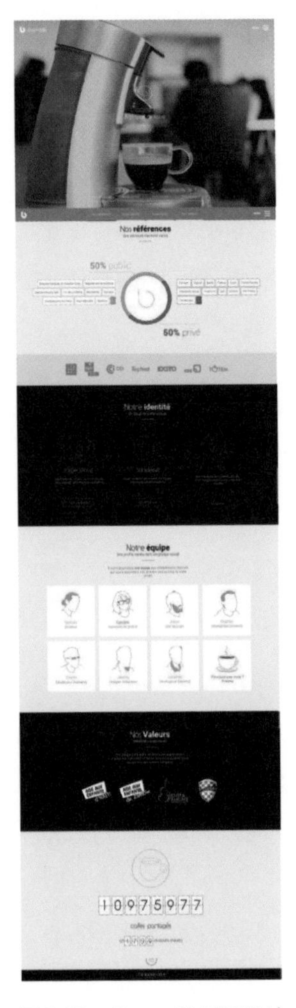

图8.26　6tematik网页设计

8.4.3 弹窗

弹窗是一个为激起用户的回应而被设计，需要用户去与之交互的浮层。它可以告知用户关键的信息，要求用户去做决定，或是涉及多个操作。弹窗越来越广泛地被应用于软件、网页以及移动设备中，它可以在不把用户从当前页面带走的情况下，指引用户去完成一个特定的操作。

当弹窗的设计及使用得恰到好处时，它们就会是非常有效的用户界面元素，能帮助用户快速且便捷地达成目标。

弹窗的设计要遵循以下原则。

8.4.3.1 减少干扰

由于弹窗会中断操作，要尽可能地少使用弹窗。在用户没有做任何操作时突然打开弹窗，是非常糟糕的设计。许多网站用订阅框来“轰炸”它们的用户，如图8.27所示，诸如此类的弹窗给用户造成了麻烦。

图8.27 弹窗给用户造成了麻烦

在需要用户去互动才可继续时，或当犯一个错误的成本会很高时，使用弹窗是最合适且最合理的。如图8.28所示，告知了用户一个情况，需要用户确认。

图8.28 弹窗告知了用户一个需要确认的情况

因此，弹窗的出现应该永远基于用户的某个操作。这个操作也许是点击了一个按钮，也许是进入了一个链接，也可能是选择了某个选项。要记住：

① 不是每个选择、设置或细节都有必要中断用户当前的操作；

② 弹窗的备选方案有菜单以及同框内的扩展，这两种控件都可以保持当前页面的延续；

③ 不要突然跳出弹窗，应该让用户对弹窗的每次出现都有心理预期。

8.4.3.2 与现实世界相关联

（1）表述清晰的问题和选项

弹窗应该使用用户的语言（用户熟悉的文字、短语和概念），表述清晰的问题或陈述，例如“清除您的存档？”或“删除您的账户？”总之，应该避免使用含有歉意的、模棱两可的或者是反问式的语气，如“警告！”“你确定吗？”

如图8.29所示，左边的弹窗提出了一个模棱两可的问题，并且这个操作可能影响的范围并不明确；右边的弹窗提出的问题相当明确，它解释了此次操作对用户的影响，并且提供了指向清晰的选项。

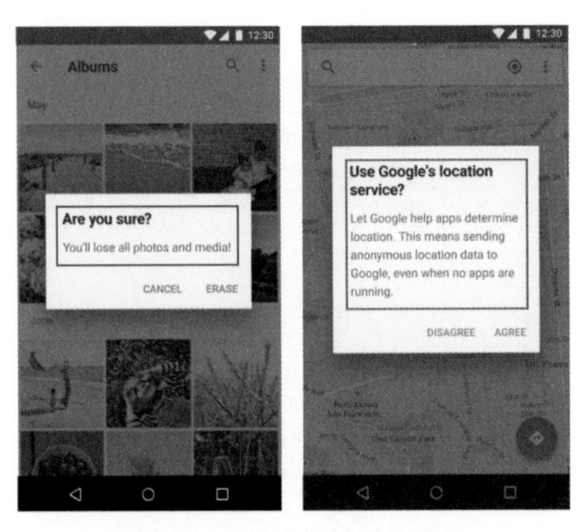

图8.29　表述清晰的问题和选项

另外，尽可能不要给用户提供可能产生混淆的选项，而应该使用那些文意清晰的选项。大部分情况下，用户应该能够只通过弹窗的标题和按钮，就了解有哪些选项。

如图8.30所示，左边这个按钮的选项的确可以回答弹窗内的问题，但是并没有直接告诉用户点击后会发生什么。右边肯定的操作文字很明确地指示了选择选项的后果。

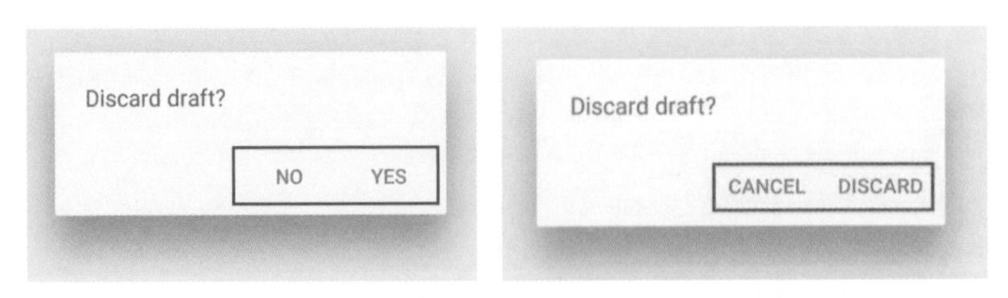

图8.30　尽可能不要给用户提供可能产生混淆的选项

（2）提供重要的信息

还有一点要注意，一个弹窗不应该把对用户有用的信息说得含糊不清。如果一个弹窗要让用户确认删除某些条目，就应该把这些条目都列出来。如图8.31所示，这个弹窗很简要地指明了这个操作的结果。

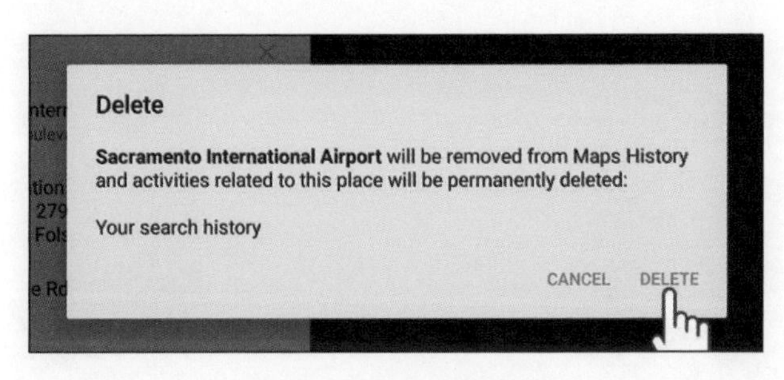

图8.31　提供重要的信息

（3）提出有（关键）信息的反馈

当一个流程结束时，记得显示一条提示信息（或视觉反馈），让用户知道自己已经完成了所有必要的步骤。如图8.32所示，是一个在完成一个操作后成功的弹窗提示。

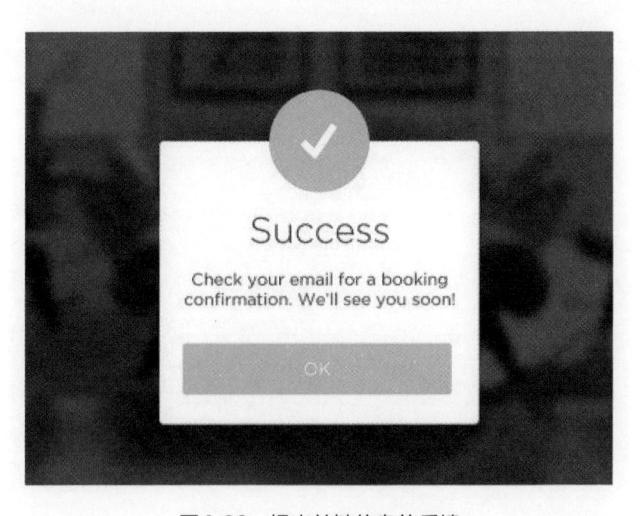

图8.32　提出关键信息的反馈

8.4.3.3　追求极简

不要把太多东西挤在一个弹窗内。要保持干净和简约。然而极简主义并不意味着被局限住，设计师提供的所有信息都该是有价值并且与之相关的。

（1）元素与选项的数量

弹窗绝不应该只是部分显示在屏幕上。因此不要使用有滚动控件的弹窗。如图8.33所示，巴克莱银行的付款处理弹窗包括了许多的选项和元素，部分的选项只有滚动后才能看到（特别是对于屏幕通常较小的移动设备）。

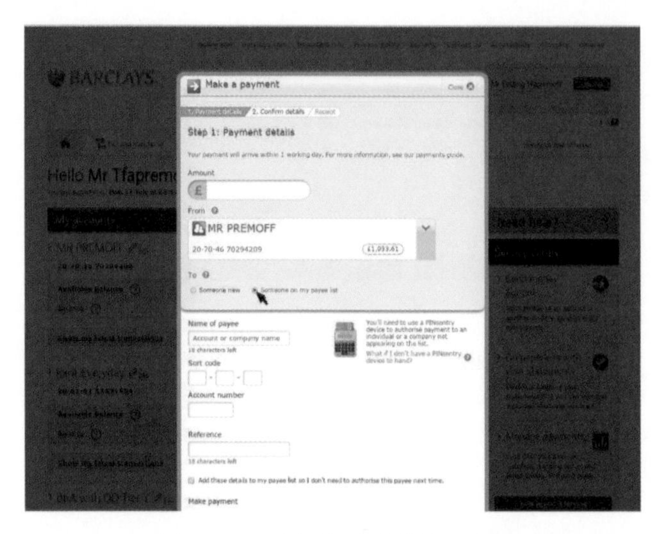

图8.33　巴克莱银行的付款处理弹窗

如图8.34所示，Stripe使用了一个简单并且聪明的弹窗，只显示了最基本的信息，这样不管在桌面端上还是移动屏幕上看起来都会很不错。

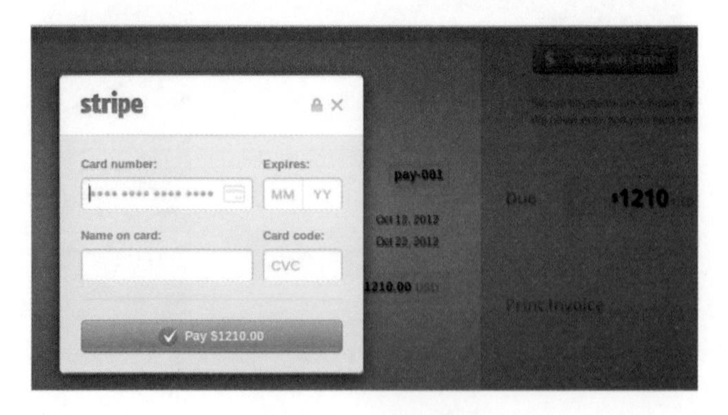

图8.34　Stripe弹窗

（2）操作的数量

弹窗不该提供超过两种选项。第三个选项，如图8.35所示的“了解更多”，有可能会将用户带离此弹窗，如此用户将没有办法完成当前的任务。

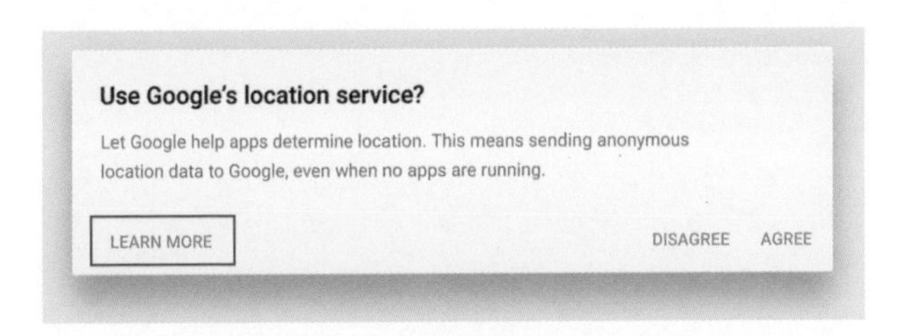

图8.35　弹窗不该提供超过两种选项

（3）不将多个步骤放置在一个弹窗内

把一个复杂的任务分解成多个步骤是一个极好的想法。然而这也会给用户传达一个信号，这个任务太复杂了，以至于根本没法在一个弹窗界面中完成，如图8.36所示。

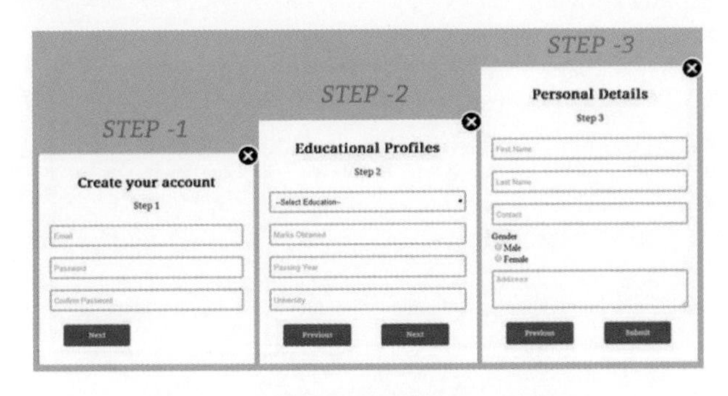

图8.36　不将多个步骤放置在一个弹窗内

如果一个交互行为复杂到需要多个步骤才能完成，如图8.37所示，那么它就有必要单独使用一个页面（而不是作为弹窗存在）。

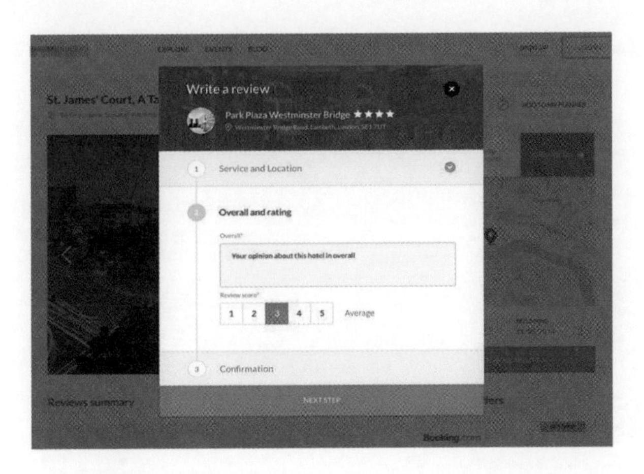

图8.37　需要多个步骤才能完成的交互行为有必要单独使用一个页面

8.4.3.4 选择适当的弹窗种类

弹窗大致分两个大类。

第一大类为吸引用户关注的模态弹窗，强制用户与之交互后才能继续（图8.38）。移动系统的弹窗通常是模态的，并且含有如下的基本元素：内容、操作和标题。模态弹窗通常只在特别重要的交互操作时才须使用（比如：删除账户、同意协议）。

① 当不需要上下文就可以决定怎么做的时候。

② 需要明确的“接受”或“取消”动作才能关闭。在点击这种弹窗的外部时，它并不会关闭。

③ 当不允许此用户的进程处于部分完成状态（即用户必须完成此进程才可做其他任何的操作）。

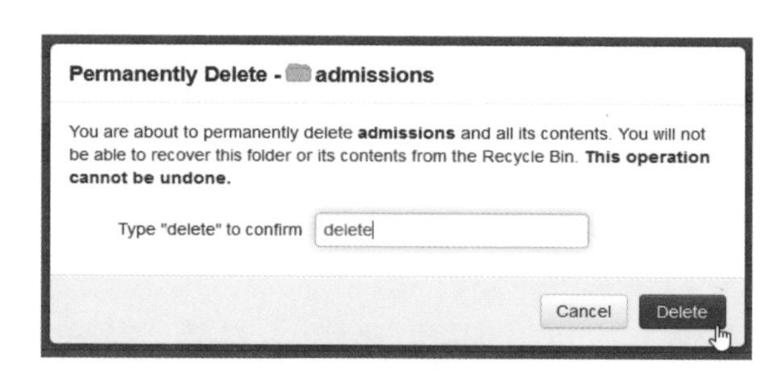

图8.38 模态弹窗

第二大类则是非模态弹窗，它允许用户通过点击或轻触周围就可关闭。

图8.39 安卓的模态弹窗

8.4.3.5 视觉一致性

（1）弹窗下的背景

当打开一个弹窗时，后面的页面一定要稍微变暗。它有两个功能，第一，它把用户的注意力转移到了浮层上，第二，它让用户知道后面的这个页面是不再可用的，如图8.39所示，安卓的模态弹窗。

另外，在调节背景深度时要注意。如果把它变得太暗，用户就没法看清背景的内容。如果调得太浅，用户可能会认为这个页面仍然可操作，并且甚至不会注意到弹窗的存在。

（2）清晰的关闭选项

在弹窗的右上角应该有一个关闭的选项。许多弹窗会在右上角有一个“×”的按钮，方便用户关闭窗口。然而，这个“×”按钮对于一般的用户而言并不是一个显而易见的退出通道。这是由于“×”按钮通常较小，它需要用户准确地定位到该处，才能够成功退出，而这一过程通常很费事。

因而让用户通过点击非模态弹窗的背景区域去退出，就是一个更好的方法。如图8.40所示，Twitter同时使用了点击“×”按钮和点击背景区域的退出方式。

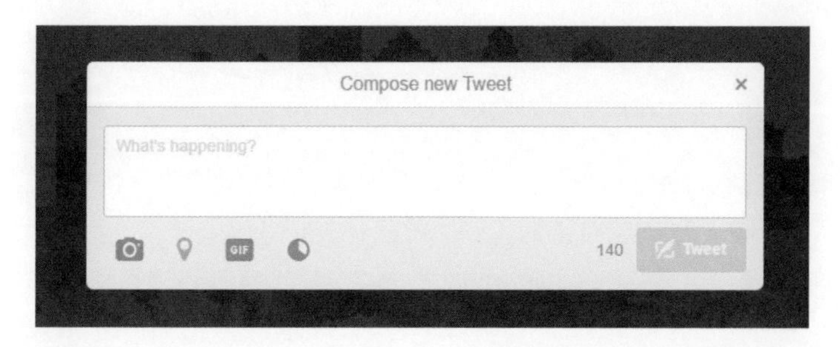

图8.40　Twitter同时使用了点击“×”按钮和点击背景区域的退出方式

（3）避免在弹窗内启动弹窗

应该避免在弹窗内再启动附加的小弹窗，这是因为此举会加深用户所感知到的网站或App的层级深度，从而增大了视觉的复杂性。如图8.41所示，弹窗中的弹窗。

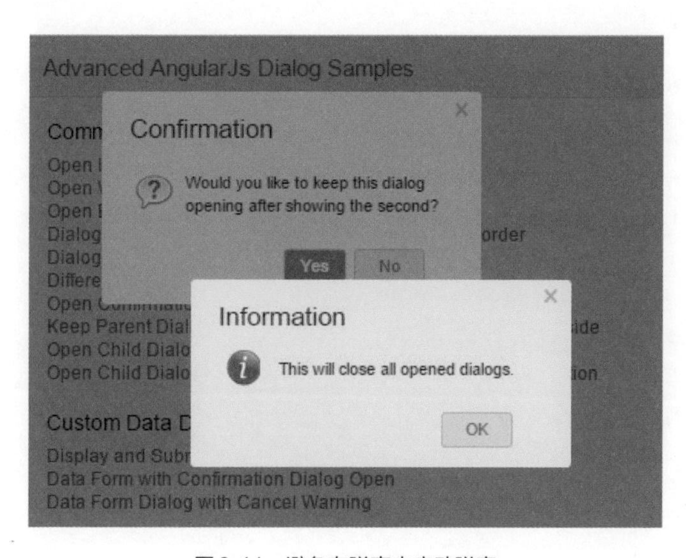

图8.41　避免在弹窗内启动弹窗

8.4.4 404页面

英语里有一个谚语，“如果生活给你一个酸柠檬，就把它做成柠檬水”。在网络世界里可以被称之为“柠檬”的，一定是404页面。无论是关闭的服务器、断开的链接、不存在的页面或错误的网址，404页面都是使人恼火的。

但是，聪明的网站经营中会将这样的“酸柠檬”，变成“甜美的柠檬水”。设计师重新考虑404页面的功能，把它变成营销利器。有了正确的元素，甚至可以使404页面成为获取用户的新手段。

什么是404错误页面？当网站访客进入到不存在的页面时，就会显示404错误页面。其原因有可能是页面被移除、服务器或网络连接失败、用户点击了坏链接或输入了错误的URL。通常来说，404错误页面会显示下列信息之一。

404 Not Found（404未找到）；

http 404 Not Found（http 404未找到）；

404 Error（404错误）；

The page cannot be found（找不到该页）；

The requested URL was not found on this server（此服务器上找不到所请求的URL）。

一个优秀的404错误页面应当在用户不慎进入时告诉他们应当如何进行接下来的操作。其中应当提供有用的信息来帮助访客不离开网站并进而找到自己所需要的信息。

案例1

Niki Brown

这个404页面除了提供了一些重要的链接之外，还提供了几个秘密链接，当用户点开之后，会发现一些颇为不错的音乐。这种方式会增加网站的黏度（图8.42）。

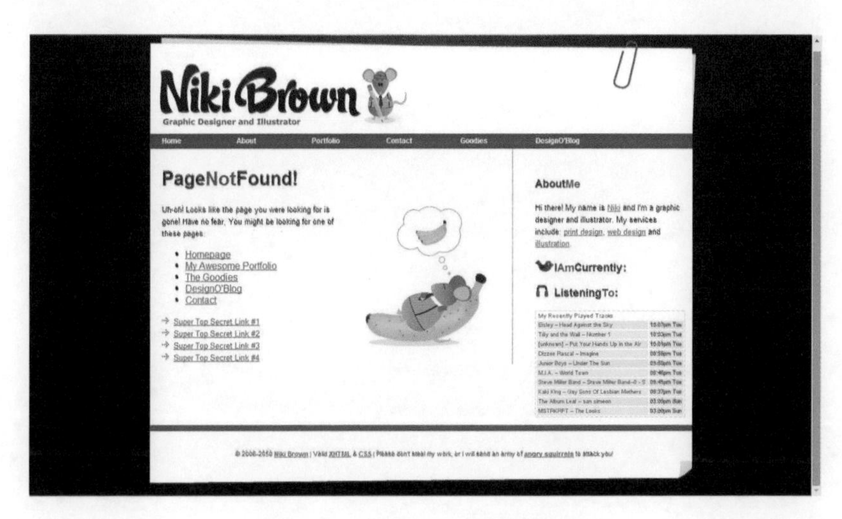

图8.42　Niki Brown 404页面设计

案例2　Cubeecraft

作为一个纸模类的网站，它的404页面突出了网站的特征。它不仅选取了一个与错误有关的人物角色，还提供了图片下载链接——纸模用户可以将其打印出来，做成这个角色的纸模，独具匠心（图8.43）。

图8.43　Cubeecraft 404页面设计

CHAPTER NINE

第 9 章

移动端交互设计

Graphic

Interaction

Design

UI

Required

Courses for

UI Designers

9.1 移动UI

移动UI的概念建立在UI概念之上，UI概念中包含的两个方面“用户的界面”和“用户与界面”都涉及了用户与移动界面的交互体验上，但无论是“用户的界面”还是“用户与界面”，最终的落脚点都在“视觉上”，移动UI不仅仅是视觉传达上所指的界面美化设计，同时必须满足视觉“看见”后才有的交互操作设计。移动互联网产品中的UI便是移动UI，如手机上使用的苹果iOS系统，安卓系统、Window mobile系统，又如手机客户端、App应用等都属于移动UI。因此，对于移动UI的研究离不开“视觉”二字。

随着移动时代的不断发展，用户越来越喜欢简洁、美观、易用的设计和产品，所以用户体验成为整个互联网的命脉。为了吸引更多的用户，作为设计师必须要让软件和应用系统变得更具有个性和品位，让操作变得更加舒适、简单、自由，充分体现软件和应用的定位、特点与意义，完善用户体验。

9.2 从桌面端到移动端的内容迁移时用户体验的优化

当内容要从桌面端迁移到移动端时，怎样才能让用户和内容更好地缝合起来呢?

9.2.1 每屏只完成一项任务

虽然手机的屏幕越来越大，但是当内容在移动端设备上呈现的时候，依然要保证每屏只执行一个特定的任务，不要堆积太多的跨流程的内容。

虽然在移动端设备上，用户已经习惯了执行多任务，如看着球赛聊着天。用户的习惯和多样的应用场景使得移动端界面必须保持内容和界面与内容的简单直观，这样用户在繁复的操作中，不至于迷失或者感到混乱（图9.1）。

图9.1　每屏只完成一项任务

9.2.2 精简并优化导航体系

当用户打开网站或者App的时候，他们通常倾向于执行特定的操作，访问特定的页面，或者点击特定的按钮，所有的这些操作能否实现，大多是要基于导航模式的设计。

虽然在桌面端网页上，一个可用性较强的导航能够承载多个层级，十几个甚至二十多个不同的导航条目，但是在移动端上，屏幕限制和时间限制往往让用户来不及也不愿意去浏览那么多类目。

导航需要精简优化。如果设计师不确定从什么地方开始，那么就应该先针对移动端版本进行用户分析：用户访问得最多的前三个类目是什么？这些页面是否符合主要用户群体的期望？希望用户更多点击哪些内容？当搞清楚整个导航的关键元素之后，就可以有针对性地做优化和调整了（图9.2）。

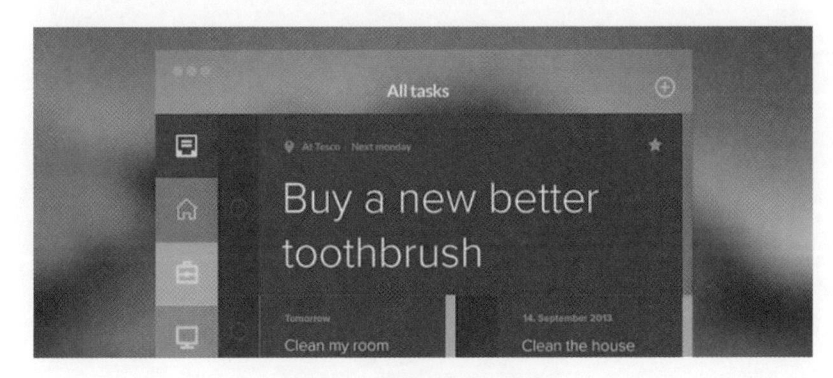

图9.2 精简并优化导航体系

9.2.3 基于搜索引擎的设计模式

“不要总是玩弄算法，创造用户想看的内容才是正途。”

无论网站的页码浏览量（PV）是100还是10万，设计师都得尽量让移动端上的内容更易于被搜索到，无论是关键词、图片还是内容都应该能够被优化到易于被搜索引擎抓取到。但是最关键的地方并不在算法，而是要创建用户想要获取的优质内容。

从桌面端迁移到移动端，内容的形态也需要跟随着平台的变化而进行适当地优化和修改。比如大量的大尺寸的图片需要跟着移动端的需求而进行优化，比如选择尺寸更合理的图片，放弃不匹配移动端需求的动效等（图9.3）。

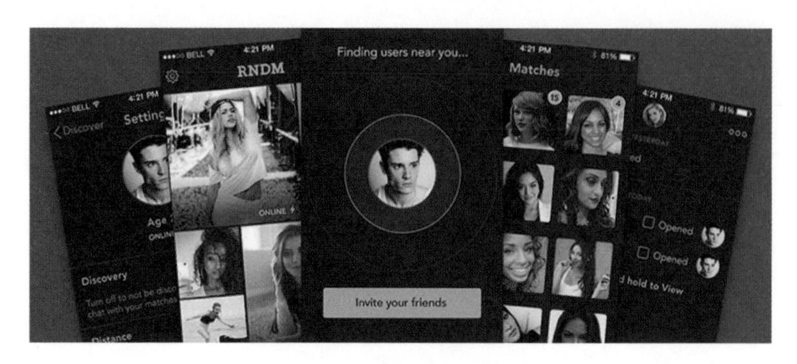

图9.3　基于搜索引擎的设计模式

9.2.4 更大的字体

在小屏幕上显示的内容，应该适当地增加大小，让用户能够更轻松地阅读和消化。通常，在移动端上，每行容纳的英文字符的尺寸为30 ～ 40个最为合理，而这个数量基本上是桌面端的一半左右。

在移动端上排版设计要注意的东西还有很多，但是总体上，让字体适当地增大一些，能让整体的阅读体验有所提升（图9.4）。

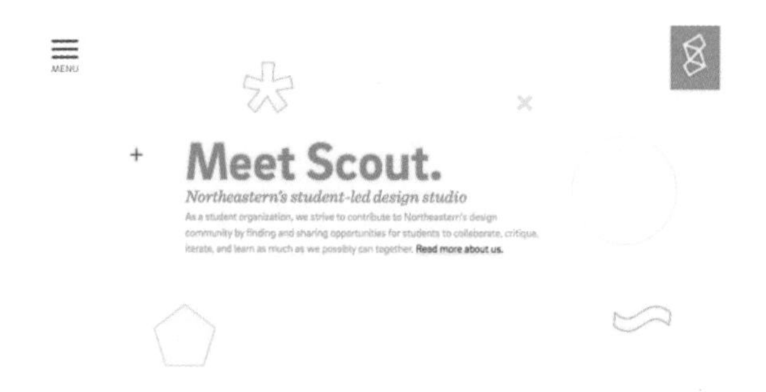

图9.4　大的字体

9.2.5 意义清晰的微文案

微文案在界面中几乎无处不在，比如按钮中的文本，它们对于整体的体验有着不小的影响。设计优秀的微文案能够让整个界面的个性、设计感有明显提升，它们是信息呈现的重要途径，将设计转化为可供理解的内容。

在移动端设计上，微文案的显示要足够清晰，并且始终是围绕着帮助用户要做什么，来琢磨其中的表述方式。

在移动端上支付是非常常见的使用场景，而支付时常受到各种问题的影响，比如横跨多屏的表单，这个时候，引导性较强的微文案能够更好地帮助用户一次填写好正确的内容（图9.5）。

图9.5　意义清晰的微文案

9.2.6　去掉不必要的特效

在桌面端网页上，旋转动效和视差滚动常常会让网页看起来非常不错，但是在移动端上，情况则完全不同。内容在迁移到移动端的网页和App上的时候，效率和可用性始终是第一需求。快速无缝的加载和即点即用的交互是用户的首要需求，剥离花哨和无用的动效，会让用户感觉更好。

另外，悬停动效也要去掉。移动端上手指触摸是主要的交互手段，悬停动效是毫无意义的存在。作为设计师，需要围绕着点击和滑动这两种交互来构建移动端体验，因为只有它们才能给用户正确的反馈（图9.6）。

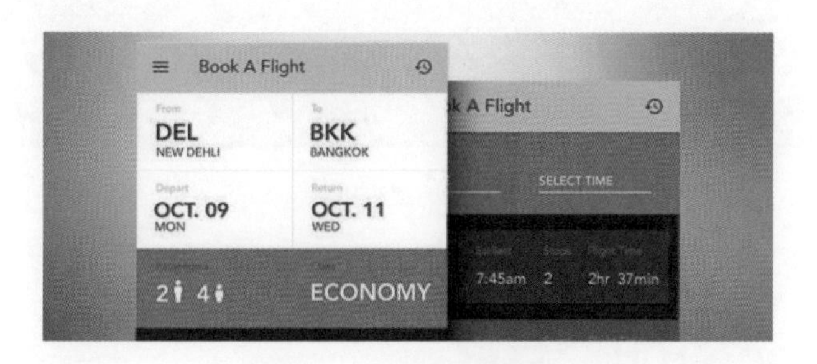

图9.6　去掉不必要的特效

9.2.7　尺寸适配

如在移动端设备上打开一个网页，结果加载的是桌面端的版本，仅仅只是尺寸缩小了，这是很令人尴尬的。移动端的网页和App应该让用户更易于访问，对于整体尺寸和排版布局的设计，应该更有针对性，有的时候，这种内容的适配只需要针对部分内容（图9.7）。

① 在桌面端横向排布的控件，可以垂直排列在移动端页面上；

② 考虑到移动端设备上用户的浏览方式，图片最好被切割为方形，或者和手机屏幕比例相近的形状；

③ 文本和微文案应该设计得更加简明直观；

④ 导航可以不用沿用桌面端的导航模式，可以采用侧边栏或者底部导航等更适合移动端的方式；

⑤ 行为召唤元素可以做得更大，甚至扩展到整屏；

⑥ 所有的按钮或者可点击的元素都按照用户的手持方式，放到手指最易于触碰的位置。

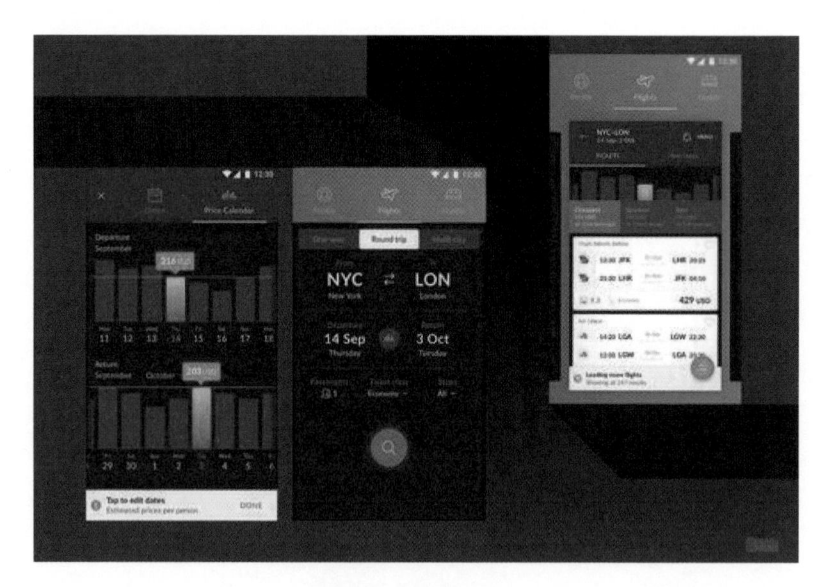

图9.7 适配的尺寸

9.3 App的UI交互设计

App指智能手机的第三方应用。互联网的开放化、商业化和市场多元化的环境下企业App市场正以高速发展，各大电商和企业将App作为销售的主战场之一，通过App软件平台对不同的产品进行无线控制，累积不同类型的网络受众并获取大众流量，App带来的好的用户体验为企业提高了品牌形象，为企业未来的发展发挥了重要作用。

App的界面类型大致可以分为：启动界面、顶层界面、一览界面、详细信息界面、输入操作界面。

（1）启动界面

提供一些辅助功能，用于对服务和功能进行说明。

（2）顶层界面

充分利用页面空间显示各类信息，包含多样性的UI组件，设计导航控件和列表。

（3）一览界面

一览界面是用户执行搜索操作后显示的结果界面，通过垂直列表显示，在社交类服务应用中常配合UI组件以时间轴的形式显示信息，另一些则大量显示媒体照片及视频。

（4）详细信息界面

详细信息界面是用户实际希望访问的目标界面，主体应尽可能避免多余UI组件，对于控件和操作面板应添加自动隐藏的功能，篇幅较长的应考虑分页显示，提高阅读舒适感。

（5）输入操作界面

输入操作界面是执行特定的操作，优先考虑易用性，降低误操作，除了注册登录和消息发布还有对服务的设置管理，如增加细节设计定会萌生用户的好感，这也是界面设计提升魅力的发展空间所在。

9.3.1 App的UI版式设计

9.3.1.1 信息

对任何信息进行排布的时候，首先必须要掌握的是贯穿设计的四大原则：对齐、重复、亲密、对比。

对齐除了能建立一种清晰精巧的外观，还能方便开发的实现。基于从左上至右下的阅读习惯，移动端界面中内容的排布通常使用左对齐和居中对齐，表单填写的输入项使用右对齐，如图9.8所示。

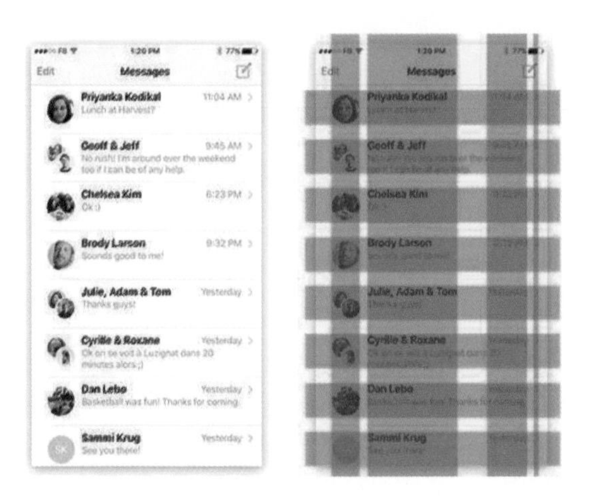

图9.8　对齐

设计和做其他事情一样，也要有轻、重、缓、急之分，不要让用户去找重点或需要注意的地方，应该让用户流畅地接收到App想要传达的重要的信息。重复和对比是一套“组合拳”，让设计中的视觉元素在整个设计中重复出现既能增加条理性也可以加强统一性，降低用户认知的难度。那么在需要突出重点的时候就可以使用对比的手法，例如图片大小的不同或者颜色的不同表示强调，让用户直观地感受到最重要的信息，如图9.9所示。

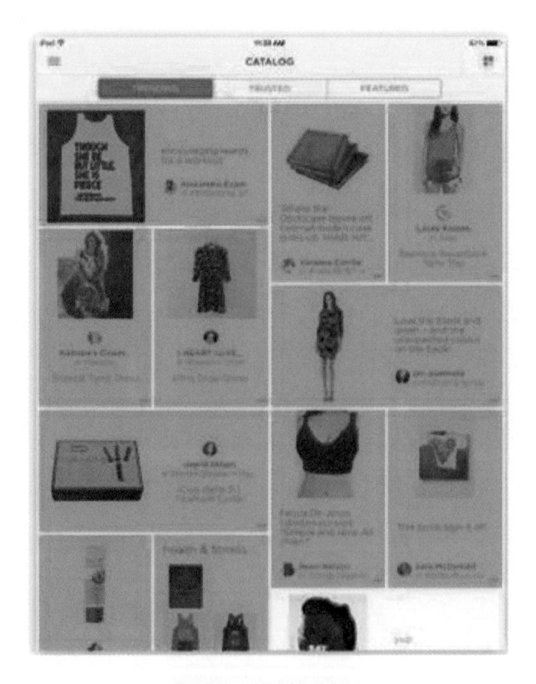

图9.9　重复与对比

在排布复杂信息的时候，如果没有规则地排布，那么文本的可读性就会降低。组织信息可以根据亲密性的原则，把彼此相关的信息靠近，归组在一起。如果多个项相互之间存在很近的亲密性，它们就会成为一个视觉单元，而不是多个孤立的元素。这有助于减少混乱，为读者提供清晰的结构，如图9.10所示。

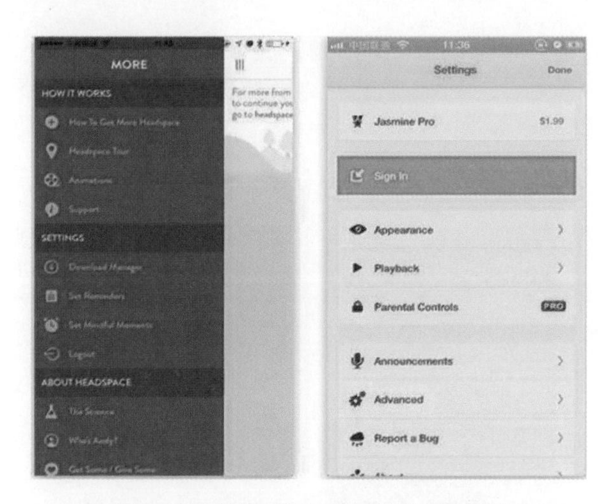

图9.10　功能同类的内容在视觉上更靠近

在设计表达的时候，一定要考虑内容的易读性。适当使用图形可以增加易读性和设计感，而且图形的理解比文字更高效。那些用文字方式表现时显得冗长的说明，一旦换成可视化的表现方式也会变得简明清晰，可视化的图形可以将说明、标题、数值这种比较生硬的内容，以比较柔和的方式呈现出来，如图9.11所示。

图9.11　通过可视化的方式表达数据

9.3.1.2 图片

在确定App的页面结构和文本后，就要开始进行图标、按钮、图片的编排，这时页面也就从单纯文本的“阅读”型结构调整为“观看”型结构，这对于页面的易读性以及页面整体的效果会产生巨大的影响。页面中图片所占的比例叫作图版率，通常情况下降低图版率会给人一种宁静典雅、高级的感觉。提升图版率会有充满活力，使画面有富有感染力的效果。如图9.12所示，左图图版率高，带来感染力，右图图版率低，给人宁静、典雅的感觉。

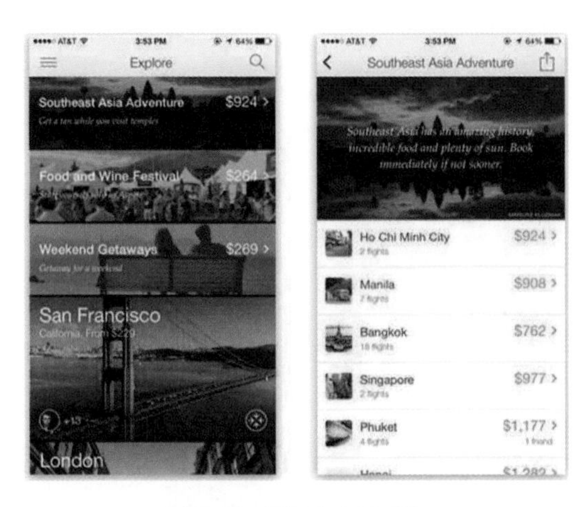

图9.12　图版率高低对比

实际中图片的效果也与选取图片的元素、色调、表达出来的情感有关系，合适的图片能散发出整个应用的气质，直接传达给人“高级”“平民化”“友好”等不同的感觉（图9.13）。

图9.13　选择合适的图片能产生高级的感觉

在图片比较少但是又想提高图版率时，可以采用一些色块，或者抽象化模拟现实存在的物件，例如电影票、书本纸张、优惠券、便签等的效果，使界面更友好也降低空洞的感觉。通过这种方式也可以改变页面所呈现出的视觉感受，只是这种方法最多改变页面的色调、质感，并不能改变“阅读”内容的比例，这点需要注意（图9.14、图9.15）。

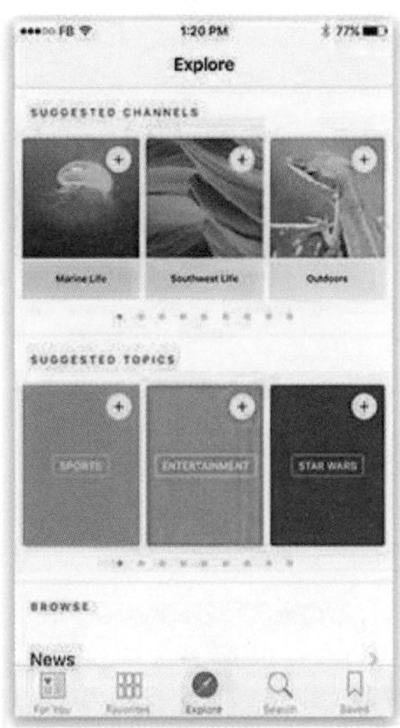

图9.14　图片较少时使用色块提高图版率使画面更有活力

图9.15　通过模拟现实中的物件提高图版率

9.3.1.3 颜色

不同的颜色可以带给用户不同的感觉。在移动端界面中通常需要选取主色、标准色、点睛色。移动端与网页端稍微不同，主色虽然是决定了画面风格的色彩但是往往不会被大面积使用。通常在导航栏、部分按钮、图标、特殊页面等地方出现，会有点睛、定调的作用。统一的主色调也能让用户找到品牌感的归属，例如“网易红”“腾讯蓝”“京东红”“阿里橙”等。标准色指的是整套移动界面的色彩规范，确定文本、线段、图标、背景等的颜色。点睛色通常会用在标题文本、按钮、图标等地方，通常起强调和引导阅读的作用。

主色在选择上可能不止一个，点睛色通常也由两三个颜色组成，标准色更是需要一套从强到弱的颜色，那么在点睛色与主色，主色与主色之间的选择上便有不同的方法。

（1）邻近色配色

使用色相环上邻近的颜色，这种方法比较常用，因为色相柔和，过渡也非常自然，如图9.16所示。

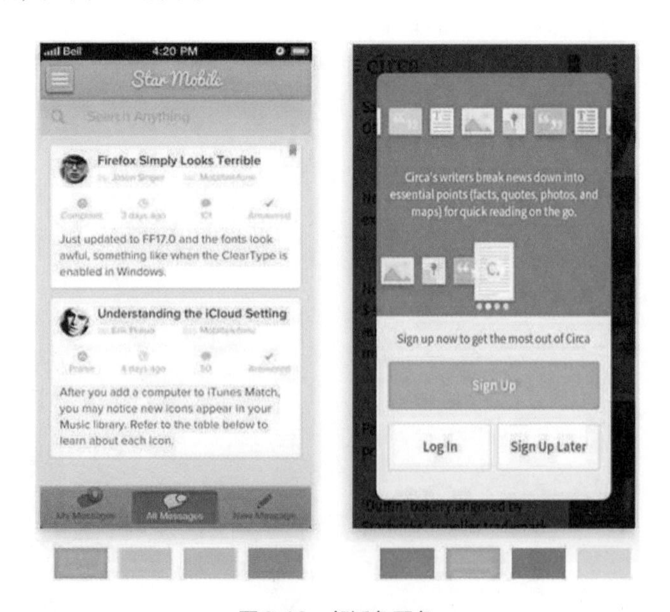

图9.16 邻近色配色

（2）同色系配色

色相一致，饱和度不同，主色和点睛色都在统一的色相上，给用户一种一致化的印象，如图9.17所示。

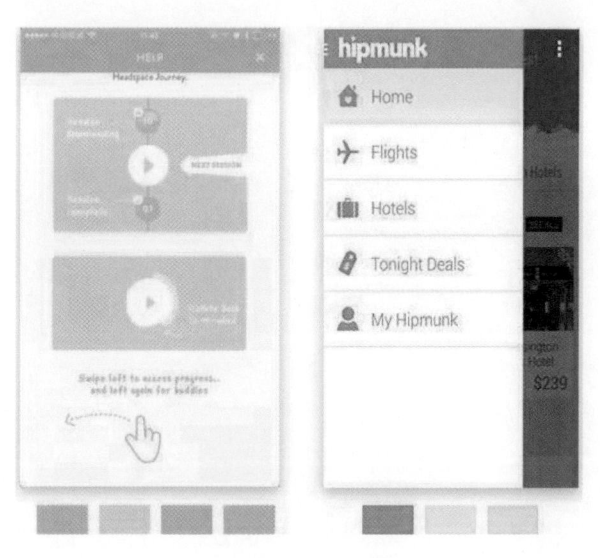

图9.17　同色系配色

（3）点睛色配色

主色用相对沉稳的颜色，点睛色采用一个高亮的颜色，起带动页面气氛、强调重点的作用，如图9.18所示。

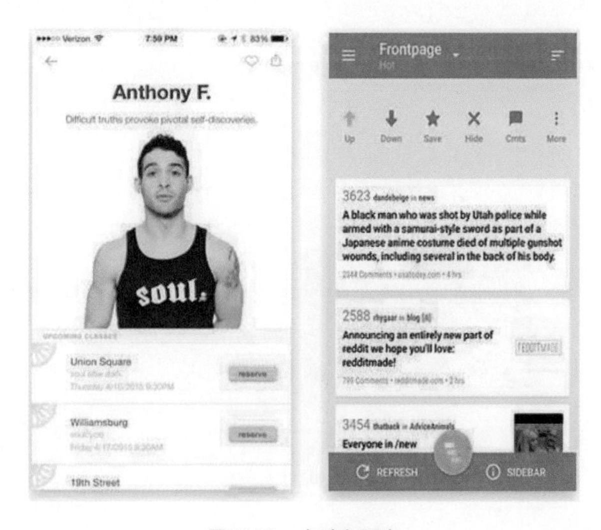

图9.18　点睛色配色

（4）中性色配色

这种方法在移动端最常见，用一些中性的色彩为基调搭配，弱化干扰，如图9.19所示。

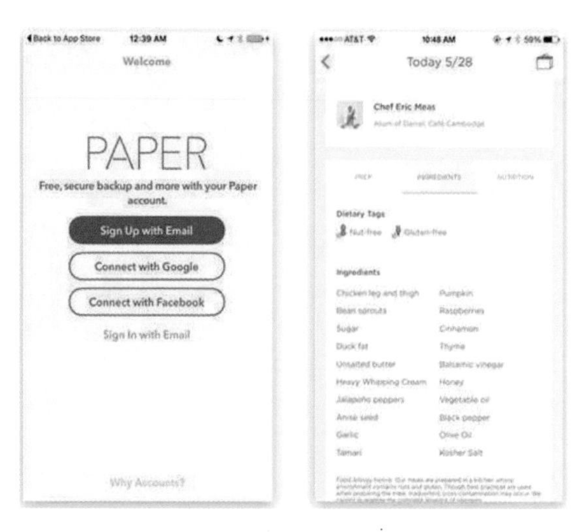

图9.19　中性色配色

9.3.1.4　留白

留白也是构成页面排版必不可缺少的因素。所有的“白”都是“有目的的留白”，带有明确的目的来控制页面的空间构成。常见的手法有如下几种。

（1）通过留白来减轻页面带给用户的负担

对于任何一个应用，首屏都是至关重要的，因此一些比较复杂的应用首屏常常被堆积了大量内容。如果无节制地添加，页面中包含的内容太多，就会给人一种页面狭窄的感觉，给用户带来强烈的压迫感。留白则能使页面的空间感更强，视线更开阔，给用户营造出一种轻松的氛围，如图9.20所示。

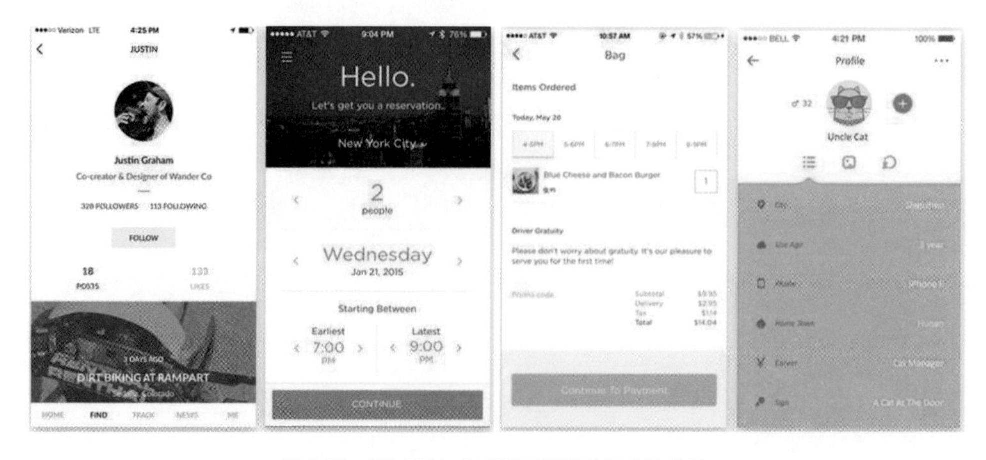

图9.20　通过留白来减轻页面带给用户的负担

（2）通过留白区分元素的存在，弱化元素与元素之间的阻隔

表单项与表单项之间、按钮与按钮之间、段落与段落之间这种有联系但又需要区分的元素用留白的方式可以轻易造成一种视觉上的识别，同时也能给用户一种干净整洁的感觉，如图9.21所示。

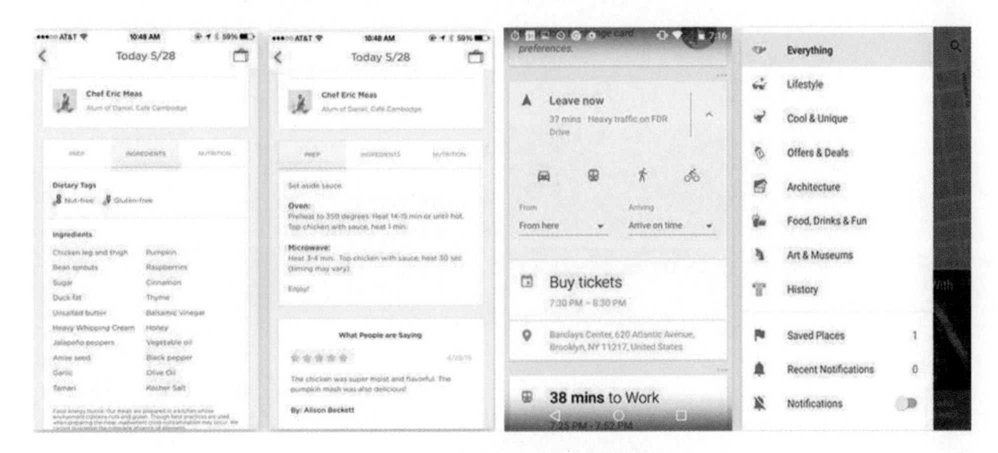

图9.21　通过留白区分元素的存在

（3）通过留白有目的地突出表达的重点

“设计包含着对差异的控制。不断重复相同的工作使我懂得，重要的是要限制那些差异，只保留那些最关键的”。这句话出自原研哉的《白》一书中，通过留白去限制页面中的差异使内容突出是最简单自然的表达方式。减少页面的元素以及杂乱的色彩，让用户可以快速聚焦到产品本身，这种方法在电商类的应用上非常广泛，如图9.22所示。

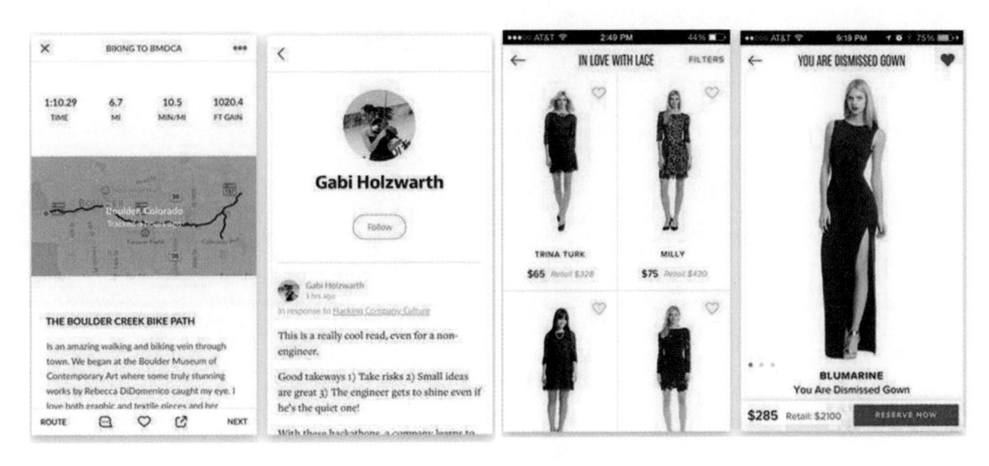

图9.22　通过留白有目的地突出表达的重点

（4）留白赋予页面产生不同的变化

版式设计中要有节奏感。App的很多板块之间都可以通过塑造局部去突出个性或特点的。留白可以赋予页面产生轻重缓急的变化，营造出不同的视觉氛围，如图9.23所示。

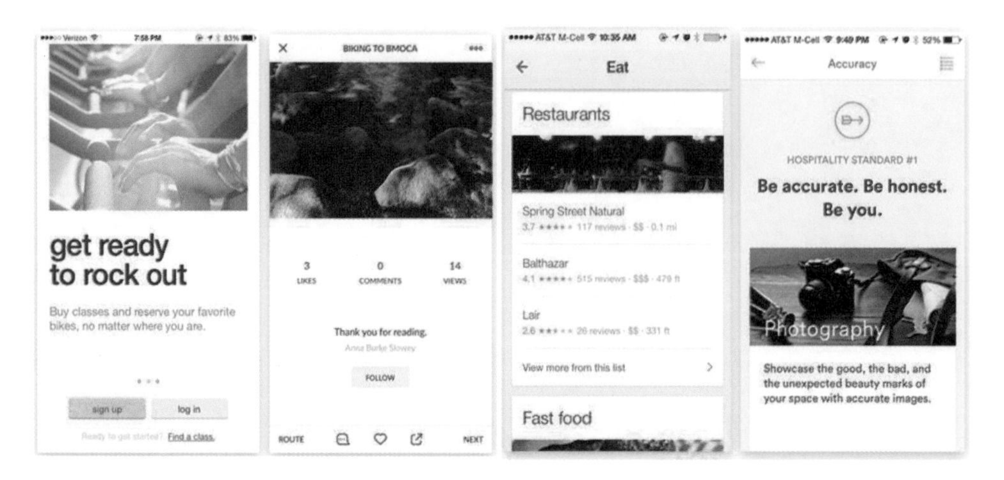

图9.23　留白赋予页面产生不同的变化

需要注意的是，留白不是一定要用白色去填充界面，而是营造出一种空间与距离的感觉，自然与舒适境界。

9.3.1.5　视觉心理

在观看事物时，往往会产生一些不同的视觉心理，例如两个等宽的正方形和圆形放在一起，人们会觉得正方形更宽。在版式设计中同样大量运用这些科学视觉方法对用户进行视觉上的引导，也能让设计师快速找到一些排版布局的方法。

首先最常见的方法是灵活运用黄金分割比，文本与线段的间隔，图片的长宽比、通栏高度等地方都可以通过黄金分割比快速地设定。如图9.24所示。

在界面排布中，往往圆角和圆形比直角和方形更容易让人接受，更加亲切。直角通常用在需要更全面展示的地方，例如用户的照片、唱片封面、艺术作品、商品展示等。在个人的头像、版块的样式等使用圆角会有更好的效果，如图9.25、图9.26所示。

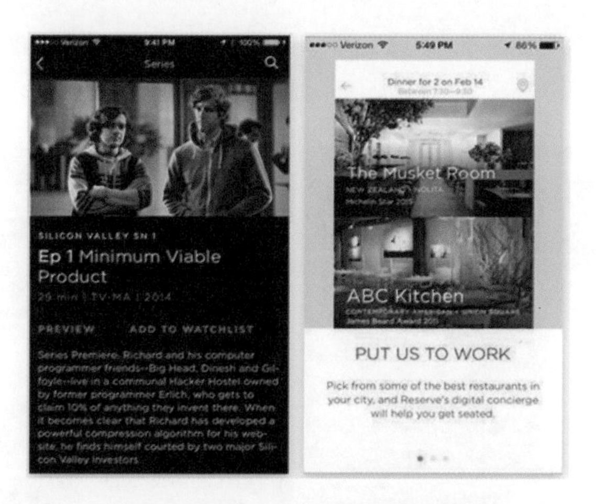

图9.24 通栏、间距等使用黄金分割比

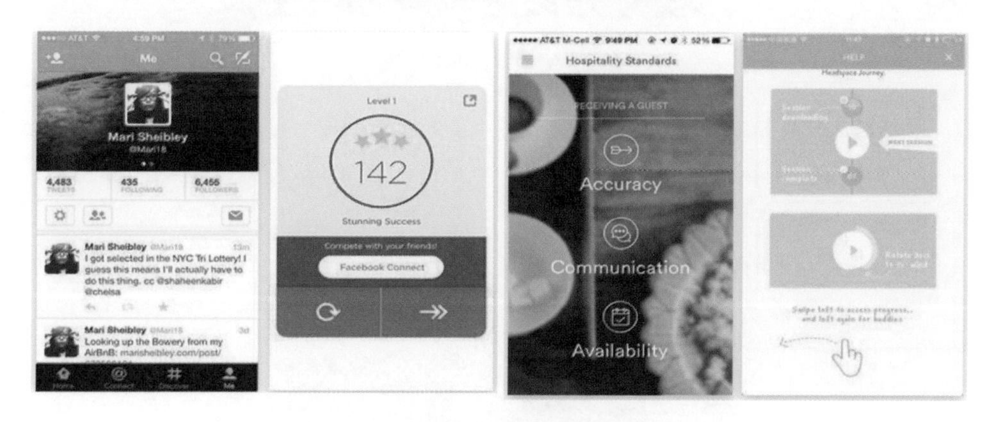

图9.25 圆角设计

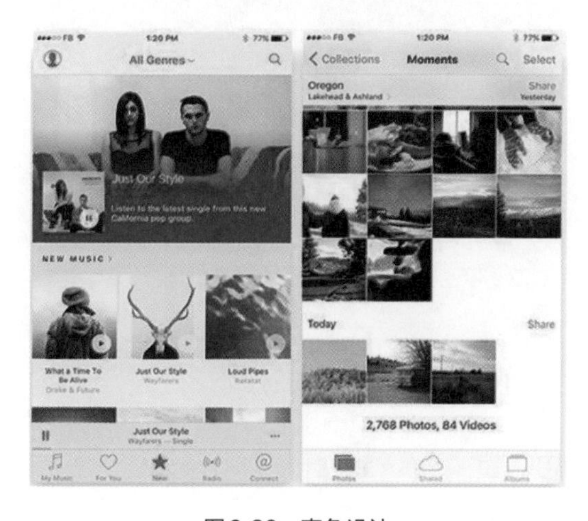

图9.26 直角设计

在全局页面的排版中也要避免单调，增加节奏感。排版要有轻重缓急之分，这样才会让用户在观看的过程中不会感到冗长无趣，如图9.27所示。

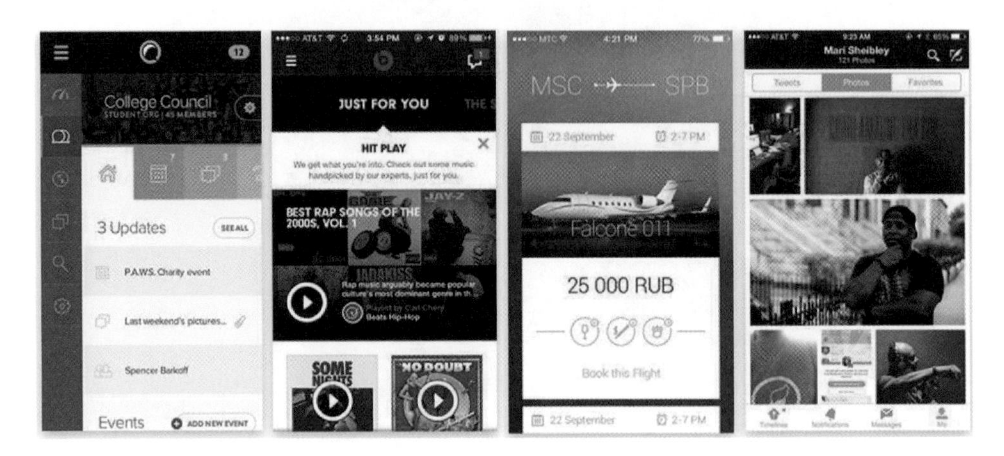

图9.27　全局页面的排版

图片是有不同的色调的，通过运用蒙版的方法可以控制这种色调。如果选择比较明亮的色调可以减轻对用户的压迫感，选择比较暗的色调可以让整个画面更沉稳，内容显示更为清晰，如图9.28所示。

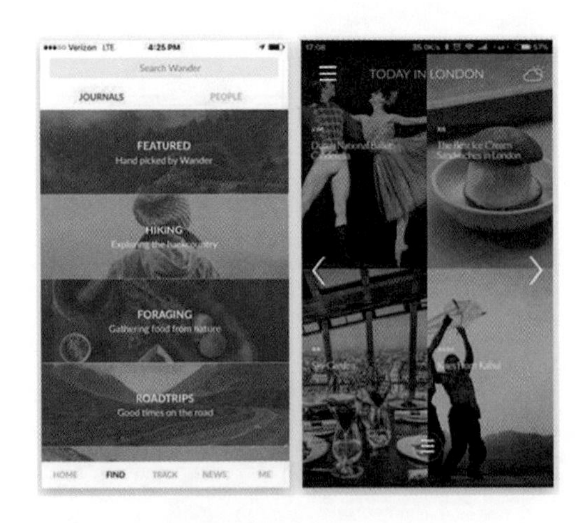

图9.28　通过运用蒙版的方法控制图片的色调

9.3.2 App交互细节设计案例

9.3.2.1 微信——启动页

微信启动页背景图名字叫“蓝色弹珠”，拍摄于1972年12月7日，一位宇航员在阿波罗17号宇宙飞船上用一台80mm镜头的哈苏照相机，拍下了完整的地球照片。

张小龙也有一句名言：每个人都是孤独的。这张图中的小人代表用户，孤单的背影望着一颗硕大的星球，透露出孤单、寂寞的心境，传达出每个人都渴望交流、渴望被关注的需求，用这张图来作为启动页可以加深用户对微信的产品认知，了解产品的特性，如图9.29所示。

图9.29 微信启动页

9.3.2.2 百度搜索——彩蛋

用百度输入搜索一些关键词（如打雷、大风、黑洞等）就会出现对应的效果，加强用户对相关词汇的感知，也增加了营销元素，让产品具备可传播属性（图9.30）。

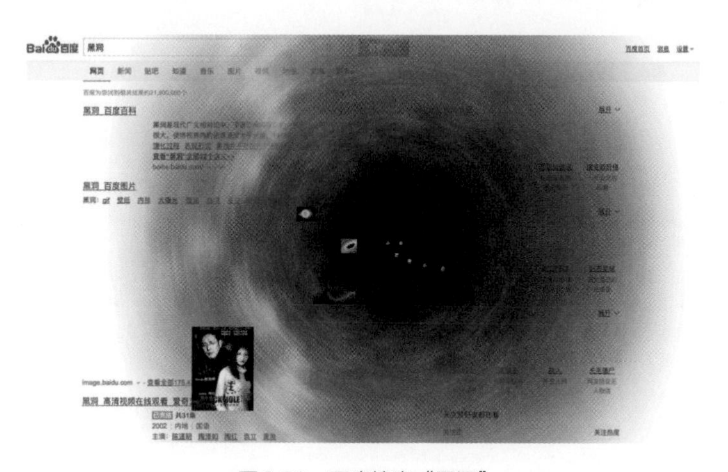

图9.30 百度搜索“黑洞”

9.3.2.3 QQ邮箱——文案

QQ邮箱的文案通过讲述一些故事突出产品特质，引发用户共鸣，提升品牌形象（图9.31）。

图9.31　QQ邮箱的文案

9.3.2.4 Readme——登录页

在Readme的登录页面上，为了加强用户在输入密码时的安全感，在输入Email时猫头鹰睁着眼睛，输入密码时猫头鹰会遮住自己的眼睛。

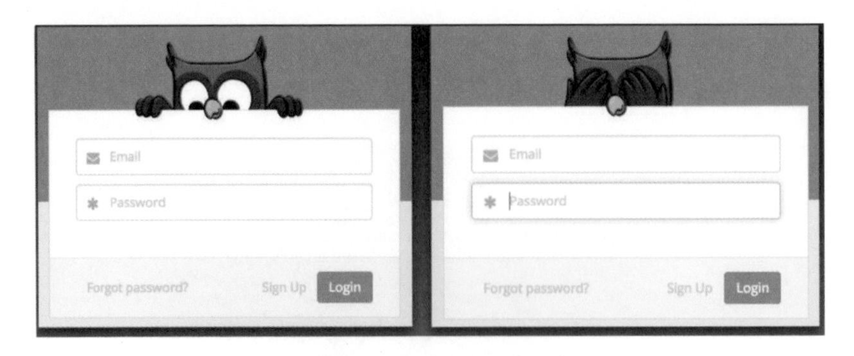

图9.32　Readme登录页

CHAPTER TEN

第 10 章

交互设计团队

Graphic
Interaction
Design
UI

Required
Courses for
UI Designers

为了不断满足交互内容的需求，越来越多的设计机构和工作室采取内部组建交互设计团队的方式来工作。很多传统的平面设计公司将重心完全转向了数字化交互设计。国际知名的设计公司Big Spaceship、AKQA和IDEO之所以成功创作出众多数字化交互案例，也都是因为它们将精力投入到了交互设计中。新的传达方法和设计策略使得这一学科处在了设计产业的前沿。那么成为一名交互设计师需要具备什么样的技能和思维呢？

10.1 交互设计师的工作职责

关于交互设计师的概念，交互设计协会（The Interaction Design Association）解释如下：交互设计师以创造有用且实用的产品及服务为宗旨。以用户为中心作为设计的基本原理，交互设计的实际操作必须建立在对实际用户的了解之上，包括他们的目标、任务、体验、需求等。以用户为中心的角度出发，同时努力平衡用户需求、商业发展目标和科技发展水平之间的关系，交互设计师为复杂的设计挑战提供解决方法，同时定义和发展新的交互产品和服务。

交互设计师在整个开发过程中扮演着关键角色。作为一个项目团队的一部分，他们通常会进行以下活动。

（1）组织、宣传设计策略

尽管这里的界限是模糊的，但有一点是肯定的：一个交互设计师需要知道她/他为谁设计，以及他们的目标是什么。通常，这些由信息架构师和用户研究人员提供。反过来，一个交互设计师将评估设计目标，展开设计策略。他们或单独工作，或与其他设计师合作。设计策略帮助团队成员在“什么样的交互能帮助用户实现目标”方面达成共识。

（2）确定和构建交互框架

当交互设计师有一个刺激他/她设计的好的想法时，他/她可以开始构思这个界面，如何用它来辅助必要的交互活动。有些专业人员会在便签本或者是写字板上绘制这些交互设计；而另一些则选择用软件应用程序来帮助他们；有些人会选择团队合作，有些人则独立工作。这些都基于交互设计师本身以及他们的工作流程。

（3）交互雏形

根据不同项目，交互设计师下一个步会开始创建雏形。一个团队创建交互雏形的方式有很多，其中包括：xhtml/css雏形创建模式，纸面雏形创建模式，甚至protocasting。

（4）随时关注

对于一个交互设计师而言，最大的挑战之一是这个行业的发展速度。每天，新的设计师给这个行业带来新的活力。因此，用户期待这些新的交互会出现在网站上。聪明的交互设计师会经常性地在网络上搜索寻找新的交互模式，利用新技术来适应这种变化，然后推动媒体不断向前发展。

在不同的阶段，交互设计师的工作职责也有具体事项。

10.1.1 需求分析阶段

在这个阶段，对于不同时期的产品讨论、分析的侧重点是不同的。

（1）新产品

对于从无到有的新产品，需要了解以下问题。

① 产品的定位是什么？
② 用户群体是谁？他们有哪些特征？
③ 我们的产品需要解决用户的什么“痛点”？
④ 如果有竞品，我们与他们的优势在哪里、差异又在哪里？

这个阶段非常重要，但是也是最难讨论清楚的，即使是产品经理或总监可能在最初也无法完全确定产品的定位，而是在产品迭代过程中慢慢摸索出来的。

产品的功能点有哪些？

通过哪些功能来实现用户的需求？这个部分主要由产品经理提供。有些产品经理提供简单的功能清单，有些甚至直接给出线框图，这其实都不太可取。

应该要有一份较为详细的思维导图，包括：功能模块、功能点、需要展示的信息字段及其格式要求、功能优先级、其他必要的补充说明（为什么这样考虑、什么场景下使用等）。

（2）迭代改进中的产品

对于已经上线的产品，如果是对已有功能的改进优化，需要明确以下问题。

① 改版目标是什么？

② 当前存在的问题是什么？
③ 计划通过什么方式解决？
④ 期望达到怎样的目标？

10.1.2 交互设计阶段

（1）任务分析

任务分析，是指分析用户在使用产品过程中，需要进行的行为和认知的过程，可以帮助设计师建立产品的结构和信息流，从而为我们提供更多合适的信息来帮助用户完成任务。

根据产品的功能点，需要先确定以下问题。

① 用户需要完成哪些任务？
② 每个任务又可以分解为哪些子任务？
③ 这些子任务的操作流程、目标是什么？
④ 分布在哪些页面，子任务的层级结构是怎样的？
⑤ 任务、子任务的优先级关系是怎样的？
⑥ 如何在界面上突出主要任务？

这个步骤关系到后续的页面流程、用户操作流程、页面布局。

（2）导航设计

导航的目标是突出主要功能点，让用户在完成任务时能一目了然地知道自己要从哪个入口进入。通过前面的功能分析和任务分析，对于用户任务的优先级已经较为明确，此时可以思考、确定产品的导航设计。

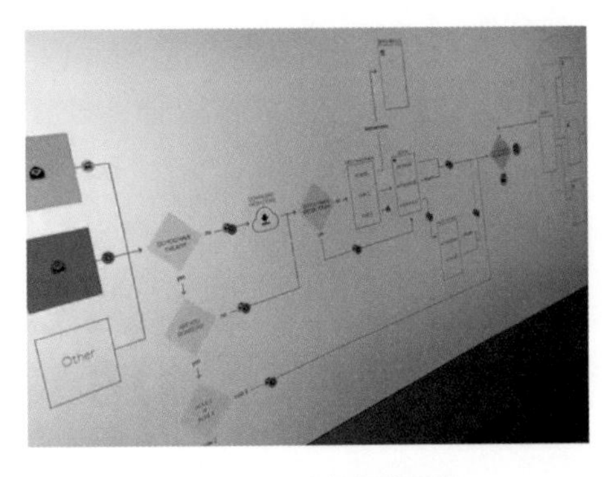

图10.1 用户操作流程图

（3）页面流程图

用以明确整个产品的层级结构、页面之间的关系。类似图10.1，标注页面名称，不用体现界面细节，还可以简单标注界面的主要内容模块。

（4）用户操作流程图

对于比较简单的功能或产品，这一步可以省略。但是如果涉及多个用户角色之间的操作关联、较为复杂的判断逻辑，建议交互设计师先梳理清楚用户操作流程图，思考清楚不同分支的走向。后续在设计评审阶段可以通过流程图来辅助讲解，这样更容易被理解。

（5）页面布局设计

整体框架、流程梳理完成后，开始逐个完成各个界面的布局设计、界面之间的跳转关系。这个环节是整个交互设计的重中之重，如何设计友好而易用的界面，如何做到有效的组织并将用户重点关注的信息凸显出来，非常考验一位交互设计师的能力。

另外，这个环节也要着手思考交互操作细节，不过暂时不用表述完整，可等初稿评审且基本确认后再做细化。

（6）初稿评审

目标是确认导航设计、页面流程、页面布局是否符合产品需求，各方的想法是否能达成一致。如果遇到不一致的情况，可讨论分歧点在哪里，讨论不同方案的优劣点及如何取舍。

如果修改意见较少，完成修改后可私下与相关的业务需求方或产品经理沟通设计方案，基本达成一致后可开始进行详细设计；如果交互初稿评审分歧较大，需要修改后重新评审，基本确认后再做详细设计。

（7）详细交互设计

这个环节，需要完善不同状态下的页面布局和内容展示、用户操作反馈提示、通用或异常的场景等。所有开发阶段需要用到的都需要在详细设计阶段体现。

（8）终稿评审

主要目标是让开发测试同事了解设计需求、评估设计方案的实现合理性、交互细节是否完善且无异议。这个环节会遇到很多“挑战”，需要交互设计师提前对设计方案有足够的思考、能权衡多种方案的利弊，进而将自己经过深思熟虑的且最为合适的方案推进下去。

10.1.3 视觉设计阶段

交互设计师需要向视觉设计师介绍交互原型；对输出的视觉设计方案，需要从交互角度予以评估，比如与交互设计初衷是否一致、内容的主次是否表达得当、是否有细节遗漏或错乱等。

10.1.4 开发与测试验收阶段

测试用例撰写时，测试同事可能会在交互说明文档的基础上思考得更加全面，提出一些尚未考虑到的特殊操作场景。交互设计师需要思考、补充相应的交互设计说明。

测试用例评审阶段，需要确认所有的用例是否与交互文档上一致。

开发实现过程中，若开发遇到一些交互上的疑问，需要实时跟进、讨论，确定最终实现方案。

测试验收阶段，需要验收最终的效果，看与交互原型是否一致，对于有出入的地方也要尽快跟进确认。

10.1.5 搜集用户反馈阶段

对于迭代中的产品来说，这一点需要持续关注。通常采用的方式是用户调研、可用性测试、各种用户反馈渠道搜集。交互设计师需要分析用户反馈问题的合理性、是否需要优化。对于值得重视的反馈，需要思考设计方案，推进实现。

10.2 交互设计师必备素质

10.2.1 能力素质要求

交互设计师的能力素质要求如图 10.2 所示。

10.2.2 设计体验感

交互设计技术在不断进化，因此交互设计师需要不断培养多方面的技能，以创作新的体验性作品，迎接新的体验性挑战。交互设计的重点在于不断强调用户参与项目的体验感，以及在用户和内容设计者之间建立联系。

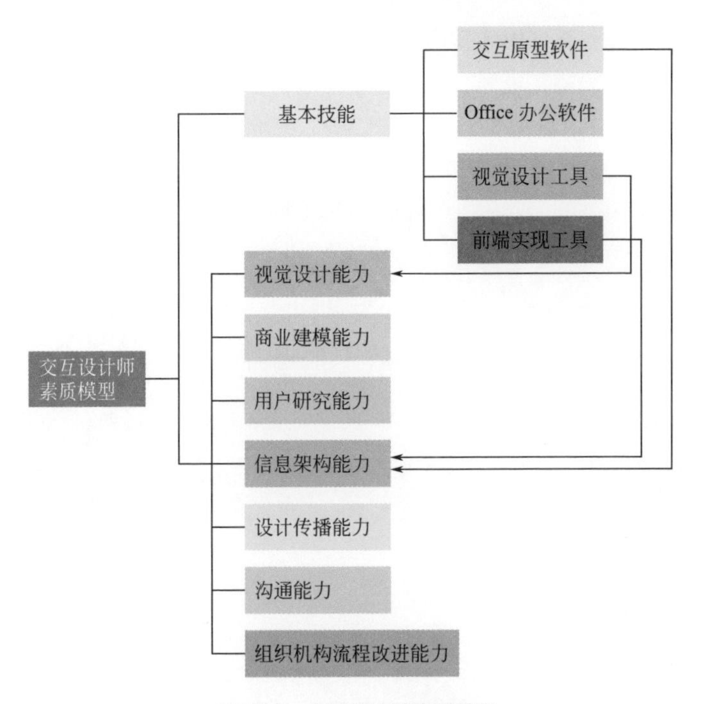

图10.2　交互设计师素质模型

所有的视觉传达都涉及视觉冲击力、用户体验感和信息的传递。交互设计师需要用不同的新技术，以一种新方式，试验性地、创新性地增强用户的体验感。重点是为目标群体创造积极的体验方式。这在传统媒体里是很简单的，如电视或印刷产品。但是在进行交互设计时，需要跨过许多界线，从产品设计（音乐播放器或者智能电视的界面）到互联网、游戏、手机和平板电脑，所有这些在不同空间中操作的媒体都需要被考虑进来。

不管是为单一平台还是为多平台设计产品，设计师都要为用户设计一种独特的体验，并想好如何使它区别于竞争对手。设计团队要经常问自己：手机体验与电视体验的区别在哪里？一种体验能比另一种丰富吗？还是它们仅仅是不同而已？人们在哪里用交互媒体？一名交互媒体设计师要通过多种试验，使用多种认知技能，才能为客户带来一种深刻的沉浸式体验。

10.2.3　专注与激情

在交互设计中，很重要的一点就是设计师需要时刻关注本领域的前沿动态。对于技术和创新的激情、超前的思维能力和想象力，以及出色的创意能力都是交互设计师必备的。

大学开设有交互媒体领域的很多课程，这些课程都鼓励学生在做作业时充分展示他们的激情和能力——尤其是游戏设计（设计的游戏需要有参与性、教育性和娱乐性）、界面设计（手机设备、互联网相关产品的设计）、实体计算（使用传感器、监控器和计算机设计交互装置或电子动画）和App应用设计（例如Android和iPhone系统中的App应用）的课程。

很多设计师在一个项目开始时都很兴奋。一些人的创造性来自涂鸦、画画、速写和娱乐的过程中，一些人的灵感则是深层地植根于流行文化、技术、艺术和历史中。要想获得设计上的灵感，只能迎难而上，参与其中。

Stapart网站的丹尼丝·雅各布斯（Denise Jacobs）针对获得灵感的问题提出了以下5点建议：

（1）“大胆地”开始工作

有问题时要觉得开心。用娱乐心态面对问题有利于培养开放的情怀，减少压力，进而更易获得灵感的启迪。

（2）学会直面自己选择的挑战

如果一个项目的技术性要求有点难以达到，看开一点，不妨将它看成是自己成长为一名设计师的锻炼机会。

（3）制定清晰的目标和合理的步骤

将庞大的、难以应付的过程分成小部分更有利于管理和执行。遇到一个挑战时就建立一种奖励机制（例如，一旦完成一个任务，就休息一下或者出去散散步），这样可以很好地鼓励自己。

（4）接受“交学费”

一直保持乐观的心态，将项目的每次“失败”看成是达成更大目标、设计出完美产品的必经之路。重视积极性成果，并将其作为增加信心和满意度的砝码。

（5）想象“一鸣惊人”

想象一下，将自己努力寻找灵感视为个人通向成功的“英雄主义”行为。如果项目能改变生活或者在同行中引起轰动是多么令人兴奋的一件事啊。

将设计过程视为个人内化的一个游戏是获得创造力的一种好方法。另一种方法就简单跟别人聊聊天。和其他人谈谈自己的问题，是全身心面对问题的方式，有时答案会自动显现。

10.2.4 团队协作

有激情和过硬的技术固然是好事，但设计毕竟是一个合作的过程。为了能针对一个设计问题提出具有创新性和参与性的解决方案，设计师们必须进行团队协作。此外，一个伟大的项目需要许多不同的声音，因此交互设计师与他人的合作至关重要。设计方案时，很重要的一点是要能统一概念，协调一致，充满激情。一旦团队有了方向，设计思路达成了一致，项目成员各司其职，就容易达成目标（项目成员可能包括艺术家、程序员、动画师和界面设计师）。交互设计师要能够与其他项目成员合作，以共同实现项目的设想。

10.2.5 利用新技术

交互设计师所使用的技术在不断发展，因此他们必须与创新保持同步，选择使用那些能帮助他们加强交互项目效果的技术。新手或学生刚开始时会发现有很多有用的技术，但只有一些人们不太熟知的技术才能帮助他们创造出新的、出色的设计方案。

移动平台发展迅速。移动技术产品通常指智能手机和平板电脑，而非笔记本电脑。2001年，第一台智能手机与Microsoft公司的Windows CE操作系统同时出现。这些设备是随着更明亮的显示装置的出现和连接速度的加快，而逐渐发展成熟的。随着3G和4G网络的发展，交互媒体在这些设备上实现了爆发性发展。人们几乎可以在任何地方上网联系，这最终也改变了媒体和产品的发展方向。

交互设计师必须能设计出既适合大屏显示器，又适合平板电脑或OLED手机（即响应设计）小屏的作品。App设计既能是个完整项目，也能是一个项目的一部分，比如该项目还包含其他媒体平台如互联网。移动技术提供了个有趣的元素——通过使用GPS，使App可以定位人的位置，这样人们就能即时分享他们所在地理位置的信息。目前，智能手机的主要平台Android和iOS系统App在线商店的内容每天都在增加，设计师需要决定一个平台是否适合他们的项目，如果适合，他们如何为之设计出合理的产品。

10.3 设计记录

记录设计的过程非常重要，事实上很多公司都这样做。设计记录体现了项目设想，描述了项目的内容和执行计划。

好的设计记录体现了项目的很多细节，能使项目组任何一个成员或外方（例如合同操作员）一目了然，并能使他们根据项目的特殊要求进行操作。设计记录通常有两个版本，一个是为工作室设计团队准备的，一个是为客户准备的。工作室版本更具技术性，并能被其他团队或合伙人共享。客户版本技术性比较低，更多的是项目从始至终执行过程的图示。

所有的设计记录都不尽相同，但至少都包括以下主题和领域：

（1）内容图表和引言

描述项目的目标、范畴、文献组织、用户、术语和定义。

（2）设计概要

介绍项目的方法、目的、限制和指导原则。

（3）项目的详细说明

详述项目使用的色彩、色调、图像和整体审美感觉。

（4）框架

介绍项目最初的设计原型、草图、角色和情节。

（5）项目架构

介绍项目的技术面、程序要求、软硬件和启动方法。

（6）执行计划

列出项目管理要求、时间框架、花费和预算。

（7）原则

说明用户的特殊要求（色彩、标志和特殊语言的使用）。

（8）测试和可用性

计划测试内容、测试方法和测试工具。

（9）假设和工作室限制

说明目标用户的价值和意义。例如，如果项目是个网站，需要假设目标用户至少知道如何上网并使用浏览器。

这些主题和领域是设计记录中的一些元素。只有和设计师直接相关的才会被记录下来。整理大量记录的工作通常由项目经理完成。但是，对于设计师而言，学会如何做记录并能用记录清晰地表达想法，则是非常重要的。

10.4 交互设计师要知道的问题清单

在交互设计师的日常工作中，提出有价值的问题是最基本的技能，同时它也是经常被人忽视的技能。

一位设计师在整个项目过程中提出的问题数量与其最终设计输出的质量之间存在着明显的相关性。这些问题不仅仅关于创意，更多是帮设计师更好地去理解遇到的问题，捋顺这些问题，有的放矢地解决它们，能使设计师设计工作更加有效。

交互设计师要想弄明白自己当下遇到的困难/瓶颈到底是什么，那么便需要在项目的每个阶段都列出大量的问题。

10.4.1 召集开局会议时

为了甲、乙方在项目计划和设计产出保持一致，需要问一些问题。不要直接跳到解决方案，而是专注于提出潜在的问题和见解，让整个团队对接下来的设计有一个基础的认识。

① 要解决的问题或需求是什么？

② 这个产品需要做什么？

③ 产品的商机在哪里？（比如：用户获取、用户激活、用户留存、用户收益、用户传播等。）

④ KPI（关键绩效指标）是什么？

⑤ 如何定义这个项目的成功？

⑥ 这个产品如何适应（企业/品牌等）整体的战略？

⑦ 用户或消费者是谁？

⑧ 这个产品为什么对于用户来讲很重要？

⑨ 用户为什么会关注这个产品？

⑩ 用户想要什么？

⑪ 用户的痛点是什么？

⑫ 如何通过这个产品设计过程接触到用户？

⑬ 有什么壁垒吗？（比如技术层面的或业务层面的等。）

⑭ 与竞品相比我们的优势在哪里？
⑮ 有哪些相关的产品可以做参考吗？
⑯ 这个项目的主要决策者是谁？
⑰ 有相关的文档吗？（比如用户画像、用户属性等。）
⑱ 品牌方向是什么？
⑲ 有样式指南吗？

10.4.2 对利益关系人访谈时

通过与组织该项目并与项目有直接利益关系的个人（甲方或老板）交谈，进一步了解业务和市场。虽然很多问题我们在项目开局会议中问过了，但是再来问个人（甲方/老板），通常他们会给出更加确切的回答。

① 你在这个项目中的角色是什么？
② 为了使这个项目更有价值，我们必须做的事情是什么？
③ 从你个人角度来讲，如何定义这个产品是否是成功的？
④ 那么在取得成功目标的过程中，这个项目扮演的角色是什么？
⑤ 从这个项目中，你要取得的目标是什么？
⑥ 你使用过哪些好的或者不好的类似的产品吗？
⑦ 在哪些不好的产品中具体有哪些不足？
⑧ 我们最强的竞争对手是谁，你比较担忧他们哪些方面？
⑨ 对于这个产品的独特性你有什么期待？
⑩ 你对产品本年的预期是什么？ 5年的预期是什么？
⑪ 促使你能够在晚上也能和用户交流的动力是什么？
⑫ 你假设中的用户是什么样的？
⑬ 你对用户的了解中比较确定的是哪些方面？
⑭ 你的用户面临的最普遍的问题是什么？
⑮ 对于这个项目，你的担忧是什么？

10.4.3 用户调研时

首先要了解用户的目标和“痛点”，避免研发出用户不想要的功能这种风险。回答这些问题能让设计师弄明白所有用户行为背后非常重要的“为什么”。这些问题和结论最好用观察结果作为辅助（用户的言行可能不会统一），以此来分析这些问题是否真正存在。

（1）身份背景

① 你平常的工作日是什么样的？
② 你在公司的职位是什么？
③ 你日常的工作职责是什么？
④ 平时你使用最多的APP和网站是哪些？

（2）遇到的问题

① 目前你是如何处理遇到的问题/任务的？
② 你在为遇到的问题/任务寻找解决方案吗？
③ 告诉我你上一次尝试解决问题/任务的情况。
④ 你目前在做什么来使这个问题/任务更容易些？
⑤ 你试过寻求工作周边的小伙伴帮你解决这件事吗？
⑥ 你有尝试过什么产品或者工具来帮你解决吗？
⑦ 如果有，你是通过什么途径知道他们的？
⑧ 关于问题/任务最令人沮丧的部分是什么？
⑨ 你多久遇到一次这种问题/任务？
⑩ 你在解决这种问题/任务通常会花费多长时间？

10.4.4 用户测试时

通过观察真实用户与原型或产品的交互来验证之前的假设并进行改进。虽然这主要是收集定性的反馈（根据之前预设的问题而做的设计的反馈），但同时也可以用这些定性的答案（之前预设问题的答案）来作为这些发现的补充（比如：验证成功的指标）。

（1）第一印象

① 你对这个产品的第一反应是什么？
② 当你看到这个产品时，你脑中第一个想法是什么？
③ 与你的预期相比，这个产品怎么样？
④ 你能用它做什么？
⑤ 你觉得它能解决什么问题？
⑥ 现在你对它有任何疑问吗？
⑦ 你觉得为什么会有人想使用它？
⑧ 你觉得这个产品会对你有哪些方面的帮助？

⑨ 当你开始使用它的时候，第一个功能会选择什么？

（2）专注于功能

① 你会怎样使用这个产品？
② 当你使用它，你对它的功能实现效果有哪些期待？
③ 关于这个产品，对你来说，哪个功能是最重要的？哪个是最不重要的？
④ 我们通过什么途径将这个产品相关信息发送给你会更加适合且有效？
⑤ 对你来讲，你希望改变/增加/去掉一些功能，让这个产品更适合你吗？
⑥ 这个产品体验最差的部分是哪里？
⑦ 这个产品有让你惊讶的或者超出你预期的功能吗？
⑧ 在1～5分的分数区间里，你会给这个产品打几分？

（3）总结

① 今天你会使用它吗？
② 是什么促使用户持续使用这个产品？
③ 你最愿意为这个产品付出什么？（比如金钱、时间、精力……）
④ 这个产品哪些地方是你喜欢的，哪些是你不喜欢的？任何方面都可以。
⑤ 如果你有一根“魔杖”，你想把这个产品变成什么样？
⑥ 这个产品像不像专为你定制的？
⑦ 这个产品有什么遗漏的地方吗？
⑧ 你会用什么形容词来形容这个产品？
⑨ 你会把这个产品推荐给你的朋友吗？如果1分是不愿意，5分是十分愿意，1～5分的程度区间，你会打几分？
⑩ 这个产品目前还没有完成，你希望在最终版本中看到什么？任何方面都可以。

10.4.5 设计评审时

与共事的设计师或较大的项目团队进行设计评审可以找出“设计决策与用户和业务目标是否保持一致”这背后的一些相关问题。问这些问题，以便设计师更明确地找到解决方案，好的设计需要目标明确。

（1）整体

① 关于这部分的设计你期望得到怎样的反馈？
② 这个产品设计UI规范是怎样的？

（2）交互设计

① 在这个页面用户想要实现什么目的？

② 这块解决了什么问题？

③ 这种设计为什么是失败的？

④ 你是通过什么途径找到解决方案的？

⑤ 这个可以有更加简单/简洁的版本吗？

⑥ 这里有什么地方是我们可以去掉的吗？

⑦（做这个设计）你是有怎样的设想呢？

⑧ 它为什么是那样的？

⑨ 为什么它要呈现出这样的效果？

⑩ 这个值得在默认情况下显示吗？

⑪ 为什么这个页面要这样组织/排版？

⑫ 为什么这是比既定设计方案更好的解决方案？

（3）视觉设计

① 你的类型层次结构是什么？

② 你使用的是什么UI设计规范？

③ 你为这些规范制定了哪些规则？

④ 还有使整个产品视觉方面更加统一的空间吗？

⑤ 你的边距和填充规范是什么？

⑥ 你的配色方案是什么？

10.4.6 接受利益关系人的反馈时

接受来自利益相关者的反馈，这些反馈是明确的、相关的且有用的。他们也许在设计方面无法给出专业的反馈，因此，设计师有责任提出问题，将他们的反馈引导至项目的目标和项目的市场，这些领域他们才是专家。

① 这个产品能解决你的用户的问题吗？

② 这个产品有效地实现了你项目的目标了吗？

③ 这个产品在功能上是否完全实现了你（及用户）的需求？

④ 这个产品是否符合品牌特性？

⑤ 为什么设计需求很重要？

参考文献

[1] [荷]代尔夫特理工大学工业设计工程学院设计方法与策略：代尔夫特设计指南[M].倪裕伟，译.武汉：华中科技大学出版社，2014.

[2] 常丽.潮流：UI设计必修课[M].北京：人民邮电出版社，2015.

[3] [美]马丁（Bella Martin），[美]汉宁顿（Bruce Hanington）.通用设计方法[M].初晓华，译.北京：中央编译出版社，2013.

[4] 蒋晓.产品交互设计基础[M].北京：清华大学出版社，2016.

[5] 由芳，王建民，肖静如.交互设计——设计思维与实践[M].北京：电子工业出版社，2017.

[6] 单美贤.人机交互设计[M].北京：电子工业出版社，2016.

[7] [英]迈克尔·萨蒙德，[英]加文安布罗斯.国际交互设计基础教程[M].北京：中国青年出版社，2013.

[8] [日]中村聪史.搞砸了的设计 随处可见的BAD UI[M].邬佳笑，译.北京：人民邮电出版社，2016.

[9] [英]大卫·伍德（David Wood）.国际经典交互设计教程：界面设计[M].孔祥富，译.北京：电子工业出版社，2015.

[10] [英]杰米·司迪恩（Jamie Steane）.国际经典设计教程：交互设计[M].孔祥富，王海洋，译.北京：电子工业出版社，2015.

[11] [英]加文·阿兰伍德，皮特·拜尔.国际经典交互设计教程：用户体验设计[M].孔祥富，路融雪，译.北京：电子工业出版社，2015.

[12] 李晓斌.UI设计必修课：交互+架构+视觉UE设计教程[M].北京：电子工业出版社，2017.

[13] 宋方昊.交互设计[M].北京：国防工业出版社，2015.

[14] 陈根.图解设计心理学[M].北京：化学工业出版社，2017.

[15] 陈根.平面设计看这本就够了[M].北京：化学工业出版社，2017.

[16] 赵琪.UI界面设计中的色彩心理研究[D].东北师范大学，2016.

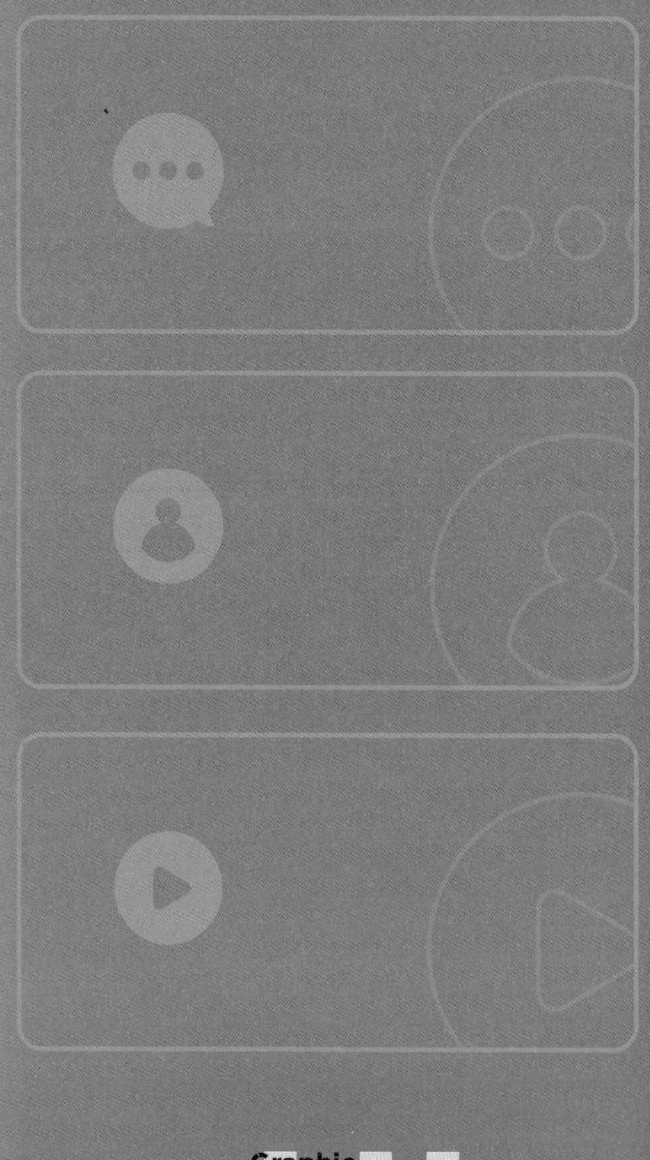

UI

Graphic

Interaction

Design

Required

Courses for

UI Designers